Teubner Studienbücher der Geographie

W. Brücher
Zentralismus und Raum
Das Beispiel Frankreich

Teubner Studienbücher der Geographie

Herausgegeben von
Prof. Dr. W. D. Blümel, Stuttgart
Prof. Dr. Ch. Borcherdt, Stuttgart
Prof. Dr. E. Löffler, Saarbrücken
Prof. Dr. E. Wirth, Erlangen

Die Studienbücher der Geographie wollen wichtige Teilgebiete, Probleme und Methoden des Faches, insbesondere der Allgemeinen Geographie, zur Darstellung bringen. Dabei wird die herkömmliche Systematik der Geographischen Wissenschaft allenfalls als ordnendes Prinzip verstanden. Über Teildisziplinen hinweggreifende Fragestellungen sollen die vielseitigen Verknüpfungen der Problemkreise wenigstens andeutungsweise sichtbar machen. Je nach der Thematik oder dem Forschungsstand werden einige Sachgebiete in theoretischer Analyse oder in weltweiten Übersichten, andere hingegen in räumlicher Einschränkung behandelt. Der Umfang der Studienbücher schließt ein Streben nach Vollständigkeit bei der Behandlung der einzelnen Themen aus. Den Herausgebern liegt besonders daran, Problemstellungen und Denkansätze deutlich werden zu lassen. Großer Wert wird deshalb auf didaktische Verarbeitung sowie klare und verständliche Darstellung gelegt. Die Reihe dient den Studierenden der Geographie zum ergänzenden Eigenstudium, den Lehrern des Faches zur Fortbildung und den an Einzelthemen interessierten Angehörigen anderer Fächer zur Einführung in Teilgebiete der Geographie.

Zentralismus und Raum
Das Beispiel Frankreich

Von Dr. phil. Wolfgang Brücher
Professor an der Universität des Saarlandes

Mit 30 Abbildungen

B.G.Teubner Stuttgart 1992

Prof. Dr. Wolfgang Brücher

Geboren 1941 in Mülheim-Ruhr. 1960-66 Studium der Geographie, Romanistik und Geologie an den Universitäten Tübingen, Bonn und Poitiers. 1966 Staatsexamen, 1968 Promotion und 1974 Habilitation in Tübingen. Dort 1969-74 Wissenschaftlicher Assistent und 1974-76 Universitätsdozent. Seit 1976 Professor in der Fachrichtung Geographie der Universität des Saarlandes. 1979/80 Professeur Associé an der Universität Aix-en-Provence. Arbeitsgebiete Industrie- und Energiegeographie, Frankreich, Saar-Lor-Lux-Raum, Kanada, Kolumbien.

Die Deutsche Bibliothek – CIP-Einheitsaufnahme

Brücher, Wolfgang:
Zentralismus und Raum. Das Beispiel Frankreich
von Wolfgang Brücher. – Stuttgart : Teubner, 1992
  (Teubner Studienbücher : Geographie)
  ISBN 3-519-03429-8

Das Werk einschließlich aller seiner Teile ist urheberrechtlich geschützt. Jede Verwertung außerhalb der engen Grenzen des Urheberrechtsgesetzes ist ohne Zustimmung des Verlages unzulässig und strafbar. Das gilt besonders für Vervielfältigungen, Übersetzungen, Mikroverfilmungen und die Einspeicherung und Verarbeitung in elektronischen Systemen.

© B. G. Teubner Stuttgart 1992
Printed in Germany
Druck und Bindung: Präzis-Druck GmbH, Karlsruhe
Umschlagentwurf: P. P. K, S-Konzepte, Tabea Koch, Ostfildern/Stuttgart

Inhalt

1 Motivationen zu diesem Buch 11

2 Der Zentralismus als staatsorganisatorisches
  Leitprinzip in Frankreich 15
  2.1 Zentrale und Macht in der unitarischen Nation 15
  2.2 Hauptstadt, Peripherie, Grenzen 20
  2.3 Der zentralistische Verwaltungsapparat 22
  2.4 Zentralistische Mentalität 26
  2.5 Verselbständigung und Persistenz des Leitprinzips
      Zentralismus 27

3 Die Entwicklung Frankreichs zum zentralistischen
  Einheitsstaat 30
  3.1 Die politische Entwicklung 30
      3.1.1 Ursprünge des Zentralismus 30
      3.1.2 Territoriale Expansion und Aufbau des
            zentralistischen Absolutismus 32
      3.1.3 Der historische Städtebau als Ausdruck des
            Zentralismus im Raum 34
  3.2 Die zentralistische Administration und ihre
      räumliche Gliederung bis 1982 37
      3.2.1 Regionale Verwaltungsgliederungen unter dem Ancien Régime .. 37
      3.2.2 Das Departement bis 1982 39
      3.2.3 Die Gemeinde bis 1982 41
      3.2.4 Die Region als neue Verwaltungseinheit 43
      3.2.5 Ämterhäufung und "periphere Macht" 44
  3.3 Sprache, Kultur, Bildungswesen - Mittel der Zentralisierung 46
      3.3.1 Das Französische als Einheitssprache 46
      3.3.2 Das Bildungswesen 47
  3.4 Historische Wechselwirkungen zwischen Zentralismus, Verkehr
      und Wirtschaft 51

4 Paris - Resultat und Motor der Zentralisierung 56
  4.1 Die Entstehung der Metropole 56
  4.2 Das heutige Gewicht von Paris 59
  4.3 Probleme räumlicher Verdichtung 62
  4.4 Der Preis für Paris 66

5 Die andere Seite des Zentralismus, die Provinz:
  Das Beispiel der Region Limousin 67
  5.1 Die strukturschwächste Region in Festland-Frankreich 67
  5.2 Einflüsse des Zentralismus 71

6 Das Verkehrswesen 78
  6.1 Der traditionelle Verkehrsträger Eisenbahn 80

6   Inhalt

6.2   Modernisierung und Konkurrenz der Verkehrsträger 82
   6.2.1   Die Autobahnen 82
   6.2.2   Das Flugnetz 84
   6.2.3   Der Train à grande vitesse (TGV) 85
6.3   Das Verkehrswesen als zentralisierender Faktor - eine Bilanz 87
6.4   Der Kampf zwischen der Stadt Paris und dem Staat um die
      Verkehrsstruktur der Hauptstadt 89

7   Die Bevölkerung 92

7.1   Wachstum und Verteilung der Bevölkerung unter der
      Dominanz von Paris 92
7.2   Die Bevölkerungsentwicklung von Paris 96

8   Die französischen Städte unter dem Einfluß des Staates 98

8.1   Das Städtesystem 98
8.2   "Métropoles d'équilibre" und "Villes moyennes" 102
8.3   Staatliche Einflüsse auf den Wohnungsbau 105
8.4   Pläne und Entwicklung der Pariser Region 108
   8.4.1   Das Schéma Directeur d'Aménagement et d'Urbanisme -
           Zielsetzungen und Ausführung 108
   8.4.2   Eine Renaissance der Ville de Paris? 111

9   Staat, Wirtschaft und Raumordnung 113

9.1   Staat und Privatwirtschaft 113
9.2   Formen staatlicher Eingriffe in die Wirtschaft 114
   9.2.1   Verstaatlichung und öffentliche Unternehmen 114
   9.2.2   Die gemischtwirtschaftlichen Unternehmen 119
   9.2.3   Projekte nationaler Dimension 121
9.3   Die sogenannte "Planwirtschaft" des Staates 122
   9.3.1   Die staatliche Wirtschaftsplanung 122
   9.3.2   Aménagement du territoire - Raumordnung und
           Raumplanung des Staates 125

10   Der Zentralismus in ausgewählten Wirtschaftsbereichen 131

10.1   Zentralismus selbst in der Landwirtschaft? 131
   10.1.1   Die Ile-de-France, Zentrum der Agrarwirtschaft 132
   10.1.2   Jüngere Agrarpolitik und Fortschritte in der Landwirtschaft 137
   10.1.3   Persistenter Zentralismus in der Landwirtschaft 139
10.2   Die industrielle "Dezentralisierung" - Instrument
      gegen oder für den Zentralismus? 141
   10.2.1   Die Ausgangssituation in den 50er Jahren 141
   10.2.2   Politik und Methoden der industriellen "Dezentralisierung" 142
   10.2.3   Industrielle Entwicklung und Dezentralisierungspolitik 154

Inhalt 7

10.3	Die Zentralisierung des Bankwesens	160
10.3.1	Strukturelle und funktionale Grundzüge des französischen Bankwesens	160
10.3.2	Die Typen der Kreditinstitute	161
10.3.3	Die Banque de France	162
10.3.4	Die Einflußnahme des Staates auf das Kreditwesen	163
10.3.5	Der Prozeß funktional-räumlicher Konzentration der Finanzwirtschaft auf Paris	165
10.3.6	Die Pariser Börse, Symbol finanzwirtschaftlicher Hyperkonzentration	168
10.3.7	Dezentralisierung oder Dekonzentration des Finanzsektors?	168
10.4	Zentralmacht und Energiewirtschaft	170
10.4.1	Der staatliche Interventionismus in den konventionellen Energiesektoren	170
10.4.2	Kernenergie - Die perfekte Kontrolle der Energie durch die Zentralmacht?	175

11 Die Dezentralisierungspolitik der achtziger Jahre 185

11.1 Dezentralisierungsmotive und Regionalismus 185
11.2 Die gesetzlichen Neuerungen seit 1982 187
11.3 Dezentralisierung und Regionalisierung in den achtziger Jahren - Versuch einer Bewertung 189
   11.3.1 Die Übertragung neuer Kompetenzen 190
   11.3.2 Der Funktionswandel des Präfekten 191
   11.3.3 Grenzübergreifende Beziehungen der Regionen 192
   11.3.4 Die finanzielle Ausstattung der Gebietskörperschaften 193
   11.3.5 Eine Regionalisierung? 195
   11.3.6 Dezentralisierung oder Dekonzentration? 195

12 Zentralismus in Frankreich - ein persistentes Leitprinzip? 197

Literaturverzeichnis 204

Sachregister 215

Verzeichnis der Abbildungen

1 Die Haupttransportachsen in Frankreich S. 18
2 Das Departement Meuse - Beispiel der administrativen Gliederung in Frankreich S. 24
3 Urbanistische Einflüsse der französischen Zentralmacht: Das Beispiel Montpellier S. 35
4 Heutige und historische Verwaltungsgrenzen in Frankreich S. 38
5 Die Entwicklung des Straßennetzes von der Römerzeit bis zur Mitte des 18. Jahrhunderts S. 54
6 Das napoleonische Hauptstraßennetz 1811 S. 55
7 Das optische Telegraphennetz in der ersten Hälfte des 19. Jahrhunderts S. 58
8 Die Grandes Ecoles für die Ingenieurausbildung S. 61
9 Räumliche Verteilung und Wachstum der hochqualifizierten Beschäftigten im tertiären Sektor S. 63
10 Region Limousin: Bevölkerungsdichte und -veränderung 1975-1990 S. 69
11 Umwege und Geschwindigkeiten im französischen Eisenbahnnetz S. 76
12 Räumliche Verkehrsgunst und Verkehrsstruktur im Elsaß S. 79
13 Die Entwicklung des französischen Autobahnnetzes S. 83
14 Der Train à grande vitesse (TGV) im 21. Jahrhundert - Strecken und Fahrtzeiten S. 86
15 Die Verkehrsstruktur der Region Ile-de-France S. 88
16 Die Bevölkerungsentwicklung der Region Ile-de-France 1876-1990 S. 97
17 Bedeutungsgrad und Einflußbereiche der zentralen Orte in Frankreich in den sechziger Jahren S. 101
18 Die Standorte der Hauptverwaltungen der je 200 größten Wirtschaftsunternehmen in Frankreich und in der Bundesrepublik Deutschland (nach Regionen bzw. Ländern) S. 115
19 Der Anteil des Staates an ausgewählten Industriebranchen nach den Verstaatlichungen von 1981/82 S. 117
20 Compagnie Nationale du Rhône (CNR): Inwertsetzung eines Stromes durch den Staat S. 120
21 Die agrarische Vorrangstellung des Pariser Beckens S. 133
22 Eigentum Pariser Bürger an landwirtschaftlichen Nutzflächen in der östlichen Ile-de-France S. 135
23 Bedingungen für die Industrieansiedlung in der Region Ile-de-France in den 70er Jahren S. 144
24 Die industrielle "Dezentralisierung" 1951-80 S. 148
25 Förderzonen für die industrielle "Dezentralisierung" S. 149
26 Paris als Steuerungszentrale, die Provinz als Produktionsraum - Die Elektronikindustrie als Beispiel S. 156
27 Industrie und Standorte ihrer Hauptverwaltungen in der Region Bourgogne 1980 S. 158
28 Das Zentrum der Finanzwirtschaft in der Pariser City um 1970 S. 167
29 Kernkraftwerke und Verbundnetz der elektrischen Höchstspannung S. 179
30 Die Entwicklung der Stromerzeugung in Frankreich nach Kraftwerkstypen 1950-1989 S. 180

Abkürzungen im Text und im Literaturverzeichnis

AG	Annales de Géographie
AT	Aménagement du Territoire
BAGF	Bulletin de l'Association des Géographes Français
BIP	Bruttoinlandsprodukt
BNP	Banque Nationale de Paris
BP	Banque Populaire
CAM	Crédit Agricole Mutuel
CC	Crédit Coopératif
CDC	Caisse des Dépôts et Consignations
CDF	Charbonnages de France
CEA	Commissariat à l'Energie Atomique
CFP	Compagnie Française de Pétrole
CIAT	Comité Interministériel de l'Aménagement du Territoire
CL	Crédit Lyonnais
CNABRL	Commission Nationale de l'Aménagement du Bas-Rhône et du Languedoc
CM	Crédit Mutuel
CNAT	Commission Nationale de l'Aménagement du Territoire
CNC	Conseil National du Crédit
CNR	Compagnie Nationale du Rhône
CNRS	Centre National de la Recherche Scientifique
CODER	Commission de Développement Economique Régional
COGEMA	Compagnie Générale des Matières Nucléaires
CPF	Compagnie Française de Pétrole
CRCI	Chambre Régionale de Commerce et d'Industrie
CREPIF	Centre de Recherches et d'Etudes sur Paris et l'Ile-de-France
DATAR	Délégation à l'Aménagement du Territoire et à l'Action Régionale
DF	La Documentation Française
DFNED	La Documentation Française, Notes et Etudes Documentaires
EDF	Electricité de France
ENA	Ecole Nationale d'Administration
EPAD	Etablissement Public pour l'Aménagement de la Défense
ERAP	Entreprise de Recherche et d'Activités Pétrolières
FDES	Fonds de Développement Economique et Social
FNSEA	Fédération Nationale des Syndicats d'Exploitants Agricoles
FWA	Fischer Weltalmanach
GDF	Gaz de France
GR	Geographische Rundschau
GW	Gigawatt (1 Million Kilowatt)
HLM	Habitation à Loyer Modéré
IAURIF	Institut d'Aménagement et d'Urbanisme de la Région Ile-de-France
IVD	Indemnité Viagère de Départ
INED	Institut National d'études démographiques
INSEE	Institut National de la Statistique et des Etudes Economiques
JO	Journal Officiel
KKW	Kernkraftwerk
LN	landwirtschaftliche Nutzfläche
LWR	Leichtwasserreaktor
MIN	Marché d'Intérêt National
OREAM	Organisation d'Etudes d'Aménagement des Aires Métropolitaines
ORTF	Organisation Radio Télévision Française

PADOG	Plan d'Aménagement et d'Organisation de la Région Parisienne
PME	petites et moyennes entreprises
POS	Plan d'Occupation des Sols
RATP	Régie Autonome des Transports Parisiens
RCD	Rapport du Comité de Décentralisation à Monsieur le Premier Ministre
RER	Réseau Express Régional
RGE	Revue Géographique de l'Est
RGPS	Revue Géographique des Pyrénées et du Sud-Ouest
RN	Route Nationale
SAFER	Société d'Aménagement Foncier et d'Etablissement Rural
SBR	Schneller Brutreaktor ("Schneller Brüter")
SCET	Société Centrale pour l'Aménagement du Territoire
SDAU	Schéma Directeur d'Aménagement et d'Urbanisme
SG	Société Générale
SNCF	Société Nationale des Chemins de Fer Français
SNEA	Société Nationale Elf-Aquitaine
SNECMA	Société Nationale d'Etude et de Construction de Moteurs d'Aviation
SNIAS	Société Nationale Industrielle d'Aérospatiale
TW	Terrawatt (= 1 Milliarde Kilowatt)
ZAC	Zone d'Aménagement Concerté
ZDFD	Dokumente, Zeitschrift für den deutsch-französischen Dialog
ZUP	Zone à Urbaniser en Priorité

Anmerkungen zu Quellenangaben:

*   kennzeichnet alle französischen und englischen Originalzitate, die vom Verfasser ins Deutsche übertragen wurden.

**   Alle Zahlen und statistischen Angaben ohne nähere Quellenangabe entstammen Publikationen des INSEE (Institut National de la Statistique et des Etudes Economiques, Paris).

[ ]   Alle Textteile in eckigen Klammern sind Ergänzungen des Verfassers.

1 Motivationen zu diesem Buch

Was bewegt ausgerechnet einen Deutschen und dazu noch einen Geographen, sich über zwei Jahrzehnte mit dem Zentralismus in Frankreich zu beschäftigen und sich auf eine *chasse gardée* der Politologen vorzuwagen? Schon nach meinem ersten, eher marginalen wissenschaftlichen Kontakt mit dem Thema - bei Untersuchungen über die Industrie im Limousin 1970 - wurde mir deutlich, daß dieser Kontakt nicht zufällig sein konnte, stößt man doch bei jedem kulturgeographischen Forschungsobjekt in Frankreich unvermeidlich auf Einflüsse des Zentralismus. Denn in einem zentralistisch organisierten Staat besteht das grundsätzliche Ziel, von einer einzigen Entscheidungsinstitution, von einem festen Punkt im Raum aus ein möglichst einheitliches Staatsgebiet zu schaffen und in all seinen gesellschaftlichen Bereichen flächendeckend zu durchdringen, zu gestalten und zu steuern. Der politisch-administrative Bereich ist aber nur Basis und Rahmen der allseitig wirksamen Einflüsse dieses Phänomens, das wie kein anderes Staat und Nation unserer Nachbarn bis heute prägt und unbestritten ihr wesentlichstes Kennzeichen ist. Über die gesellschaftlichen Bereiche übertragen sich die zentralistischen Strukturen zwangsläufig auch auf den Raum und wirken über diesen wiederum auf die gesellschaftlichen Bereiche zurück. Solche stetige, allüberall anzutreffende, aber zugleich kaum beachtete Wechselwirkung wird damit zu einer globalen kulturgeographischen Thematik in Frankreich. Auch bietet diese das prägnante Beispiel der Raumwirksamkeit eines staatsorganisatorischen Leitprinzips in einem geschlossenen, abgerundeten Territorium. Aus diesem Grunde beschränkt sich dieses Buch auf Festland-Frankreich und klammert die abgelegene, nie wirklich integrierte Insel Korsika wie auch die überseeischen Departements bewußt aus.

Ebensowenig wie "die" Föderation existiert "der" zentralistische Staat. Derart strukturierte Länder bilden jedes ein Individuum, in dem der Zentralismus unterschiedliche Form und Bedeutung erlangt hat - man vergleiche Frankreich nur mit dem nächstliegenden Beispiel, Großbritannien. Trotzdem darf Frankreich als Prototyp betrachtet werden, gerade weil das zentralistische Leitprinzip durch alle Regierungsformen und seit seinen Anfängen im Mittelalter das Land ununterbrochen geprägt hat.

Aufgewachsen in der Nachkriegszeit und im (bundes-)deutschen Föderalismus, von diesem nolens volens geprägt, wurde ich, zunächst unreflektiert, bereits früh vom Zentralismus fasziniert wie von einem "Kontrastprogramm": Schon rein äußerlich beeindruckte natürlich Paris, gigantische, glänzende Hauptstadt, Kulturmetropole und Weltstadt zugleich, wo alle Verkehrsadern, Kontakte und Machtstränge zusammenlaufen. In Deutschland dagegen gab es keine wahre Hauptstadt mehr und, angesichts des provisorisch-provinziellen Ersatzes, auch kein "Hauptstadtgefühl". Wir hatten uns mit dem Reststaat Bundesrepublik arrangiert, ohne ein Nationalgefühl entfalten zu können. Der Begriff "Staat" blieb anonym-diffus. Demgegenüber wurde Frankreich, wohl noch stärker als vor dem Krieg, zum Inbegriff der geschlossenen, traditionsreichen Nation, gesteuert von einem hierarchisch aufgebauten Einheitsstaat. Bei aller zwischen Nachbarn üblichen Kritik bewunderten wir Deutschen insgeheim bei den Franzosen den ungebrochenen Nationalismus, den man uns selbst gründlich ausgetrieben hatte. Auch verdankt der Staat Frankreich gerade dem Zentralismus seine beeindruckende Kontinuität, unabhängig von wechselnden Regierungsformen, trotz zahlreicher Niederlagen und über Jahrhunderte hinweg. In nur wenig mehr als einem Jahrhundert dagegen wurde Deutschland zusammengefügt, zerrissen und nun als Torso wiedervereinigt. So beeindruckt wir Deutschen aber von diesem Einheitsstaat auch sein mögen, so begrenzt sind unsere Kenntnisse über das Phänomen Zentralismus. Sie reichen in der Regel nicht über zwei Dinge hinaus: das Superzentrum Paris mit seinem "Verkehrsstern" und die hierarchische Allmacht der Zentralbürokratie. Gerade dieser Mangel an Wissen hat, trotz der heute zunehmenden Kooperationsbereitschaft und Sympathie, auf den verschiedensten Ebenen immer wieder zu Fehldeutungen, Kontaktschwierigkeiten, ja folgenschweren Mißverständnissen geführt.

Deutlich mehr als für den Zentralismus interessiert man sich in Deutschland natürlich für die "attraktiveren", auch von Stereotypen geprägten Aspekte unseres Nachbarlandes: Kultur, Mode, Gastronomie, das Flair von Paris, den französischen Charme, das "Leben wie Gott in Frankreich". Die geringen Kenntnisse über jenen wichtigsten Wesenszug des Landes, den Zentralismus, sind aber auch eine Folge mangelnder Information. Zwar wird dieser in der politikwissenschaftlichen Literatur ausführlich behandelt, natürlich aus der politischen Perspektive, die nur einen Aspekt des Phänomens darstellt. An der politikwissenschaftlichen Leitlinie orientiert sich auch die politisch-geographische Forschung, die überdies in Deutschland - nach bekanntlich längerer Unterbrechung infolge der unseligen "Geopolitik" - noch enorme Lücken zu füllen hat. Selbst an allgemein landeskundlichen Untersuchungen deutscher Geographen über unser wichtigstes Nachbarland besteht immer noch ein auffälliger Mangel. Zwar wird das Phänomen Zentralismus darin durchaus berührt, nirgends aber nur annähernd seiner Tragweite entsprechend behandelt, geschweige denn direkt thematisiert. Auf französischer Seite gibt es eine nicht mehr überschaubare Zahl von Publikationen zu seinen verschiedenen Aspekten, und die beigefügte Literaturliste kann nur eine Auswahl stellen. Auch haben die französischen Geographen wichtige Beiträge über regionale und allgemein räumliche Auswirkungen des Zentralismus geliefert. Geradezu ein Klassiker wurde das 1947 erschienene *"Paris et le désert français"* des Geographen Jean-François GRAVIER. Doch war es, wie schon der aggressive Titel sagt, primär eine Streitschrift gegen die Auswüchse des Zentralismus. Nach wie vor aber fehlt eine *"Géographie du centralisme à la française"*.

Den Mut zu dem Versuch, die Lücke mit diesem Buch zu schließen, verdanke ich meinem Kollegen aus Aix-en-Provence, Jean NICOD: Er überzeugte mich - bezeichnenderweise während einer deutsch-französischen Studentenexkursion - daß ein außenstehender Unbefangener, also ein Ausländer, sich dieses Themas annehmen müsse, denn seine Landsleute selbst seien zu sehr an den Zentralismus gewöhnt, um dessen Auswirkungen überhaupt noch wahrnehmen und beurteilen zu können. Kann ich aber als Außenstehender tatsächlich unbefangen bleiben, bei allem Willen zu wissenschaftlicher Objektivität? Schließlich geht es um ein politisches Thema, und ich bin mir durchaus des Risikos bewußt, durch die "föderalistische Brille" über den Rhein - genauer: über die Saar - zu schauen und dabei gegen unwillkürliche Subjektivität nicht gefeit zu sein.

Das Engagement und die nötige Ausdauer zu diesem Versuch, der sich über ein Dutzend Jahre zog, geben mir meine langen und tiefen Bindungen an Frankreich: Schüleraustausch, Studium, Urlaub, Weinlese, Gastprofessur, Exkursionen, Hochschulkontakte und - vor allem - meine aus Limoges stammende Frau.

1 Motivationen zu diesem Buch

Wichtigstes Ziel dieses Versuchs ist, meinen Mitbürgern den entscheidenden Wesenszug unseres Nachbarlandes nahezubringen, Verständnis zu wecken für das "Anderssein" und dadurch zum Abbau deutsch-französischer Mißverständnisse beizutragen.

In den Jahren, in denen das Buch gedieh, haben mir zahlreiche Personen und Kollegen, vor allem auf französischer Seite, mit Rat und Kritik wichtige Informationen und Denkanstöße gegeben. Allen, die mir in irgendeiner Form geholfen haben, *un grand et cordial Merci*!

Saarbrücken, im Dezember 1991   Wolfgang Brücher

2 Der Zentralismus als staatsorganisatorisches Leitprinzip in Frankreich

In der Regel wird das eigentliche Grundprinzip des Zentralismus (*centralisme*) zu einseitig betrachtet und in seiner Tragweite verkannt. Es handelt sich weder um eine Staats- oder Regierungsform, noch um ein spezifisches Verwaltungssystem. Zentralismus ist vielmehr ein staatsorganisatorisches Leitprinzip, nach RASCH "eine bestimmte Art der Souveränitätsgestaltung" (1983, S.53), das in Frankreich in nahezu einem Jahrtausend gewachsen ist und bis heute über alle verschiedenen Staats- und Regierungsformen hinweg kontinuierlich praktiziert wurde.

2.1 Zentrale und Macht in der unitarischen Nation

Mit dem zentralistischen Leitprinzip wird über einen langen Zeitraum hinweg permanent das Ziel angestrebt, von einer einzigen Entscheidungszentrale und von einem festen Punkt im Raum ausgehend das gesamte zugehörige, in den Verfassungen als unteilbar definierte Territorium sowie alle gesellschaftlichen Bereiche maximal zu durchdringen, zu gestalten und zu steuern. Es dient der Formung einer geschlossenen "Nation" im Sinne eines regierten Volkes auf einem großen Staatsgebiet mit dem Bewußtsein der Zusammengehörigkeit, der gemeinsamen Geschichte und dem Willen zum Staat. Die festgefügte Nation wiederum garantiert den notwendigen Zusammenhalt von Bevölkerung und Fläche. Hieraus ergibt sich die existentielle Zielsetzung: Das Reich sollte in jahrhundertelangen Kämpfen, durch die Verschweißung von einst unabhängigen Territorien und von sprachlich-ethnisch eigenständigen Volksgruppen zu einem auf Dauer unteilbaren Ganzen geeint werden.

Im Begründungsmuster des Zentralismus bildet den Angelpunkt nach wie vor der Einheitsgedanke (RASCH 1983, S.60): Einheit soll innere Sicherheit, Schutz gegen äußere Bedrohung und Unterdrückung gewähren wie auch Ungleichheiten verhindern. Während das Deutsche Reich 1871 als Staat aus einem bereits existierenden Nationalbewußtsein entstanden ist, mußte, genau umgekehrt, die französische Nation auf der Basis eines schon funktionierenden Staatswesens in einem jahrhundertelangen Prozeß erst aufgebaut werden. Der zentralistische Staat stellte hier primär das Werkzeug zur Schaffung und Bewahrung der unitarischen Nation: "In der Tat hat nicht Frankreich seinen Staat konstruiert, sondern dieser Staat hat Frankreich geschaffen. Nicht die Einheit Frankreichs hat den Staat gestärkt, sondern die Macht des Staates erhält die Einheit Frankreichs"* (Rapport GUICHARD 1976, S.20,91). Mit Hilfe welcher Staatsform dies geschieht - absolutistische Monarchie, demokratische Republik oder imperiale Diktatur - ist für die Bildung der unitarischen Nation letztlich unbedeutend.

Im Staat und durch den Staat werden die Methoden zur Durchsetzung des zentralistischen Leitprinzips zusammengefaßt und organisiert: Gesetze, Administration, Verkehrsnetze, Bildungswesen, Hierarchie der zentralen Orte etc. Dabei ist maximale, allseitige zentralistische Durchdringung kein Zustand, sondern eine stetige Zielsetzung. Es gilt, sie gegen Widerstände zu erkämpfen, die ebenso stetig aus der Individualität des Menschen, aus regionalen und kulturellen Partikularismen und selbst aus der zu überwindenden Weite des Raumes erwachsen. Das Prinzip Zentralismus steuert folglich auch einen Prozeß, daher die quasi-synonyme Verwendung des Begriffs "Zentralisierung" (*centralisation*). Vielleicht hat gerade das Unerreichbare im Anspruch des Leitprinzips jenen Prozeß ständig erneuert, modifiziert und lebendig erhalten?

Die dem zentralistischen Leitprinzip innewohnende Logik ist von faszinierender Konsequenz und Kontinuität, zumal seine staatspolitische Motivation sich im Laufe der Geschichte mehrfach geändert hat. Grundsätzlich darf man davon ausgehen, daß jeder territoriale Machtapparat eine maximale Machtfülle in seiner Hand und an einem einzigen Regierungssitz vereinigen möchte, folglich das zentralistische Prinzip anstrebt. Ob sich der Machtapparat durchsetzen kann, hängt ab von der jeweiligen Konstellation der räumlichen und historischen Faktoren, vom politischen System und vom Vorhandensein eines starken, dauerhaften politischen Willens.

In Frankreich können die Ursprünge des Zentralismus heute kaum noch vollständig erfaßt und gewichtet werden. Förderliche Faktoren waren die Macht- und Organisationsstrukturen des Römischen Reiches, teilweise tradiert über die römisch-katholische Kirche. Besondere Triebkräfte erwuchsen aus dem Sendungsbewußtsein und der sakralen Stellung der Könige, lagen auch im anfänglichen Existenzkampf ab dem 10./11.Jh., im Selbstbehauptungswillen der bedrohten, schwachen Krone auf ihrer winzigen Domäne in der Ile-de-France. Der Jahrhunderte während Zwang, sich durch territoriale Expansion gegen die mächtigen Nachbarn, ja auch gegen die dem Feudalsystem innewohnende Auflösungstendenz zu wehren, hat diesen Impetus nur noch verstärkt (s. Kap.3.1.1; vgl. ELIAS 1976, II).

Es wäre abwegig, in der Strategie der ersten Kapetinger schon die Konzeption eines zentralistisch organisierten Staates, überhaupt schon eines "Staates" auszumachen. Zunächst ging es um die "realpolitische" Durchsetzung der Herrschaft, erst viel später wurde diese schrittweise durch Philosophen und Staatsrechtler als "Souveränität" theoretisch begründet. Schon sehr früh scheint sich das Trauma festgesetzt zu haben, Frankreich sei kein "normaler", natürlich gewachsener, sondern ein künstlich geformter, "auf dem dynastischen Prinzip und der militärischen Eroberung aufgebauter Staat"*, dessen Einheit ständig zerbrechlich erscheine (MACHIN 1982, S.51). Gerade die daraus entstandene Furcht vor Bedrohung durch äußere und innere Gegner, vor räumlichen Partikularismen und vor zentrifugalen Kräften wurde zur - vielleicht entscheidenden - Stütze im Kampf für die Durchsetzung einen mächtigen Zentralstaates. Später, als das Trauma des zerbrechlichen Staates seine Begründung verloren hatte, wurde es als ideales Propagandamittel erkannt und ständig wach gehalten, bis heute: "Die Anhänger der Zentralisierung haben immer vorgegeben zu glauben, daß ihre eigenen Gegner das Auseinanderfallen des Landes wünschten"* (PEYREFITTE 1976, S.305).

Gleichzeitig war von Bedeutung, daß das Staatsgebilde vom Kern der Krondomäne ausgehend aufgebaut werden mußte. Den (in der Regel zwangsweise) einverleibten Territorien durfte keine Eigenständigkeit gelassen werden, die sich - wie ja immer wieder geschehen - gegen die ungeliebte Zentrale richten könnte. Auch eine räumliche Aufteilung der Souveränität auf mehrere Standorte hätte zur Schwächung geführt. Die aus solcher Logik resultierende Konzentration aller Entscheidungsgewalt auf eine Regierung und auf einen Punkt, die dauerhafte Hauptstadt, erfordert dort eine optimale Organisation der Verwaltung. Erreicht werden kann diese nur durch weitestgehende Rationalisierung, also auch durch Vereinheitlichung - "Totale Macht und Unterschiede sind

2.1 Zentrale und Macht in der unitarischen Nation 17

unvereinbar"* (RAFFESTIN 1980, S.107). Je größer das Territorium, desto dringlicher wird die rationelle Vereinheitlichung, desto größer und mächtiger aber erwächst daraus auch die zentrale Bürokratie. Nicht zufällig entwickelte sich in dem ersten modernen Zentralstaat unter Napoleon die erste moderne und effiziente Bürokratie, die über einen langen Zeitraum weltweit zum Vorbild gedieh.

Die Machtausübung von der Zentrale aus erfordert einen flächendeckenden, reibungslosen Fluß der Informationen und Anordnungen in sämtliche Teilgebiete, bis zur Peripherie. Je weiter entfernt diese liegt, umso wirkungsvoller muß der Verwaltungsapparat arbeiten. Über Jahrhunderte hat man deshalb beharrlich das Verkehrs- und Nachrichtenwesens verbessert, um die Reise- bzw. Kommunikationszeit zwischen Paris und Provinz zu verkürzen - der Hochgeschwindigkeitszug "TGV" (*train à grande vitesse*, vgl. Kap.6.2.3) ist das jüngste Element dieser Strategie. Solange aber in einem großen Reich mangelhafte Kommunikation die Machtausübung der Zentrale behindert, antwortet diese mit verschärften Zentralisierungsmaßnahmen.

So lassen sich Politik und Verwaltung am wirksamsten in einem Raum realisieren, in dem sich möglichst wenig Widerstände in den Weg stellen. Abgesehen von rein topographischen Barrieren wie Gebirge oder Sumpfgebiete erwachsen Hindernisse im Territorium aus zwei Quellen: aus regionalen Machtpolen, einst verkörpert in den Trutzburgen des Feudaladels, sowie aus ungleichmäßigen räumlichen Strukturen. Zum einen müssen daher die Pole regionaler Eigenmächtigkeit beseitigt werden: Beispielhafte Schritte sind der jahrhundertelange Kampf gegen den Feudaladel, die Entmachtung der Städte, der Dauerkonflikt zwischen Staatsregierung und Stadt Paris, die Religionskriege gegen die Protestanten, selbst die Verstaatlichung großer Wirtschaftsunternehmen und schließlich, immer wieder, die Abwehr regionalistisch-föderalistischer Autonomiebestrebungen. Auf der anderen Seite jedoch benötigt der Staat regionale Zentren, also Städte, um die räumlichen Strukturen aufrechtzuerhalten, was wiederum eine optimale Kontrolle der Provinz durch die Zentralregierung erforderlich macht. Deshalb müssen Informationen, Anordnungen und Transporte möglichst direkt und schnell fließen.

Dieses Prinzip wurde grundlegend für die Organisation von Verwaltung und Verkehrswesen - je moderner die Verkehrsträger sind, desto größere Räume überspringen sie, um den zeitlichen Abstand zu Paris auf ein Minimum zu verkürzen (vgl. Abb.1). Natürlich erschwert eine solche einseitige Förderung der Direktkommunikation die Querkontakte zwischen untergeordneten Stellen, zwischen Regionen und Städten innerhalb der Provinz, bzw. lassen sich die Kontakte am einfachsten, wenn auch mit Umwegen, über die Hauptstadt herstellen. Damit verbindet sich jedoch implizit eine weitere Strategie des Zentralismus: eine Aufteilung des Landes und eine Organisation in radial von der Hauptstadt ausstrahlenden Sektoren. So ergibt sich aus der Optimierung der Verkehrsanbindung an Paris eine fächerartige Aufgliederung von Verkehrssektoren, die sich an Konzessionen der alten Bahngesellschaften orientieren (vgl. Kap.6.1). In ihnen bündeln sich heute die Hauptachsen aus je einer Nationalstraße, Autobahn und Schnellzugstrecke. Wie an Nabelschnüren hängen Siedlungen, Verwaltung, Wirtschaft und Infrastruktur an diesen Achsen und ihren Verzweigungen, also letztlich an der Hauptstadt.

Zur Durchsetzung solcher zentralistisch-einheitlichen Strukturen diente eine parallele Strategie flächendeckender Schwächung: Man zwang die Bauern zur Fronarbeit für den Bau der Königsstraßen, holte den Adel von seinen Gütern in den goldenen Käfig von

18   2 Der Zentralismus als staatsorganisatorisches Leitprinzip in Frankreich

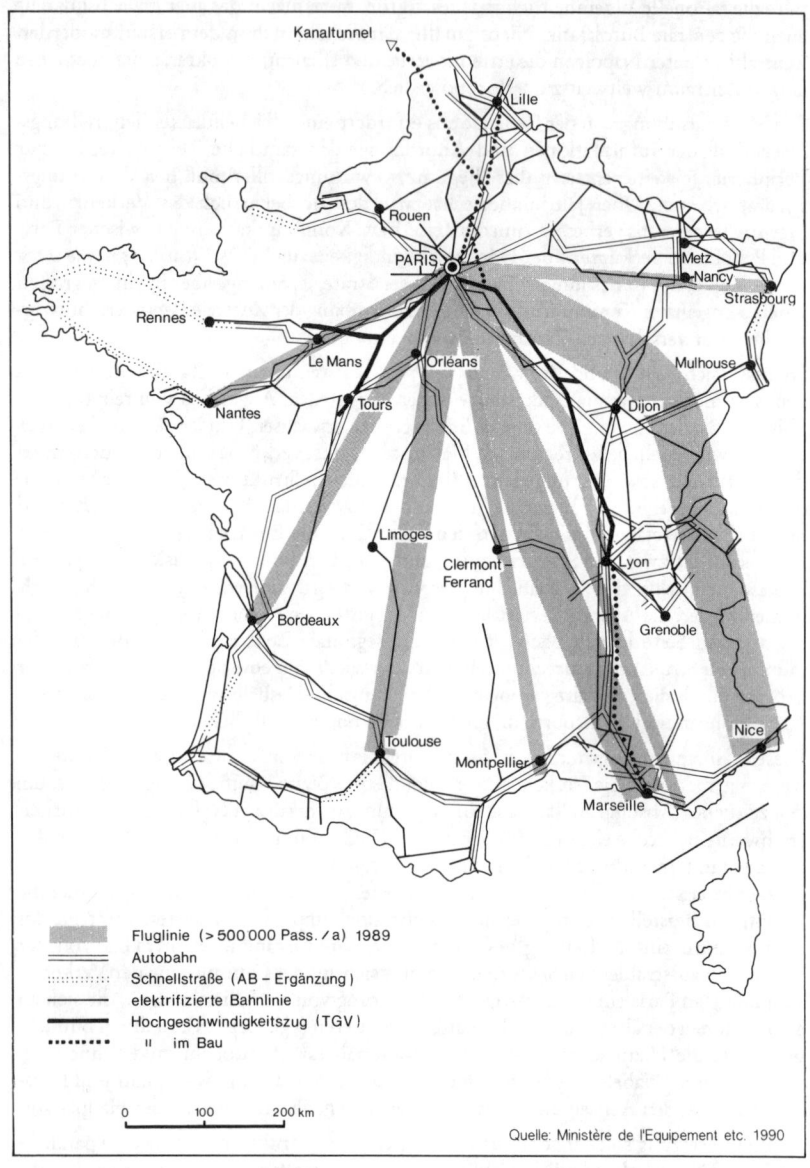

Abb.1 Die Haupttransportachsen in Frankreich

2.1 Zentrale und Macht in der unitarischen Nation

Versailles, zerschnitt Gebiete einheitlichen Volkstums durch Departementgrenzen, verewigte die zersplitterte Kommunalstruktur, kumulierte das regionale Kapital in Form von Steuern und Bankeinlagen in der Hauptstadt und lockte dorthin die intellektuelle Elite. Eine Strategie bis zum Individuum: "Unsere Bürger sind nichts, und selbst unsere Institutionen haben nur einen Sinn, sofern sie dem Staat dienen" - ein symptomatischer Satz des einstigen Premierministers Michel DEBRÉ (zit. bei SERVAN-SCHREIBER 1971, S.33).

Das zentralistische Leitprinzip erfordert eine rationalisierte Vereinheitlichung nicht nur der Administration, sondern auch des verwalteten Raumes: Am wirksamsten organisieren und beherrschen läßt sich dieser unter Minimierung bzw. Verdrängung der regionalen Unterschiede. So soll die Zentralisierung in konsequenter Logik zur Uniformität führen, denn - so DE TOCQUEVILLE ironisch - sie erspart sich damit die "Untersuchung unzähliger Details, mit denen sie sich zu beschäftigen hätte, wenn man die Regeln für die Menschen machen müßte, anstatt alle Menschen undifferenziert derselben Regel zu unterwerfen"* (zit. in MAYER 1968, S.44). Solches Bestreben, Raum und Bevölkerung zu uniformieren, verbindet sich mit dem genannten Ziel, das Staatsgebiet zu entmachten und einem einheitlichen, zentralgesteuerten Verwaltungssystem zu unterwerfen: Die Entscheidungen der Regierung werden überall gleichlautend und gleichzeitig bekanntgemacht und ausgeführt. Jene für das ganze Land verbindlichen Erlasse werden in der Metropole gefällt, folglich aus großer Distanz zur Provinz. CROZIER (1974, S.17) beklagt den daraus resultierenden Mangel an Kontakt und Information, der zu einer gezielten Entpersonalisierung der Verwaltung führe.

In der systematischen Vereinheitlichung der Bestimmungen äußert sich eine bewußte Negierung der regionalen Vielfalt: Als Voraussetzung für die landesweite Durchführung einer Verordnung deklariert man das Territorium als einheitlich, ohne Berücksichtigung der Realität; denn jeder an regionale Unterschiede und Erfordernisse angepaßte, modifizierte Erlaß würde der als notwendig erachteten Vereinheitlichung zuwiderlaufen. Zwangsläufig kommt es zu völlig wirklichkeitsfremden, ja provokanten Entscheidungen, z.B. der landesweiten Entschädigung der Landwirte nach dem Dürrejahr 1976 - auch in den Alpen, wo es ausreichend geregnet hatte; und in den Überseedepartementen sangen die farbigen Schulkinder im Unterricht *"Nos ancêtres, les Gaulois"*.... Gerade wegen der Heterogenität des Raumes wird dessen egalisierende Behandlung forciert, die Uniformierung bekommt quasi-ideologische Züge.

Zusätzliche ideologische Verstärkung erhält die geschilderte Tendenz zur Uniformierung aus der *égalité* der Jakobiner. Aus diesem Anspruch des revolutionären Bürgertums auf Beendigung jeglicher Diskriminierung leitet sich ebenfalls die Forderung nach einheitlicher Verwaltung bzw. Behandlung ab: "Eine administrative Maßnahme erscheint als gerechter [!], wenn sie im gesamten Staatsgebiet identisch durchgeführt wird"* (Rapport GUICHARD 1976, S.22). MAYER (1968, S.131) spricht von einer "Komplizenschaft"* dieser doch unterschiedlich begründeten Egalisierungstendenzen.

Die Uniformierung drang nach und nach in alle Existenzbereiche ein und wurde mit den unterschiedlichsten Methoden forciert: Rechtsprechung, Maße, Gewichte, ja sogar Energie- und Transporttarife wurden landesweit vereinheitlicht. Mittel und Zweck zugleich waren die Durchsetzung des Französischen als Einheitssprache sowie der Aufbau eines gleichgeschalteten Schul- und Bildungswesens, das die unantastbare Geschlossenheit bzw. Einheitlichkeit von Geschichte und Raum in Frankreich zu propagieren hatte (SÉRANT 1965, S.14). Selbst die kulturelle Eigenständigkeit der Provinzen sollte, unterstützt durch Philosophie und Ideologie, ausgemerzt werden: "Im Frankreich des Rationalismus und der Aufklärung wurde nur einer Lebens- und Weltkonzeption Platz eingeräumt: derjenigen der höfischen und städtischen Gesellschaft ... Die französische Kultur verfolgte mit ihrem Unterwerfungsfeldzug das Ziel, die Vielfalt durch die Einheit zu ersetzen" (MUCHEMBLED 1982, S.277).

2.2 Hauptstadt, Peripherie, Grenzen

In der geschilderten Konsequenz des zentralistischen Prinzips ist eine überdimensionierte Hauptstadt am Standort der Regierungszentrale zugleich Resultat und Motor des Einheitsstaates. Aber "weder die Lage, noch die Größe, noch der Reichtum der Hauptstädte verschaffen diesen das politische Übergewicht über das ganze Reich, sondern die Natur der Regierung...", erkannte bereits DE TOCQUEVILLE (1856, zit. in 1978, S.82). Er zeigte damit einen Weitblick über jene immer noch verbreitete Ansicht hinaus, die Lage der Metropole Paris sei determiniert. Zweifellos haben die von der Natur vorgezeichneten Standortvorteile der Stadt ihre Entwicklung begünstigt und beschleunigt: der ideale Kreuzungspunkt der Seine mit der von Flandern nach Südwesten führenden Hauptverbindung, die Wasserwege ins Pariser Becken und zur Küste, die Versorgung aus einem reichen agrarischen Hinterland. Solche Lagevorteile mögen die Entscheidung der Könige erleichtert haben, diesen Sitz innerhalb der angestammten Krondomäne auszuwählen. Sie hätten aber ebenso eine andere Stadt in der Krondomäne vorziehen können, nämlich Orléans, das jedoch politisch ins Hintertreffen geriet. Spätestens seit Ende des 12. Jh., unter Philipp August, ist Paris die unangefochtene Hauptstadt (DE PLANHOL 1988, S.291 f).

Den Ausschlag gaben also nicht natürliche Gunstfaktoren, sondern menschliche Entscheidung, in diesem Falle die des aufstrebenden Herrscherhauses der Kapetinger, auf seiner Krondomäne einen definitiven Regierungssitz festzulegen und von hier aus sein Reich mit Macht auszudehnen. Kurze Rückfälle in eine "fliegende Hofhaltung", wie unter Franz I., blieben nur folgenlose Episoden. Im Kontrast zu den verstreuten, unregelmäßig besetzten Kaiserpfalzen, zum Fehlen einer Hauptstadt des Deutschen Reiches lagen in Frankreich territoriale Expansion, Verwaltung und Aufbau des Einheitsstaates fast von Anfang an in der unverrückbaren Metropole verankert (vgl. Abb.3 in SCHÖLLER 1987).

Die daraus resultierenden Raumstrukturen, wie die Verwaltungsgebiete oder das Verkehrsnetz, wurden konsequent auf die Hauptstadt ausgerichtet, sie verstärkten mit fortschreitender Entwicklung deren Position. So bedeutet es innerhalb eines Zentralstaates keineswegs, wie etwa LAFONT meint, einen Widerspruch der Geschichte, der Politik und der territorialen Logik, daß Frankreich eine dezentral gelegene Hauptstadt habe, 750 km von der spanischen und nur 200 km von der belgischen Grenze entfernt (1967, S.190). Denn das Hexagon ist von der Hauptstadt Paris aus geschaffen worden, nicht umgekehrt. Auf der anderen Seite wurde dadurch die unwiderrufliche Vormachtstellung von Paris begründet. Zwar konnte Ludwig XIV. aus taktischen Erwägungen im nahen Versailles auf Distanz gehen, eine Verlagerung zum geometrischen Mittelpunkt Frankreichs, etwa nach Bourges, war jedoch schon damals ausgeschlossen. Entscheidend in

2.2 Hauptstadt, Peripherie, Grenzen

dem System ist, daß von einem Ort aus regiert und die Raumordnung dorthin ausgerichtet wird. Wenn dieser Ort aus historischen und praktischen Gründen nicht die ideale zentrale Lage einnimmt, dann müssen die dadurch entstehenden Nachteile - größere Entfernungen, höherer Zeitaufwand, mehr administrative Reibungsverluste - durch erhöhte organisatorische Anstrengungen kompensiert werden. Zweifellos hat gerade dieser Zwang die Zentralisierungsbestrebungen noch verstärkt. "Die Festlegung einer relativ exzentrischen, exponierten Hauptstadt in Paris sollte die Geschichte und die geographische Struktur der Nation tief prägen"* (DE PLANHOL 1988, S.292).

Die ausschließliche räumliche Konzentration der Macht bedingt eine außergewöhnliche Ausstattung der Metropole mit Verwaltungseinrichtungen, Beschäftigten, kulturellen und repräsentativen Einrichtungen. Glanz und Renommee, verbunden mit einem systematisch gepflegten Mythos der Metropole, entwickeln eine zusätzliche Eigendynamik. Es kommt so zu einem Entwicklungsvorsprung und zu einem erdrückenden Übergewicht gegenüber den übrigen Landesteilen, die zu alledem die Infrastruktur und das Gepränge der Hauptstadt auch weitgehend finanzieren müssen. Die Provinz hat nicht nur durch Abwanderung für den quantitativen Bedarf der Hauptstadt an Arbeitskräften zu sorgen, sie stellt auch die intellektuelle Elite für die zentrale Bürokratie, für Wirtschaft, Forschung und Kultur. Diese *"vampirisation parisienne"* (SÉRANT 1965, S.22) ist ein Dauerthema unter den Franzosen.

Damit aber wird die Hauptstadt im zentralistischen Leitprinzip unvermeidlich zum Paradox: Einerseits liegt die Überdimensionierung der Metropole, des räumlichen Sitzes der Zentrale, in einer durchaus erwünschten Entwicklung, denn umso effizienter kann von hier aus die Macht ausgeübt werden. Zugleich bildet sich damit jedoch ein gewaltiges Machtpotential außerhalb des Staatsapparates, das zu diesem in Konkurrenz tritt - wohlgemerkt: am selben Standort. Auf das ganze Territorium bezogen, wurde Paris-Stadt (Ville de Paris) schon früh der mit Abstand größte und gefährlichste jener störenden Machtpole. Schon die absolutistischen Könige hatten gespürt, daß der Machtwille der Hauptstadt nicht nur die Staatsspitze, sondern das zentralistische Leitprinzip selbst bedrohte. Dieses existiert jedoch abgehoben vom Raum, es formt ihn nur indirekt über zentralistische Systeme, wie z.B. Verwaltung oder Verkehrswesen. Es ist dem Raum übergeordnet und darf folglich niemals unter dessen Einfluß geraten. So erklärt sich die Auslagerung der Regierungszentrale nach Versailles nicht nur aus einer strategischen Absetzbewegung Ludwigs XIV. aus dem gefürchteten, zu Revolten neigenden Paris. Vielmehr wollte sich das Königtum damit symbolisch über Raum und Volk erheben, mit einem Schloß und einer Hofhaltung, die alles an Glanz übertreffen sollte, zumal der Louvre als Kulisse nicht mehr ausreichte. Paris sollte damit in seine Schranken verwiesen werden, durfte nicht mehr und nicht weniger sein als ein Teil des französischen Territoriums, ohne eigenständigen Machtanspruch.

Versailles war aber nur ein Intermezzo, bestimmend bleibt die Verschmelzung von Zentralmacht, größter Stadt, Wirtschafts- und Kulturmetropole in Paris. Gerade die Existenz von Paris trägt zu der erläuterten systemimmanenten Schwächung des Raumes entscheidend bei, denn die Metropole mit ihren einmaligen Standortvorteilen entblößt den Rest des Landes von seinen maßgeblichen Kräften. Überdies erfährt das dadurch zunehmende Ungleichgewicht zwischen Provinz und Hauptstadt eine Selbstverstärkung.

Besonders benachteiligt durch das zentral-periphere Gefälle werden die abgelegensten Gebiete, die Grenzräume, einerseits wegen der großen Entfernung zur Hauptstadt, zusätzlich aber auch durch ihre Lage "mit dem Rücken zur Wand". Verschlechtert wird diese Lage noch, wenn ein Grenzraum, wie einst Lothringen, an Feindesland stößt. Er wird deshalb vom eigenen Staat als militärisches Glacis genutzt, als Aufmarsch- und Pufferzone, in der nur das notwendige Minimum in Wirtschaft und Infrastruktur investiert wird. Bestehen dagegen gute Beziehungen zum Nachbarland, so befürchtet die Zentrale, ihr eigenes Grenzgebiet könnte sich der anderen Seite zuwenden oder gar dorthin abdriften - und verschärft deshalb die Kontrolle. Erhöhte zentralistische Anstrengungen erfordert auch die Integration derjenigen peripheren Gebiete, die von (mißtrauisch beäugten) ethnischen Minderheiten wie Bretonen, Basken oder Katalanen bewohnt sind. MUCHEMBLED (1982, S.238) behauptet sogar, das *Ancien Régime* habe die regionale Vielfalt der Volkskultur am härtesten in den peripheren Räumen unterdrückt, um die dort ausgeprägtesten partikularistischen Tendenzen zu unterlaufen. Symptomatisch dafür sei die dort höhere Zahl der Hexenverfolgungen gewesen...

In dieser Zielsetzung nimmt auch die Grenze selbst eine neue spezifische Form und Funktion an. Aus der mittelalterlichen Übergangs-, Puffer- oder Leerzone konkretisierte sich im Absolutismus eine bewachte und befestigte Demarkationslinie, gekennzeichnet durch die Vauban'schen Festungen, durch Rhein, Alpen und Pyrenäen. Sie dient aber nicht mehr allein der Abschirmung nach außen, sondern auch als Rand eines "Gefäßes", das den zentralistischen Staat umfaßt: Die Grenze zeigt die Reichweite und Durchsetzbarkeit seiner Entscheidungen an, damit diese nicht unkontrollierbar irgendwo ausklingen, also ungültig werden - das Fehlen oder Aufweichen einer solchen Begrenzung würde jede Reichweite grundsätzlich in Frage stellen (vgl. Kap.12). Nur so kann das "Gefäß Raum" auch mit Macht "gefüllt" werden. Zugleich verhindert sein Rand ein Überborden der stets gefürchteten zentrifugalen Tendenzen, denn die befestigte Grenze schottet auch nach innen ab. Nirgends zeigt sich der Januskopf der Grenze so konkret wie in jenen Städten, die das Königreich zugleich nach außen und innen verteidigen sollten: mit einer Festung gegen potentielle Invasoren, in umgekehrter Richtung aber auch, mit einer Zitadelle, gegen die eigenen Untertanen, an deren Loyalität die Zentralmacht zweifelte, so u.a. in Metz, Verdun, Lille, Bayonne, Perpignan, Briançon oder Besançon (vgl. Abb.3).

2.3 Der zentralistische Verwaltungsapparat

Verbreitetem Verständnis nach ist "Zentralismus" nur ein Synonym für den zentralstaatlichen Verwaltungs- und Machtapparat. Man beschränkt den Begriff also zumeist auf den Mechanismus, durch den das staatsorganisatorische Leitprinzip funktioniert. Er soll hier kurz vorgestellt werden, und zwar zunächst in seiner traditionellen Form noch weitgehend napoleonischen Zuschnitts. Dagegen werden die Modifizierungen durch die Dezentralisierungsgesetze seit 1982 in Kap.11 am Schluß des Buches behandelt.

Mit der üblichen Gleichsetzung des Prinzips und seiner äußeren Form definierten auch DETTON/HOURTICQ (1975, S.4) die Zentralisierung vor 1982 "als eine Regierungsform, in der die lokalen Verwaltungen der vollständigen Leitung der Zentralregierung oder ihrer örtlichen Repräsentanten unterstehen: Die Beamten dieser Verwaltungen werden durch die Regierung ernannt und durch diese einer strikt hierarchischen Herrschaftsstruktur unterstellt"*. Man spricht auch von einem unitarischen System, denn aus-

2.3 Der zentralistische Verwaltungsapparat

schlaggebend ist, daß die Anordnungen allein von der Staatsspitze erlassen werden. Dabei wird dort und nur dort entschieden, was das *intérêt national* ist und was ihm dient (vgl. CROZIER 1974, S.24). Die Anordnungen werden weitergeleitet und in den hierarchisch gestuften Gebietskörperschaften des Territoriums von Beamten mit entsprechender Zuständigkeit ausgeführt.

Schon hier muß auch das Gegenteil von Zentralismus bzw. Zentralisierung, die "Dezentralisierung" (*décentralisation*), klar definiert werden, vor allem, um die häufige (zuweilen auch intendierte) Verwechslung mit "Dekonzentration" (*déconcentration*) zu vermeiden. Nach GRUBER (1986, S.120) bedeutet Dezentralisierung eine Übertragung effektiver Entscheidungsvollmachten auf eigenständige Gebietskörperschaften bzw. Institutionen, die also nicht zur hierarchischen Unterordnung unter die zentrale Staatsverwaltung bzw. unter andere Institutionen [z.B. Unternehmensverwaltungen] verpflichtet sind. Um einen Dezentralisierungsakt handelt es sich z.b. in Deutschland bei der Abtretung einer Bundeskompetenz an die Länder. Beauftragt dagegen in Frankreich ein Ministerium seine Außendienststellen, zusätzliche weisungsgebundene Funktionen zu übernehmen, so ist dies ein Akt der Dekonzentration, also lediglich der Verlagerung eines Tätigkeitsbereiches, nicht aber der Kompetenz - "Es schlägt der gleiche Hammer zu, nur der Arm ist kürzer" (TREFFER 1982, S.24).

Den 96 Departements Frankreichs steht jeweils ein Präfekt (*préfet*) vor, der - bis 1982 - als lokaler Statthalter der Staatsmacht zu deren Symbolfigur geriet. Er hat seinen Sitz im Hauptort des Departement (*chef-lieu*, s.Abb.2), wo auch alle staatlichen Außendienststellen angesiedelt sind. Dem Präfekten unterstellt ist je ein Subpräfekt (*sous-préfet*) in den etwa 3 - 6 Arrondissements pro Departement. Die kleinsten und letzten Glieder in den Gebietskörperschaften bilden die über 36.000 Gemeinden (*commune*). Sie wählen zwar ihre Bürgermeister selbst und verfügen über eine begrenzte Autonomie, stehen aber rechtlich und vor allem wegen ihrer Kleinheit ebenfalls in hohem Abhängigkeitsgrad vom Staat.

Charakteristisch für die administrative Unterteilung des Territoriums sind folglich kleine Einheiten - im Mittel hatten die Departements 1990 590.000 Einw. und 5666 km², die Gemeinden 1550 Einw. und 15 km² - die dem Zentralstaat direkt gegenüberstehen und ansonsten auf sich selbst gestellt sind. Es gibt - auch heute noch - keine von der Zentrale unabhängige regionale Hierarchie wie z.B. zwischen Bundesländern und Gemeinden. Bis 1982 hatte das Departement keine eigene Exekutive, und die Region, zwecks organisatorischer Zusammenfassung mehrerer Departements erst in den 60er Jahren konzipiert, besaß nicht einmal den Rechtsstatus einer Gebietskörperschaft. Nie auch nur in Erwägung gezogen wurde die Bildung einer regionalen Legislative, etwa wie die der Bundesländer; sie wäre verfassungswidrig.

Jene weitgehend bekannten Verwaltungsstrukturen werden ergänzt durch eine sektorale Ausrichtung innerhalb der Administration: Parallel zu dem direkten Befehlsstrang Regierung - Präfektur verfügt jedes Fachministerium (für Landwirtschaft, Gesundheit, Industrie etc.) über eine Verbindung zu je einer Außendienststelle pro Departement, der sog. *direction départementale*. Anordnungen, Anfragen, Informationen liefen bis 1982 unmittelbar über diese Außendienststellen und erlaubten dem Ministerium in der Zentrale eine direkte Steuerung seines Sektors in der gesamten Provinz. Zu betonen ist die gegenseitige Abschottung der einzelnen sektoralen Zuständigkeiten: Damit wollte die

24   2 Der Zentralismus als staatsorganisatorisches Leitprinzip in Frankreich

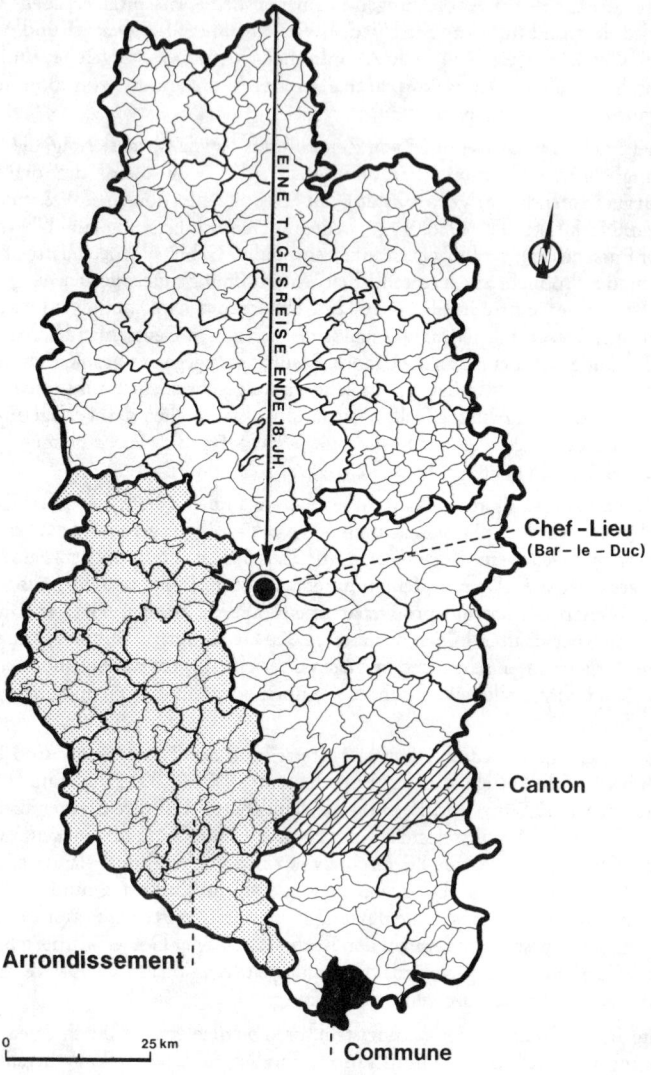

Abb.2   Das Departement Meuse - Beispiel der administrativen Gliederung in Frankreich

Regierung diese Machtstränge in ihrer Hand bündeln und zugleich eine potentielle Kombination unabhängiger Machtfaktoren auf regionaler Ebene verhindern. Eine privilegierte Stellung unter den Ministerien nimmt das für Wirtschaft und Finanzen ein, das über eine straffe Ausgabenüberwachung aller anderen Bereiche, über die "Drainage" der

Masse der Steuern und Sparkasseneinlagen in die Zentrale (vgl. Kap.10.3) und als überragender Informationsträger außergewöhnliche Macht genießt - und verständlicherweise den Vizepremierminister stellt.

Aus dieser Struktur ergibt sich für die Zentralregierung der Zwang, die Fachministerien und ihre Bereiche zusammenzuhalten und dahingehend zu überwachen, daß ihr sektoraler Einfluß sich nicht zu eigenständigen Machtbereichen entwickele. Das führte zur Gründung mehrerer Institutionen, mittels derer die Machtstränge der Ministerien in der Spitze verklammert werden sollen, u.a. die verschiedenen *Comités interministériels* oder die Raumplanungsbehörde DATAR. Neben dem eigentlichen "Regieren" gehört solche Kontrolle zu den permanenten Aufgaben des Premierministers (vgl.Kap. 9.3.2).

Die Spitze der Pyramide bildet bekanntlich der Staatspräsident. Für das Funktionieren des französischen Zentralstaates ist es sicherlich sekundär, ob sein Präsident außergewöhnliche Machtbefugnisse hat, wie in der derzeitigen Fünften Republik, oder wenig mehr als eine Repräsentationsfigur darstellt, wie in der Vierten. Doch bedeutete der von de Gaulle erzwungene erhebliche Machtzuwachs des Staatschefs zweifellos auch eine Verstärkung der Zentralisierung.

Bei aller Machtfülle ist die Spitze des Staates jedoch immer wieder politischen, strukturellen und personellen Veränderungen unterworfen, wie besonders drastisch der Wechsel von der Vierten zur Fünften Republik gezeigt hat. Als Garantin für die Kontinuität des Leitprinzips Zentralismus fungiert deshalb die Bürokratie. Zwar wurde sie in ihrer heutigen Form weitgehend von Napoleon organisiert, teilweise nach militärischem Vorbild - noch heute trägt ein Präfekt zu offiziellen Anlässen Uniform - hat aber ihre Wurzeln bereits im absolutistischen Königtum. Die eigentliche Trägerin der Macht des Leitprinzips ist die Zentralbürokratie, denn Präsident, Premier und Minister wechseln, nicht aber die Lebenszeitbeamten. Natürlich ist eine solide Verwaltung unverzichtbare Stütze eines jeden modernen, stabilen Staatswesens; die Beamtenschaft im unitarischen Staat ist jedoch durch spezifische Eigenheiten gekennzeichnet: zum einen durch das qualitative wie quantitative Übergewicht der zentralen gegenüber der regionalen Bürokratie, zum anderen durch eine homogen geformte Beamtenelite. Obwohl diese de iure der Regierung untersteht und weisungsgebunden ist, hat sie eine Machtstellung, die von der Regierung nicht ignoriert werden kann. Vielmehr wird gerade die Regierung von der Beamtenelite auf die Einhaltung der zentralistischen "Regeln" kontrolliert.

Jene Elite formt die *Grands Corps de l'Etat*. Obwohl teilweise in die Ministerien integriert, stellen sie faktisch doch Parallelinstitutionen dar (vgl. ESCOUBE 1976, THOENIG 1974). In der Regel zählt man fünf: das Corps Préfectoral, das Corps Diplomatique, den Conseil d'Etat, die Cour des Comptes und die Inspection des Finances, von denen die letzten drei als die mächtigsten und prestigeträchtigsten gelten: Der Conseil d'Etat, hervorgegangen aus dem Conseil du Roi, entwickelte sich nach der Revolution zum Ratgeber der Regierung sowie zum Obersten Verwaltungsgericht, damit auch zum Wächter über die Kontinuität des Zentralismus. Die Mitglieder der Cour des Comptes, des Obersten Rechnungshofes, sind nicht absetzbar. Wie dieser gehört auch die Inspection des Finances zum Wirtschafts- und Finanzministerium und hat "nach und nach die Schlüsselpositionen in der Wirtschafts- und Finanzadministration Frankreichs besetzt"* (ESCOUBE 1976, S.68). Begründet liegt die Macht der Grands Corps aber auch in der gemeinsamen Ausbildung in den führenden *Grandes Ecoles*. Der dort entwickelte Corpsgeist läßt sie ihr Leben lang zusammenhalten, über die Grenzen von Parteien und Ministerien hinweg (vgl. Kap.3.3.2). Das wohl deutlichste Indiz für die Macht der *Grands Corps* in Frankreich ist die Tatsache, daß regelmäßig die Besten unter den Absolventen der führenden Eliteschulen höchstdotierte Posten in der freien Wirtschaft ausschlagen, um - man wundere sich - Beamte zu werden, nach Möglichkeit Inspecteur des Finances (was man nicht mit "Finanzinspektor" übersetzen sollte!).

2.4 Zentralistische Mentalität

"*L'unité de la France s'est faite par la centralisation*", sagt Michel DEBRÉ (1956, S.309), einer der engagiertesten Verfechter des Leitprinzips. Doch kann die Formung einer auf ihr Zentrum ausgerichteten, geschlossenen Nation nicht allein durch einen noch so straff zentralisierten Staat erreicht werden. Erneut ist in Erinnerung zu rufen, daß sie aus heterogenen Territorien und Kulturräumen, gegen innere und äußere Widerstände zusammengeschmiedet wurde: Man vergleiche nur den stärker fränkisch geprägten Norden mit dem römisch beeinflußten Midi, die keltische Bretagne mit dem Baskenland, das Elsaß mit der italienischen Grafschaft Nizza, die erst 1860 zu Frankreich kam. Bekannt sind auch die erheblichen landschaftlichen und wirtschaftsräumlichen Unterschiede beispielsweise zwischen dem strukturschwachen Zentralmassiv, dem Pariser Becken mit seiner Getreidemonokultur oder den Weinbaugebieten im Rhônetal und am Mittelmeer. Verwirklicht und dauerhaft erhalten werden kann nur eine Nation, die von ihrem tragenden Element, dem Volk, gewollt ist und aktiv unterstützt wird. Wenn die Bevölkerung - wie in Frankreich - heterogenen ethnischen Gruppen entstammt, bedarf es dazu einer intensiven Bewußtseinsbildung. Das Volk muß permanent davon überzeugt werden, daß es unter den immensen Schwierigkeiten eines Jahrhunderte währenden Kampfes "geboren" worden sei - bekanntlich haben gemeinsam überstandene Härten einigende Wirkung - und daß es sich erst daraus zu einer mächtigen Nation habe entwickeln können. Diese müsse ständig bereit sein, sich gegen äußere Bedrohung und innere Zersetzung zu wehren.

Psychologische Mittel für eine so orientierte Bewußtseinsbildung sind u.a. die Durchdringung des Landes mit einer gemeinsamen Sprache und Kultur (*civilisation française*), eine Frankreich stets als Ganzes behandelnde Geschichtslehre, die Idealisierung der Hauptstadt gegenüber der herabgewürdigten "*province*" - geschickt illustriert übrigens durch die Karikatur des pfiffigen Pariser *gamin* gegenüber denen des bretonischen Bauerntrampels Bécassine oder des prahlerischen, faulen Südfranzosen - bis hin zur Verbreitung "nationaler vereinigender Mythen"* (TARROW 1977, S.48) um Roland, Jeanne d'Arc, Ludwig XIV. oder Napoleon.

Das erwünschte Nationalbewußtsein in der spezifischen Nation Frankreich setzt die Akzeptanz des zentralistischen Staates als einzig möglicher Organisationsform voraus. Es erfordert folglich eine bereitwillige Unterwerfung des einzelnen unter diesen Staat, der seine Bevormundung übernimmt. Schließlich gehört dazu auch das Bejahen der allgemeinen Vereinheitlichung, untermauert durch die ideologische Basis des jakobinischen Egalitarismus (s.o.). Daraus entstanden jedoch "zwei enorme Mißverständnisse ... Die Franzosen verwechseln die Gleichheit der Bürger mit der Uniformität der Verwaltung. Sie setzen die nationale Einheit gleich mit der Zentralisierung aller Formen der Macht"* (MAYER 1968, S.43). Offenbar ist infolge der Allgegenwart zentralistischer Methoden das Mittel, der Zentralismus, mit dem Zweck, nämlich der Bildung einer Nation, undifferenzierbar verschmolzen. Die Gewöhnung an die Zentralisierung, so LAFONT, gehe bis auf die Zeit der Kapetinger zurück und könne deshalb mit Nationalgefühl verwechselt werden; umgekehrt empfinde die jakobinische Auffassung jede Bemühung in Richtung Dezentralisierung als antinational (1967, S.22,31).

So hat sich eine Denkweise entwickelt, die voll auf den zentralistischen Mechanismus fixiert ist, also alles verwirft oder auch gar nicht begreift, was sich diesem nicht anpaßt. Sie kann nur noch in den vorgezeichneten Bahnen verlaufen, paradoxerweise selbst dann, wenn die negativen Folgen des Zentralismus korrigiert werden sollen. Die folgenden Kapitel werden das näher belegen; vorweg nur zwei Beispiele: COMBY (1973, S.651) hält es für "logisch undenkbar, daß Dienstleistungsbetriebe von nationaler oder regionaler Bedeutung in zweitrangigen Städten eingerichtet werden können"*. BEAUJEU-GARNIER (1974) beklagt das exzessive Übergewicht der Pariser Region in Frankreich, fordert jedoch wiederholt für die Hauptstadt Kapazitätserweiterung und internationale Aufwertung.

Natürlich bringt die Beeinflussung durch den Staat nicht nur die erwünschten Ergebnisse: Exzessiver Interventionismus und die Bevormundung aus der fernen Hauptstadt lassen die Bürger zuviel von dort erwarten, lähmen ihre Initiative und legen ihnen für jeglichen Mißerfolg sozusagen die Dauerentschuldigung in den Mund: "Paris", "der Staat", "die da oben" sind verantwortlich. Stets können die lokalen Volksvertreter zu ihren Gunsten argumentieren, nämlich entweder Erfolge auf ihr persönliches Konto verbuchen oder Mißerfolge der Regierung in die Schuhe schieben. Andererseits macht das Übermaß an Paternalismus die Menschen mißtrauisch, ja widerspenstig gegen Anordnungen jedweder Art.

2.5 Verselbständigung und Persistenz des Leitprinzips Zentralismus

Mit den bisherigen Ausführungen sollte bereits angedeutet werden, daß der Zentralismus sich über seine ursprüngliche Funktion, nämlich als organisatorisches Leitprinzip des Staates die Nation zu formen, hinausentwickelt hat: Das Leitprinzip hat sich verselbständigt, vom Staat abgehoben, über ihn gestellt. Es ist zum eigenständigen Phänomen, zum unantastbaren Selbstzweck geworden. ELIAS sah diesen Prozeß schon im Absolutismus: ".... so sind es nun die Angehörigen des Dritten Standes, die in den verschiedensten [Beamten-]Funktionen.... die Interessen der Zentralfunktion wahren und die Kontinuität der Königspolitik über das Leben des einzelnen Königs hinaus und oft genug gegen die persönlichen Neigungen des einzelnen Kronträgers zu sichern suchen" (1976, II, S.259).

Das Leitprinzip Zentralismus beherrscht den Staat und zwingt auch die außerstaatlichen Kräfte, sich nach ihm auszurichten, z.B. den Markt oder das freie Verkehrswesen. Es prägt sämtliche entscheidenden Bereiche - Politik, Wirtschaft, Kultur etc. - und gestaltet über diese die entsprechenden räumlichen Strukturen: Hierarchie der Städte, Bevölkerungsverteilung, Verkehrsnetz oder Industriestandorte. Besonders in seiner Verwurzelung im Raum beruht die Kraft des Zentralismus; denn durch stetige Wechselwirkung zwischen beiden verstärken sich sowohl die räumliche Bindung zentralistischer Strukturen als auch der zentralistische Mechanismus selbst: Das augenfälligste Beispiel sind die beherrschenden radialen Verkehrsadern, die mit jeder Erweiterung bzw. Modernisierung weiter konsolidiert werden und umgekehrt die Einflußmöglichkeiten der Zentrale auf das Territorium intensivieren.

Vor allem aus solcher Wechselwirkung mit dem Raum hat der Zentralisierungsprozeß anhaltende Selbstverstärkung erfahren. Er ist gegen zentrifugale Ansätze und echte Dezentralisierungstendenzen immer widerständiger geworden. Überdies konnte sich das Leitprinzip gerade über seine Bindung an den Raum immer wieder erneuern. So erlangte es im Laufe der Geschichte hochgradige Persistenz: Dauerhaftigkeit von Strukturen, Systemen, Einrichtungen, z.b. von Rechts- und Sozialordnungen, Grenzen, Kulturen, Sprachen, aufwendigen Bauwerken, Verkehrsnetzen etc., was sich entsprechend im Raum niederschlägt. Folglich ist die gesamte gewachsene "Kulturlandschaft ... persistente Rahmenbedingung menschlicher Entscheidungen und Handlungen ..." (WIRTH 1979, S.72). So werden Technologien, Normen, Bedürfnisse aus früheren Gesellschaften in inzwischen gewandelte räumliche Rahmenbedingungen und in neue sozioökonomische Ordnungen übertragen - es kommt unausweichlich zu Spannungen zwischen den persistenten fossilen Strukturen und den Bedürfnissen der neuen Situation.

Ist die Persistenz alter Strukturen schwach, so überleben sich diese und vergehen schnell; ist sie starr verkrustet und hinderlich, vermag sie gewaltsame, revolutionäre Prozesse zu provozieren. Strukturen können aber gerade dann zählebig sein, wenn sie sich wandelnden Bedingungen flexibel anpassen lassen, vor allem unter ständiger Bedrohung und Druck. Solche Zählebigkeit durch Anpassungsvermögen zeigt sich sehr häufig, wenn nicht grundsätzlich, in einem alles überspannenden organisatorischen Leitprinzip. Bezeichnend ist dessen überraschende historische Kontinuität, und zwar unabhängig von Regierungen verschiedener politischer und ideologischer Schattierungen oder gar von diametral entgegengesetzten Gesellschaftsordnungen: Nächstliegende Beispiele zeigen sich in der Entwicklung des Zarenreiches und der Sowjetunion (bei einer z.Zt. unklaren Lage) oder vom Heiligen Römischen Reich über das Deutsche Reich und die Weimarer zur heutigen Bundesrepublik. So erlangt ein solches Leitprinzip, besonders wenn es historisch langsam, gegen Widerstände und unter Rückschlägen gewachsen ist und wenn es nach und nach alle Bereiche des öffentlichen Lebens durchdrungen hat, einen Grad von nahezu unerschütterlicher Persistenz. Denn alle Bereiche, aus denen Veränderungen kommen können - Verwaltung, Wirtschaft, Infrastruktur, Technik und Technologie, ja selbst Regierung und Politik - bilden immer nur Teilbereiche. Diese sind nie ebenbürtig mit dem tragenden Leitprinzip selbst, sie werden vielmehr von ihm durchdrungen, ihm untergeordnet und, da sie letztlich systemimmanent sind, gelähmt. Damit hat sich das Leitprinzip verselbständigt, ist zum Selbstzweck geworden.

Die Persistenz des Leitprinzips Zentralismus liegt nicht zuletzt darin begründet, daß dieses einen anhaltenden Prozeß steuert, die Zentralisierung. Ein Prozeß als etwas Bewegliches, Aktives, Lebendiges ist vitaler als etwas Abgeschlossenes, Erstarrtes. So wird der Zentralismus über seinen Prozeß, die Zentralisierung, nicht nur fast unangreifbar für eine Totalveränderung; im Gegenteil, der Prozeß der Zentralisierung beeinflußt und steuert die Veränderungen in Gesellschaft und Raum. Nicht Innovationen, technologischer Wandel oder Verkürzung zeitlicher Distanzen modifizieren den Zentralismus, sondern umgekehrt: Beispielsweise hat die Modernisierung des Verkehrs mit Autobahnen, Fluglinien oder dem TGV immer primär der schnelleren Anbindung an die Zen-

2.5 Persistenz des Leitprinzips Zentralismus

trale, also der Festigung der zentralistischen Strukturen gedient; eine Abkehr davon zugunsten eines die Provinz besser erschließenden Verkehrsnetzes steht nicht zur Diskussion.

Wohlgemerkt gilt dies, solange es beim erprobten Kräftespiel im Binnenland bleibt, nicht mehr jedoch, wenn zunehmend neue Kräfte von außen, aus dem Ausland einwirken. Die wachsenden Einflüsse der Nachbarstaaten und der Europäischen Gemeinschaft, die die Grenzen aufweichen und die Kontrolle des französischen Zentralstaates aushöhlen (vgl. Kap.12), mögen dereinst auch die Persistenz des Leitprinzips beenden. Oder wird LAFONT recht behalten mit seinem sarkastischen, resignierenden Satz: "Den Zentralismus angreifen, hieße, die Nation in ihrem Prinzip erschüttern."* (1967, S.23)?

3 Die Entwicklung Frankreichs zum zentralistischen Einheitsstaat

3.1 Die politische Entwicklung

3.1.1 Ursprünge des Zentralismus

Verbreiteter Meinung nach - einer Meinung, die verbreitet wurde? - geht der Zentralismus auf die Französische Revolution zurück oder ist eine Erfindung Napoleons. Daß er jedoch wesentlich älter ist, wies schon Alexis DE TOCQUEVILLE in *"L'Ancien Régime et la Révolution"* (1856, 1978) nach. Die Ursprünge des Leitprinzips gehen bis auf die frühen Kapetinger zurück, letztlich sogar bis auf die Eroberung Galliens durch Cäsar. Es wurde unter dem Einfluß und nach dem Vorbild des Römischen Reiches geformt, was zivilisatorische Erbschaften hinterließ, u.a. in Recht, Verwaltung oder Verkehrswesen. Außerdem hat die katholische Kirche die zentralistischen Traditionen Roms in Frankreich fortgeführt. Das grundlegend prägende lateinisch-katholische Erbe konnte die langen Schwächeperioden des fränkischen Reiches überdauern.

Nach der Aufteilung des Imperiums Karls des Großen (843) erlebte der Rumpf des heutigen Frankreich einen an Auflösung grenzenden Machtverfall, zersplitterte in feudale Einzelterritorien ohne gemeinsame Führung. In dieser Situation übernahmen Ende des 10.Jh. die Kapetinger die nur noch nominell bestehende Königswürde; als Herrscher auf ihrer kleinen Domaine im Kerngebiet der Ile-de-France waren sie schwächer als mancher benachbarte Herzog.

So paradox es auch klingen mag: Aus jener Desintegration scheint dem französischen Königtum eine ungeheure Triebkraft erwachsen zu sein, die es stetig zum Aufbau des späteren Staatswesens drängte. ELIAS (1976, II) hat diese Entwicklung überzeugend erklärt: Das damalige Feudalsystem funktionierte nur bei ständiger Neuvergabe von Lehnsgütern, doch waren die Vasallen einmal auf ihren Territorien etabliert, so strebten sie nach eigener Macht. Von den Lehnsherren konnten sie fortan nicht mehr kontrolliert werden, denn es gab weder finanzielle Machtmittel noch stehende Heere noch schnelle Kommunikation. Behaupten konnte sich ein Herrscherhaus nur durch Expansion des unmittelbar regierten Hoheitsgebietes, nicht der Lehen. So erweiterten die Kapetingerkönige systematisch ihre Krondomäne, bis sie schließlich die Territorien auch ihrer stärksten Gegner annektieren konnten. Offensichtlich liegt in diesem frühen Zwang, die Macht auf ein ausreichend großes, direkt beherrschtes Territorium zu stützen, der Ausgangspunkt zum späteren unteilbaren Einheitsstaat Frankreich. Der entscheidende Durchbruch erfolgte jedoch erst mit der Einführung des Geldverkehrs und damit von Steuereinnahmen, die sich nicht zuletzt für Söldnertruppen verwenden ließen. Von nun ab konnte die Territorialmacht effektiv ausgeübt werden.

Es gab jedoch noch weitere, vielleicht entscheidende Vorteile auf Seiten des Königtums. Da die Kapetinger die letzten Karolinger verdrängt, nicht jedoch ihre direkte dynastische Erbfolge angetreten hatten, wurden sie von den ranggleichen Herzögen nicht respektiert, vielmehr bedroht. Sie mußten sich deshalb ihre Anerkennung als Souveräne erbittert ertrotzen. Gerade diese außergewöhnlichen Schwierigkeiten am Anfang gaben dem neuen Königshaus einen zusätzlichen, wichtigen Impetus, der den Konkurrenten dagegen fehlte. Eine Garantie seiner Position bekam das Königtum erst mit der Anerkennung der Erbmonarchie. Unangreifbar wurde es schließlich - und hierin liegt ein fundamentaler Unterschied zu den anderen Monarchien Europas (CURTIUS 1931, S.58) - durch die Erhebung des Amtes in den sakralen Bereich: Mittels des religiös-mystischen Aktes von Weihe, Salbung und Krönung (*sacre*) erhielt der Souverän seine Macht direkt von Gott, jede Rebellion galt fortan als Frevel. ELIAS (1976, II, S.253) betont, "... wenn irgendetwas dem traditionellen Königshaus einen Machtvorsprung vor den konkurrierenden Häusern gibt..., dann ist es dieses Bündnis der nominellen Zentralherren mit der Kirche". Selbige hatte nämlich im westfränkischen Reich nie bedeutende weltliche Macht errungen und benötigte deshalb den Schutz des Königs gegen den Feudaladel. Die Krone erhielt kirchliche Abgaben und durfte Klöster und Bistümer in anderen Territorien gewissermaßen als ihre Bastionen betrachten. Auch nutzte die Krone die Kapazitäten der Kirche im Bereich von Kultur und Bildungswesen sowie ihre zentralistische Struktur. Die Symbiose von Königtum und Kirche funktionierte, bis es zum Konflikt mit dem Papst um die weltliche Vormacht kam. Jedoch konnte sich Philipp IV. der Schöne (1285-1314) durchsetzen und erreichte die Anerkennung des Königs als einziger Autorität neben Gott: Er holte den Papst nach Avignon in seinen Herrschaftsbereich - in Deutschland hatte der Kaiser (!) nach Canossa gehen müssen.

Gerade im Vergleich mit Deutschland tritt dieses Verhältnis zwischen Königtum und Kirche besonders klar hervor. Als im 10.Jh. das westfränkische Reich verfiel, war das Deutsche Reich groß und kraftvoll. Innerhalb des Imperiums wuchsen jedoch mächtige Einzelterritorien, zu mächtig und zu gegensätzlich in ihren Interessen, um eine dauerhafte königliche Zentralgewalt aufkommen zu lassen. Hatten die Kapetinger die Erbmonarchie für immer erstritten, so mußte jeder deutsche König unter Ebenbürtigen gewählt oder als Erbe bestätigt werden. Danach hatte er sich zu behaupten. Demgegenüber war die Hausmacht der Kurfürsten durch Erbfolge gesichert. Durch solche Abhängigkeit und den häufigen Wechsel der Dynastien blieb dem deutschen Königtum der Aufbau einer dauerhaften Machtbasis verwehrt. Es unterlag in einem gleichzeitigen und deshalb aussichtslosen Kampf gegen die Fürsten, gegen die jungen Staaten im Westen und gegen das Papsttum. Im 13.Jh. verlagerte sich die Macht definitiv von der Monarchie auf die Aristokratie; sie bekam die Landeshoheit über ihre Territorien, aus denen die kaiserlich-königliche Gewalt verdrängt wurde, genau umgekehrt wie in Frankreich. Es fehlt hier auch ein den frühen Kapetingern vergleichbares, das heißt ein am Anfang schwaches und nur nominelles Königshaus, das sich mit seinem Überlebensimpetus die Souveränität hätte erfechten müssen. Vielmehr wurden die deutschen Kaiser immer aus den führenden Geschlechtern gewählt, die, so ELIAS (1976, II), eines nach dem anderen im Hegemonialkampf verschlissen wurden. Schließlich kommt ein gewichtiger räumlicher Faktor hinzu: Dem Deutschen Reich fehlte von Anfang an eine zentrale und dauerhafte Hauptstadt, und als endlich Wien im 15.Jh. zum festen Sitz der deutschen Kaiser wurde, war der charakteristische "Flickenteppich" auf der Landkarte Deutschlands bereits etabliert (vgl. ROLOFF 1952).

Drei herausragende französische Könige vollzogen den Wandel vom Feudalstaat zum Nationalstaat: Philipp August (1180-1223) begründete die territoriale Einheit des Königreiches in seiner damaligen Ausdehnung; Ludwig IX. der Heilige (1226-1270) vereinte die Macht mit der Justiz und wies dem obersten Hofgericht seinen Sitz in Paris zu;

Philipp IV. der Schöne zentralisierte die Verwaltung und wertete zugleich die Rolle der Hauptstadt auf.

Mit Ausnahme von Flandern und der Bretagne sahen sich Ende des 15.Jh. alle Vasallen in die Krondomäne eingegliedert, eine breite territoriale Basis für den Einheitsstaat war geschaffen. Bis zum Absolutismus Ludwigs XIV. mußte die Krone nun ihre Interessen gegen den aufsässigen, partikularistischen Adel durchsetzen. Ende des 16.Jh. jedoch wäre das Königtum an den Religionskriegen zwischen Protestanten und Katholiken beinahe zerbrochen. Überleben konnte es offensichtlich nur durch die feste Verbindung mit der römisch strukturierten Kirche: Symptomatisch dafür war der Übertritt des Protestanten Heinrich von Navarra zum Katholizismus, bevor er als Heinrich IV. französischer König (1594-1610) wurde. Er erkannte die Autorität der Krone als Garantie für Frieden und Ordnung, als Schutz gegen das Chaos von Bürgerkriegen. Er setzte sie durch mit der Entmachtung des Ständetums, einer toleranten Politik gegenüber den Protestanten (Edikt von Nantes 1598) und der Unterwerfung aufrührerischer Vasallen. Zugleich legte er die Grundlage für die absolutistische Monarchie.

Entscheidend für die Bildung eines einheitlichen, zusammenhängenden, modernen Staatsgebildes wurde schließlich auch die nachträgliche staatsrechtliche Untermauerung der faktischen Macht durch theoretische Begründungen der Souveränität: Claude de Seyssel (1450-1520) definierte die Königsmacht als von Gott bestimmt; Jean Bodin (1530-1596) stellte die Einheit und Unteilbarkeit des Staates fest, die nur durch einen alleinigen Träger gewährleistet werden kann; nach Cardin le Bret (1558-1655) fielen Legislative, Exekutive, Polizeigewalt, das "Hausrecht" über Flüsse, Wälder, Bodenschätze und Straßen sowie das Enteignungsrecht im öffentlichen Interesse unter die Souveränität des Königs (nach RASCH 1983, S.53 ff).

3.1.2 Territoriale Expansion und Aufbau des zentralistischen Absolutismus

Auf dieser Basis machte Kardinal Richelieu (1585-1642) die "Staatsräson" zum Leitprinzip. Die gesamte legislative, exekutive, judikative und finanzielle Staatsmacht konzentrierte sich auf die Person des Königs. In den Provinzen wurden die Burgen der Feudalherren geschleift. Mit dem Wiederaufleben der Religionskriege erlebte Frankreich "eine Art Gegenreformation mit dem absoluten Zentralismus göttlichen Rechts, einer kaum verweltlichten Form der Theokratie und der Verfolgung der Protestanten"* (PEYREFITTE 1976, S.175). Unter der Ministerialdiktatur des Kardinals verloren diese ihre Sonderrechte; ihre religiöse Freiheit wurde ihnen von Ludwig XIV. entzogen, de facto schon lange vor der offiziellen Aufhebung des Ediktes von Nantes im Jahre 1685.

Die Herausbildung einer absolutistischen Monarchie mit deutlichen zentralistischen Tendenzen war dadurch gekennzeichnet, daß territoriale Expansion und Konsolidierung der Macht koordiniert wurden: Das Reich sollte möglichst groß, mächtig und im Inneren einheitlich und straff an die Krone gebunden sein. Mitte des 14.Jh. dehnte es sich als unterschiedlich breites Band vom nördlichen Rand der Ile-de-France und dem Cotentin zur Grafschaft Toulouse und über die Dauphiné weit in den Alpenraum (vgl. Karten in PINCHEMEL 1980, I, S.8,10). Ein Jahrhundert später, nach dem hundertjährigen Krieg, waren die Engländer wieder aus dem Land getrieben. 1487 kam die Provence zum Königreich, 1532 die Bretagne.

3.1 Die politische Entwicklung

In zahlreichen Kriegen konnte Ludwig XIV. seinen Herrschaftsbereich vorschieben, im Süden auf den Pyrenäenkamm, im Nordosten bis zum Rhein, im Osten und Norden mit der Eroberung der Franche-Comté bzw. von Teilen Flanderns (Lille). In der Französischen Revolution wurde die Ausdehnung Frankreichs überdies mit seinen angeblich determinierten "natürlichen Grenzen" gerechtfertigt, nämlich den Küsten, dem Rhein und den Hochgebirgen (vgl. DE PLANHOL 1988, S.134 ff). Unter Napoleon entartete solche expansive, das Territorium "abrundende" Außenpolitik zu ganz Europa überziehenden Eroberungsfeldzügen. Letztmaligen territorialen Zuwachs erhielt Napoleon III., wenn auch in weit geringeren Ausmaßen: die Grafschaft Nizza (Nice) und einen Teil Savoyens (Savoie). Abgesehen von der fast fünfzig Jahre dauernden Annexion Elsaß-Lothringens durch das Deutsche Reich konsolidierten sich die Grenzen Frankreichs seitdem auf jenes einprägsame, populäre *hexagone*.

Parallel zu dieser Ausdehnung eines kompakten Territoriums etablierte sich der zentralisierende Absolutismus im Innern: Der Steuerdruck auf die Provinzbevölkerung wurde drastisch erhöht, was zugleich deren Schwächung bedeutete. Die daraus erwachsende breite Unzufriedenheit rechtfertigte wiederum den Einsatz königlicher Intendanten, die nicht nur die Steuereintreibung forcieren, sondern auch die selbstherrlichen adligen Provinzgouverneure kontrollieren sollten. Gleichzeitig wurden die Provinzparlamente entmachtet. Selbst auf die Kirche dehnte das Königtum seine Autorität aus, indem es sie in Form der *Eglise de France* bzw. *Eglise Gallicane*, einer Art Staatskirche, dem Einfluß Roms weitgehend entzog.

Die Städte gerieten über Steuererhebung und schrittweise Einschränkung ihrer Freiheiten zunehmend in den Griff der Monarchie. Innerstädtische Machtkämpfe boten sich als willkommene Anlässe für den "schlichtenden" Einsatz königlicher Truppen, mit konsequenter Gewichtsverschiebung zugunsten des Zentralapparates (ELIAS 1976, II, S.295). Bezeichnend ist auch, daß es nie Städtebünde gegeben hat, etwa wie in Deutschland. Dort fehlte es zwar an einer dominierenden, stützenden Hauptstadt, aber die Kaiser gründeten und förderten zahlreiche Freie Reichsstädte, die ihnen unmittelbar unterstanden und, neben ihrer Hausmacht, ihre einzige Machtbasis bildeten. In Frankreich erhielt Paris als Sitz der Zentralregierung ein Übergewicht, das dieser zusätzlich half, die anderen Städte klein zu halten. Andererseits wurde Paris selbst, das immer wieder Gelüste zeigte, zum Staat im Staat zu werden, argwöhnisch unter Kontrolle gehalten - letztlich wieder ein Stimulans für die Verschärfung der Zentralisierung (vgl. Kap.4).

Daß Frankreich nach dem Westfälischen Frieden (1648) und dem Pyrenäischen Friedensvertrag (1659) zur ersten Macht in Europa geworden war, hat Ludwig XIV. die Durchsetzung des absolutistischen Staatsgedankens im Innern zweifellos erleichtert. Vom Tag seines Regierungsantritts an fühlte er sich als absoluter Herrscher von Gottes Gnaden, als die Verkörperung des Staates (obwohl die Echtheit des berühmten *"L'Etat c'est moi"* umstritten ist). Die Zähmung der zentrifugalen Kräfte im Adel ist nicht nur als eine Fortsetzung der Politik und der Staatsidee seiner Vorgänger zu interpretieren. Man sieht darin auch eine lebenslange Reaktion auf seine traumatischen Erfahrungen, die er noch als Kind mit dem Adelsaufstand der "Fronde" gemacht hatte. Wohl aus Mißtrauen gegenüber Paris und dem Adel, wie auch aus dem Willen, die Allmacht der Monarchie glänzen zu lassen (*le roi soleil*), ließ Ludwig XIV. die gewaltige Schloßanlage von Versailles errichten. Geherrscht und regiert wurde (ab 1682) hier, nicht mehr in Paris, und hier wurde der Adel mittels Intrigen und Dauerfestivitäten unter Kuratel gehalten.

3 Die Entwicklung Frankreichs zum zentralistischen Einheitsstaat

Offensichtlich hat die Geschichtsschreibung mehr Interesse an jenem legendären Schachzug gehabt als an seinen negativen Auswirkungen auf die Provinz: Die Adligen wurden von ihren Territorien verdrängt und damit zugleich vom Volk isoliert. Zweifellos hat die sich über Jahrhunderte ziehende, unter Ludwig XIV. endgültige Entmachtung des Provinzadels die regionale Eigenständigkeit zwar nie völlig erstickt, doch erheblich eingeschränkt. Dies beeinträchtigte nicht nur die Wirtschaftsaktivität in den Territorien, sondern verhinderte auch die Entfaltung von Residenzstädten als kulturelle Innovationszentren, wie sie charakteristisch für Deutschland waren (vgl. Abb.4 in SCHÖLLER 1987).

Mit der etablierten Geld- und Steuerwirtschaft konnte das Königtum auch eine Beamtenschaft finanzieren. Dort gab es für die aufstrebende Bourgeoisie die begehrten "Plätze an der Sonne". Gerade Ludwig XIV. besetzte die Stellen seines Verwaltungsapparates, bis hinauf zu den Ministern, bewußt mit Bürgerlichen, darunter Berühmtheiten wie Louvois oder Colbert. Demgegenüber wurden die Adligen, die von ihren Territorien entfernt, aus ihren Positionen gedrängt und teilweise verarmt waren, durch repräsentative Ämter am Königshof und entsprechende Apanagen "entschädigt" - aus Rittern wurden Höflinge. Doch brauchte der König weiterhin den Adel als Fundament und Dekor seiner Herrschaft, nicht zuletzt, um das mit der Geldwirtschaft erstarkte Bürgertum auf Distanz zu halten. Umgekehrt befriedigte die neue Rollenverteilung den Ehrgeiz bourgeoiser Emporkömmlinge und nahm potentiellen Machtgelüsten die Spitze. In einem derartigen Geflecht von Spannungen zwischen Bürgern und Adligen gründete der König seine Macht auf einen stetig zu pflegenden Gleichgewichtszustand, er verstärkte dadurch letztlich das zentralistische Prinzip (nach ELIAS 1976, II).

Dieser Herrschaftsmechanismus im Absolutismus ist maßgeblich dafür verantwortlich, daß der Zentralismus als organisatorisches Leitprinzip sich von den Regierungsformen abheben und dauerhaft erhalten konnte. Hierin zeigt sich schon die Intention der damaligen Herrscher: Die "Staatsräson" erfordere die zentrale, absolute Souveränität im Dienste der Einheit, eine Souveränität unteilbar wie ein geometrischer Punkt, wie Cardin Le Bret, der Staatsrechtler Richelieus, sie definierte (RASCH 1983, S.55). Daß es primär nicht mehr um die Person des Herrschers ging, der die Souveränität lediglich verkörperte und zum Diener der Staatsräson wurde, barg eo ipso das Ziel der Kontinuität des Zentralstaates in sich. Als die Monarchie als Trägerin der Staatsräson unterging, konnte diese von dem an die Macht gelangten Bürgertum nahtlos übernommen werden. Es stützte sich auf Jean-Jacques Rousseau, der den Souveränitätsbegriff auf die "Nation" übertragen hatte (AMMON 1989, S.101). Gerade solche Kontinuität, und damit die der Verwaltung und ihrer Beamten, bildet seitdem die Stärke des französischen Staates bzw. auch des zentralistischen Leitprinzips gegen wechselnde Politik, wechselnde Politiker und wechselnde Regierungsformen.

3.1.3 Der historische Städtebau als Ausdruck des Zentralismus im Raum

Spätestens seit dem Absolutismus gravierte der Zentralismus auch seine Symbole und äußeren Formen in den Raum, beispielsweise die Schloßanlage von Versailles oder das sternförmige Straßennetz. Besonders markant drückte das Leitprinzip seinen Stempel den Städten auf, auch hier über alle Regierungsformen hinweg.

3.1 Die politische Entwicklung   35

Als typisches Beispiel für zahlreiche französische Provinzzentren sei hier Montpellier geschildert (nach LACAVE 1982 u. VIDAL 1978, vgl. Abb.3): Unter Ludwig XIII. wurde im Osten der Altstadt, getrennt durch einen Graben (die heutige Esplanade), eine Zitadelle errichtet, die die Protestanten überwachen sollte (vgl. Kap.2.2). Später erhielt die Stadt, wie viele ihresgleichen - u.a. Lyon, Dijon, Bordeaux, Nancy oder Rennes - ihre rechteckige Place Royale (heute Promenade du Peyrou) getreu dem Pariser Vorbild, der heutigen Place Vendôme (vgl. CLOUT 1977, S.486). Diese Königsplätze, umschlossen von einer eleganten Häuserfassade, stellten den Rahmen für das Standbild des Herrschers, das Dekor des bildlich anwesenden Souveräns. Entworfen war die Place Royale von keinem Geringeren als dem Hofarchitekten des Sonnenkönigs, Hardouin-Mansart, der aus dem fernen Paris sogar ihre exakte Lage bestimmt hatte. Den Standort für die Statue des Königs legte dessen Intendant fest; ein Schüler Mansarts entwarf einen Triumphbogen (die heutige Porte Peyrou) zwischen dem Platz und der Altstadt. Damit war diese regelrecht in die Zange genommen, im Westen von der Repräsentation der Zentrale, im Osten von ihrer militärischen Präsenz, der Zitadelle.

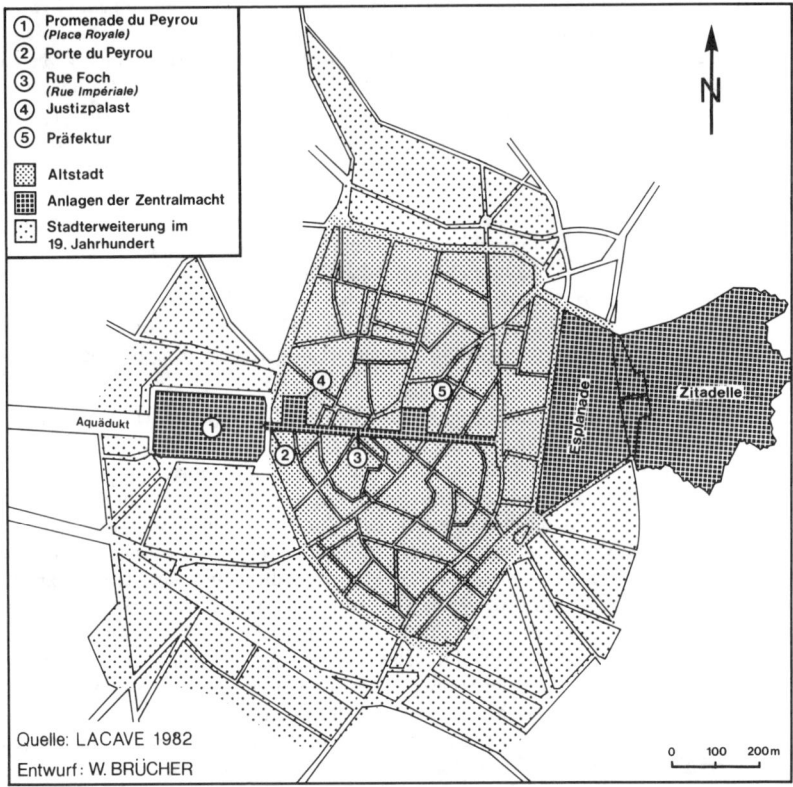

Abb.3 Urbanistische Einflüsse der französischen Zentralmacht: Das Beispiel Montpellier

3 Die Entwicklung Frankreichs zum zentralistischen Einheitsstaat

Nach der Revolution setzte sich diese Tendenz verstärkt fort. Die vordem über die Provinz verstreuten administrativen Funktionen wurden nun in Montpellier als der Hauptstadt des neuen Departements Hérault konzentriert. Auch die Altstadt geriet in den Griff der Zentrale: Zu Beginn des Zweiten Kaiserreichs entstanden die Markthallen, bestimmt und entworfen in Paris, u.a. von Baltard, dem Architekten der berühmten Pariser Hallen. Außerdem sollte demonstrativ eine obligatorische Rue Impériale (heute: Rue Foch) in direkter Verlängerung der Place Royale quer durch die Altstadt zur Esplanade geschlagen werden, um als repräsentative Achse die ehemalige Place Royale, den Triumphbogen, den Justizpalast und die Präfektur zu verbinden. Daß das imperiale Projekt erst nach der Entmachtung Napoleons III. (1870) in Angriff genommen wurde, unterstreicht erneut die Kontinuität des Leitprinzips, auch wenn die Magistrale der einstigen Rue Impériale als Torso in der Altstadt steckengeblieben ist.

Paris geriet für den Städtebau in Frankreich zum großen Leitbild. Seine öffentlichen Gebäude und die Straßenführung wurden kopiert, von dort ausgehend setzten sich die jeweils tonangebenden Baustile durch, so z.b. ab 1840 der Neoklassizismus. Nicht umsonst war die Zitadelle der Hauptstadt, die Bastille, für die Revolutionäre zum Symbol des verhaßten Königtums geworden. Von dort zieht die Magistrale über die Schloßanlage des Louvre zu Napoleons Arc de Triomphe, heute sogar über die Seine hinweg zur futuristischen Entlastungscity La Défense, wo sie an Präsident Mitterrands Grande Arche endet, einer Kombination aus Wolkenkratzer und Triumphbogen (vgl. Kap. 8.4.2 und Titelblatt PLETSCH 1989). Nach den persönlichen Vorschlägen Napoleons III. trassierte sein Präfekt Haussmann die charakteristischen breiten, schnurgeraden Boulevards und Avenuen quer durch die Altstadt und diente damit sowohl Sanierungs- als auch militärischen Zwecken. Angesichts der zahlreichen Imitationen in der Provinz, darunter das geschilderte Beispiel Montpellier, spricht man von *haussmannisation*. Nach seiner Zerstörung 1871 durch die Kommune wurde das Rathaus der Stadt Paris, die inzwischen direkt der Staatsregierung unterstellt worden war, prunkvoll wieder aufgebaut. Offensichtlich sollte es als "Stadtschloß" der Machthaber die Nation beeindrucken, und nicht zufällig wurden verkleinerte Kopien in zahlreichen Departementshauptstädten errichtet (u.a. Poitiers, Limoges).

Bei der Besichtigung französischer Städte ist man geneigt, zu einseitig auf die urbanistischen und architektonischen Leistungen zu schauen, und übersieht dabei den Ausdruck eines politischen Willens: Als potentieller Staat im Staat immer gefürchtet, wurde die Stadt Paris wie keine zweite in Frankreich von den Brandzeichen der Zentrale geprägt, bis heute. Zugleich aber wurde Paris für die Provinz zum städtebaulichen Leitbild erhoben, durch das sich letztlich die Zentralregierung manifestiert. Wie oft sieht man nicht die unverwechselbare Präfektur mit Balkon und Uhr, den Justizpalast mit seinen korinthischen Säulen, gleiche Rathäuser, Zentralbankfilialen oder Hauptpostämter? Wie oft läuft man nicht über eine breite Prachtstraße zu einer rechteckigen Place de la République, der früheren Place Royale? So beeindruckend viele französische Städte auch sind, die Wiederholung der Straßen, Plätze und öffentlichen Gebäude gibt ihnen manchmal etwas Stereotypes. Mit der gesteuerten Imitation der Metropole wurden die Raster der Macht auf die Provinz gelegt und deren Uniformierung vorangetrieben. Diese erfaßte auch die unzähligen Landgemeinden mit der neogotischen Kirche, der *mairie-école* unter einem Dach und dem Kriegerdenkmal aus Serienproduktion.

3.2 Die zentralistische Administration und ihre räumliche Gliederung bis 1982

3.2.1 Regionale Verwaltungsstrukturen unter dem *Ancien Régime*

Trotz der solide etablierten absolutistischen Zentralmacht war Frankreich am Vorabend der Revolution von einem "Einheitsstaat" noch weit entfernt. An den Grenzen wurden Binnenzölle erhoben, die Steuersysteme variierten, es gab zahlreiche Maße und Gewichte. Im Norden herrschte das germanische Gewohnheitsrecht, im Süden das kodifizierte römische Recht - "Bei jedem Posten wechselt man das Recht wie die Pferde", höhnte Voltaire. Neben dem Hochfranzösischen wurden Platt, Dialekte und sogar eigenständige Sprachen wie Katalanisch oder Bretonisch gesprochen. Kurz vor Ausbruch der Revolution konnte Mirabeau behaupten, das Königreich sei "noch nichts mehr als ein ungefestigtes Aggregat von uneinigen Völkern"* (Encycl. Univ., 1973,V, S.277).

Die fehlende Einheitlichkeit äußerte sich auch in der regionalen Verwaltungsstruktur, die auf einer vielschichtigen, ja verwirrenden Unterteilung beruhte. Aus galloromanischer, teilweise noch aus keltischer Zeit stammte ein Grundmuster relativ kleiner Einheiten von je 1200 - 2000 km², der *pays*, von denen 242 im Gebiet des heutigen Frankreich lagen; seit den Karolingern nennt man sie auch *comtés* (Grafschaften). Über deren Mosaik legte sich im Mittelalter ein Netz größerer regionaler Organisationseinheiten, entstanden aus der Integration der Feudallehen in das Königreich und dessen zugleich wachsender Autorität. Dieses förderte ab dem 14.Jh. die Bildung neuer militärisch-gerichtlich-administrativer Einheiten, der *gouvernements*. Ihre Zahl stieg bis zur Revolution auf 40 an. Der regionale Hochadel stellte jeweils den *gouverneur*, der als letzter Vertreter des Feudalismus unter dem Absolutismus definitiv entmachtet wurde. Dazu diente nicht zuletzt, schon ab dem 16.Jh., die Nominierung sog. *intendants*, königlicher Beamter, die nach und nach die Kompetenzen der Gouverneure zu übernehmen hatten. Entsprechend trat die zentral kontrollierte Intendanz (*intendance*) an die Stelle des Gouvernements, wobei eine Intendanz mehrere Gouvernements umfaßte und umgekehrt oder in einigen Fällen beide praktisch deckungsgleich waren. Im 18.Jh. wurde für *intendance* auch synonym der Begriff *généralité* (Generalität) verwendet (z.T. nach DE PLANHOL 1988, S.187 ff).

Am meisten verwirrt der geläufigste Begriff für eine territoriale Einheit unter dem *Ancien Régime*, die *province*. Er hat weder eine legale Basis, noch bezeichnet er den präzisen Typ eines Verwaltungsgebietes. Im Vergleich zu den *pays* charakterisiert DE PLANHOL (1988, Abb.36 u. S.196) die Provinzen als komplexere Raumgruppierungen, die sich vor allem in der Feudalzeit gebildet und stabilisiert hatten und, nach ihrer Einverleibung in die königliche Domäne, als Verwaltungseinheiten der absolutistischen Monarchie fortbestanden, überwiegend identisch mit den großen Gouvernements (Abb.4). Interessant für unsere Thematik ist vor allem die offensichtlich gezielte Verbreitung des Wortes "Provinz": Sie sollte die Erinnerung an die feudalzeitlichen Herrschaftsbereiche (*duché, comté*) auslöschen, die territorialen Einheiten begrifflich nivellieren, also auch uniformieren, und zugleich ihre der Zentralmacht untergeordnete Stellung deutlich machen, wie einst im römischen Reich die *provincia*. Von der Nivellierung war es nur noch ein kurzer Schritt zur Abwertung von *"les" provinces* zu *"la" province* schlechthin:

3 Die Entwicklung Frankreichs zum zentralistischen Einheitsstaat

AL: Alsace; AR/FL: Artois-Flandre; AN: Anjou; AS: Antoumois; AU: Aunis; AV: Auvergne; BE: Berry; BN: Béarn; BO: Bourgogne; BR: Bretagne; BS: Bourbonnais; CH: Champagne; CO: Corse; DA: Dauphiné; FO: Foix; FR: Franche-Comté; GA/GU: Gascogne-Guyenne; IL: Ile-de-France; LA: Languedoc; LI: Limousin; LO: Lorraine; LY: Lyonnais; MA: Maine; MR: Marche; NI: Nivernais; NO: Normandie; OR: Orléanais; PI: Picardie; PO: Poitou; PR: Provence; RO: Roussillon; SA: Saintonge; TO: Touraine; VE: Venaissin.

Abb.4 Heutige und historische Verwaltungsgrenzen in Frankreich

"Ne pensez pas vous moquer; pour des vers faits dans la province, ces vers-là sont fort beaux."
(MOLIÈRE, La Comtesse d'Escarbagnas, 1671, 6.Szene).

Parallel zu der geschilderten Vereinheitlichung der Regionalverwaltung wurde die Administration der absolutistischen Monarchie zentralisiert. Im Königsrat (*Conseil du Roi*) wurden alle Gewalten vereinigt, dem vorsitzenden Generalkontrolleur unterstand fast die gesamte Leitung der inneren Angelegenheiten. Von hier ergingen die Anweisungen an die Intendanten, meist dynamische junge Männer, die bewußt aus dem Bürgertum geholt wurden und in ihrer Intendanz keine persönlichen Kontakte haben durften. Sie waren die direkten und einzigen Vollstrecker der Regierung, erhoben die Steuern und verteilten daraus Summen, die von der Krone festgelegt wurden. Damit wurde die Generalität bzw. Intendanz zur Vorläuferin des Departements, der Intendant zum Vorbild des von Napoleon geschaffenen Präfekten. Sogar das Wort *département* hat seinen Ursprung in so benannten "Abteilungen" einer Generalität (GRAVIER 1970, S.19; vgl. BOURJOL 1969 u. SIMONETTI 1977).

Daß die Revolution 1789 in kürzester Zeit das ganze Land überrollen konnte, ist zweifellos durch jene zentralistischen Strukturen des *Ancien Régime* erleichtert worden. Das Ziel der untergegangenen Monarchie, einen Einheitsstaat zu schaffen, wurde nun zum Ziel einer einheitlichen Nation erweitert. Dabei muß daran erinnert werden, daß es den "Nationalstaat" vorher nicht gegeben hatte. So wurde das Einheitsideal auch auf dieses Novum übertragen. Zu dem Zweck betrieben die Revolutionäre eine konsequente Strategie der Vereinheitlichung: Der Adel sollte ausgeschaltet, der Einfluß der Kirche gebrochen, das Schulwesen verstaatlicht werden; man schuf uniforme Maße und Gewichte nach dem metrischen System, ein allgemeingültiges Recht und gleiche Steuern; die Binnenzölle fielen mit der Veränderung der Verwaltungseinheiten. Zweifellos hat die damals bahnbrechende Modernität dieser Maßnahmen die neuen Strukturen Frankreichs erheblich gefestigt.

3.2.2 Das Departement bis 1982

Anstelle der alten Verwaltungseinheiten wurden mit der Revolution gleichgeschaltete Departements mit ihren Unterabteilungen *arrondissements, cantons* und *communes* gegründet. Letztere gingen aus den uralten Kirchengemeinden hervor. Allerdings scheinen die Departements aus einer Ironie der Geschichte entstanden zu sein: Ursprünglich hatten die während der ersten Phase der Revolution regierenden, eher föderalistisch gesinnten Girondisten 1790 die Bildung völlig gleich strukturierter, weitgehend dezentral-autonomer Departements mit dort gewählten Direktorien durchgesetzt. Damit sollten im ganzen Land gleiche Bedingungen geschaffen und das Übergewicht von Paris gebrochen werden; es bestand sogar die Absicht, das Wachstum der Hauptstadt endgültig zum Stillstand zu bringen.

Nach dem ersten Idealentwurf sollte über Frankreich ein Gitternetz mit 80 Planquadraten à 70 km Kantenlänge gelegt werden, eine "Mißachtung der Naturräume"* (ESTIENNE 1979, I, S.129). Zugrunde lag diesem Maß des Departements die Vorstellung von einer weitgehend in sich geschlossenen Selbstversorgerregion mit einem zentralen Ort höherer Stufe, der von jedem Punkt aus in längstens einer Tagesreise erreicht werden konnte (Abb.2). Zwangsläufig aber wurde der Plan den geographischen Realitäten angepaßt und mündete schließlich in einen Kompromiß zwischen räumlich-historischen Gegebenheiten und den Anforderungen einer modernen Verwaltung; viele Departementgrenzen hielten sich sogar an die der alten Provinzen (Abb.4; vgl. GROSSER/GOGUEL (1980, S.62). So entstanden im Jahr 1790 83 im Prinzip ähnlich große Einheiten, doch wurden die Departements Seine (Paris, 75) und Rhône (Lyon, 69) bewußt kleiner gehalten, um ihr Machtpotential zu schmälern. Demgegenüber betont MAYER (1968, S.108), daß die Departements aus revolutionärem Egalitarismus und Uniformismus entstanden seien. Gerade dieses schematische Denken habe zur Bildung von in sich sehr unterschiedlich ausgestatteten Einheiten geführt; manche gehöre überdies verschiedenen Natur- und Kulturräumen zugleich an (z.b. die Departements der Pyrenäen oder im Elsaß und in Lothringen), was entsprechende sozioökonomische Disparitäten hervorgerufen habe.

Was nun die Girondisten als Teilgebiete einer Art Föderation im weitesten Sinne konzipiert hatten, wurde nach ihrem Sturz von den Jakobinern machiavellistisch ins Gegenteil gekehrt: Nach dem Prinzip "teile und herrsche" wurden die im Vergleich zu den Provinzen kleinen Departements absolut gleichgeschaltet, entmündigt und der Zentralregierung in Paris unterworfen. Die Girondisten, so SPARWASSER (1986, S.59), seien jedoch keine prinzipiellen Föderalisten, erst recht keine Separatisten gewesen. Gleichwohl hätten die Zentralisten geschickt eine bis heute nachwirkende Legende begründet, die die Girondisten zu Föderalisten abstempelt und somit in die Nähe von Konterrevolutionären oder gar von Verrätern rückt.

Napoleon setzte dann 1801, in bester römischer Tradition, in jedem Departement einen Präfekten als alleinigen Vertreter der Zentralmacht ein, mit der Order, die grundsätzlichen Ideen müßten vom Zentrum ausgehen. Letztlich zeigt sich in dieser Perfektionierung des früheren Systems der Generalitäten und ihrer Intendanten wieder die Kontinuität des Leitprinzips.

Hier soll das Departement in der Zeit vor den Dezentralisierungsgesetzen von 1982 charakterisiert werden; die seitdem erfolgten Veränderungen schildert Kap. 11.2. Die Rolle des Präfekten wurde prägend für das ganze System. Er agierte sozusagen als langer Arm von Paris in der Provinz. Allen Ministern hierarchisch untergeordnet, unterstand er in strenger Disziplin der Regierung (vgl. GRUBER 1986, S.87). Die traditionell wichtigsten Aufgaben des Präfekten waren:

- Er überwachte die Ausführung der Gesetze,
- genehmigte alle Beschlüsse des Generalrates und der Gemeinderäte, konnte diese aber nach dem Opportunitätsprinzip a priori und ohne Begründung unterbinden,
- informierte regelmäßig die Regierung,
- war oberster Administrator und stand den Subpräfekten vor wie auch den Bürgermeistern in ihrer Teilfunktion als Staatsvertreter in ihrer Gemeinde,
- war Chef der Polizei, leitete oder überwachte staatliche Einrichtungen.

Die Präfekten sind immer ortsfremd und werden im Rhythmus weniger Jahre versetzt, damit sie sich nicht mit den lokalen Interessen identifizieren. Sie kommen heute fast alle aus der staatlichen Eliteschule für Verwaltung Ecole Nationale d'Administration (ENA, s.u.) in Paris, wo sie einerseits eine brillante Ausbildung erhalten, gleichzeitig aber auch konformistisch auf ihre Funktion im zentralistischen System vorbereitet werden (vgl. Kap. 3.3.2).

Die in der Hierarchie folgenden Verwaltungseinheiten, *arrondissement* und *canton*, sind infolge der jüngeren Beschleunigung der Kommunikation als zwischengeschaltete Verwaltungsniveaus weitgehend überflüssig geworden (ESTIENNE 1979, I, S.29; vgl. SIMONETTI 1977, S.148). Der Subpräfekt, der dem Arrondissement vorsteht, unterstützt den Präfekten und kontrolliert die Bürgermeister. Der *canton* ist eine Unterteilung des

Arrondissements und überlebte lediglich als Wahlbezirk, dessen Wahlberechtigte seit 1838 einen Vertreter in den Generalrat des Departements entsenden.

3.2.3 Die Gemeinde bis 1982

Das Prinzip des Zentralismus, den Verwaltungseinheiten möglichst wenig Entscheidungsfreiheit zu lassen, wirkt sich aus bis hinunter zur Gemeinde: Ab 1635 wurden die Stadtratssitzungen von einem königlichen *procureur* überwacht, 1659 die Landgemeinden für "unmündig" erklärt, 1683 eine strenge Aufsicht eingeführt. 1692 schaffte der König die Stadtratswahlen ab, Mandate konnten nun käuflich (!) bei der Krone erworben werden. Mit der Einführung der Intendanten (1683) und der *lieutenants généraux de police* (1699) wurden auch die Befugnisse der Bürgermeister drastisch eingeschränkt. Nach der Revolution setzte man die Strategie der Entmachtung fort. Ein Gesetz von 1791, das den Gemeinden jede wirtschaftliche Betätigung untersagte, wurde erst 1955 wieder aufgehoben. Napoleon brachte das Eigenleben der Kommunen ab 1800 fast zum Erliegen; selbst der Bürgermeister wurde (bis 1882) von der Regierung ernannt und unterstand dieser über Präfekt und Subpräfekt. Damit war der flächendeckende Befehlsfluß erreicht (DE TOCQUEVILLE 1856, zit. in 1978 S.56 ff, 207 ff; PETIT-DUTAILLIS 1970, S.231; MUCHEMBLED 1982, S.227).

Seit 1831 wählt die Einwohnerschaft den Gemeinderat (*conseil municipal*) und dieser - allerdings erst seit 1882 - aus seinen Reihen den Bürgermeister (*maire*). Er kann nicht abgewählt werden, untersteht aber gleichzeitig als Staatsbeamter der Aufsicht der Zentralinstanz, die ihn wegen unkorrekter Amtsführung absetzen kann. Nicht zufällig trägt er bei offiziellen Anlässen die trikolore Schärpe. Vergessen sei hier nicht die äußerst wichtige Person des Volksschullehrers (*instituteur*), der mit Beginn der allgemeinen Schulpflicht in den 80er Jahren des 19.Jh. in jeder Gemeinde direkt vom Staat eingesetzt wurde und die offizielle Sprache, Kultur, Disziplin und Ideologie der Republik zu verbreiten hatte.

Auch die kommunale Handlungsfähigkeit bleibt sehr begrenzt, sofern man bei den kleinen Gemeinden überhaupt davon sprechen kann. Der Präfekt kontrollierte bis 1982 die Verwaltung, so gut wie alle Entscheidungen der Gemeinden bedurften seiner Zustimmung - von jeder Baugenehmigung bis zum Aufstellen von Verkehrsschildern oder dem Außenanstrich öffentlicher Gebäude. Am klarsten zeigte sich die faktische Abhängigkeit von der Zentralregierung auf dem Finanzsektor. Auf die Gemeinden entfielen vor 1982 nur knapp über 20% der gesamten öffentlichen Haushaltsmittel (REITEL 1978). Bei einem extrem hohen Anteil der obligatorischen Ausgaben blieb kaum Spielraum für Eigenentscheidung, man war in ständiger Geldnot und folglich abhängig von den Subventionen der Zentrale. Zwangsläufig bedingt eine solche zentrale Versorgung lange Wartezeiten und ständige Bittfahrten in die Metropole, also auch unrationellen Leerlauf. "In der Verteilung der Zuständigkeiten ist die Verwirrung extrem und schafft Ungleichheit und Konflikte. In der Realität sind die Gemeinden Bevollmächtigte geworden, mit dem Auftrag, die Politik der Ministerien auszuführen"*, klagte der für die Regierung (!) verfaßte Rapport GUICHARD (1976, S.25).

Von den 36.551 Gemeinden beim letzten Zensus (1990) hatten 59% < 500 Einw., 3% sogar < 50 Einw. Auf etwa 100 Franzosen kommt ein Gemeinderatsmitglied! Die kleinen Gemeinden überwiegen nicht nur, auch Struktur und Organisation der Kommune bleiben in Frankreich unverändert auf die kleinen Einheiten zugeschnitten. Prinzipiell besteht kein Unterschied zwischen einem winzigen Marktflecken und einer Großstadt; es gibt nur den *maire*, nicht die Stufe zwischen Oberbürgermeister und Bürgermeister. Der Masse der kleinen Gemeinden fehlt es natürlich auch an kompetentem Personal, das heißt, zu der finanziellen Kandare kommt auch eine Abhängigkeit von den administrativen und technischen Diensten des Staates.

Zusammenlegung oder Eingemeindung sind für die weitaus meisten Gemeinden längst überfällig, zumal mit dem Verstädterungsprozeß die durchschnittliche Bevölkerungszahl der ländlichen Kommunen mit < 5000 Einw. anhaltend zurückgeht, von 800 (1851) auf 656 Einw. (1990). Nach einer ersten Reformwelle im Gefolge der Revolution hat die Gesamtzahl der Gemeinden nur noch um ca. 4% abgenommen (GRUBER 1986, S.180), vorwiegend infolge exzessiver Landflucht. Aber selbst in jüngerer Zeit haben Eingemeindungen oder Fusionen selten stattgefunden, 1958-1980 nur bei 1% (KEMPF 1980, S.125). Die Gründe liegen im Partikularismus, im Mißtrauen gegenüber gemeinsamen Aktionen und Investitionen (DETTON/HOURTICQ 1975, S.108). So stehen sich häufig konservative Stadtkerngemeinden und sozialistische oder kommunistische Vororte nicht gerade freundlich gegenüber - Musterbeispiel ist wiederum Paris, dessen Agglomeration weit über 300 Kommunen umfaßt. Jede Zusammenlegung würde hier automatisch zur Veränderung der politischen Mehrheitsverhältnisse führen - und ist deshalb unvorstellbar.

Der Senat (*sénat*), der den Erlaß von Gesetzen verzögern, also behindern kann, besteht zum großen Teil aus Delegierten der Gemeinderäte bzw. aus Bürgermeistern. Letztere stammen vorwiegend aus kleinen, ländlichen Gemeinden und vertreten ländliche Interessen ungleichgewichtig hoch - noch 1971 waren die über 36.000 Bürgermeister fast zur Hälfte Landwirte (BIRNBAUM 1982, S.123)! Es verwundert deshalb nicht, daß der Senat bis heute jeden Ansatz einer Eingemeindungspolitik erfolgreich blockiert hat, trotz zunehmender Verarmung und Entmachtung der kleinen Landgemeinden.

Die Ballungsräume wiederum konnten keinen ihrer Größe entsprechenden Einfluß gewinnen, da die politisch meist anders orientierten Vororte die Macht der Kerngemeinde schwächen und einen Teil der ohnehin geringen Steuereinnahmen absaugen. Innerhalb der Ballungen tendiert die Lokalpolitik zu einer weiteren Polarisierung, wie z.B. in der Orientierung des Wohnungsbaus: Hat die Kernstadt eine linke Regierung, so fördert diese zwecks Verstärkung der Mehrheit den sozialen Wohnungsbau im Stadtinnern - Beispiel: Valence an der Rhône. Hat sie eine rechte Regierung, so werden billige Altbauwohnungen zu teuren Appartements restauriert oder durch Neubauten ersetzt. Die damit drastisch ansteigenden Mieten verdrängen die ehemaligen Mieter in periphere Viertel des sozialen Wohnungsbaus, wo ohnehin "rot" gewählt wird - Beispiel: Stadt Paris. Abermals wird der Ballungsraum Paris zum Angelpunkt des Problems: Würden die zahlreichen Gemeinden mit ihren 9,1 Mio. Einwohnern (1990) zusammengelegt, so ergäbe sich eine völlig neue kommunale Machtstruktur. Hätte eine solche Hyperkommune, zugleich die Schaltzentrale der Nation, zu alledem noch einen machtbewußten Bürgermeister, dann wäre der schon immer befürchtete Staat im Staat Realität!

Natürlich sind in den Ballungsräumen interkommunale Koordinierung und Kooperation unumgänglich. Man hat deshalb verschiedene Zweckverbände geschaffen: Bereits 1890 wurde die gesetzliche Grundlage für die Bildung von öffentlich-rechtlichen Ge-

3.2 Die zentralistische Administration   43

meindesyndikaten gelegt (*syndicats de communes*), die gemeinsam die öffentliche Infrastruktur verwalten. Seit 1966 besteht die Möglichkeit, sich zu Zweckverbänden (*communautés urbaines*) für gemeinsame Planung, infrastrukturellen Ausbau und Organisation des öffentlichen Lebens (Schule, Feuerwehr, Transporte etc.) zusammenzuschließen; 1972-77 waren immerhin 18.000 Gemeinden Mitglieder in 1858 Verbänden (GROSSER/-GOGUEL 1980, S.78). Ähnlich wie die Gemeindesyndikate können sich seit 1959 in Ballungsräumen noch stärker integrierte Stadtdistrikte (*districts urbains*) formieren. Alle Zusammenschlüsse sind organisatorischer, nicht territorialer Natur und finden auf freiwilliger Basis statt. Für Paris, Lyon und Marseille wurden hier nicht zu erläuternde Sonderstatute erlassen (vgl. MOREAU 1989).

In der oft zitierten "Pulverisierung" der französischen Gemeinden spiegelt sich eine heimliche Symbiose zwischen den lokalen Partikularinteressen und den Intentionen des starken Zentralstaates. Dieser erließ zwar Gesetze und Anregungen, mit denen die Gemeinden zur Fusion bewegt werden sollen. Doch selbst in dem sinnvollen Zusammenhang mit der Dezentralisierungspolitik seit 1982 kam es nicht zu einer Gemeindereform (MÜLLER-BRANDECK-BOCQUET 1990, S.69). Ob der Zentralstaat Eingemeindungen tatsächlich fördern will, muß vielmehr bezweifelt werden: Hätte er solche, auch gegen den Senat, nicht längst erzwingen können, so wie es sogar im föderalistischen Deutschland wiederholt möglich war? MOREAU (1989, S.54) zitiert den Regierungs-"Rapport GUICHARD" (1976), der mit Geschick die Gemeinden als "unersetzlich" und ihre fast 500.000 Gemeinderatsmitglieder als "wahren Reichtum des Landes"* bezeichne. Zwar bestehen durchaus gesetzliche Möglichkeiten, in bestimmten Fällen eine Gemeindefusion anzuordnen, angewandt wurden sie von der Regierung jedoch nie (GRUBER 1986, S.183). Die Gemeinden stemmen sich gegen eine Reform aus ihrer partikularistischen Grundhaltung, aber auch aus Furcht, in weitere zentralistische Mechanismen eingebunden zu werden, stützen dadurch jedoch den Zentralstaat, der weiter teilen und herrschen kann. Änderungen sind nicht in Sicht, weil von keiner Seite gewollt. Zwei aktuelle Zahlen sprechen für sich: 1982-90 fanden nur zehn Fusionen statt, während gleichzeitig 128 neue (!) Gemeinden hinzukamen.

3.2.4 Die Region als neue Verwaltungseinheit

Neue, zusätzliche Elemente in der bisher geschilderten, aus der Französischen Revolution stammenden Verwaltungsstruktur sind die *régions*, anfangs *régions de programme* genannt. Sie wurden 1956 erstmals abgegrenzt, und zwar in geheimer Arbeit von einer kleinen, durch das zentrale Plankommissariat bestimmten Gruppe (ALBERTIN 1988, S.137 f). 1970 wurde Korsika als eigene Region von Provence-Côte d'Azur abgetrennt. Die seitdem 22 Regionen, von denen einige die alten Provinznamen erhielten (Bretagne, Limousin etc.), umfassen jeweils mehrere vollständige Departements (Abb.4). Je eine Präfektur wurde zur übergeordneten Regionalpräfektur erhoben, desgleichen deren Präfekt zum Regionalpräfekten. Es geht hier zunächst um diese erste Form der Region als Verwaltungseinheit der 60er und 70er Jahre; ihre Aufwertung zu einer Gebietskörperschaft durch das Dezentralisierungsgesetz von 1982 behandelt Kap.11.

Das Departement, nach wie vor die tragende regionale Einheit, hatte sich im Gesamtrahmen des Staates als zu klein, als "zu weit weg" von der Zentrale erwiesen.

Nach der ersten Konzeption der 60er Jahre sollte die Region als Bindeglied zwischen Staat und Departement stehen. Man wollte dadurch auch der Entwicklung wirtschaftlicher Großräume Rechnung tragen, nicht zuletzt mit Blick auf die Strukturen der Nachbarländer. Der Regionalpräfekt, zunächst als Koordinator der anderen Präfekten vorgesehen, bekam 1968 auch gewisse Kontrollvollmachten über seine Kollegen, über die regionalen Behörden sowie über die staatlichen und gemischten Gesellschaften (vgl. Kap.9.2). Zugleich sollten damit traditionelle "Koalitionen", die sich häufig zwischen den lokalen Notabeln und dem Departementspräfekt gebildet hatten, geschwächt werden (HALMES 1984, S.45). Diese Strategie der Zentralregierung kam in den Dezentralisierungsgesetzen von 1982 erneut zum Ausdruck.

Nach einer Definition (1970) des damaligen Staatspräsidenten Pompidou war die Region gedacht als ein "Zusammenschluß von Departements ..., der die rationelle Verwirklichung und Verwaltung der großen Infrastrukturen ermöglicht" (HAENSCH/LORY 1976, S.174). Sie wurde deshalb nicht als Gebietskörperschaft *(collectivité territoriale)* gegründet, sondern nur als eine Art öffentlich-rechtliche Anstalt *(établissement public territorial)* mit "genaugenommen... keinen eigenen Kompetenzen" und einem Jahresbudget, das nicht einmal die Erwähnung wert war: Von der Gesamtmasse der Haushalte der Gemeinden, Departements und Regionen (1981: 285,7 Mrd. FF) entfielen auf letztere nur 2,1% (s.Tab. in Kap. 11). Überdies konnte die Pariser Regierung über die in jeder Region gegründete *mission ministérielle* sowie über acht regionale Planungsorganisationen OREAM zusätzlichen zentralen Einfluß ausüben. Insgesamt war das Ergebnis dieser Politik der 60er und 70er Jahre ein klassischer Fall von Dekonzentration. HALMES (1984) betont auch mit der Wahl des Begriffs "Regionenpolitik", daß es hierbei keineswegs um eine "Regionalisierung" im Sinn und im Interesse regionalistischer Gruppen ging. Die "juristisch angeblich dezentralisierten Strukturen sind nur grobe spanische Wände vor einer verschleierten Zentralisierung"* (MÉNY 1974, S.256).

Zweifellos hat die gängige Verknüpfung bzw. Gleichsetzung der Begriffe "Regionalisierung" und "Dezentralisierung" bis in die jüngste Zeit ein grundsätzliches Hindernis für eine tatsächliche Dezentralisierung gebildet, selbst wenn es überhaupt nicht um die Institution "Region" als solche ging, sondern nur um einen höheren Grad an Selbstbestimmung in Departements und Gemeinden: "Region" war nämlich von den Jakobinern als Synonym für "Provinz" verstanden worden, als Manifestation konservativer, ja reaktionärer, klerikal-monarchistischer Interessen. Ihre Verfechter hatten als Gegner der Französischen Revolution und damit des modernen Frankreich gegolten. Zu alledem hing dem Regionalismus seit dem Zweiten Weltkrieg der Geruch der Kollaboration an. So wurde noch unter der Präsidentschaft von Giscard d'Estaing (1974-81) jede Regionalreform tabuisiert. Immerhin hatte die "Regionenpolitik" eine Öffnung bewirkt, war doch damit "erstmals die regionale Institutionenebene prinzipiell legitimiert worden" (HALMES 1984, S.16,46,56). In der Tat hat die zentralistisch konzipierte *région* der 60er und 70er Jahre der 1982 eingeleiteten Regionalisierung den Weg bereitet (vgl.Kap.11,12).

3.2.5 Ämterhäufung und "periphere Macht"

Die Machtlosigkeit der Gebietskörperschaften gegenüber der Zentralregierung förderte eine ausgeprägte Ämterhäufung *(cumul des mandats)* der lokalen und regionalen Man-

3.2 Die zentralistische Administration 45

datsträger, auch Notabeln genannt. Sie ist eines der Charakteristika des politischen Systems in Frankreich, wogegen sie z.b. in Großbritannien, den USA und Deutschland unzulässig ist (mit Ausnahme der sehr seltenen Kombination Oberbürgermeister und Bundestagsabgeordneter). In den 70er Jahren hatten die 22 Präsidenten der Regionalräte im Mittel 2,5 weitere Mandate, waren 79% der Parlamentsabgeordneten und 93% der Senatoren gleichzeitig *conseillers généraux* der Departements, Bürgermeister oder Beigeordnete u.ä. in ihren lokalen Wahlkreisen und hatten 10% bzw. 20% sogar über vier zusätzliche Funktionen (BIRNBAUM 1982, S.13; Le Monde 20.02. 1980). Ihre Karikatur ist die Figur des Sénateur-Maire Piéchut in dem Roman *"Clochemerle"* von Gabriel CHEVALLIER (1934).

Die Ämterhäufung in Frankreich ist ein durchaus einleuchtender Mechanismus, denn die Volksvertreter wollen nach Möglichkeit auch in den zentralen Gremien oder gar in der Regierung mitwirken, einerseits aus persönlichem Interesse (CROZIER 1974, S.24), zum anderen, um auf diesem Wege Vorteile für ihre Gemeinde oder ihr Departement auszuhandeln. Je besser es ihnen gelingt, desto fester wird dort ihre Position.

Im Grunde zeigt sich hier eine natürliche Reaktion auf die dem Zentralismus inhärente Schwächung der Peripherie. Vor allem gilt dies für zurückgebliebene, für die Zentralregierung politisch uninteressante Gebiete. Um so mehr können sich dort die Lokalmatadoren profilieren. So wundert sich der durchreisende Tourist - woher sollte er den regionalen Machtfilz kennen? - über seltsame Umwege von Autobahntrassen, die bestimmte Räume favorisieren, andere aber im Abseits lassen, oder in der *France profonde* ist er von der modernen Infrastruktur mancher Gemeinde beeindruckt... Solche im Raum isolierten Entwicklungsvorsprünge liegen aber nicht im Sinne einer kohärenten Planung, führen sie doch zu einem Ungleichgewicht gegenüber den Nachbargemeinden, die keine in Paris gutplazierten Notabeln hervorgebracht haben.

Die tatsächliche Macht der Notabeln im politischen System Frankreichs ist außerordentlich komplex und, weil nur schwer durchschaubar, entsprechend umstritten. Zum einen, weil sie in die landläufige Vorstellung vom rigiden, bis in die letzten Winkel effizient herrschenden Zentralstaat nicht paßt, zum andern, weil sie sich als spezifischer Bestandteil der zentralistischen Strukturen entpuppt. Die "periphere Macht" der Notabeln (GRÉMION 1976) beruht auf ihren direkten Kontakten zur Staatsspitze und zugleich auf den Kontakten zum lokalen bzw. regionalen Staatsvertreter, dem Präfekten. Sie brauchen dessen Unterstützung für ihre Projekte, so wie umgekehrt der Präfekt auf die Notabeln als Informanten und als Vermittler zu den lokalen Gremien und Wählern angewiesen ist. Die Charakterisierungen solch unumgänglicher Zusammenarbeit reichen von "sachliche Solidarität"* (CLAVAL 1978, S.177) bis zu "Komplizenschaft, Symbiose" (HALMES 1984, S.23). Schließlich hat dieses Beziehungsgeflecht für die Notabeln den weiteren Vorteil, Erfolge für sich verbuchen, unpopuläre Entscheidungen und Verantwortung dagegen auf "den Staat" abwälzen zu können.

Fern von der Zentrale führen solche Machtstrukturen zu einer Realität des politischen Lebens, die den Idealen jakobinischer Uniformität natürlich nicht entspricht (vgl. GRÉMION 1976). So werden die Präfekten und Subpräfekten grundsätzlich alle drei Jahre versetzt, aber nie in ihr Heimatdepartement. Auch bedeutet die Übernahme eines Ministeramtes für einen gewichtigen Notabeln nicht unbedingt Machtzuwachs, sondern vielleicht mehr noch Einbindung in die Kontrolle der Zentrale - man denke nur an Defferre und Mauroy, die mächtigen Bürgermeister von Marseille und Lille in Mitterrands erster

Regierung von 1981. Verbreiteter Auffassung nach war es ein wichtiges Ziel der Dezentralisierungspolitik seit 1981, die Macht der Notabeln zu brechen: Sie bekamen etwas mehr Verantwortung, zugleich aber wurde die reale Macht der Präfekten erhöht - auf diese Weise sollte der Verfilzung zwischen beiden der Boden entzogen werden (vgl. Kap.11).

Aber schon de Gaulles Projekt einer Regionalreform - und damit er selbst - soll am Widerstand der Notabeln gescheitert sein. Offensichtlich zogen sie die gewohnte, komfortable Einbettung in den Mechanismus des Zentralstaats einer relativen, aber mit Verantwortung belasteten regionalen Autonomie vor (SPARWASSER 1986, S.227). Allem Anschein nach konnte die "periphere Macht" auch mit der jüngsten Dezentralisierungspolitik nicht gebrochen werden. Sie brachte vielmehr Vorteile für die Bürgermeister der großen Städte sowie für die Eliten der Departements und der Regionen. Ein Gesetz von 1985, das die Ämterhäufung reduzieren soll, konnte nur wegen seiner Halbherzigkeit verabschiedet werden - es ließ so viele Ausnahmen offen, daß letztlich nur knapp 2% der halben Million Mandate getroffen wurden (BECQUART-LECLERC 1989, S.207 ff).

3.3 Sprache, Kultur, Bildungswesen - Mittel der Zentralisierung

Parallel zu der politischen und administrativen Uniformierung des Landes erfolgte eine gezielte Vereinheitlichung von Sprache, Kultur und Bildungswesen. Schon früh hatte man dies als notwendiges Bindemittel für einen zentral zu lenkenden Großraum erkannt, der sich aus vielen Provinzen mit beachtlichen Unterschieden in Dialekten bzw. Sprachen, Kulturen, Volkstum und Recht zusammensetzte.

3.3.1 Das Französische als Einheitssprache

Sprache und Sprachenpolitik finden als Werkzeuge der Zentralisierung Frankreichs nicht genügend Beachtung. Dabei ist erneut auf den diametralen Gegensatz zum Deutschen Reich hinzuweisen, dessen Formung gerade mit der Einheitlichkeit in Sprache, Kultur und Volkstum motiviert und propagandistisch untermauert worden ist.

Abgesehen von den randlichen Minoritäten, wie Basken, Bretonen, Elsässern, Flamen oder Katalanen, standen sich bei der Entstehung des französischen Rumpfstaates zwei große, sehr verschiedenartige Sprach- und Kulturräume gegenüber, der Norden und der Süden. Diese Trennung beruhte auf der unterschiedlichen Entwicklung des Galloromanischen zur *langue d'oc* im Süden und zur *langue d'oïl*, dem späteren Französischen, im Norden. Zwischen beiden Großräumen bildete sich in einer Übergangszone im Osten das *franco-provençal* heraus. Während sich im Süden das Galloromanische voll erhalten konnte, hat ihm die Überprägung durch das Fränkische im Norden jene spezifische Form gegeben, durch die sich das Französische von den anderen romanischen Sprachen unterscheidet (VON WARTBURG 1965, S.63 ff). Mit der Ausdehnung der fränkischen Königsmacht wurde das Französische dominant und zwang die *langue d'oc* - wohlgemerkt: die eigenständige Sprache des Südens mit seiner höheren Kultur! - in die Rolle eines ländlichen "Dialekts". Auch die Sprachen der peripheren Minderheiten wurden zurückgedrängt: das Flämische, das Bretonische, das Baskische, das Katalanische, das Italienische sowie das Deutsche im Elsaß und in Teilen Lothringens. (Da *allemand* "hochdeutsch" bedeutet, spricht man offiziell von *dialecte germanique* oder *dialecte germanophone*.) Die Durchsetzung des Französischen als offizielle und alleinige Volkssprache hatte für den Erfolg der Zentralisierung höchste Bedeutung. Sprache darf hier nicht allein als Kommunikationsmittel gesehen werden; ebenso beeinflußt sie auch die Denkweise, die an Vokabular, Inhalte und Strukturen der Sprache gebunden ist. Eine einzige Sprache zu etablieren, dient deshalb auch dem Ziel, das Denken zu uniformieren.

Die Ausbreitung des Französischen vollzog sich durch politische und administrative Machtausübung, durch Rechtsprechung, Militärdienst, Bildungswesen, Medien und Propaganda. In gezielter Verfälschung wurden die eigenständigen Sprachen der Minoritäten auf die Ebene von Dialekten und Platt (*patois*) degradiert und wie diese als "bäuerisch", "primitiv", ja sogar als "barbarisch" und "idiotisch" verunglimpft. Gleichzeitig erhob man das Französische zur einzigen Kultursprache, die allein zu einer "Literatur" fähig sei, während man den anderen Idiomen allenfalls eine "volkstümliche Poesie" zutraute (nach CALVET 1973, S.81). Die Strategie zeigte Langzeitwirkung, denn noch heute mokiert man sich in der Bourgeoisie über einen regionalen oder ländlichen Akzent und ist davon überzeugt, z.B. das Bretonische oder Baskische seien "Dialekte".

Bereits im 16.Jh. wurde das aus der *langue d'oïl* erwachsene Französisch Staatssprache: 1539 machte Franz I. es als Sprache des Königs und der Hauptstadt für den Amtsgebrauch verbindlich. Mit der Gründung der Académie française (1635), der seither institutionellen, wenn auch angekratzten Autorität über Richtig und Falsch im korrekten Französisch, zeigte Richelieu, wie hoch er das politische Gewicht einer Einheitssprache bewertete - der Mann der Kirche kannte die Macht des Lateinischen. Besonders intensiviert wurde die Ausdehnung der Einheitssprache nach 1789, um für das neue Gebilde "Nation" ein Gefühl der Zusammengehörigkeit zu fördern. In den anderen Sprachen sah man Waffen der Gegner, so im Deutschen, das im Elsaß verboten wurde, wenn auch ohne Wirkung (CALVET 1973, S.74). 1793 schlug Abbé Grégoire sogar vor, die "Vielfalt der vulgären Idiome auszurotten"* (RAFFESTIN 1980, S.30). Im selben Jahr wurde ein Dekret erlassen, daß fortan alle Kinder das Sprechen, Lesen und Schreiben in französischer Sprache zu lernen hätten - eine gigantische Aufgabe, denn die Hälfte der damaligen Franzosen war nicht frankophon. Beamten und öffentlichen Angestellten, die im Amt nicht das Französische verwendeten, drohten sogar Entlassung und sechs Monate Haft (HALMES 1984, S.177; TRÉMEL 1984, S.157). Selbst mit brutalen Methoden wurden die Regionalsprachen aus den Volksschulen verdrängt, vor allem in der Bretagne. In einigen sollen noch bis 1960 Schilder gehangen haben mit der Aufschrift "Auf den Boden Spucken und bretonisch Sprechen verboten!"* (TRÉMEL 1984, S.150).

Schließlich darf die Rolle der Hauptstadt nicht übersehen werden: War bis in jüngere Zeit die Touraine die Heimat des anerkannt "reinsten" Französisch, so ist es inzwischen, auch für die Linguisten, Paris.

3.3.2 Das Bildungswesen

Sprachenpolitik läßt sich von Bildungspolitik nicht trennen. Deren Bedeutung für die Zentralisierung kann kaum überschätzt werden, und zwar auf allen Niveaus. Obwohl die Grundschulen (*écoles*) den Gemeinden unterstehen, konnte der Staat über die *instituteurs* seinen Einfluß bis in die letzten Winkel der Republik tragen; es galt vor allem, die einheitliche Sprache und *civilisation française* zu verbreiten. Zugleich sollten diese engagierten Republikaner die ländlichen "Horte der monarchistischen Reaktion" bekämpfen, vor allem den Lokaladel und die Landpfarrer, die bewußt am Dialekt festhielten.

Seit 1880/81 ist der Besuch der konfessionslosen Schule vom 6. bis 13. Lebensjahr obligatorisch und kostenlos. Gegen Ende des 19.Jh. wurde unter dem Minister Jules Ferry der Unterricht vereinheitlicht, bis zur Karikatur, denn in ganz Frankreich mußte fortan am selben Tag und in derselben Schulstunde derselbe Stoff behandelt werden (vgl. PEYREFITTE 1976, S.365). Bis vor wenigen Jahren waren die im Erziehungsministerium gestellten Prüfungsaufgaben des Abiturs für alle Gymnasien Frankreichs identisch; die Prüfungen fanden überall zur selben Stunde statt, auch in den Kolonien und Protektoraten.

Daß die Universitäten, traditionelle Hochburgen des freien, individuellen Denkens, seit ihrer Blüte im Mittelalter einen Niedergang verzeichnet haben, dürfte kein Zufall sein. Schon das Königtum dachte nicht mehr an ihre Erneuerung, sondern begann, sie nach und nach durch kleine, hochspezialisierte Akademien zu ersetzen, die abhängig und leicht kontrollierbar waren: die Vorläufer der heute *Grandes Ecoles* genannten Eliteschulen (s.u.).

1793 wurden die Universitäten zunächst aufgehoben, später ersetzte Napoleon sie durch *lycées* in den Hauptorten der Departements und durch *instituts*. 1808 jedoch rief er die Universitäten wieder ins Leben, um neben der spezialisierten eine umfassendere Ausbildung anzubieten. Unter dem Empire wurde die "Freiheit der Forschung und des Gedankens der Staatsallmacht geopfert", das Universitätswesen sollte "einer einheitlichen, staatlich vorgeschriebenen Gesinnung gehorchen" (CURTIUS 1931, S.136). Jene *université impériale*, die bis 1848 existierte, hat bis heute nachhaltig gewirkt. 1871 wurden in einer Reform 17 staatliche Unterrichtsbezirke (*académies*) gegründet, denen jeweils ein *recteur* vorsteht. Vom Erziehungsminister ernannt, beaufsichtigt er den Unterricht und die Lehrpläne aller Schulen und Hochschulen.

Zwar erhielt die Universität im Gefolge der studentischen Mai-Revolte 1968, die sich nicht zuletzt gegen das zentralistische Bildungswesen und gegen den konformistischen Lehrkörper gerichtet hatte, mehr Eigenständigkeit. Sie darf seitdem aus ihren eigenen Reihen ihren Präsidenten wählen und über das ihr zugeteilte (allerdings sehr niedrige) Budget verfügen. Auch hat sie mehr Spielraum in der Organisation der Forschung und des direkten Lehrangebots. Letzteres bleibt aber weiterhin eingebunden in die globalen Lehrprogramme, die von Kommissionen des Erziehungsministeriums aufgestellt werden. Sämtliche Lehrstuhlberufungen spricht ein von den jeweiligen Fachprofessoren gewähltes nationales Komitee aus, das in Paris tagt. Dort werden auch die entscheidenden staatlichen Auswahlprüfungen durchgeführt, die zum Beamtenstatus führen, wie z.B. die *agrégation*; ein vom Minister eingesetzter Vorsitzender stellt die Prüfungsjury zusammen (nach briefl. Mitt. R. COURTOT, Univ. Avignon, 23.09.1990). Trotz erweiterter Handlungsfreiheit ist das französische Hochschulsystem immer noch wesentlich abhängiger von der Zentralregierung als das bundesdeutsche von den Landesregierungen.

3.3 Sprache, Kultur, Bildungswesen

Im Gefolge der Unruhen von 1968 wurde auch die Mammutuniversität Sorbonne aufgeteilt; seitdem hat die Ile-de-France 13 Universitäten. Parallel dazu ist es insofern zu einer Dezentralisierung gekommen, als die Sorbonne ihr einstiges Prestige verloren hat und nicht mehr als alleiniges Traumziel eines jeden Professors gilt. Doch bedeutete die Aufteilung der Sorbonne auch die Zerschlagung eines Machtpols, der sich gerade in der 68er Revolte als gefährlich erwiesen hatte, zumal er den Standort Paris einnimmt. Zwar gewann die Universität seit dem 19. Jh. wieder an Profil, wurde aber von den erwähnten Eliteschulen, den *Grandes Ecoles*, ins zweite Glied gedrängt. Damit herrscht in Frankreich ein Zweiklassensystem der akademischen Ausbildung: 1978 entfielen von fast 1,28 Millionen Studierenden ca. 14% auf die *Grandes Ecoles* und ihre Vorbereitungskurse. Es gab rund 300 solcher Anstalten, davon die Hälfte für die Ingenieurausbildung (MAGLIULO 1982; vgl. Abb.8). Neben ihrer Spezialisierung heben sie sich auch durch ihre niedrige Schülerzahl vom Massenbetrieb der Universität ab, ein *"système exclusif et excluant "* (Le Monde, 19.12.1990). In der Tat soll hier gezielt eine intellektuelle Elite geformt werden. Die Zulassung nur sehr weniger Teilnehmer erfolgt nach gefürchteten Ausleseprüfungen. Der Abschluß, ganz besonders jedoch ein vorderer Listenplatz im Jahrgang garantiert nahezu eine hohe oder höhere beruflich-gesellschaftliche Position. Die Schlüsselstellungen in Verwaltung, Armee, staatlichen wie auch privaten Wirtschaftsunternehmen etc. werden fast ausschließlich mit ihren Absolventen besetzt.

1978 unterstanden fast zwei Drittel jener Anstalten dem Staat, der, wie gesagt, sich schon im *Ancien Régime* um die akademische Ausbildung einer kleinen Elite bemüht hatte: 1715 wurde die Ecole des Ponts et Chaussées gegründet, 1783 die Ecole des Mines, 1794 die Ecole Polytechnique, im Jargon "X" genannt. Napoleon war also nicht, wie seine Legende es will, der "Vater der Hohen Schulen", doch wurden sie von ihm massiv ausgebaut, straff organisiert und unmittelbar befehligt. Sie sollten zur Basis seiner Macht werden: Aus Polytechnique und den Militärakademien kamen seine Offiziere, aus der Ecole Normale Supérieure die Lehrer für seine gleichgeschalteten *lycées*. Zur Stütze für ihn wurde auch die so eröffnete Aufstiegsmöglichkeit der Bourgeoisie in Spitzenstellungen des Zentralstaates, ähnlich wie unter Ludwig XIV. (MAGLIULO 1982, S.10 ff).

Da der Abschluß an einer *Grande Ecole* hohes Ansehen und Einfluß verleiht, wird der an vielen von ihnen vermittelte Geist des Zentralismus von den Absolventen eo ipso akzeptiert, schließlich wollen sie ja selbst an die Spitze des Zentralstaates vordringen - das System regeneriert sich selbst. Dem dient auch der ausgesprochene Korpsgeist der *anciens*, der ein Netz entscheidender persönlicher Beziehungen geknüpft hat. Folglich kann der Staatsapparat, dem die wichtigsten Schulen direkt unterstehen, über seine Elitezöglinge auf sämtliche Bereiche des öffentlichen Lebens einwirken, und zwar immer auf höchster Ebene.

Typisch für den Mechanismus ist die enge Verzahnung von Verwaltung, Politik und Wirtschaft über diese Spitzenkräfte, die alle aus demselben Typ von Schulen kommen, also trotz ihrer jeweiligen Spezialisierung austauschbar sind. So ist das sehr geläufige Überwechseln aus einem hohen Verwaltungsposten auf den Sessel eines Wirtschaftsmanagers - ironisch *pantouflage* genannt - nicht nur erlaubt, sondern es wird vom Staat sogar gefördert (FEIGENBAUM 1985, S.104). Ende der 70er Jahre kamen 29 Generaldirektoren der 100 größten Firmen Frankreichs aus den *Grands Corps* und Ministerialkabinetten (PICHT 1980, S.204). Zwar will auch die Privatwirtschaft von den Erfahrungen und Kontakten solcher übergewechselter hoher Beamten profitieren, jedoch gerät sie auf diese Weise unvermeidlich unter den Einfluß des Staates bzw. des zentralistischen Systems. Umgekehrtes Wechseln, nämlich von der Privatwirtschaft in hohe öffentliche Verwaltungsstellen, ist dagegen sehr selten. Ganz im Gegensatz zu Deutschland: Hier holt sich der Staat gern die Erfahrung aus der Privatwirtschaft, so z.b. bei der Besetzung der neuen Teilunternehmen der Bundespost Ende 1989 mit je einem leitenden Angestellten einer Bank, einer Radiofirma und einer Handelskette. FRIEDBERG und SCHMITGES sehen hier "den bedeutsamsten Gegensatz zur Situation z.b. in der Bundesrepublik: das Phänomen eines gemeinsamen Milieus von Staats- und Wirtschaftseliten" (1974, S.167).

Mit der Gründung der Ecole Nationale d'Administration (ENA) sollte eine noch höhere Sprosse gesetzt werden. In der Tat galten die ENA-Diplomierten - in einem ironisch-respektvollen Wortspiel mit *oligarques* "*énarques*" genannt - schon bald als die Spitzenabsolventen überhaupt. Sie drangen schnell in alle Bereiche vor, auch in die Domänen anderer Hoher Schulen. Aus der ENA stammen fast sämtliche Mitglieder der mächtigen *Grands Corps*. Außerdem beherrschen sie diskret die Kabinette der Staatsspitze; sie sind die "Superelite" der Verwaltung (GARIN 1985, S.35). Hier zeigt sich wieder die Kontinuität des Zentralismus: Der zentrale Staatsapparat zieht sich aus der Elite Frankreichs seine eigene Hausmacht, um sie als beständige Mitarbeiter und Kontrolleure der vergänglichen Staatspräsidenten und Regierungen einzusetzen - laut dem Bericht zum zwanzigjährigen Bestehen der ENA hatten 40% ihrer Absolventen Kontrollaufgaben (zit. bei MÉNY 1974, S.448).

Solche Kontinuität wird auch durch die Herkunft der Absolventen garantiert, entstammen sie doch ganz überwiegend den gehobenen sozialen Schichten, teilweise sogar regelrechten "Verwaltungsfamilien". BIRNBAUM (1978, S.81) betont, daß die Homogenität der Verhaltensweise, der Werte sowie der schulischen und sozialen Herkunft der Führungsschichten im staatlichen wie im privaten Bereich nicht überschätzt werden könne, und spricht sogar von deren "physischer Einheit"*. Beispielsweise waren von den Vätern der 253 ENA-Schüler, die 1953-63 in die *Grands Corps d'Etat* eintraten, 41% Beamte, 19% leitende Angestellte, 14% in freien Berufen, aber nur 5% Landwirte oder Arbeiter (GOUBET/ROUCOLLE 1981, S.184; vgl. BOURDIEU/PASSERON 1964, S.11 ff). Noch ausgeprägter zeigt sich die soziale Auslese in den höchsten Positionen: 1971 kamen fast 90% der Angehörigen von drei *Grands Corps* und 91% der Generaldirektoren der 100 größten Unternehmen aus der Oberschicht. "Ererbte, allerdings durch eigene Leistung legitimierte Bildung gewährleistet die Kontinuität der sozialen Strukturen ..." (PICHT 1980, S.219).

Die Reproduktion der Führungskräfte findet in außergewöhnlicher räumlicher Konzentration statt, natürlich im Pariser Raum: Dort wohnen etwa zwei Drittel von ihnen, allein die Hälfte im vornehmen Westen, und dementsprechend auch der Nachwuchs: Die weitaus meisten *"énarques"* sind in Paris aufgewachsen; 81% der Absolventen 1983 hatten vorher in Paris studiert, von diesen fast alle am bekannten Institut d'Etudes Politiques (BIRNBAUM 1978, S.150 f; GARIN 1985, S.36).

Soll das in Zukunft anders werden? Ende 1991 verlegte die Regierung urplötzlich die ENA nach Straßburg - zur völligen Überraschung sogar des Stadtrates, den man nicht einmal gefragt hatte. Ob dies allerdings ein Akt wahrer Dezentralisierung ist, als den man die Verlegung natürlich propagiert, erscheint fraglich. Vieles deutet auf einen Machtkampf zwischen der Regierung und dem Establishment der *"énarques"* hin.

In einem zentralistischen Staat genügt zur Besetzung der systembedingt wenigen Spitzenpositionen eine zahlenmäßig kleine Elite, die durch eine umso härtere Auslese unter der Masse der Anwärter gewonnen werden kann, eine Auslese, die bereits vor dem Abitur einsetzt. Eine gezielt klein gehaltene Elite kann hierarchisch an eine breite Zahl von schlechter Ausgebildeten delegieren, die entsprechend leichter zu beherrschen sind. Zugleich ist sie an der Erhaltung des Systems interessiert, das ihr ja die privilegierte Stellung ermöglicht. Die Eliteausbildung wird damit zur Garantin des Leitprinzips.

Demgegenüber benötigt eine Föderation eine wesentlich breitere Führungsschicht, da ein Großteil der Entscheidungen zentral (Bund), regional (Länder) und lokal (Gemeinden), also parallel und unabhängig voneinander gefällt werden muß. Dabei zeigt die Praxis immer wieder, daß zwischen diesen Führungsgruppen prinzipiell keine Qualifikationsunterschiede bestehen müssen; höher Qualifizierte können durchaus auch "in der Provinz" sitzen. So wäre es in der Bundesrepublik Deutschland systemwidrig, in zwangsläufig kleinen Eliteschulen eine für diesen Bedarf zu kleine Führungselite auszubilden. Offenbar stehen hinter der häufig zu hörenden Forderung mancher bundesdeutscher Politiker, Eliteschulen einzurichten, unausgesprochene Zentralisierungsabsichten.

3.4 Historische Wechselwirkungen zwischen Zentralismus, Verkehr und Wirtschaft

Es war nur konsequent, daß die geschilderten Entwicklungen und Strukturen auf eine massive Steuerung von Wirtschaft und Verkehr durch den Staat hinausliefen. Hier kann nur ein kurzer Überblick über diese Tendenzen in der Geschichte des französischen Zentralstaates gegeben werden, Einzelheiten gehören in die Kapitel 6 und 10.1 - 10.4. Wenn es auch grundfalsch wäre, die heutige sogenannte "semi-indikative Planwirtschaft" mit derjenigen in sozialistischen Ländern zu vergleichen, so greift die öffentliche Hand doch entschieden stärker in das marktwirtschaftliche System ein als in Deutschland oder in Großbritannien. Möglich wird dies vor allem über die zentrale Einflußnahme auf Energiewirtschaft, Transport und Bankwesen sowie über verstaatlichte Konzerne.

Dieser Wirtschaftsmechanismus ist sowohl Ergebnis als auch Agens der zentralistischen Struktur des Landes. Schon in der frühen Neuzeit hat die Krone versucht, die Wirtschaft in ihren Dienst zu stellen und die Zentralmacht dadurch zu stärken. Da den Städten Autonomie und Alleinrecht in Handel und Gewerbe genommen wurden, konnte sich dort kein Patriziat bilden, etwa wie in Holland oder Italien. Außerdem begannen die Könige ab Ende des 16.Jh., das Gewerbe in kontrollierten Zünften zusammenzufassen; unter Ludwig XIV. mußte eine Arbeitsberechtigung erkauft werden. Mit dem Untergang des Feudalismus geriet auch der Handel zunehmend unter den "Schutz" der Monarchie. Der Bergbau lief zunächst über staatliche Konzessionen (1553), Mitte des 18. Jh. wurde er direkt von der Genehmigung durch den König abhängig (SÉE 1930, I).

Unter dem Absolutismus kam der Merkantilismus zur vollen Entfaltung: Die Binnenzölle wurden abgeschafft, um das Staatsgebiet zu einem zusammenhängenden Wirtschaftsraum zu vereinen. Durch Importrestriktionen und massive Förderung der Ausfuhr sollte eine aktive Handelsbilanz erreicht, also Macht und Reichtum des Staates gesteigert werden. Bekanntester Vertreter des Systems wurde Colbert, vielseitiger

Minister Ludwigs XIV., dessen Ziel es war, "das Königreich zum Wohlstand zu führen, indem man jeden einzelnen zum gelehrigen Ausführer der wirtschaftlichen Entscheidungen macht, die rational an der Spitze des Staates getroffen werden"* (PEYREFITTE 1976, S.10). Im Raum verwirklichte Colbert seine Politik durch die Anlage von Häfen (u.a. Lorient), Schiffahrtswegen und Manufakturen, alle mit dem Attribut *royal*. Er bekämpfte die Heimarbeit im Verlagssystem, denn die Manufakturarbeit sollte auf die Städte konzentriert und unter Kontrolle gehalten werden.

Förderung durch die Krone, indirekte Zwänge und gezielte Betriebsgründungen sollten den Unternehmergeist anstacheln. Dieser fehlte zu Anfang des Absolutismus weitgehend, zumal die einzige politische Gruppe mit ausreichendem Kapital, der Adel, wirtschaftliche Betätigung verachtete (vgl. ZYSMAN 1983, S.102; AMMON 1989). Umgekehrt war der Krone die Privatinitiative von vornherein verdächtig; geduldet wurde sie nur, wenn sie sich unterwarf, anpaßte und kontrolliert werden konnte (PEYREFITTE 1976, S.108) - eine Konzeption in diametralem Gegensatz zur Förderung der freien Initiative in England oder den Niederlanden.

Durch die Selbstisolation im merkantilistischen System und die staatliche Gängelung erlebten die Manufakturen gegen Ende der Regierung Ludwigs XIV. einen deutlichen Niedergang. Bezeichnend ist auch, daß sich der erste vorindustrielle Aufschwung bis 1789 unter starker staatlicher Einwirkung vollzog und bei weitem nicht die Ausmaße und die Eigendynamik erreichte wie in England. Nach einem kurzen radikal-liberalen Zwischenspiel während der Revolution erreichte der Merkantilismus unter Napoleon exzessive Formen. Seine imperialistische Ausweitung des Herrschaftsbereiches zielte auch auf eine Expansion des Marktes für französischen Waren ab. Gleichzeitig setzte er die staatliche Industrialisierungspolitik fort, wobei die Unternehmen zeitweise vom Schutz der gegen England gerichteten Kontinentalsperre (1806-1812) profitieren konnten. Andererseits wurde der technisch-wirtschaftliche Fortschritt in Frankreich durch die Abschirmung gegen das Land der Industrieavantgarde gebremst.

An der verspäteten, dann eher gemächlichen Industrialisierung in Frankreich haben diese historischen Prozesse maßgeblichen Anteil. Wie noch zu erläutern sein wird, liegen weitere wichtige Gründe in der sinkenden Wachstumsquote der Bevölkerung und in der Stagnation der Städte im Schatten der Hauptstadt - auch hier spielen zentralistische Faktoren mit. Demgegenüber ist der Mangel an Energiequellen und Rohstoffen als angebliches Hindernis für die Industrialisierung in übertriebener Weise in den Vordergrund geschoben worden, geradezu als Entschuldigung (u.a. BEAUJEU-GARNIER 1974).

Diese Leitlinien zentralistischer Wirtschaftspolitik, die aus dem absolutistischen Merkantilismus stammen, ziehen sich bis in die heutige Zeit. Immer wieder traten Rückfälle in den Protektionismus auf, z.B. in der Agrarpolitik durch langanhaltende Schutzzölle (vgl. Kap.10.1). Die Beaufsichtigung der Wirtschaft durch den Staat sollte sogar noch zunehmen, vor allem unmittelbar nach dem Zweiten Weltkrieg. So war man damals fest überzeugt, Wiederaufbau und Wirtschaftswachstum seien nur mit Dirigismus zu erreichen. Daß dies auch mit der Initiative der Privatwirtschaft gelingen könne, erschien unvorstellbar (vgl. HARTIG 1962, S.60; CHEVALLIER 1979, S.20); allerdings waren die Ausgangsbedingungen dafür auch wesentlich ungünstiger als zur selben Zeit in Westdeutschland. Der Hang zum Dirigismus, in der damaligen Gesamtkonstellation, aber auch von der Wirtschaftsgeschichte Frankreichs her durchaus verständlich, unterstützte natürlich die zentralistischen Kräfte. So erklärt sich die 1946 erfolgte, bis dahin

3.4 Historische Wechselwirkungen zwischen Zentralismus, Verkehr und Wirtschaft 53

einmalige Welle von Verstaatlichungen, nämlich der wichtigsten Banken, fast der gesamten Energiewirtschaft und des führenden Automobilherstellers Renault. Ebenso schien die Nationalisierung weiterer Banken und großer Industriekonzerne nach Antritt der Regierung Mitterrand (1981) mehr dem Geiste des Colbertismus zu entstammen als dem des Sozialismus. Der Staat wurde auch zum größten Kunden und zugleich größten Lieferanten des Privatsektors. Staatliche und gemischtwirtschaftliche Gesellschaften, in denen der Staat aber meist den Ton angibt, existieren neben der Industrie auch in der Landwirtschaft, im Verkehrs- und Transportwesen, im Wohnungsbau, in Wissenschaft, Forschung und Medien. Besonderes Gewicht in der modernen Raumordnung bekamen die vielseitigen regionalen Entwicklungsgesellschaften: U.a. machten sie die Rhône nutzbar für Stromerzeugung, Schiffahrt und Bewässerung, betreiben im Languedoc den Wandel von der Weinbaumonostruktur zur diversifizierten Agrarwirtschaft oder verwandeln große Bereiche der Alpen und der Mittelmeerküste in moderne Fremdenverkehrslandschaften (vgl. Kap.9.2.2). Die Behauptung von CHEVALLIER (1979, S.8), es gebe keinen Tätigkeitsbereich, den die öffentlichen Unternehmen nicht kennen, trifft eigentlich nur für Wachstums- und Schlüsselbereiche zu, nicht dagegen für Krisenbranchen (Schuhe, Textilien etc.) oder für den traditionell schwach entwickelten Werkzeugmaschinenbau (Abb.19).

Von den Wechselwirkungen zwischen zentralistischer Politik und wirtschaftlicher Entwicklung können Konzeption, Ausbau und Funktion des Verkehrswesens nicht getrennt werden; es ist im ganz konkreten Sinne zum tragenden "Netz" des Zentralismus geworden. Dabei liegt keineswegs eine "naturgegebene" Ausrichtung auf Paris vor. Auch war in galloromanischer Zeit die Provinzhauptstadt Lugdunum (Lyon) der bedeutendste Knotenpunkt gewesen. Erst Ende des 15.Jh. wurde unter Ludwig XI. längs der Hauptwege ein Postdienst von und nach Paris organisiert; Ende des 16.Jh. entstand ein radiales, nur wenige Transversalen enthaltendes Straßennetz von der Hauptstadt zu allen Grenzen und Küsten (DE PLANHOL 1988, S.309 ff). Systematisch wurde nun die Hauptstadt des Königreiches in den funktionalen Mittelpunkt gerückt, wie der Vergleich der Karten in Abb.5 zeigt. Daß nach der Römerzeit ein Jahrtausend lang kein eigentliches Straßennetz, also keine vorgegebenen Leitlinien existiert hatten, hat diese neue und seitdem grundlegende Raumstrukturierung vermutlich entschieden erleichtert; und spätere Ausbauten brauchten sich noch daran zu orientieren. Zu nennen ist hier vor allem das erste Netz von 25.000 km Pflasterstraßen, die 1726-76 durch bäuerliche Fronarbeiter verlegt wurden. Sie verbanden Paris mit den Provinzhauptstädten, führten von dort zu den Sekundärzentren und weiter in den ländlichen Raum. Auch hier waren bedeutende Quertrassen selten. Keine einzige Transversale gab es unter den napoleonischen Heerstraßen 1. und 2. Ordnung, die von Paris fast geradlinig zu den Grenzen strebten! (Abb.6).

Jene sternförmige Grundkonzeption sollte wegweisend für alle Verkehrsträger werden. 1842 wurde Paris zum Ausgangspunkt von sechs Haupteisenbahnstrecken bestimmt. 1860 waren alle Landesgrenzen erreicht. Obwohl die Bahnlinien zunächst Privatunternehmen gehörten, folgten die Strecken politischen und militärischen Entscheidungen, weniger den Überlegungen wirtschaftlicher Rentabilität (vgl. Kap.6.1). Schon Legrand, der den "Stern" der Bahnlinien entworfen hatte, erkannte darin die "langen Zügel der Regierung, die der Staat in Händen halten müßte"* - ein Wunsch, der sich 1937 mit der Verstaatlichung der Eisenbahn (SNCF) definitiv erfüllte (PINCHEMEL 1979, S.46).

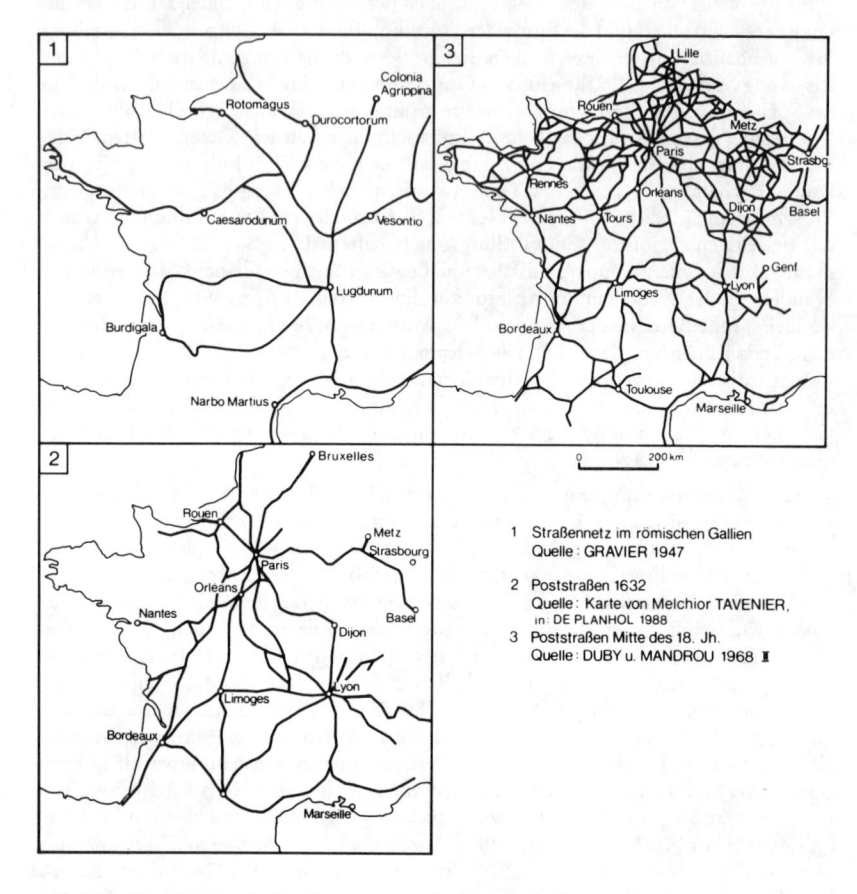

3 Die Entwicklung Frankreichs zum zentralistischen Einheitsstaat

Abb.5 Die Entwicklung des Straßennetzes von der Römerzeit bis zur Mitte des 18.Jh.

1 Straßennetz im römischen Gallien
   Quelle: GRAVIER 1947
2 Poststraßen 1632
   Quelle: Karte von Melchior TAVENIER,
   in: DE PLANHOL 1988
3 Poststraßen Mitte des 18. Jh.
   Quelle: DUBY u. MANDROU 1968 II

Von Anfang an ging es also weniger um die Konstruktion eines den Raum gleichmäßig verknüpfenden Netzes, vielmehr hatte immer die Direktverbindung Paris - Provinz Priorität. Auf seiner Italienreise 1580-81 hatte Montaigne für die ca. 400 km von Limoges nach Paris fünf Tage gebraucht, auf dem Rückweg für die etwa gleich lange Strecke von Lyon nach Limoges dagegen 13 Tage (DE MONTAIGNE 1957) - prinzipiell hat sich daran bis heute nichts geändert.

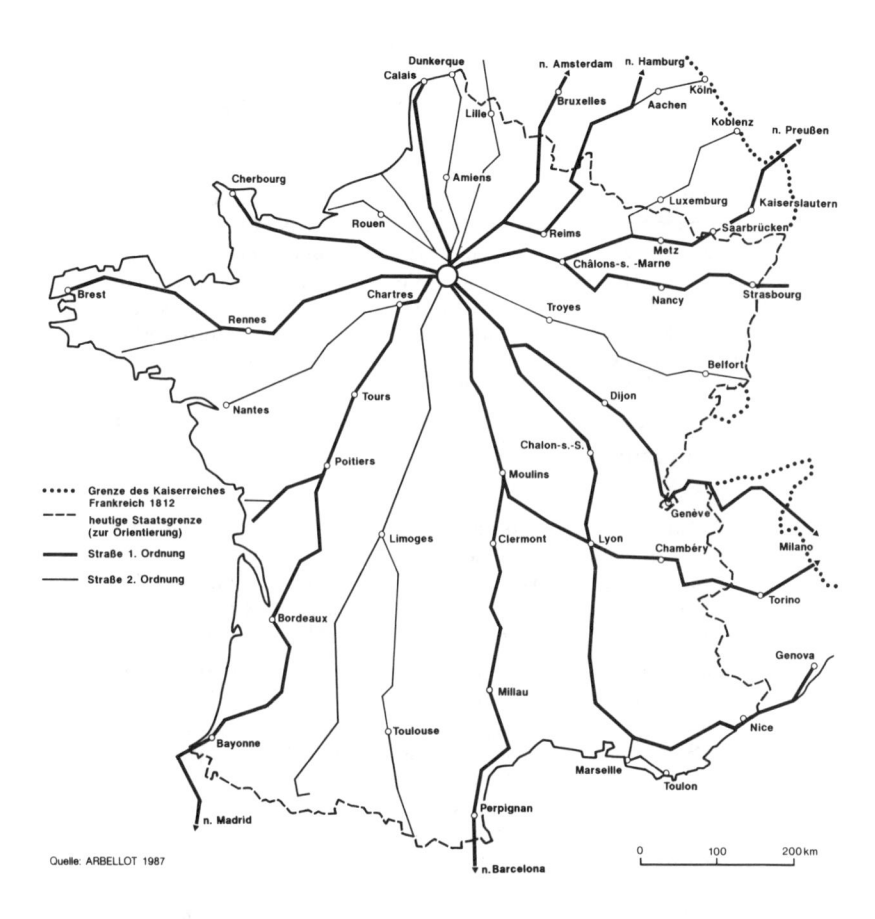

3.4 Historische Wechselwirkungen zwischen Zentralismus, Verkehr und Wirtschaft 55

Abb.6 Das napoleonische Hauptstraßennetz 1811

4 Paris - Resultat und Motor der Zentralisierung

"Où auraient-ils appris à vivre?
Ils n'ont point fait de voyage à
Paris." MOLIÈRE, *La Comtesse*
d'Escarbagnas, 1671, 3.Sz.

Mit der geschilderten Politik, die die Erschließung des Raumes auf die Hauptstadt ausrichtete, wurde der Einfluß der Zentralregierung auf die Provinz intensiviert. Zugleich wuchs über einen Selbstverstärkungseffekt das Gewicht der Metropole innerhalb der Hierarchie der zentralen Orte (vgl. Kap.8.1) ins Überdimensionale. "Paris ist keine einfache Hauptstadt, es ist eine *hypercapitale*. Es ist eine Hauptstadt in jedem Sinne des Begriffs"* (NOIN 1984, S.182). Weder ist der Zentralismus in seinen heutigen Ausprägungen und Auswirkungen ohne seine räumliche Verwurzelung in Paris zu verstehen, noch die Entwicklung der Hauptstadt ohne das Staatsorganisationsprinzip: Paris ist gleichzeitig Resultat und Motor der Zentralisierung.

4.1 Die Entstehung der Metropole

Der frühe Aufstieg von Paris zur definitiven Hauptstadt eines expandierenden, reichen Territoriums bedeutete eine im Okzident einmalige Entwicklung: Schon 1328 war es die bei weitem größte Stadt Europas, mit rund 200.000 Einwohnern; Ende des 17.Jh. wurde sie schließlich von London überholt (DE PLANHOL 1988, S.298). Trotzdem kam es erst im 19.Jh. zu dem abnormen Übergewicht der Metropole.

Ebensowenig, auch relativ gesehen, war die politische, administrative und wirtschaftliche Zentralität von Paris im Mittelalter und selbst unter dem Absolutismus mit der Zentralität heutiger Ausmaße vergleichbar. Dies war unmöglich aufgrund der dünneren Besiedlung des Landes, der dominierenden bäuerlichen Selbstversorgung und der noch äußerst schwachen Kommunikationssysteme. Auch wurden die Hauptstadtfunktionen durch eine Reihe historischer Einschnitte in ihrer Kontinuität behindert: Als der schwache Karl VII. 1428 in Reims gekrönt wurde, war Paris von den Engländern besetzt. Im 16.Jh. entwickelte der repräsentationsbewußte Franz I. einen prächtigen Hof, der nicht allein an den Louvre gebunden blieb, sondern zwischen Seine und Loire von Schloß zu Schloß zog. Kurz nach seinem Regierungsantritt übersiedelte der junge Ludwig XIV. mit Regierung und gesamtem Hofstaat nach Versailles; dieser Zustand dauerte (mit kurzer Unterbrechung unter dem unmündigen Ludwig XV. von 1715 bis 1722) über ein Jahrhundert. Jener bipolaren Situation, verstärkt durch das Bauverbot außerhalb der Mauern, schreibt GRAVIER (1972, S.11) eine bremsende Wirkung auf das Wachstum von Paris zu: Die Stadt nahm 1640-1790 von 450.000 auf 550.000 Einwohner zu, d.h. um nur 22%, während sich die Gesamtbevölkerung Frankreichs um 42% vermehrte (von 19 auf 27 Mio.). Um 1800 lebten in Paris erst 2 % aller Franzosen.

Man sollte die Auslagerung des Regierungssitzes jedoch nicht überbewerten; denn die Distanzierung des neuen Thronsitzes nach Versailles um ganze 15 km von der damaligen Stadtmauer bezweckte ja keineswegs, eine Konkurrenzhauptstadt zu errichten oder Paris auszuschalten. Hätte der König das mit allen Mitteln betrieben, so wären

4.1 Die Entstehung der Metropole

ihm in der neuen Hauptstadt Versailles vermutlich die gleichen Probleme beschert worden wie in der alten. In der Tat blieb Paris weiterhin der wahre Mittelpunkt für die Wirtschaft, für den Verkehr, für das Bildungswesen und auch für die Kultur, selbst wenn der Versailler Hof die bedeutendsten Künstler anzog. Schon in den literarischen Zeugnissen des 17.Jh., am bekanntesten in den Stücken von MOLIERE, spiegelt sich die tonangebende Rolle von Paris, unterstrichen durch das Bespötteln der Provinzbewohner, das von der Pariser Bourgeoisie bis heute gepflegt wird.

Exzessiv wurde die Konzentration von Macht, Wirtschaft, Kultur und Bevölkerung auf Paris erst mit dem napoleonischen Empire, natürlich auch unter dem Einfluß der beginnenden Industrialisierung. Über die Verwaltungshierarchie Ministerium - Präfektur - Subpräfektur - Rathaus sowie mittels verbesserter Verkehrs- und Kommunikationssysteme (Sichtsignalnetz, Abb.7) konnte das gesamte Reich von hier gesteuert werden. Es bildete sich eine entsprechend große Verwaltungszentrale, zumal mit der Revolution die Regierung wieder von Versailles in die Hauptstadt zurückgekehrt war. Banken und Finanzwesen suchten konsequent Kontakt zu diesem Entscheidungspol. An die napoleonische Hofhaltung lehnten sich zunehmend kulturelles Leben und Wissenschaft an, was von Bonaparte durch die Zentralisierung des Bildungswesens geschickt gefördert wurde. Mit modernem, pomphaftem Ausbau strebte er auch äußerliche Attraktivität an. "Ich wollte, daß diese Hauptstadt mit ihrem Glanz alle anderen des Universums erdrückte. Ich träumte, aus ihr die wahre Hauptstadt Europas zu machen"*, soll er auf Sankt Helena gesagt haben (zit. bei BEAUJEU-GARNIER 1977, I, S.44) - auch heute noch wird von Paris als der künftigen Hauptstadt Europas geträumt.

Im selben Sinne dachte und handelte sein Neffe, Napoleon III. Er wirkte weiter an dem weltstädtischen Habitus von Paris, wollte das von ihm bewunderte London überflügeln. Sein Präfekt Haussmann führte die erste moderne Sanierung mit Kanalisation, Wasserleitungen, Straßenbeleuchtung etc. durch und brach jene charakteristischen breiten, geradlinigen Avenuen durch die verschachtelte Bausubstanz der Altstadt. Monumentale Gebäude, wie z.B. die Oper, geben den dadurch geschaffenen neuen Perspektiven eindrucksvolle Geschlossenheit (vgl. SUTCLIFFE 1970).

Solche intensive Bautätigkeit hatte eine entsprechende Anziehungskraft auf Arbeitskräfte aus der Provinz: 1848 zählte Paris 1,5 Mio. Einwohner, fast dreimal soviel wie zur Zeit der Revolution, bzw. 4,5 % aller Franzosen; 1881 waren es bereits 2,8 Mio. bzw. 7,5 % - eine außergewöhnliche Zunahme, umso mehr in einem Land, dessen Industrialisierungsgrad schwach geblieben war und dessen Bevölkerungswachstum sich der Stagnation näherte.

Paris war schon im Mittelalter die gewerbereichste Stadt des Landes. Die unter dem Absolutismus entstandenen Manufakturen für Luxusartikel wurden zu Vorläufern auch heute noch bedeutender Pariser Branchen, z.B. der Karossen- für den Automobilbau, die Parfümerie für die Chemie. Zulieferer folgten der Industrie und der explosiven Bautätigkeit. Außerdem etablierten sich Betriebe, die das große Angebot zugewanderter, billiger Arbeitskräfte nutzten, und zugleich Nahbedarfsindustrien, die sich an der rapide anschwellenden Masse von Konsumenten orientierten. Aufgrund der schon geschilderten optimalen Kombination von Standortfaktoren wurde die Stadt zum dominierenden Industriezentrum des ganzen Landes. Solches Übergewicht und die zusätzlichen Standortvorteile im beherrschenden zentralen Ort bewogen immer mehr Unternehmen der Provinz, ihre Hauptverwaltung in die Hauptstadt zu verlegen. Als ersten Verantwortli-

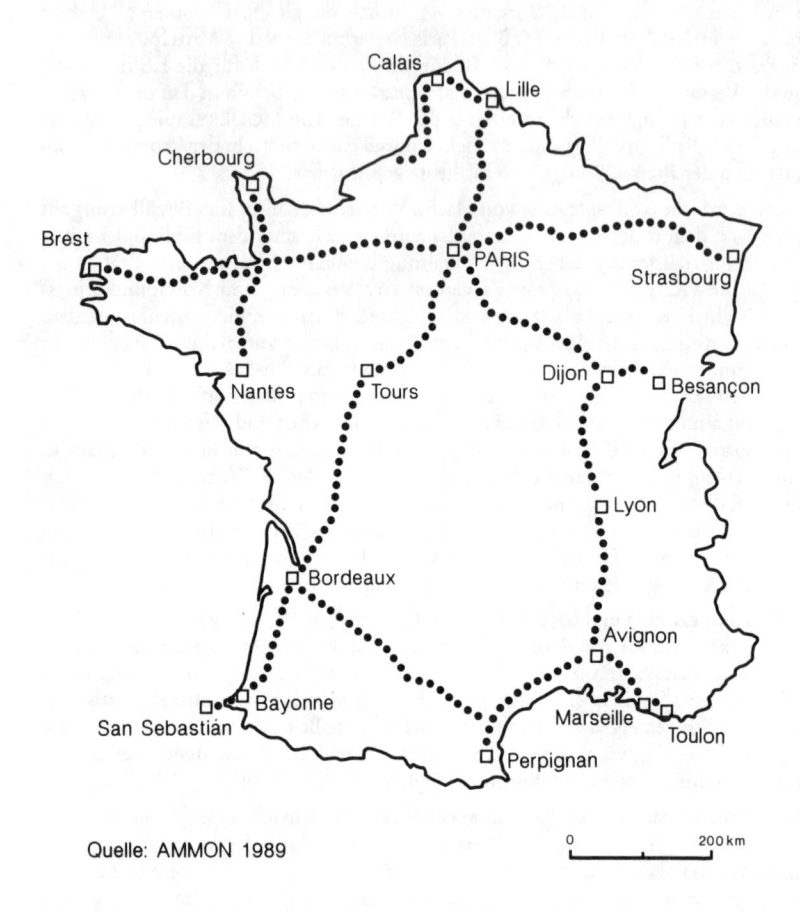

58 4 Paris - Resultat und Motor der Zentralisierung

Quelle: AMMON 1989

Abb.7 Das optische Telegraphennetz in der ersten Hälfte des 19.Jh.

chen für diese Entwicklung nennt GRAVIER wiederum den Staat, denn "die zentralistische Verwaltung zwingt jeden Unternehmer, dessen wichtigster Kunde der Staat ist, sich in Paris niederzulassen"*, und die einseitige Standortbevorzugung von Paris durch die Industrie sei nur erklärbar durch die "Zentralisierung des Handels, eine Konsequenz der Zentralisierung der Bahnlinien, die wiederum von der politischen Zentralisierung erzeugt worden war"* (1947, S.135, 126).

Wie die jüngere Geschichte zeigt, wurde dieses Macht- und Nervenzentrum und damit das ganze Land strategisch äußerst verwundbar, von außen wie von innen: Es ist anzunehmen, daß das Trauma der Belagerung und des Falls von Paris im Krieg 1870/71 den Widerstandswillen in den Verteidigungsschlachten des Ersten Weltkriegs (Marne,

Somme, Verdun) motiviert hat, die die Hauptstadt schützen sollten. In negativer Konsequenz endete im Zweiten Weltkrieg Frankreichs Handlungsfähigkeit mit der Besetzung von Paris. Zugleich war die Stadt selbst immer der gefährlichste Unruheherd im Lande (VAUJOUR 1970, S.12), von hier aus wurde wiederholt der Staat in seinen Grundfesten bedroht: von der Erhebung des Bürgermeisters Etienne Marcel 1358 über die Fronde gegen Mazarin bis zum Mai 1968. Die blutigste Revolte der jüngeren Zeit war der Aufstand der Kommune 1871. Auch hier fürchtete die Republik um ihren Fortbestand; nach der Niederschlagung wurde deshalb die Stadt Paris in einem *régime d'exception* direkt der Regierung unterstellt und - als wohl einzige Stadt der Welt ohne Bürgermeister! - ein Jahrhundert lang durch einen Präfekten und einen Polizeipräfekten regiert. Nach der Wiedereinführung des *Maire de la Ville de Paris* (1977) und mit der Übernahme dieses Amtes durch einen der mächtigsten Politiker Frankreichs, Jacques Chirac, stellte sich das Gewicht der Hauptstadt erneut in aller Deutlichkeit heraus. Dabei wird eines meist übersehen: Die Pariser Polizei untersteht nach wie vor dem Polizeipräfekten, also der Regierung. Das Mißtrauen der Zentrale gegenüber diesem potentiellen Staat im Staat ist nicht erloschen - umgekehrt allerdings auch nicht.

4.2 Das heutige Gewicht von Paris

Die Hauptstadt Frankreichs wurde zu einem internationalen Schwerpunkt in Politik, Kultur, Handel, Finanzen, Transport, zu einer der tonangebenden Weltstädte. Sie bildet die nach London zweitgrößte Agglomeration Westeuropas, in weitem Abstand zu den anderen Städten. Paris wirkt wie ein Wasserkopf: Die Einwohnerzahl von 9,1 Mio. (1990) der *agglomération de Paris* hat einen Anteil von 16,0% an der ganz Frankreichs und von 21,1% an der städtischen Bevölkerung (d.h. in Orten > 2000 Einw.); sie beherbergt genauso viele Menschen wie die 17 nächstgrößen Ballungsräume bzw. die doppelte Zahl der Einwohner der fünf nächstgrößen Agglomerationen! Das Gewicht von Paris in Frankreich kann hier nur anhand beispielhafter Fakten und Teilbereiche dargestellt werden (vgl. u.a. BEAUJEU-GARNIER 1977; BASTIÉ 1980, 1984; NOIN 1984):

Obwohl sich hier die mit Abstand größte Industrieballung des Landes gebildet hat, dominieren eindeutig die Erwerbstätigen in den Dienstleistungen, mit über 70% in der Region Ile-de-France, davon fast die Hälfte in Paris-Stadt. Dort untersteht wiederum fast die Hälfte der öffentlichen Hand. Vielleicht am spektakulärsten zeigt sich das Übergewicht des tertiären Sektors im kulturellen und intellektuellen Bereich. Daß Frankreich zum meistbesuchten Touristenland der Erde wurde, mit jährlich 38,3 Mio. Besuchern im Jahre 1988 (nach FWA 1991), geht primär auf die Attraktivität des weltstädtischen Flairs, der Denkmäler, Museen, Ausstellungen, Filmpremieren etc. von Paris zurück. Entsprechend groß ist die Übernachtungskapazität: 64.000 Betten in 1300 Hotels, angeblich die "weltweit am besten ausgestattete Hauptstadt". Ebenfalls an der Weltspitze lag sie 1986 mit 925 Kongressen (Frankreich-Info Nr.16, 7.7.1987). Das Nachschlagewerk "Quid 1986" (FRÉMY 1985, S.429) zählt allein in der Metropole doppelt (!) soviele Theater (48) wie in allen Städten der Provinz zusammen (*"environ 25"*). In Paris liegen fast sämtliche großen und ca. 90% der französischen Verlage, arbeiten 75% aller Journalisten (DREVET 1988, S.219 f), erscheinen alle landesweit bzw. international bekannten Zeitungen.

Bei den Beschäftigten in der Forschung erreicht der Anteil der Hauptstadtregion 57 %. Hier haben die meisten der führenden *Grandes Ecoles* und z.b. 39% derer für Ingenieurwissenschaften ihren Sitz (DATAR 1988, S.283; s. Abb.8). Für die Universitäten ist die Lage differenzierter: Vor dem Zweiten Weltkrieg war an der Sorbonne noch fast die Hälfte aller Studenten eingeschrieben, und GRAVIER (1947, S.265) sah "in keinem anderen Bereich schwererwiegende Konsequenzen, denn die Zentralisierung der Industrie und die kulturelle Sterilisierung der Provinz entstammen zum großen Teil dem Quasi-Monopol von Paris im universitären Bereich"*. Obwohl inzwischen eine Dezentralisierung der Universitäten stattgefunden hat, lag die Zahl der Studenten in der Hauptstadtregion mit 233.380 bzw. 34,3 % (1986/87) immer noch extrem hoch. Noch Ende der 70er Jahre entfielen auf den Pariser Raum 50 % aller Promotionen (*thèses de 3ᵉ cycle*) und 58 % aller Habilitationen (*thèses d'Etat*) (PINCHEMEL 1979, S.14). Betrachtet man Universitäten und *Grandes Ecoles* zusammen, so zeigt sich, zumindest quantitativ, nach wie vor die akademische Spitzenstellung der Hauptstadt.

Infolge der zentralistisch-hierarchischen Struktur Frankreichs übersteigt die Konzentration von Regierungsstellen bei weitem die Dimensionen einer "normalen" Hauptstadt: Innerhalb der Stadtgrenzen von Paris werden gleichzeitig der Staat, die gesamte Provinz, die Region Ile-de-France und natürlich die Stadt selbst verwaltet. Daß die Staatsspitze systembedingt in mehr Bereiche eingreift als in anderen Ländern, führt zu einer zusätzlichen Aufblähung des zentralen Apparates. Das Ergebnis ist ein riesiges Regierungs- und Verwaltungsviertel zwischen Eiffelturm, Seine und Quartier Latin mit Ausliegern auf der Ile de la Cité und im Bereich des Louvre. Hinzu kommen Behörden und Botschaften zwischen Bois de Boulogne und dem Seine-Mäander wie auch die unzähligen Einrichtungen der Stadt Paris und sie umgebenden weit über 300 eigenständigen Kommunen. Insgesamt beschäftigen der öffentliche und der halböffentliche Sektor der Ile-de-France rund ein Viertel aller Erwerbstätigen.

Die überdimensionierte Bedeutung des Handels beruht nicht nur auf der hohen Kaufkraft in der Ile-de-France, wo das mittlere Bruttoeinkommen pro Familie 1986 rund 23% über dem der übrigen Franzosen lag (INSEE, Statistiques... 1989), sondern auch auf der Attraktivität der Pariser Innenstadt. Mit ihren Luxus- und Spezialgeschäften, mit traditionsreichen Kaufhäusern, wie "Galeries Lafayette", "Samaritaine" oder "Printemps", gilt sie für die gehobenen Käuferschichten als eine Art "City der Nation", deren Renommee Käufer aus der ganzen Welt anzieht. Bezeichnend ist, daß in den *grands magasins* der Stadt Paris die Verkaufsfläche pro 1000 Einwohner mit 147,5 m² mehr als das Fünffache des französischen Durchschnitts erreicht (CRCI Ile-de-France 1990).

Daß in der Ile-de-France 55,1% (1987) aller Körperschaftssteuern eingenommen und 49,4 % aller Bankkredite vergeben werden, unterstreicht diese Angaben, hat seinen Grund aber vor allem in der außergewöhnlichen Konzentration von Hauptverwaltungen der großen Wirtschaftsunternehmen (vgl. Kap. 10.2.3.2) - darin, so BASTIÉ (1980, S.63), "zeigt sich vielleicht am besten die Pariser Vorherrschaft"*. 1988 waren hier 87 Hauptverwaltungen der 100 größten Unternehmensleitungen Frankreichs angesiedelt (ohne Banken, briefl. Mitt. Handelsblatt, 14.8.91). Bezeichnenderweise liegt in Paris der Anteil der leitenden an allen Angestellten des tertiären Sektors nicht nur mit Abstand am höchsten - 13,4% (1983) gefolgt von Montpellier mit 10,4% - sondern sie verzeichnen dort auch den schnellsten Zuwachs (BONNET 1987, S.13; vgl. Abb.9).

4.2 Das heutige Gewicht von Paris 61

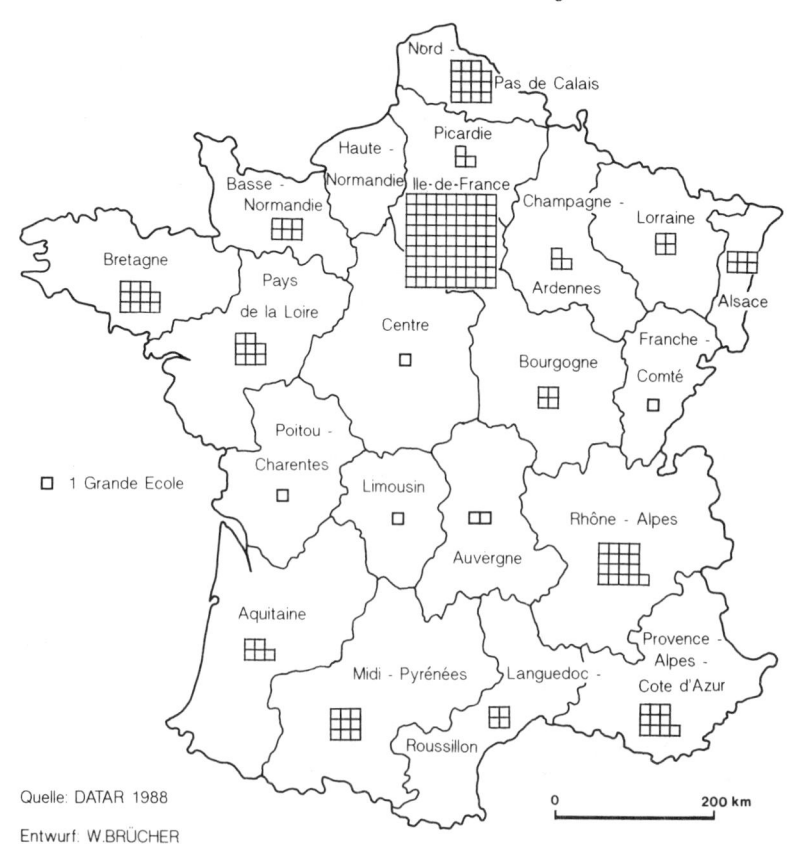

[Karte von Frankreich mit Regionen: Nord-Pas de Calais, Picardie, Haute-Normandie, Basse-Normandie, Ile-de-France, Champagne-Ardennes, Lorraine, Alsace, Bretagne, Pays de la Loire, Centre, Bourgogne, Franche-Comté, Poitou-Charentes, Limousin, Auvergne, Rhône-Alpes, Aquitaine, Midi-Pyrénées, Languedoc-Roussillon, Provence-Alpes-Cote d'Azur]

□ 1 Grande Ecole

Quelle: DATAR 1988

0   200 km

Entwurf: W.BRÜCHER

Abb.8 Die Grandes Ecoles für die Ingenieurausbildung

Geradezu auf einen Punkt verdichtet hat sich die Finanzwirtschaft (Abb.28), von LA-BASSE (1974) einprägsam beschrieben: In einem Umkreis von 500 m um die Pariser Oper lag damals ein Drittel der Hauptverwaltungen aller französischen Banken, arbeitete die Hälfte ihrer Beschäftigten, wurden nahezu zwei Drittel der Umsätze getätigt! Das diesbezügliche Gewicht der Hauptstadt äußert sich auch in dem von LABASSE hervorgehobenen Kriterium der sog. "Finanzoberfläche" (*"surface financière"*), d.h. der Summe aller Finanztransaktionen eines Jahres im Stadtgebiet (ohne Bargeld- und bankinterne Zahlungen). Da diese die Vitalität der Wirtschaft schlechthin widerspiegelten, gäben sie auch ein realistisches Bild des Zentralisierungsgrades. So habe Paris 1968 91,3 % [!] der "Finanzoberfläche" von ganz Frankreich erreicht und damit höher gelegen als London mit 87 % oder beispielsweise Tokyo mit 51,2 % (LABASSE 1974, S.141 ff., 161). Die Konzentration der Finanzwirtschaft auf Paris gipfelt in seiner Börse, über die 1985 97 % aller Transaktionen in Frankreich verliefen (vgl. Kap.3.3.2).

Daß der Dienstleistungsbereich ungebrochene Dynamik zeigt, wird vielleicht am deutlichsten in der Anlage von La Défense. Im vornehmen Westen, unmittelbar jenseits der Seine, überragt diese neue Manhattan-Skyline die traditionelle City, mit der es über die große Ost-West-Magistrale direkt verbunden ist. Seit 1958 wurden auf 800 ha 2,2 Mio. m² Büroflächen, 20.000 Hochhauswohnungen und ein Einkaufszentrum mit 105.000 m² gebaut (EPAD 1989), alles leicht erreichbar von einem unterirdischen SNCF-RER-Bus-Knotenpunkt. Anfang der siebziger Jahre entfielen in Frankreich etwa zwei Drittel [!] der Büroflächen auf den Pariser Raum; von den 1969-89 installierten Büroflächen erhielt dieser 37,0 %, fast 26 Mio. m². Von allen Hochleistungscomputern im Land - inzwischen ein neues Meßkriterium für das Gewicht der Dienstleistungen - arbeiten hier sogar über drei Viertel (NOIN 1984, S.64; RCD 1988, I). Im Zusammenhang damit kam es im selben Zeitraum zu einer ähnlichen Konzentration von Dienstleistungs- und Beratungsfirmen im Bereich der Informatik.

Paris ist schließlich die mit Abstand bedeutendste Industrieballung: In der Ile-de-France, auf 2,2 % der Fläche Frankreichs, arbeiteten 1987 20,1 % aller Industriebeschäftigten, 74% mehr als in der zweitgrößten Industrieregion Rhône-Alpes (8 % der Fläche). Noch deutlicher wird das Übergewicht im Branchenspektrum: Während Grundstoff- und Produktionsgüterindustrien weitgehend fehlen, dominieren moderne, veredelnde Wachstumszweige mit hoher Wertschöpfung. So hatte die Industrie der Pariser Region in den wichtigsten Branchen folgende Anteile an den Beschäftigten und an den Investitionen in Frankreich (1986): Maschinenbau 20,0% bzw. 19,1%, Automobilbau 27,4% bzw. 30,1%, Elektro- und Elektronikindustrie 34,5% bzw. 37,2% sowie Schiffsbau, Luft- und Raumfahrtindustrie (INSEE, Statistiques...1989). Auf die Ile-de-France entfallen sogar 60% aller Ausgaben der Industrie für Forschung und Entwicklung (DATAR 1988, S.275). Der entscheidende Vorsprung der Pariser Industrie gründet sich jedoch auf die exzessive Konzentration ihrer Hauptverwaltungen, das Resultat der Trennung von Management und Produktion: Vier Fünftel der etwa 1100 Unternehmen mit je über 200 Mitarbeitern leiten von hier aus in der Provinz Produktionsstätten mit 1,3 Mio. Beschäftigten (BEAUJEU-GARNIER 1977, II, S.17; vgl. Abb.26).

Der extremen Konzentration der Leitungsinstanzen in Paris entspricht die der Führungsschichten (vgl. Abb.9). BIRNBAUM (1978, S.150 f) registrierte dort in den 70er Jahren etwa zwei Drittel aller Entscheidungsträger; davon wohnten 17 % im westlichen Dept. Hauts-de-Seine (vor allem in Neuilly und Saint-Cloud) und 46 % in Paris-Stadt, dort allein 17 % im Nobelviertel Seizième. Die Kongruenz mit den Wohnorten der Grande Ecole-Absolventen ist nicht zu übersehen (vgl. Kap.3.3.2).

4.3 Probleme räumlicher Verdichtung

Das ständige kumulative und funktionale Zusammenwirken der genannten Faktoren hat zu einem in Westeuropa einmaligen Verdichtungsprozeß geführt. Dieser wurde zusätzlich akzentuiert durch die ausgeprägt monozentrische Struktur des Ballungsraumes: In der City nördlich und im Regierungsviertel südlich der Seine konzentrieren sich auf nur 10 km² die weitaus meisten Entscheidungszentren des ganzen Landes, in direkter Nähe der sechs Kopfbahnhöfe und der Einmündungen aller Autobahnen - das "Gehirn der Nation" im Schnittpunkt ihrer Schlagadern (BEAUJEU-GARNIER 1974, S.13).

4.3 Probleme räumlicher Verdichtung 63

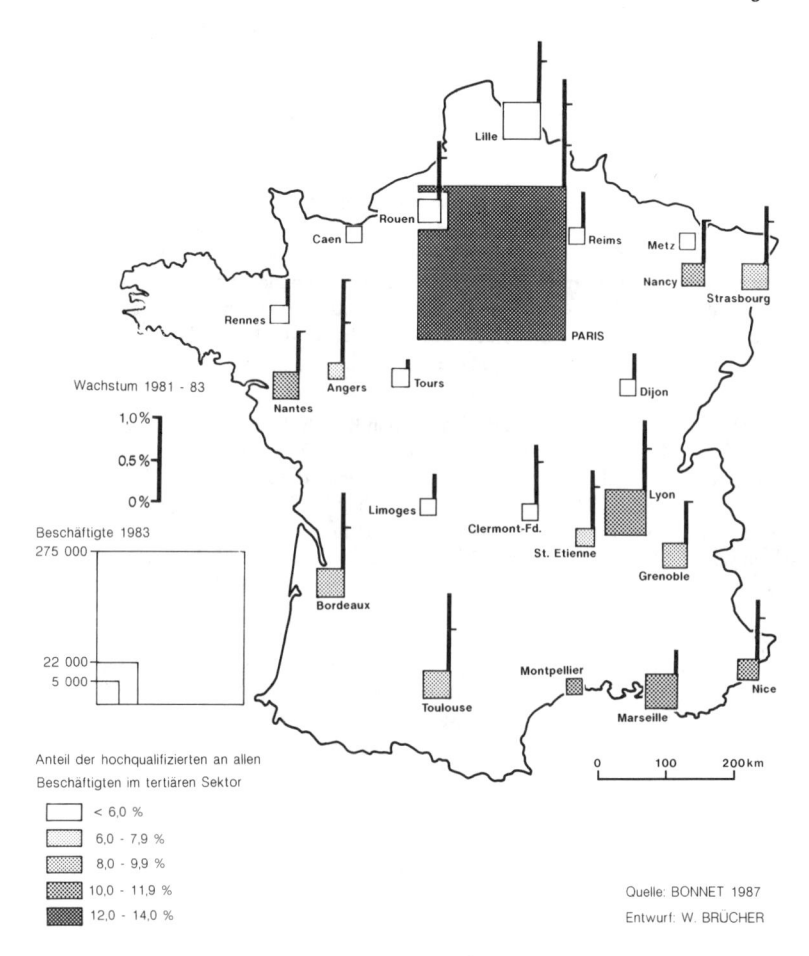

Abb. 9 Verteilung und Wachstum der hochqualifizierten Beschäftigten im tertiären Sektor

Unter den führenden Weltstädten weist Paris-Stadt immer noch die größte Einwohnerdichte auf (1990: 20.421 E/km²), die sich, neben einem entsprechenden Mangel an Grünflächen und Freiräumen, in extremer Wohnungsnot äußert. Ende der 80er Jahre fehlten 350.000 Sozialwohnungen, waren 900.000 Wohnungen überbelegt (UTERWEDDE 1989, S.406). Zwar hat sich die Lage gegenüber den 50er Jahren erheblich gebessert, doch geschieht dies in Paris-Stadt über eine fast systematisch anmutende Sanierung oder Restaurierung heruntergekommener Altbauwohnungen zu teuren Appartements. Einkommensschwächere Mieter werden dadurch an die Peripherie gedrängt. Unter dem Druck von Bevölkerungswachstum und Landflucht entstanden dort seit den 50er Jahren ausgedehnte Viertel des sozialen Wohnungsbaus, von Ausmaßen wie sonst nirgendwo im Land (vgl. Kap.8.3). Auch auf diesem Terrain geriet Paris zum Testfeld für die ganze Nation und wurde "führend" mit den gravierenden Problemen des modernen Urbanismus. Die große Retortensiedlung Sarcelles wurde namengebend für das Schlagwort *sarcellite*, was soviel wie "Krankheit der Satellitenstädte" bedeutet. Nicht zuletzt spiegelt sich die Wohnungsnot in randlichen Elendsvierteln, die an die *bidonvilles* der Dritten Welt gemahnen (vgl. CLOUT 1975, S.10).

Mit der Abnahme der Wohnbevölkerung in der Kernstadt - seit den 20er Jahren um fast ein Drittel - erfährt die Stadt Paris keineswegs eine Entlastung. Es kam vielmehr zu einer Verschärfung des Problems durch das massive Eindringen des tertiären Sektors. Von den 1,9 Mio. Beschäftigten sind etwa zwei Drittel Einpendler, mit dem Effekt, daß die Tagbevölkerung in Paris-Stadt eine Dichte von 37.000 Personen/km², in den zentralen Arrondissements sogar von 110.000/km² erreicht (PINCHEMEL 1979, S.18 ff).

Hinzu kommen episodische Besucher und Pendler zwischen Vororten, die, gebunden an den sternförmigen Verlauf der Verkehrsadern, das Zentrum durchqueren müssen. Dazu gehören auch Durchreisende, die immer den Bahnhof wechseln müssen; erst seit Mitte der 80er Jahre gibt es wenige Paris umgehende Direktverbindungen. 1989 benutzten innerhalb der Ile-de-France 511 Mio. Reisende die Züge der SNCF, das entsprach 62 % aller SNCF-Reisenden in Frankreich (SNCF, Statistiques 1989)! Busse, Metro und RER-Schnellmetro der Pariser Nahverkehrsgesellschaft RATP beförderten im selben Jahr 2,4 Mrd. bzw. täglich 6,5 Mio. Passagiere. In der Ile-de-France fanden täglich ca. 25 Mio. Personenbewegungen statt, allerdings nur zu 30 % in öffentlichen Verkehrsmitteln (RATP, Exercice 1989). Man errechnete, daß durch die Verkehrsüberlastung in Paris täglich etwa 7 Mio. Stunden verloren gehen, ebensoviele wie in Lyon gearbeitet werden (GUIGOU 1990). Entsprechend exzessiv sind die Pendelzeiten: In den 70er Jahren benötigten 24 % der Erwerbstätigen max. 30 - 40 min für den Weg zur Arbeitsstätte und 23 % über 40 min (BEAUJEU-GARNIER 1977, I, S.187) - jetzt versteht man den jedem Franzosen geläufigen Spottreim auf das Leben in Paris: *"dodo - métro - boulot - dodo"* ("Pennen - Metro - Job - Pennen").

Seit den 50er Jahren sind gerade in der Modernisierung des Verkehrswesens enorme Anstrengungen unternommen worden:

- Erhöhung der Transportkapazitäten von Metro und SNCF durch schnellere Zugfolge, höhere Geschwindigkeiten, zweistöckige Wagons;
- Bau des RER bis weit in die Außenzone und seit den 80er Jahren Kombinationsmöglichkeiten mit den SNCF-Strecken;
- Bau der Schnellstraße entlang der Seine sowie des *Boulevard périphérique*;
- Anlage der sechs radialen Autobahnen, die auch die Vororte erschließen;
- der immer wieder genannte TGV, der nun sogar das Pendeln von Lyon, Tours oder Le Mans nach Paris ermöglicht.

So imposant diese Verbesserungen und Beschleunigungen in der Tat sind, letztlich wird der Einzugsbereich von Paris damit ständig ausgeweitet, was wiederum den Verdichtungsprozeß vorantreibt, zumal das konvergierende Radialsystem gegenüber Plänen anderer Streckenführungen bisher eine ungebrochene Persistenz bewies.

Zwar ist die Wasserversorgung in der Konvergenzzone des Pariser Beckens gesichert, es bestehen jedoch wachsende Nutzungskonkurrenzen in der Verwendung als Trink-, Brauch- oder Kühlwasser. Hinzu kommen interne Abwasserkonflikte, aber auch zwi-

4.3 Probleme räumlicher Verdichtung 65

schen Paris und den seineabwärts gelegenen Städten. Direkt in diese Konflikte einbezogen ist die Energieversorgung. Die Kraftwerke, vor allem die Kernkraftwerke, zieht es wegen ihres sehr hohen Kühlwasserbedarfs auf Standorte an Flußufern, zugleich aber, zwecks Senkung der hohen Stromtransportkosten, auch in die Nähe zum Konsumenten, also zum Ballungsraum. Zwar entfallen auf die Ile-de-France wegen ihrer relativ energieextensiven Veredelungsindustrien nur 80 % des mittleren Pro-Kopf-Stromverbrauchs in Frankreich, als Nervenzentrum der Nation benötigt der Ballungsraum jedoch eine maximale Garantie in der Strombelieferung. Von den Kraftwerken des Umlandes zieht deshalb ein besonders dichtes Netz von Hochspannungsleitungen bis fast an den Rand von Paris-Stadt (vgl. Abb. 29). Die zweite wichtige Form der Energieversorgung, nämlich mit Gas und Erdöl, verläuft über eine regelrechte Nabelschnur mit vier parallelen Pipelines, sieben Raffinerien und zusätzlichem Tankertransport durch das Tal der Seine zwischen Paris und Le Havre.

Pro Jahr werden rund 2,5 Mio. t der wichtigsten Nahrungsmittel sowie, nicht zu vergessen, 15 Mio. hl Wein in den Ballungsraum transportiert. Diese weit überproportionale Belieferung erklärt sich nicht nur durch den hohen Anteil junger, also besonders appetitfreudiger Menschen, durch den gehobenen Lebensstandard und den Gastronomietourismus. Vielmehr zieht die Agglomeration durch den Effekt der Masse und die vielversprechenden Absatzmöglichkeiten mehr Waren an als benötigt. Hinzu kommt die zentralistische Struktur des Lebensmittelgroßhandels in Frankreich: Nach wie vor werden viele Produkte der Provinz zum Umschlag nach Paris und von dort zu den Endverbrauchern zurück in die Provinz oder ins Ausland transportiert - eine zählebige Nachwirkung der Anordnung Napoleons von 1811, der gesamte Nahrungsmittelgroßhandel müsse über Paris verlaufen (nach BASTIÉ 1984, S.141 ff; GOUDEAU 1977, S.19).

Die Nahrungsmittelschwemme in der Pariser Innenstadt hatte auch ihr weltbekanntes Symbol, die unter Napoleon III. gebauten "Hallen" nahe dem Louvre. Wegen totaler Überlastung und unzureichender Verkehrsanbindung wurden sie in den 70er Jahren auf Anordnung der Regierung abgerissen - ohne daß diese den Stadtrat von Paris auch nur gefragt hätte (BOURDET 1972, S.219 f) - und machten Platz für einen unterirdischen Komplex aus RER-Metro-Station, Einkaufszentrum und Parkhaus (Châtelet-Les Halles). Heute erfüllt ihre Funktionen, allerdings in ganz anderen Ausmaßen, der Lebensmittelgroßmarkt (Marché d'Intérêt National = MIN) in dem südlichen Vorort Rungis, in unmittelbarer Nähe zur Autobahn Paris-Lyon und zum Flughafen Orly. Zu diesem größten Markt der Welt für frische Lebensmittel einige Zahlen (1988): 600 ha (statt der 25 ha der alten Hallen), 17.620 Beschäftigte, ca. 800 Grossisten, 2,5 Mio.t Umschlag, 45,4 Mrd. FF Umsatz (nach MIN de Rungis 1988). Als man in den 60er Jahren mit der Planung des Marktes von Rungis begann, glaubte man noch an das unbegrenzte Wachstum von Paris und gab ihm eine Kapazität für die Versorgung von 20 Millionen Menschen (GOUDEAU 1977, S.20)! Auch an diesem Beispiel zeigt sich die dem Zentralismus innewohnende Tendenz zur Selbstverstärkung und zur Persistenz, denn mit jenen immensen, modernsten Vermarktungsmöglichkeiten bietet sich erneut eine Kanalisierung der Güterströme über die Hauptstadt in die Provinz bzw. für den Export an, der zum Teil bereits hier abgewickelt wird. Der wünschenswerten Dezentralisierung des Handels wird damit entgegengesteuert.

Wachsende Probleme bereitet schließlich die vielschichtige Entsorgung. Auch hierzu nur einige Faustzahlen: Der Ballungsraum stößt täglich etwa 3 Mio. m^3 Abwässer aus, zwei Drittel fließen in Kläranlagen und auf Rieselfelder, der nur grob gereinigte Rest in die vielbesungene Seine. Allein die Stadt Paris benötigt 6000 Beschäftigte und einen Park von ca. 600 Müllautos für die Beseitigung der ca. 3 Mio. t/a Abfälle - ein Quader mit der Grundfläche der Place de la Concorde und der Höhe des Eiffelturms... Anfang der 80er Jahre wanderte ein Teil des Mülls in vier Verbrennungsanlagen mit Kraft-Wärme-Kopplung, drei weitere sollen die Kapazität auf 2 Mio. t/a steigern. Der Rest landet auf Deponien, deren Kapazität jedoch ständig zurückgeht, da die autonomen Gemeinden im Umland sich zunehmend weigern, sich mit dem Abfall der Hauptstadt zu belasten. Bei voraussichtlich steigendem Müllaufkommen bedeutet dies für die Zukunft vermehrte Verbrennung im Ballungsraum und eine Verlängerung der Mülltransportwege in die noch ländlichen Räume des Pariser Beckens (nach BASTIÉ 1984, S.135 f).

4.4 Der Preis für Paris

Wachstum, Verdichtung, ständige Verbesserung und Erweiterung der Infrastruktur, zunehmende Umweltbelastung fordern schließlich überdimensionale Kosten, die der Ballungsraum allein nicht tragen kann. Nur eines von vielen Beispielen ist die Subventionierung der Pariser Nahverkehrsgesellschaft RATP: 1989 erreichte ihr Schuldenberg 19,5 Mrd. FF (RATP 1990) - der Staat muß als Mehrheitsaktionär 70 % des Defizits tragen. Daß dies in der Provinz Dauerobjekt harscher Kritik ist, liegt nahe. Man habe, so PINCHEMEL (1979, S.54 ff), die Hauptstadt verglichen mit "einer gigantischen 'Geldpumpe', die die Ersparnisse aus der Provinz saugt"*; laut mehreren Berechnungen erfordere die Niederlassung eines neuen Einwohners in der Pariser Region dreimal so hohe Aufwendungen wie in der Provinz; die durch den Ballungsprozeß übersteigerten Zwangskosten gälten als Inflationsquelle. Auf der anderen Seite aber behauptet eine wachsende Schar von Verteidigern der Metropole, es sei genau umgekehrt, denn Paris subventioniere die Provinz und verliere seine Industrie an sie. Dem muß entgegengehalten werden, daß das Übergewicht der Ile-de-France am nationalen Steueraufkommen primär aus der Konzentration der großen Unternehmenshauptverwaltungen in Paris stammt, deren Einkünfte aber zum größten Teil in den übrigen Landesteilen erwirtschaftet werden. So ist letztlich die Klage, Paris lebe und wachse ständig auf dem Rücken der Provinz, durchaus einleuchtend. Immer noch wird die Masse der Steuern traditionell in die Hauptstadt geleitet, um von dort wieder verteilt zu werden - aber eben nur zum Teil.

Andererseits wurde der hohe Preis, den das Land für seine Hauptstadt aufgebracht hat, nicht umsonst gezahlt. Bei allen indiskutablen Nachteilen für die französische Provinz haben die jahrhundertelangen Anstrengungen einer ganzen Nation in Paris eine einmalige Stadt und ein einmaliges Kulturzentrum geschaffen. Dezentral organisierte Staaten sind zu einer solchen Leistung von ihrer Struktur her grundsätzlich nicht in der Lage. Auch für die Nachbarn Frankreichs wird deshalb die Einmaligkeit von Paris, über Grenzen hinweg, zum unverzichtbaren Gewinn!

5 Die andere Seite des Zentralismus, die Provinz: Das Beispiel der Region Limousin

Um die Mitte des 19.Jh. warnte der Theologe und Schriftsteller LAMENNAIS, die zunehmende Zentralisierung führe im Zentrum zum "Schlaganfall" und an der Peripherie zur "Lähmung"* (zit. bei GRAVIER 1972, S.61). Daß ersteres für das Zentrum nicht unrealistisch war, sollten die Ausführungen über Paris zeigen - die "Lähmung" soll nun an einem Kontrastbeispiel aus den am stärksten benachteiligten Gebieten der Provinz dargestellt werden, *"La France du Vide"*, wie BÉTEILLE sein Buch polemisch genannt hat.

Ausgewählt wurde die zentrale Region Limousin aus drei Gründen: Sie ist die strukturschwächste unter den Regionen von Festland-Frankreich, steht allerdings noch vor der atypischen Inselregion Korsika, die in den folgenden Vergleichen nicht berücksichtigt wird. Zweitens lassen sich die Auswirkungen des Zentralismus im Limousin überschaubar darstellen. Schließlich konnte der Verfasser die Entwicklung des Raumes seit zwei Jahrzehnten verfolgen (vgl. BRÜCHER 1971, 1974 a,b).

Im folgenden werden die hemmenden Auswirkungen des Zentralismus auf die Entwicklung des Limousin verdeutlicht, ohne ihn jedoch als alleinverantwortlich für die Strukturschwäche hinzustellen. Die physischgeographische Benachteiligung - verkehrsfeindliches Relief, Abgelegenheit, rauhes Klima, magere Böden - mit der man einst die Rückständigkeit deterministisch zu begründen suchte, darf nicht durch eine "Alleinschuld" des Zentralismus ersetzt werden; denn bekanntlich sind strukturschwache Gebiete nicht auf zentral organisierte Staaten beschränkt. Weitere Gründe für die geringe oder gar rückläufige Entwicklung des Limousin liegen in der veränderten Standortorientierung der Industrie, nicht zuletzt aber in dem schon sehr alten Negativimage der Region: Bereits MOLIERE verhöhnt in *"Monsieur de Pourceaugnac"* (1669) die Hauptstadt Limoges und ihre Bewohner als rückständig. Berühmte Söhne des Limousin, wie Gay-Lussac, Giraudoux, Marmontel, Sadi-Carnot oder Renoir, konnten sich nicht in ihrer Heimat, sondern nur in Paris entfalten. Als La Fontaine in Ungnade gefallen war, ging er nach hier ins Exil, "an den Rand der zivilisierten Welt"* (BARRIÈRE et al. 1984, S.226, 75/76). Vergessen sei auch nicht das Allgemeingut gewordene Verb *limoger* - soviel wie "abschieben"; es erinnert an jene Offiziere des Ersten Weltkriegs, die wegen angeblichen Versagens an der Front nach Limoges strafversetzt wurden.

5.1 Die strukturschwächste Region in Festland-Frankreich

Die Departements Corrèze, Creuse und Haute-Vienne, zusammen fast 17.000 km², bilden eine der kleinsten Regionen des Landes, weitgehend deckungsgleich mit den alten Provinzen Limousin und Marche auf der Nordwestabdachung des Zentralmassivs (Abb.4). Das Gelände steigt von 200 m NN im Westen in welligen, von tiefen Kerbtälern zerschnittenen Rumpfflächen, den Bocage-Plateaus, nach Osten auf fast 1000 m NN an, die Montagne (Plateau de Millevaches). Atlantische Winde laden gleichmäßig verteilte, hohe Niederschläge ab, die auf den höchsten Lagen weit über 1500 mm erreichen. Von über 12°C im südlichen Brive fällt das Jahresmittel auf fast 5°C im Osten ab, wo die Schneedecke häufig 3-4 Monate liegenbleibt. Durch die starke

Beregnung sind die sauren Grundgebirgsböden ausgelaugt und geben nur mäßige Erträge.

Abgesehen von dem kleinen Bas Pays de Brive im S, wo in Schutzlage, auf fruchtbaren permischen Verwitterungsböden Wein, Obst und Gemüse gedeihen, teilt sich das Limousin in zwei Haupträume: Im Osten die Montagne mit rauhem Klima, unergiebigen Böden und ausgedehnten Moor-, Heide- und Waldflächen. Meist schlecht ausgebaute, kurvenreiche Verkehrsadern verbinden unzureichend mit dem Rest der Region wie auch mit der ebenfalls schwach erschlossenen Auvergne im Osten. Die Besiedlung ist extrem dünn, um Ussel und Aubusson unter 20 Einw./km². Demgegenüber erweist sich der Westen als der wesentlich aktivere Wirtschaftsraum: Die tiefer liegenden Bocage-Plateaus werden wegen des günstigeren Klimas und der besseren Böden stärker genutzt. Hier verläuft auch die Hauptverkehrsachse Toulouse-Paris, an der sich die meisten Industriebetriebe sowie die führenden Städte der Region aufreihen, Limoges (1990: 170.064 Einw.) und Brive (63.760 Einw.), die zusammen fast ein Drittel der Bewohner der Region beherbergen.

Die relative Besserstellung der Achse Limoges - Brive darf jedoch nicht über die allgemeine Strukturschwäche der Region hinwegtäuschen, zumal das Dept. Haute-Vienne durch die gravierende Situation in den Depts. Corrèze und Creuse mitbelastet wird. 1990 hatte das Limousin - vor Korsika - mit 723.800 Einwohnern die niedrigste Bevölkerungszahl unter den Regionen und mit 43 Einw./km² auch die geringste Dichte (vgl. Abb.10). Dies ist das Ergebnis eines demographischen Rückgangs um ein Viertel seit dem Maximum im Jahre 1891 und einer seit drei Jahrzehnten anhaltenden Stagnation mit leicht negativer Tendenz, die sich im letzten Zensuszeitraum 1982-90 noch verschärft hat. So verzeichneten die Regionen Auvergne, Limousin und Lorraine 1982-90 als einzige Verluste, darunter das Limousin die höchsten mit -1,9%.

Zwar ist die Wanderungsbilanz positiv, vor allem - was zweifellos überrascht - weil gerade aus Paris, dem einstigen Hauptziel der Abwanderer, inzwischen mehr Menschen ins Limousin ziehen als es verlassen (1975-82: 26.900 gegenüber 12.800). Auch ist die Wanderungsbilanz der Erwerbspersonen inzwischen wieder positiv. Nach wie vor jedoch ist der Überschuß vor allem der Zuwanderung älterer Menschen zu verdanken (LARIVIERE 1975, II, S.528). Dies führt zu einer anhaltenden Überalterung: 1982 lag der Anteil der über Sechzigjährigen bei 25,2%, gegenüber 17,5% in Frankreich. Dementsprechend ist das Limousin die Region mit der niedrigsten Heirats- und Fertilitätsrate in Frankreich und mit der höchsten Sterberate sogar in Westeuropa! 1982-90 kamen auf fast 80.000 Sterbefälle nur knapp 57.000 Geburten. Die negative Tendenz wird sich noch beschleunigen, besonders in dem abgelegensten und am stärksten ländlich geprägten Dept. Creuse, dessen Bevölkerung in stetiger Geradlinigkeit abnimmt: Von 270.000 Einwohnern 1911 verblieben 1990 noch 131.000; mit -6,2% hatte die Creuse 1982-90 den höchsten Verlust aller französischen Departements und trug zu 60% zur Bevölkerungsabnahme der ganzen Region bei.

Besonders überraschend - und gravierend zugleich - ist dabei das Phänomen, daß in der gesamten Region die natürliche Bilanz der städtischen Bevölkerung stagniert (1982-90: + 1168 Einw.), ihre Wanderungsbilanz aber deutlich negativ verläuft (- 5.725 Einw.). Demgegenüber suchen die Zuwanderer bevorzugt ländliche Gemeinden auf (+ 17.002), die allein der Region zu einem Migrationsüberschuß verhelfen. Da dieser aber überwiegend von älteren Personen getragen wird, reichte er bei weitem nicht aus, um den natür-

Solch ungünstige Struktur und Zukunft der Bevölkerung beeinflussen die wirtschaftliche Situation, zunächst über die wiederum niedrigste Erwerbsquote von nur 40%, die ebenfalls sinkt. Wenn demgegenüber die Quote der Erwerbslosen (nach der Pariser Region) zeitweise die zweitniedrigste (!) Frankreichs war, so spiegelt sich in diesem scheinbaren Widerspruch vor allem der Mangel an nachwachsenden jungen Menschen. Umgekehrt wirkt die Erschöpfung des Arbeitskräftepotentials als abschreckender Faktor für die Ansiedlung neuer Betriebe.

Auch die Erwerbsstruktur selbst zeigt die rückständige Situation, denn 1987 waren noch 16,1% im primären Sektor tätig, in Frankreich 7,1% (INSEE, Limousin... 1989). Dabei hat das Limousin die strukturschwächste Landwirtschaft (1987): mit dem weitaus sparsamsten Düngemittelverbrauch, den geringsten wertmäßigen Hektarerträgen, dem ältesten Traktorpark und schließlich dem niedrigsten mittleren Betriebseinkommen, mit 50.000 FF noch unter der Hälfte des nationalen Durchschnitts (INSEE, Statistiques... 1989). In den besonders karg ausgestatteten höheren Lagen im Osten ist der Wüstungsprozeß weit fortgeschritten, ausgedehnte Flächen liegen brach oder werden zunehmend aufgeforstet. Im günstiger ausgestatteten Westen ist die Landaufgabe nicht so weit fortgeschritten bzw. können verbleibende Betriebe durch Übernahme verlassener Flächen arrondiert werden. Infolge zunehmender Extensivierung wird fast die gesamte landwirtschaftliche Nutzfläche von Dauergrünland und Futterbau eingenommen. Auf den Weiden der Heckenlandschaft hat die Schafhaltung die der Rinder zurückgedrängt.

Gravierend ist auch die Schwäche des produzierenden Gewerbes, und dies in einem Raum, der durchaus auf eine gewichtige industrielle Tradition zurückblicken kann (vgl. BRÜCHER 1974a). Räumlich von Nachteil ist dabei die überkommene einseitige Konzentration auf den Westen, wo sie sich auffällig an der nordsüdlichen Hauptverkehrsachse orientiert: Die Industrie liegt zu etwa zwei Dritteln im Dept. Haute-Vienne und zu einem Fünftel allein in Limoges. Demgegenüber ist der gesamte Osten so gut wie industrieleer.

Zwar liegt der Industriebesatz des Limousin (1984: 84) noch über dem einiger anderer Regionen, doch ist die Schwäche der Industrie hier primär strukturell bedingt. Branchenspektrum und Betriebsstruktur sind das Ergebnis seit langem anhaltender Krisen sowie externer Einwirkungen durch Kriege und die "Dezentralisierungspolitik" seit den 50er Jahren (Kap.10.2): Viele der Zweige, die das Limousin bis zum Anfang unseres Jahrhunderts zu einer bedeutenden Industrieregion gemacht hatten - vor allem die Produktion von Papier, Leder, Textilien und Nahrungsmitteln sowie die Metallgewinnung - sind verschwunden oder bedeutungslos geworden. Am bekanntesten ist die "Gesundschrumpfung" der berühmten Porzellanmanufaktur in Limoges von rund 16.000 Beschäftigten um die Jahrhundertwende auf heute noch etwa 3.500. Hinzu kamen neue Betriebe und auch neue Branchen im Rahmen der strategisch bedingten Verlagerungen Ende der 30er Jahre und der industriellen "Dezentralisierung" der 50er und 60er Jahre. So ist heute eine breite Palette von Produktionszweigen vertreten, es haben sich aber keine beherrschenden Großunternehmen mit imposanten Werken etablieren können, etwa wie Michelin im benachbarten Clermont-Ferrand. Die Betriebe sind durchweg klein bis mittelgroß: 1984 arbeiteten 60% der Lohnempfänger aller Handwerks- und Industriebetriebe in Einheiten unter 200 Beschäftigten, 11 Betriebe zählten über 500, lediglich zwei über 2000 (Conseil Régional... I, 1988, S.65). Offenbar spielen die traditionellen Familienunternehmen noch eine gewichtige Rolle, der betriebliche Konzen-

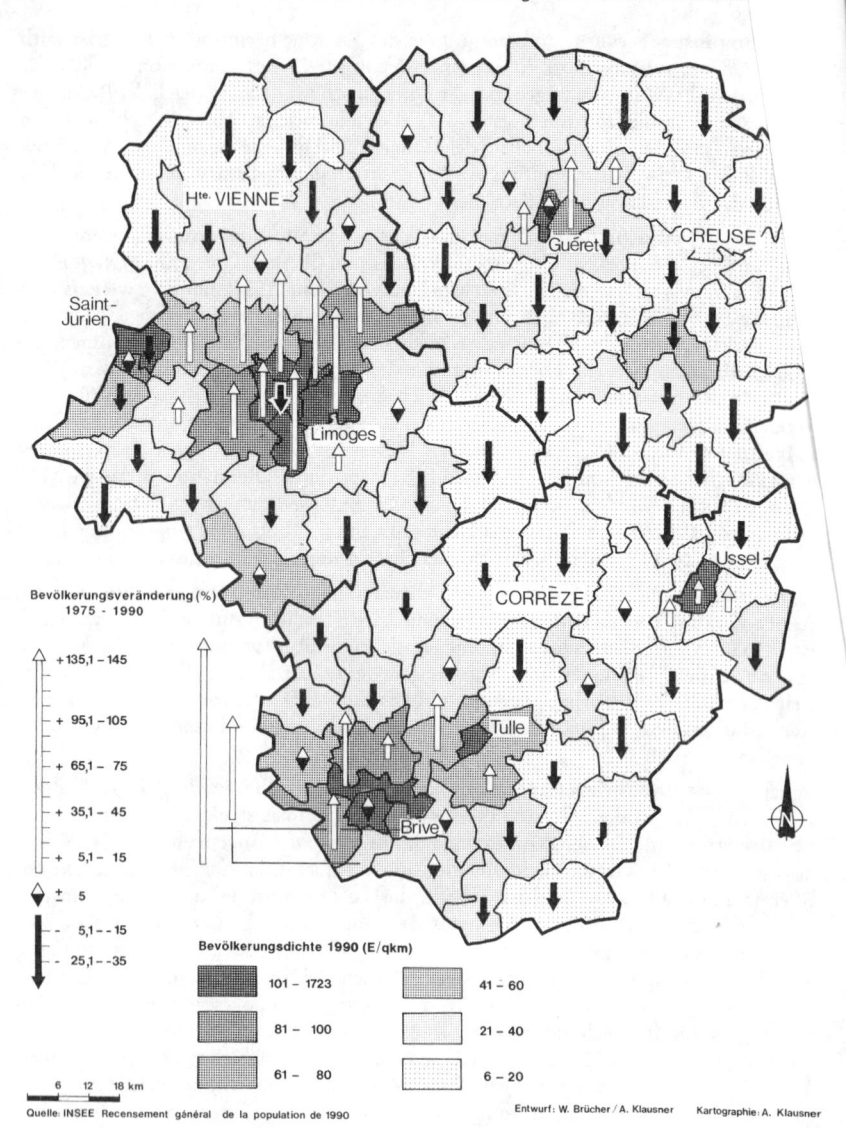

5.1 Die strukturschwächste Region in Festland-Frankreich

Abb.10 Region Limousin: Bevölkerungsdichte und -veränderung 1975-1990

lichen Rückgang um 25.000 Einw. aufzufangen. Langfristig ist deshalb mit zunehmendem Durchschnittsalter, sinkender Geburtenrate und beschleunigtem Bevölkerungsrückgang zu rechnen.

trationsprozeß vollzieht sich nur langsam. Diese Parallelität relativ vieler Branchen und der Dominanz von Klein- und Mittelbetrieben hemmt innerhalb der Region den Aufbau interner Verflechtungen über Zulieferbeziehungen. Allerdings bedeutet die Vielfalt auch eine gewisse Krisensicherung.

Die klassischen Standortfaktoren im Limousin, Rohstoffe und Wasserkraft, haben seit langem ihre Bedeutung verloren. Ein ausreichender regionaler Markt hatte sich nie entwickeln können, die Verkehrslage war immer ungünstig gewesen. Blieben als nennenswerter Lagevorteil allein die billigen, aus der Landwirtschaft freigesetzten Arbeitskräfte. In der Tat dominieren arbeits- bzw. lohnkostenintensive Produktionsprozesse, was durch die Strategie der staatlichen Fördermaßnahmen noch zusätzlich unterstützt wurde (s.u.). So steht das Limousin in Industrielöhnen und Haushaltseinkommen wiederum am Ende aller Festlandsregionen. Hier aber liegt das Dilemma für die künftige Entwicklung, denn der einzige noch relevante, zugkräftige Standortfaktor, die Arbeitskraft, verliert mit dem Rückgang der erwerbsfähigen Bevölkerung rapide an Bedeutung. Umgekehrt drängen zu niedrige Löhne die Menschen zur Abwanderung.

Unzureichend ist auch die Verkehrsinfrastruktur, ihr Ausbau hinkt ständig nach. Bis Ende des 19.Jh. stützte sie sich auf die Straßen des 18.Jh. Erst 1893 war die Bahnlinie Paris - Limoges - Toulouse in ihrer ganzen Länge fertiggestellt (VÉRYNAUD 1981, S.63), heute die einzige durchgehende moderne Verkehrsader der Region. Dagegen ist die weitgehend parallel verlaufende Nationalstraße 20 von sehr unterschiedlicher Qualität und nur streckenweise vierspurig ausgebaut, ein Objekt ständiger Kritik. Der weitere Ausbau erfolgt zur Zeit mit Mitteln des Europäischen Regionalfonds. Daß es in der Region weder eine durchgehende Schnellstraße, geschweige denn eine Autobahn gibt, ist wiederum einzigartig. Die meisten der nicht auf Paris gerichteten Diagonalen sind schlecht ausgebaut.

5.2 Einflüsse des Zentralismus

Die Schwierigkeit, die Einflüsse des zentralistischen Leitprinzips auf Entwicklung und Struktur bestimmter Räume von anderen Faktoren zu trennen, zeigt sich im Limousin bereits bei der Betrachtung der negativen Bevölkerungsentwicklung. Grundsätzlich ist diese in jedem zurückgebliebenen Gebiet zugleich Agens und Resultat von Strukturschwäche. Nun hat, wie in Kap.2 geschildert, der Zentralismus die systemimmanente Tendenz, die Provinz zu entmachten und dieser zugleich Kräfte für die Stärkung der Zentrale zu entziehen. Solch intendiertes Ungleichgewicht kommt besonders in einem Land wie Frankreich zur Geltung, dessen Gesamtbevölkerung über mehr als ein Jahrhundert stagniert und schließlich gar abgenommen hat. Betroffen sind folglich die abgelegenen und physisch benachteiligten Räume, so auch das Limousin. Hier praktizierte die bäuerliche Bevölkerung schon im 19.Jh. eine freiwillige Geburtenbeschränkung, und zwar nicht allein wegen der naturbedingt mageren Ernährungsbasis, sondern weil diese durch die napoleonische, also zentral dekretierte Realerbteilung zusätzlich vermindert wurde. In solchen Gebieten wuchsen die von der Zentrale benötigten Kräfte nicht ausreichend nach, was letztlich zu stetigem Bevölkerungsverlust führte: Die Saisonarbeit der Kleinbauern, die sich ab Beginn des 19.Jh. in Paris als Maurer verdingten, mündete in eine definitive Abwanderung, beschleunigt durch das Vordringen der Bahnlinien in die ländlichen Bereiche. Die Hauptstadt, lange Zeit einziger großer Wachstumspol Frankreichs, "drainierte" das Limousin in völlig einseitiger Weise, zumal dort die nichtagrarischen Wirtschaftssektoren keine ausreichenden Beschäftigungskapazitäten boten. Bis in die 60er Jahre war die Migrationsbilanz negativ. Allein 28,4% der Abwandernden im Zeitraum 1962-68 zogen nach Paris; dort zählte man 1962 13,4% aller im Limousin Geborenen (LARIVIÈRE 1975, II, S.531).

Sicherlich ist die anhaltende Extensivierung der Landwirtschaft im Limousin auch auf die nachteilige physische Ausstattung zurückzuführen. Der Staat hat jedoch zusätzlich dazu beigetragen, zunächst durch die *Plans de relance* nach dem Zweiten Weltkrieg, die von Paris aus zentral für die einzelnen Räume beschlossen wurden und eine regionale Spezialisierung anstrebten. Bezeichnenderweise wurde im Limousin die Schafzucht besonders unterstützt, und zwar mit erheblichen Erfolgen: Heute zählt die Haute-Vienne unter allen Departements den zweitgrößten Bestand an Schafen. Zweifellos paßte sich dieser Extensivierungsprozeß dem Mangel an Arbeitskräften an, es wurden nun weniger Landarbeiter benötigt. Außerdem brauchten die Landwirte kaum noch Verträge mit Teilpächtern abzuschließen. Deren Kündigungsschutz, obwohl in neuen Gesetzen verankert, wurde damit unterlaufen, was die Landflucht jedoch nur noch beschleunigte. Nicht zuletzt führte die Extensivierung zu nachlassender Pflege der Böden und damit zu deren genereller Verschlechterung. Inzwischen häufen sich in der für den Raum nur scheinbar idealen Schafzucht die Probleme - ihr Untergang würde quasi das Ende der Landwirtschaft bedeuten! In weiten Bereichen des östlichen Limousin ist dies bereits die unübersehbare Realität (mündl. Mitt. G. BOUET, Univ. Limoges).

Der Wüstungsprozeß wurde durch die staatliche Förderung der Aufforstung noch forciert. Viele vor der Aufgabe ihres Hofes stehende Landwirte pflanzten Koniferen, in weiten Bereichen wurden die traditionellen Eßkastanienbestände verdrängt. Fanden 1914 sämtliche Aufforstungen im Dept. Corrèze noch durch die Bauern selbst statt, so werden heute etwa drei Viertel von externen Eigentümern kontrolliert. Konflikte konnten nicht ausbleiben (BÉTEILLE 1981, S.182 ff). Angesichts der unerwartet schnellen Ausbreitung der Waldfläche und der hohen Subventionierungskosten schraubte der Staat später die Förderung zurück, seitdem nimmt die Forstfläche nur noch langsam zu. Auf den aufgelassenen Agrarflächen breitet sich nun wieder Sekundärvegetation aus.

In einem derart von rückständiger Landwirtschaft, Industriekrisen und Bevölkerungsrückgang geschwächten Raum konnten sich keine bedeutenden Städte entwickeln. In den ärmsten Departements Creuse und Corrèze hatte der Bevölkerungsverlust schon um die Mitte des 19.Jh. eingesetzt, also vor Beginn der eigentlichen Urbanisierungsphase. Es kam so zu jener ungleichgewichtigen Entwicklung mit Konzentration aller größeren Orte auf den Westen. Dort steht der Ballungsraum von Limoges (1990: 170.000 Einw.) völlig isoliert über den anderen Städten, fast doppelt so groß wie die folgenden Orte Brive, Tulle und Guéret zusammen. Entsprechend blieb auch die zentralörtliche Hierarchie unausgeglichen; die Hauptorte Guéret und Tulle, mit je unter 20.000 Einwohnern, sind an ihrer administrativen Funktion gemessen als zentrale Orte zu schwach entwickelt. In der Leere des östlichen Hochplateaus wirkt das Städtchen Ussel (11.500 Einw.), das mit Hilfe seines Lokalmatadors Jacques Chirac eine gewisse Dynamik entfalten konnte, wie ein Fremdkörper (Abb.10).

Die unterentwickelte städtische Struktur des Limousin erklärt sich nicht ausschließlich aus dieser fehlenden Basis, sondern auch prinzipiell aus der spezifischen *armature*

5.2 Einflüsse des Zentralismus 73

urbaine Frankreichs (vgl. Kap.8.1 und Abb.17): In der zentralörtlichen Hierarchie schuf sich der Wasserkopf Paris eine überdimensionierte Reichweite und ließ auf dem nächsten Rang stehende Regionalzentren, wie Lyon, Lille oder Marseille, erst an der Peripherie bzw. an der Küste hochkommen. Innerhalb des Pariser Einflußbereichs konnten sich nur Städte mit begrenztem zentralörtlichem Gewicht und begrenzter Größe entwickeln. Auch Limoges - so relativ überragend seine Stellung im Limousin auch ist - steht im Schatten der 400 km entfernten Metropole. Sein eigener Einflußbereich stößt unmittelbar an den von Paris und kann sich dagegen nur unvollkommen behaupten, vor allem wegen der ökonomischen und demographischen Schwäche der Region. Schließlich bildet das interne Städtemuster des Limousin - dies ist typisch für die meisten Regionen - ein stark verkleinertes Abbild der *armature urbaine* Frankreichs, d.h. mit einem einzelnen, überdimensionierten Ballungsraum, der in seiner Umgebung keinen größeren Städten Platz läßt.

Wie geschildert, hatte das Limousin im 19.Jh. einen beachtlichen industriellen Aufschwung erlebt. Allerdings fiel er in eine Zeit, als die räumliche Bindung der Produktion an Rohstoffe und Energie noch weitgehend obligatorisch war; außerdem war in der archaischen Verkehrssituation die Abgelegenheit des Raumes ein geringeres Hemmnis als heute. Mit der Modernisierung des Verkehrsnetzes, mit dem Auftreten besser plazierter Konkurrenten und mit den Wachstumskrisen der traditionellen Branchen erlitten die Industrien im Limousin ein ähnliches Schicksal wie in den anderen europäischen Mittelgebirgen. Zusätzlich verschärft wurde die nachteilige Situation durch die rapide Industrialisierung der Pariser Region. Allein aus dieser Konkurrenz ergab sich eine negative Auswirkung der zentralistischen Strukturen auf die Industrie der Provinz, besonders auf krisengeschwächte Räume wie das Limousin. Erweitert wurde die Kluft durch das zunehmend auf Paris ausgerichtete Verkehrsnetz: Es kam zu einer einseitigen Begünstigung der Industrie längs der Achse Brive - Limoges, während abseits gelegene Betriebe in Dauerschwierigkeiten gerieten und untergingen. Davon zeugen zahlreiche Fabrikruinen in der einst blühenden Industriegasse des Vienne-Tales bei Limoges. Ähnlich geriet auch die Stadt Tulle, immerhin die Präfektur der Corrèze, hoffnungslos in den Schatten der aufstrebenden Konkurrentin Brive, die inzwischen dreimal so groß ist. Ohne die berühmte Colbert'sche Waffenmanufaktur, einen weiteren Rüstungsbetrieb und die Präfektur, d.h. ohne die Abhängigkeit vom Staat, wäre Tulle nicht mehr existenzfähig. Die Zukunft der Stadt ist unsicher: 1982-90 verlor sie 8,6% ihrer Einwohner!

Ab Mitte der 50er Jahre sollte mit der "Dezentralisierungspolitik" (vgl. Kap.10.2, Abb.24 u. Abb.25) die Industrieansiedlung in der Provinz beschleunigt werden. Das gesamte Limousin gehört seitdem zu den Fördergebieten. Anfangs wurde es wegen der gravierenden Krise im Tal der Vienne um Limoges sogar zu den damaligen elf *zones critiques* gerechnet. Jedoch erfolgten zwei Drittel der von Paris ausgehenden Operationen in einem Umkreis von rund 300 km, das im Mittel 400 km entfernte Limousin wurde kaum bedacht: Hierher wurden lediglich 55 Betriebe "dezentralisiert". Davon existierten 1982 noch 36 mit zusammen 6505 Beschäftigten, etwa 1% aller in Frankreich durch "Dezentralisierung" geschaffenen Arbeitsplätze. Über die Hälfte entfiel wieder auf die relativ begünstigte Haute-Vienne, die Corrèze blieb "quasi eine Vergessene der Dezentralisierung"* (VERLAQUE 1984, S.150).

Ebensowenig erlebte die Branchenstruktur eine Verbesserung, vielmehr siedelten sich überwiegend lohnkostenintensive Konsumgüterindustrien an, ohne Ansprüche an die

5 Die andere Seite des Zentralismus, die Provinz: Das Beispiel der Region Limousin

Qualifikation der Arbeitskräfte. Auch dies war eine Konsequenz der staatlichen Förderpolitik, zielte sie doch primär auf Erhöhung der Zahl der Arbeitsplätze ab, nicht jedoch auf Steigerung der industriellen Wertschöpfung. In einigen Fällen sollen dadurch sogar "Prämienjäger" oder vor der Pleite stehende Pariser Unternehmer in diesen Raum mit billigen Arbeitskräften und Grundstücken gelockt worden sein, bevorzugt in die am schwächsten entwickelten Gebiete im Osten. Die größeren, soliden Betriebe dagegen sind in der Regel Zweigwerke, deren Hauptverwaltungen in Paris verblieben. Bekanntlich lösen solche ferngesteuerten Tochterbetriebe in der Region nur begrenzte industrielle Verflechtungen und Innovationsschübe aus. Die Abhängigkeit der Region von der Metropole wird dadurch aber noch verstärkt (vgl. Abb.27).

Gegenüber den Problemen der Industrie des Limousin wird sein Energiereichtum häufig als großer Vorteil herausgestellt: Wasserkraft und Uranerze. Gerade hier aber zeigen sich die schädlichen Einflüsse zentralistischer Wirtschaftspolitik besonders deutlich. So wird das hydroelektrische Potential in den tief eingeschnittenen Tälern heute weniger genutzt als früher. Zum einen geht dies auf die krisenbedingte Schließung vieler Industriebetriebe und damit auch ihrer eigenen Kleinwasserkraftwerke zurück, ein in alten Industrieregionen durchaus normaler Prozeß. Hinzu kommen jedoch die Eingriffe der staatlichen Electricité de France (EDF, vgl. Kap.10.4): Wie in ganz Frankreich bestanden im Limousin bis zum Ende des Zweiten Weltkriegs zahlreiche kleine Elektrizitätsgesellschaften. Mit ihrer Gründung 1946 bekam die EDF das Monopol über Produktion, Transport und Verteilung der Elektrizität. Private Produzenten waren von nun an gezwungen, ihren Strom selbst zu konsumieren oder an die EDF zu verkaufen. Generell verfolgte diese die Strategie, Kleinkraftwerke in ihrer Aktivität zu behindern, sogar lahmzulegen. Die weitaus meisten arbeiten schon lange nicht mehr, sie wurden zu idyllischen Zweitwohnsitzen umgebaut oder stehen als Ruinen am rauschenden Bach (nach BOUET/BALABANIAN 1982).

Solche Verdrängung der Kleinkraftwerke paßte in den Trend der EDF zu rentableren Großanlagen. Zu dem Zweck wurden mehrere Stauseen angelegt, vor allem an der Dordogne. Im Limousin wurden 1986 77% des eigenen Stromkonsums erzeugt, was der Region allerdings keinen Vorteil bringt, da sie ihren Bedarf vom Eigentümer EDF zum landesweiten Einheitstarif abkaufen muß. Sie kann nicht einmal über Vorzugstarife von ihrem hydroelektrischen Potential profitieren.

Ganz im Gegensatz zu der vergleichsweise geringen Stromproduktion ist die Förderung von Uranerzen im Norden des Dept. Haute-Vienne geradezu von nationalem Gewicht. Ebensowenig jedoch kann die Region daraus adäquate Einnahmen erzielen. Gewinne aus seinen eigenen Bodenschätzen erzielt das Limousin nur indirekt - und überdies in sehr begrenztem Umfang - aus den Löhnen der Arbeitskräfte sowie durch lokale Zulieferer und Dienstleistungen. Bergbau und Anreicherung des Uranerzes dagegen liegen mehrheitlich in der Hand der Cie Générale des Matières Nucléaires (COGEMA), die als Tochter des Commissariat à l'Energie Atomique (CEA) eine vollstaatliche Gesellschaft ist; fast alle restlichen Anteile gehören der vom Staat kontrollierten Gruppe Compagnie Française de Pétrole (CPF) (vgl. Kap.10.4). Dieser Bereich zählte 1990 rund 1100 Beschäftigte, die Zulieferbetriebe in der Region erzielten einen Umsatz von 42 Mio. FF, selbst für die schwache Wirtschaft des Limousin bescheidene Einkünfte, vor allem, wenn man sie an der Bedeutung der Uranvorkommen mißt. Schließlich liegt hier ein Drittel der Uranerzreserven Frankreichs bzw. knapp 1% der Welt! Daraus gewann

5.2 Einflüsse des Zentralismus 75

man 1990 936 t Uran bzw. 15% des in Frankreich benötigten nuklearen Brennstoffs (COGEMA, Brief vom 03.01.1991 an G. BOUET, Univ. Limoges).

Im Limousin findet, wohlgemerkt, nur die erste mechanische Anreicherung statt, die wesentlich kostenintensivere Urangewinnung dagegen außerhalb. Vor allem in Anbetracht der heutigen Rolle der Nuklearindustrie in Frankreich ist deshalb die Bedeutung der Uranvorkommen für das Limousin selbst sehr gering; sie werden unter staatlicher Kontrolle in einer fast "kolonialen" Weise ausgebeutet. Und selbst diese Einnahmequelle wird dem Limousin verlorengehen, denn die COGEMA plant die Stillegung der Minen bis 1995/96.

Nicht zuletzt geht die Strukturschwäche des Limousin auf die Verkehrspolitik der Zentralregierung zurück (vgl.Kap.6). Während der Staat die einzelnen Wirtschaftsbereiche nur indirekt fördern und begrenzt steuern kann, hat er, ähnlich wie bei der Energieversorgung, direkte Eingriffsmöglichkeiten über die Verkehrsstruktur. Hier ist jedoch im Limousin eine auffällige Vernachlässigung festzustellen. Das Bahnnetz wurde durch Stillegungen und funktionale Abwertung von Transversalstrecken ausgedünnt, umgekehrt wurde einseitig die Achse Toulouse - Paris ausgebaut. Es ist nicht nur die einzige elektrifizierte Strecke, auf der die Reisegeschwindigkeit fast doppelt so hoch ist wie z.b. zwischen Limoges und Poitiers oder Lyon; auffällig ist auch die relative Geradlinigkeit der Strecke nach Paris, mit nur 18% Umweg bezogen auf die Luftlinie, gegenüber 47% nach Lyon und 90% (!) nach Clermont-Ferrand (vgl. Abb.11).

Ähnlich Paris-orientiert und entwicklungshemmend ist das schon beschriebene Straßennetz (Abb.13). Als einzige Region wird das Limousin noch lange ohne Autobahn sein und lediglich einen vierspurigen Ausbau der RN 20 zwischen Vierzon und Brive erhalten. Die AB Tours - Poitiers - Bordeaux schwingt weit nach Westen aus, über Saintes, ohne sich dem Limousin auch nur zu nähern; dabei wäre eine gleich lange AB-Strecke weiter östlich, zwischen den Großstädten Angoulême und Limoges, wesentlich bedarfsgerechter gewesen. Die Gründe für solch wunderliche Trassenplanung sind umstritten: COMBY (1971) und WACKERMANN (Univ. Mulhouse, briefl. Mitt. 10.12.1985) vermuten, die Politiker aus den westlichen Departements hätten größeren Einfluß in Paris gehabt. Beamte des Ministère de l'Equipement sind der Meinung, das potentielle Verkehrsaufkommen auf einer Autobahn durch das Limousin falle unter die Rentabilitätsgrenze (briefl. Mitt. M. WOLKOWITSCH, Univ. Aix-en-Provence, 26.11.1985). Informierte Kreise im Limousin allerdings behaupten glaubhaft, die Notabeln des Limousin hätten das Vordringen der Autobahn - und damit von Neuerungen und politischen Veränderungen! - in ihren Raum abgewehrt.

Möglicherweise haben auch andere, weiterreichende Hintergründe die Zentrale veranlaßt, buchstäblich einen Bogen um das Limousin zu schlagen: Die Haute-Vienne wird seit 1848 fast ununterbrochen von den Sozialisten regiert, ist eine ihrer solidesten Bastionen in Frankreich. Limoges selbst trägt seit einem heftigen Arbeiteraufstand im Jahre 1905 den bis heute abschreckenden Beinamen "*la ville rouge*". Wollte die in Paris fast ebenso kontinuierlich regierende Rechte diese ungeliebte linke Region "links" liegen lassen, zumal eine bessere Erschließung dieses armen Raumes der Zentrale ohnehin nichts eingebracht hätte?

Den zentralistischen Einflüssen von außen stellten sich entwicklungshemmende Widerstände auch in der Region selbst entgegen: Maßgebliche politische Kräfte wehrten sich

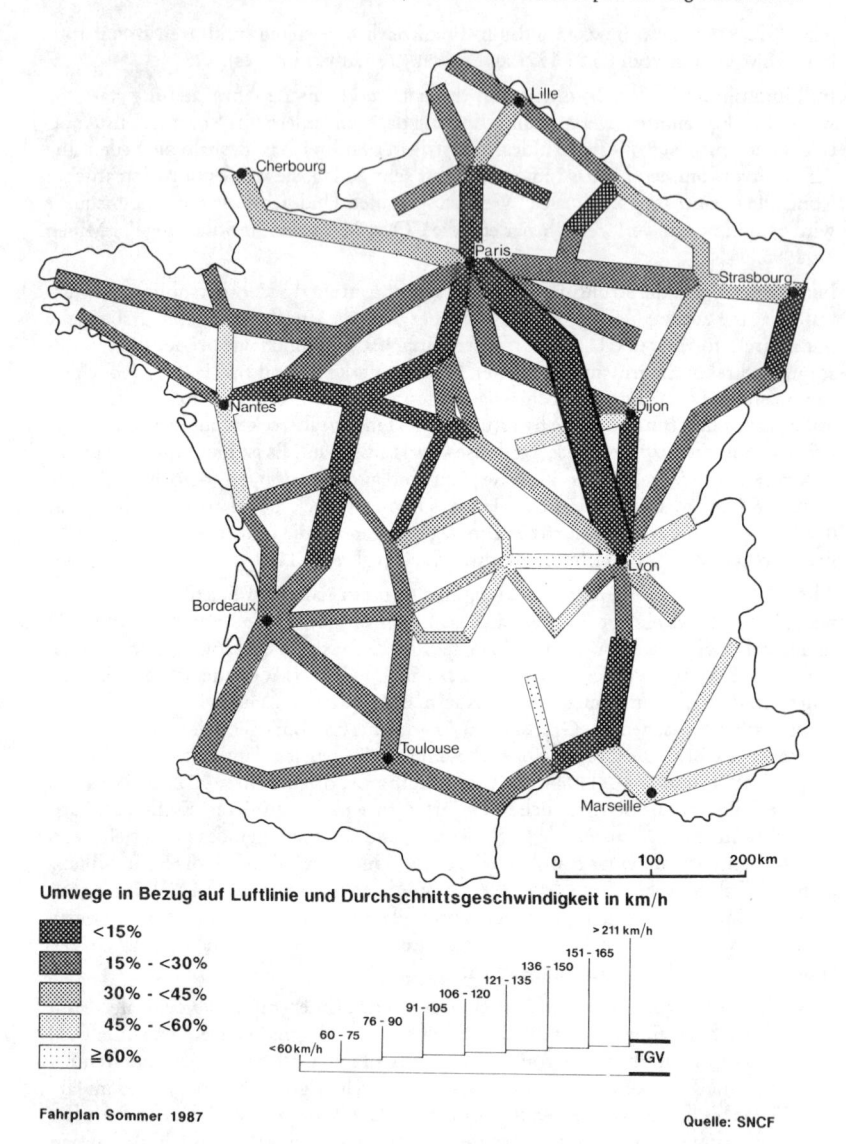

5 Die andere Seite des Zentralismus, die Provinz: Das Beispiel der Region Limousin

Umwege in Bezug auf Luftlinie und Durchschnittsgeschwindigkeit in km/h

- <15%
- 15% - <30%
- 30% - <45%
- 45% - <60%
- ≧60%

<60 km/h | 60 - 75 | 76 - 90 | 91 - 105 | 106 - 120 | 121 - 135 | 136 - 150 | 151 - 165 | >211 km/h — TGV

Fahrplan Sommer 1987   Quelle: SNCF

Abb.11 Umwege und Geschwindigkeiten im französischen Eisenbahnnetz

erfolgreich gegen die Ansiedlung eines Michelin-Werks, gegen die Autobahn, gegen ein Kernkraftwerk, aber auch - die Anglervereine - gegen neue Minikraftwerke an den Bächen. Trotz vordergründiger Widersprüchlichkeit scheinen Zusammenhänge zwi-

5.2 Einflüsse des Zentralismus

schen solchen internen und externen Einflüssen zu bestehen. Denn unbestritten hat der Zentralismus in der Provinz seit Jahrhunderten Initiative, Mut zum Risiko und Eigenverantwortung unterdrückt. Besonders ausgeprägte Folgen dieser Politik sind sicherlich in einem Raum zu erwarten, der seine junge, aktive Bevölkerung ziehen läßt und eine wachsende Zahl von Ruheständlern aufnimmt. Man bedenke: Der Wanderungsgewinn 1975-82 bedeutete nur eine Erwerbsperson auf fünf Nicht-Erwerbspersonen (Conseil Régional... I, 1988, S.33). Zwangsläufig schlägt sich die damit verbundene Überalterung der Bevölkerung auch im Verhalten, in den Wahlergebnissen und in der Politik nieder: Als Pensionär interessiert man sich nicht mehr für Industrie, Autobahnen und Arbeitsplätze, will man seine Ruhe haben und in Bächen angeln, wo die Fische nicht von Kleinkraftwerken vertrieben werden....

Erst in den letzten Jahren ist es zu einem Umdenken gekommen: Offenbar wird man sich der "Schlußlicht"-Rolle zusehends bewußter, zumal sich das schlechte Image nicht abschütteln läßt. Auch wird die mangelhafte Anbindung an Paris immer spürbarer, vor allem verglichen mit den Regionen, die schon Autobahnen oder gar einen TGV-Anschluß haben. Versäumtes will man baldigst nachholen; so soll zu Anfang des 21. Jahrhunderts ein Teil der Strecke Orléans - Limoges zur TGV-Trasse ausgebaut werden.

Bald auch - welche Ironie des Schicksals! - will der Zentralstaat mit umfangreichen militärischen Investitionen dem Limousin Arbeitsplätze und wirtschaftliche Hilfe bringen - ausgerechnet in der *"ville rouge"*, die man einst zum Exil für abgehalfterte Militärs herabgewürdigt und mit jenem abfälligen Wort *"limoger"* gebrandmarkt hat (nach Le Monde 10./11.3.1991).

6 Das Verkehrswesen

Begünstigt durch die natürliche Durchlässigkeit des Landes haben die beherrschende Idee des zentralistischen Einheitsstaates, die frühe Konsolidierung der Metropole und die auffallend periphere Lage der großen Ballungsräume zum Grundmuster des heutigen Verkehrsnetzes geführt: den sternförmig von Paris ausstrahlenden Haupttransportadern, der *étoile parisienne*. Zwar wurden schon immer die natürlichen Passagen bevorzugt, so die Schwellen von Flandern und Poitou, der Rhône-Saône-Graben oder die Durchbruchstäler der lothringischen Schichtstufen, während man Südalpen, Zentralmassiv und Pyrenäen nach Möglichkeit umging. Das radiale Prinzip wurde dadurch jedoch kaum beeinflußt, denn reliefmäßig günstige Verkehrsräume, die nicht in dieses Schema passen, werden auch nicht entsprechend genutzt: Zu den auffälligsten Beispielen gehört das Elsaß (Abb.12). Von dort führen Hauptverbindungen nach Paris durch den Sundgau, aber auch über die Barriere der Vogesen, teilweise mit höchst aufwendigen Anlagen, so Tunnels für Bahn und Straße (Ste.-Marie-aux-Mines), die in den Buntsandstein der Zaberner Steige hauene Autobahn oder die Kombination aus Schiffshebewerk und -tunnel am Rhein-Marne-Kanal bei Arzwiller, in absehbarer Zeit auch der Hochgeschwindigkeitszug "TGV-Est". Dagegen hat die quer zur Richtung Paris verlaufende Oberrheinebene, eine von der Natur vorgezeichnete ideale Durchgangszone, zwischen (Basel) - Mülhausen - Straßburg - (Mainz) nach wie vor sekundären Rang: Es gibt auf der französischen Seite immer noch keine durchgehende Autobahn, die grenzüberschreitende Bahnverbindung zwischen Straßburg und Ludwigshafen ist seit 1973/74 unterbrochen; der rheinparallele alte Rhein-Rhône-Kanal liegt still, sein Neubau wird seit Jahrzehnten hinausgezögert (s.u.). Eine Ausnahme bildet nur der Rhein-Seitenkanal, der allerdings auch der Elektrizitätsgewinnung dient. Auf der badischen Seite dagegen bündeln sich die Hauptdurchgangsstrecken Basel - Frankfurt.

Bedeutung, Dichte und Benutzungsintensität des Verkehrsnetzes werden geprägt durch das wirtschaftliche Schwergewicht Frankreichs nordöstlich der markanten Linie zwischen den Mündungen von Seine und Rhône. Abgesehen von der Hauptstadt selbst, entstanden hier alle bedeutenden Bergbau- und Industrieregionen sowie die Millionenstädte Lyon, Marseille und Lille, es kam zu einem beachtlichen regionalen Güteraustausch und Personenverkehr. Damit wurden die auf Paris zulaufenden Achsen noch verstärkt. Es ergibt sich so eine charakteristische Grundstruktur für den Verkehr in Frankreich:

- die exzentrische Lage des Verkehrssterns von Paris innerhalb jenes stärker entwickelten Nordostteils;
- die vom Übergewicht der Hauptstadt an die Peripherie gedrängten bedeutenden Ballungsräume, zum Teil in großer Distanz, und ihre Verbindung mit Paris über lange, nabelschnurartige Achsen, die schwächer strukturierte Räume sozusagen "überspringen" (und dadurch zusätzlich zu deren Isolation beitragen);
- diese Achsen, zudem meist aus verschiedenen Verkehrsadern gebündelt (Abb.1), z.B. Nationalstraße + Bahnlinie + Autobahn + Fluglinie (+ TGV), als die tragenden Elemente des französischen Verkehrsnetzes;
- ein zweitrangiges Netz von transversalen Verkehrslinien zwischen den Regionalzentren und den untergeordneten zentralen Orten, die folglich nur schwache Kontakte miteinander haben.

6 Das Verkehrswesen   79

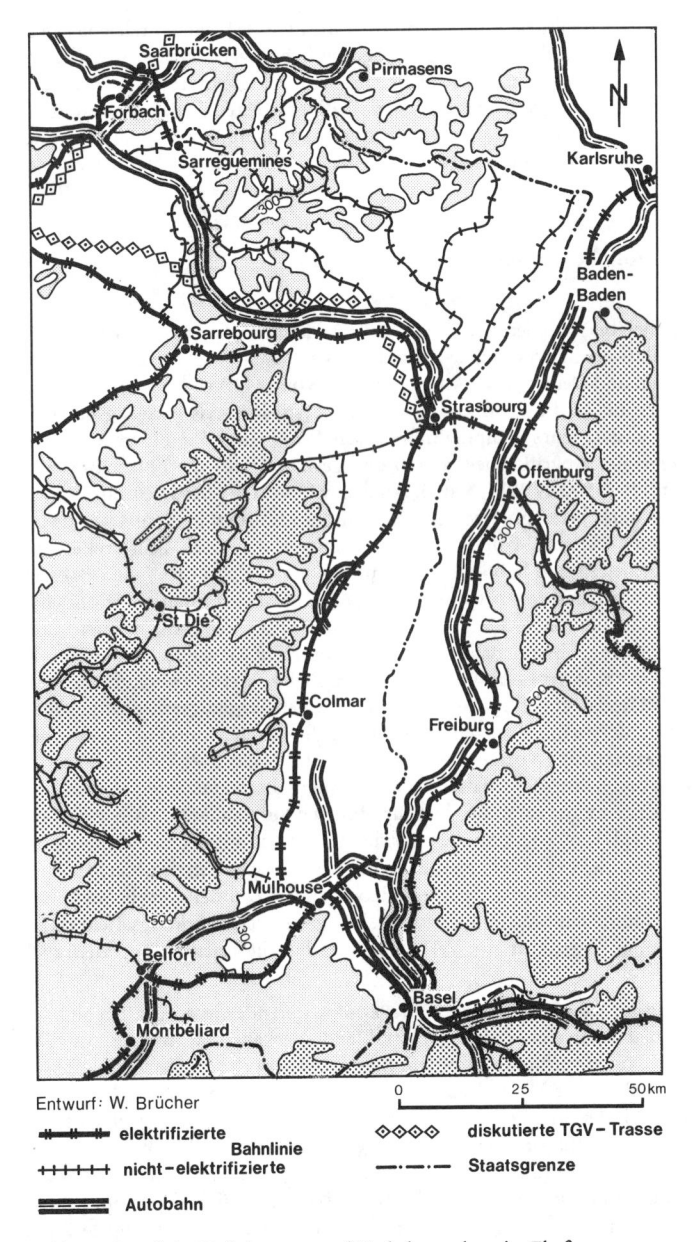

Abb.12 Räumliche Verkehrsgunst und Verkehrsstruktur im Elsaß

6 Das Verkehrswesen

Diese vereinfacht dargestellte räumliche Grundstruktur wurde bisher durch jede Erweiterung, Modernisierung und Beschleunigung der Verkehrsträger weiter verstärkt und im Raum verfestigt. Systematisch wird auf eine immer direktere und schnellere Anbindung der großen Provinzzentren an die Metropole hingearbeitet. Die Forderungen der weitaus meisten Städte im 19.Jh. nach einer Bahnverbindung mit Paris setzte sich später fort in lokalen Initiativen, die direkte Fluglinien wollten und heute massiv eine TGV-Trasse fordern.

6.1 Der traditionelle Verkehrsträger Eisenbahn

Die Eisenbahn blieb bis nach dem Zweiten Weltkrieg der dominierende Verkehrsträger. Hier ist der Einfluß des Staates immer ausschlaggebend, weit gewichtiger gewesen als in Großbritannien und Deutschland. Mit dem Gesetz von 1842 wurde der sternförmige Verlauf der Linien bis an die Grenzen bzw. Küsten festgelegt. Als Ausgangspunkt in Paris baute man anstatt eines Hauptbahnhofs sechs Kopfbahnhöfe, die im Fall eines Krieges kein zentrales Angriffsobjekt boten und geeigneter für die Entsendung von Truppen waren (HOFFMANN 1988, S.409). An dem Entwurf der Streckenführung war die Armee maßgeblich beteiligt. Nach den Plänen des Ministers Freycinet wurde das Netz 1878-1914 mit weiteren, von den Radialachsen abzweigenden Teilstrecken verdichtet. Damit erhielten alle Subpräfekturen und Canton-Hauptorte einen Bahnanschluß. Man wollte auf diese Weise nicht nur das ganze Land wirtschaftlich erschließen und an Paris anbinden, sondern zugleich auch flächenhaft "republikanisieren" und politisch kontrollieren. Beim Bau des Eisenbahnnetzes besorgte der Staat die Erdarbeiten und die Konstruktion von Bahnhöfen, Brücken etc., während Schienennetz, rollendes Material und Organisation von privaten Kapitalgesellschaften übernommen wurden. Sie bekamen für genau abgesteckte Sektoren Monopolkonzessionen und staatliche Finanzierungsvorteile (WOLKOWITSCH 1973, S.147, 154). Gewichtige Aktienanteile an den Bahngesellschaften hatten Banken, die zugleich den Vorstoß der Strecken in die Provinz nutzten, um dort ihre Filialen zu etablieren, allen voran die Société Générale (vgl. Kap.9.3.5). So demonstrierte der Staat mit der Entwicklung des Bahnnetzes, wie geschickt er es verstand, auch die freie Wirtschaft in den Mechanismus der Zentralisierung zu integrieren. Später vollzog sich der Bau der Autobahnen nach einem auffallend ähnlichen Muster. Der zwangsläufige Selbstverstärkungseffekt dieser einmal etablierten Basisstruktur des Verkehrsnetzes hat die Entwicklung zusätzlich gefördert.

Mit der Zuteilung der Bahnlinien an getrennte, konkurrierende Gesellschaften bildeten sich von Paris radial wie in einem Fächer ausstrahlende Verkehrssektoren, die untereinander nur unzureichend verbunden wurden. Beispielsweise gehörte die zentrale Bretagne an der Strecke Paris - Le Mans - Rennes - Brest zu einer anderen Gesellschaft als die südliche Bretagne an der Strecke Paris - Angers - Nantes - Saint-Nazaire. Noch heute muß man auf der Mehrzahl der Querverbindungen von Nantes nach Rennes in Redon umsteigen. WOLKOWITSCH führt die schleppende Entwicklung der Städte Nantes und Rennes nicht zuletzt auf diese Trennung der Bahnsektoren zurück. Er betont jedoch, daß die Dominanz der sternförmigen Linien nicht absolut gesehen werden dürfe. Zwar sei die Zahl der Transversalen vor 1860 insgesamt gering gewesen, sie seien aber schon

6.1 Der traditionelle Verkehrsträger Eisenbahn

vor der Radiale Paris - Brest gebaut worden. So habe die Eisenbahn durchaus auch regionale Entwicklungseffekte bewirkt und nicht allein Paris begünstigt. Vielmehr hätten die Provinzstädte nach dem Anschluß an die Eisenbahn ein erhebliches Wachstum erfahren, besonders wenn ihr eigenes Hinterland über ein Netz von Nebenstrecken erschlossen wurde (1979, S.112). So richtig dies ist, entscheidend blieb der Lagevorteil an den Radialen, und der Fahrplan der Züge von und nach Paris bestimmt bis heute den gesamten Verkehr des Hinterlandes. Mehr noch, diese Fahrplanorganisation kann den innerregionalen Verkehr sogar behindern, wie VARLET (1985) am Beispiel des Limousin nachweist.

Rentabilitätsprobleme der Bahn ergaben sich erst mit der wachsenden Bedeutung des Straßenverkehrs. Da die Schiene prinzipiell nur bei hohem Transportaufkommen wettbewerbsfähig ist, konzentrierte sich die Entwicklung seitdem einseitig auf die Hauptstrecken. Kein Unterschied also zu den anderen Industriestaaten, nur führen in Frankreich die Hauptstrecken fast alle in die Hauptstadt. In den wirtschaftsschwachen Regionen begann man schon 1933 mit der Stillegung von Nebenlinien, verstärkt seit den 50er Jahren; insgesamt schrumpfte die Streckenlänge von max. 52.000 km (1932) auf 34.322 km (1989). Gleichzeitig trieb man die Elektrifizierung voran, zunächst im Hochgebirge wegen der Nähe billiger Hydroelektrizität, später nur noch auf Strecken ab einem bestimmten Transportaufkommen, also wiederum bevorzugt auf den radialen Hauptachsen. Elektrifiziert sind heute außerdem die Linien in den Schwerindustriegebieten Nord und Lothringen, von den anderen Transversalverbindungen aber nur Narbonne - Toulouse - Bordeaux, Lille - Thionville - Dijon und Straßburg - Mülhausen - Dôle. Abgesehen vom TGV-Ausbau gilt die Elektrifizierung als weitgehend abgeschlossen; sie erfaßt rund ein Drittel der Netzlänge (1989: 12.430 km), über das jedoch ca. drei Viertel des Reiseverkehrs rollen. 1989 entfielen auf die überwiegend radial verlaufenden Schnellzugstrecken 48,6 Mrd. Passagier-km, auf alle Nebenstrecken (*services régionaux*) nur 6,7 Mrd. km, d.h. sogar erheblich weniger als allein auf die Region Ile-de-France mit 9,1 Mrd. km (SNCF, Statistiques 1989).

Beginnend mit den 50er Jahren wurden die Fahrzeiten von und nach Paris erheblich verkürzt. Seit ca. 1970 unternimmt die SNCF auch auf den Transversalen erhebliche Anstrengungen durch Modernisierung, zusätzliche Züge und Beschleunigung, u.a. durch den Einsatz von Lokomotiven mit Gasturbinenantrieb (*turbotrains*). An der relativen Langsamkeit gegenüber den Radialen hat sich allerdings nichts geändert: 1938 brauchte man von Bordeaux nach Lyon für 639 km auf der direkten Strecke 12 h 05, für 1093 km über Paris jedoch nur 10 h 50 (GRAVIER 1958, S.18) - heute ist man auf der direkten Strecke ca. 7 h 30 unterwegs, über die TGV-Strecke Tours - Paris, ohne Umsteigezeit, nur 5 h! Nach wie vor bleiben also erhebliche Unterschiede in der Reisegeschwindigkeit, wie auch Abb.11 zeigt.

Um konkurrenzfähig zu bleiben, richtete die SNCF ihre Tarifpolitik ab 1962 am Rentabilitätsprinzip aus: Auf den dicht befahrenen, weitgehend begradigten, schnellen Hauptlinien, die fast ausschließlich nach Paris führen, liegen die Tarife niedrig, höher dagegen auf den transversalen bzw. Nebenlinien, wo die Bahn dem LKW ohnehin unterlegen ist. Der Dualismus im Bahnnetz verschärft das Ungleichgewicht zwischen den durch die Hauptachsen gut erschlossenen Räumen und den abgelegenen Problemgebieten. Ein offensichtlicher Widerspruch: Der Staat genehmigt seinem chronisch defizitären Unternehmen SNCF eine solche Tarifpolitik und benachteiligt dadurch gerade die schwach entwickelten Regionen, die er mit öffentlichen Mitteln stützen muß. Jedoch fühlt sich die staatliche Bahngesellschaft "nicht verantwortlich für die Raumordnung"* (PH. DOMERGUE, SNCF, mündl.,Nov.1986); sie hat wie ein Privatunternehmen zu handeln.

6.2 Modernisierung und Konkurrenz der Verkehrsträger

6.2.1 Die Autobahnen

In der Ausrichtung der Straßen bestehen auffällige Parallelen zu den Eisenbahnlinien. Bestimmend blieb bis heute der radiale Verlauf der Postwege Ludwigs XI. bzw. der napoleonischen Militärchausseen (Abb.6). Zwar besitzt Frankreich ein sehr dichtes Straßennetz; es hat jedoch, trotz entscheidender Schwergewichtsverlagerungen von Wirtschaft und Bevölkerung, seine Grundstruktur seit 100 Jahren nicht nennenswert verändert. So muß der Staat den größten Teil der Straßen in abgelegenen Räumen mit minimalem Verkehrsaufkommen unterhalten, während etwa ein Drittel des Transports über nur 5% der Streckenlänge rollt.

Daß Autobahnen noch bis weit in die 60er Jahre fehlten, erklärte sich aus mangelndem Bedarf: Frankreich, obwohl dünn besiedelt, verfügte schon in der Zwischenkriegszeit über eine hohe Straßendichte, die heute bei 1,2 km/km² und bei 16 km/1000 Einw. liegt gegenüber nur 0,5 km/km² bzw. 5 km/1000 Einw. in der Bundesrepublik Deutschland vor 1990. Außerdem erleichterten die geradlinig auf Paris zustrebenden Straßen in weiten Räumen mit geringem Verkehrsaufkommen ein zügiges Reisen, "und nichts hätte die finanziellen Anstrengungen gerechtfertigt, die der Bau von Autobahnen erfordert"*. Das notwendige Minimum von 12.000 Fahrzeugen/Tag wurde erstmals 1960 erreicht und lediglich auf den Ausfallstraßen von Paris (WOLKOWITSCH 1973, S.37).

Als 1965 jedoch bereits ca. 3000 km Straßen überlastet waren, begann man mit dem Bau von Autobahnen, zunächst natürlich um die Hauptstadt (Abb.13); ein eigentliches Bauprogramm wurde erst eingeleitet, nachdem 1970 bereits 1000 AB-km von Lille über Paris nach Marseille fertiggestellt waren (CLAVAL 1965, S.157). Ende der 70er Jahre waren 4000 km, 1991 rund 7000 km fertiggestellt. Wie stark der Nachholbedarf gewesen war, zeigt sich daran, daß Frankreich noch 1975, bezogen auf die Einwohnerzahl, nur über 70% der Strecken der BR Deutschland und 61% derer Italiens verfügte, obwohl sich der Besatz mit Kraftfahrzeugen nur unwesentlich unterschied (FAYARD 1980, S.22). Bei einem korrekten Vergleich ist jedoch zu berücksichtigen, daß angesichts der Polarisierung auf Paris, der geringeren Zahl großer Zentren und der weiten Leerräume in Frankreich ein Autobahnnetz mit weiteren Maschen als in beiden Nachbarländern ausreicht - je weiter aber dessen Maschen sind, desto mehr begünstigt das Netz die Hauptstadt!

Im Autobahnnetz treten die Radialen noch deutlicher hervor als im Bahn- und Straßennetz. Von den 1990 bestehenden Strecken sind nur wenige, kurze Teilstücke eindeutig als Transversalen anzusehen, so Chambéry - Grenoble, oder Dijon - Luxemburg; selbst die Strecke Toulouse - Narbonne dient der Umgehung des Zentralmassivs in Richtung Paris. Nun hat der Verkehrsträger Straße mit seinem flächendeckenden Netz der auf die Radialen fixierten Eisenbahn die Priorität genommen. Die Vermutung ist also nicht ab-

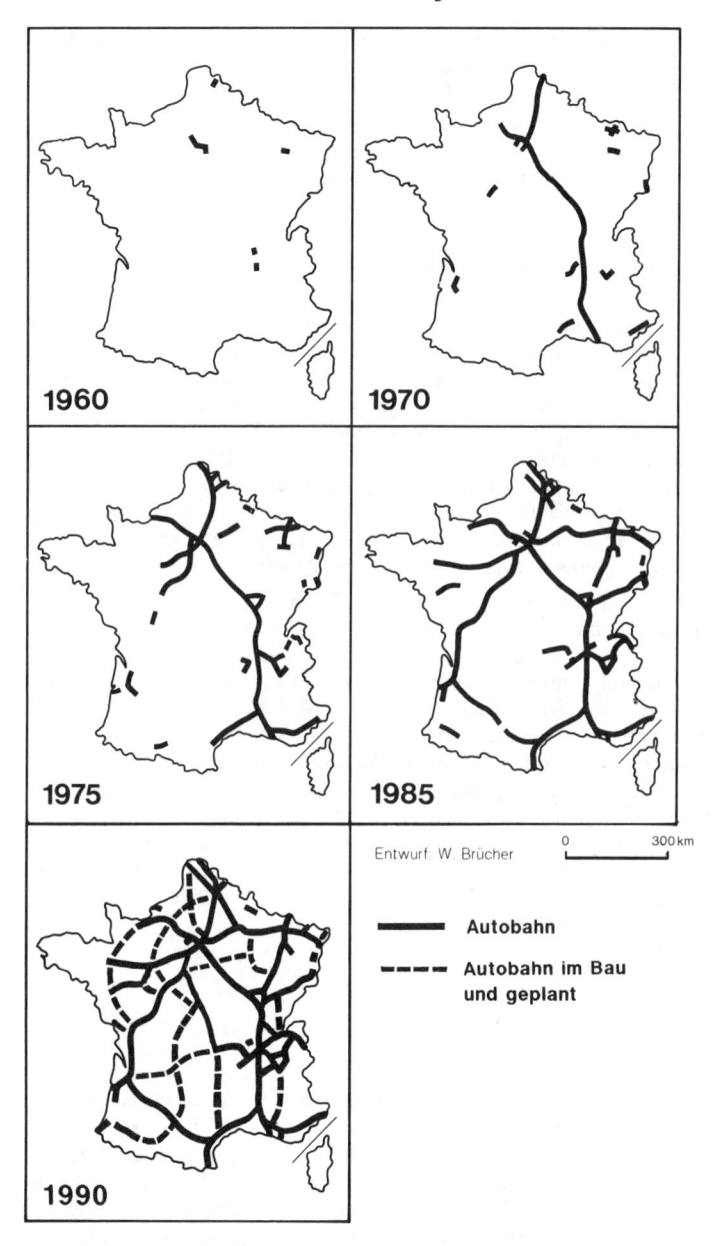

6.2 Modernisierung und Konkurrenz der Verkehrsträger 83

Abb.13 Die Entwicklung des französischen Autobahnnetzes

wegig, daß man die Straßen durch die Anbindung an die Autobahnen wieder stärker in das Radialsystem einpassen wollte - eine ähnliche Strategie wie im Freycinet-Plan für das Eisenbahnnetz vor über 100 Jahren? Inzwischen sind mehrere Transversalen fertiggestellt oder im Bau. Außerdem beschloß die Regierung 1987 den Bau weiterer 2730 AB-km, "fast ausschließlich von Europa inspirierte Trassen"* (Le Monde 15.4.1987), die Frankreich im Süden queren oder Paris im Westen umgehen sollen. Bezeichnenderweise aber konzipierte man die Transversalen erst nach der Vollendung des Radialnetzes, war also noch konsequenter als beim Bau der ersten Bahnlinien! Und mit der Durchführung des Beschlusses scheint man offenbar keine Eile zu haben.

Aus dem Verlauf der bestehenden Autobahnen spricht auch, daß die Regionalmetropolen einseitig bevorzugt an die Hauptstadt angeschlossen werden sollten. So erhielt die Direttissima Lille - Paris - Lyon - Marseille 1963 absolute Priorität durch den Premierminister. Dabei ließ man so wichtige Agglomerationen wie Amiens, Troyes, Dijon und Saint-Etienne mit damaligen Einwohnerzahlen zwischen je 100.000 und 300.000 im Abseits, obwohl ihr Anschluß einen Umweg von insgesamt nur 100 km erfordert hätte. Zusätzlich "überspringen" die Autobahnen den größten Teil der durchquerten Räume, bedingt durch die geringe Zahl der Ausfahrten (z.B. 5 pro 100 km zwischen Paris und Marseille gegenüber fast 11 pro 100 km zwischen Hamburg und München), die wegen der Gebührenerhebung immer mit kostenaufwendigen Mautstellen besetzt sein müssen.

Nicht nur vom Verlauf her erinnert das Autobahnsystem geradezu frappierend an die Entstehung des Eisenbahnnetzes. Auch heute legt der Staat über die zentrale Straßenbaubehörde Ponts et Chaussées die Streckenführung fest, überwacht Bau und Organisation. Finanzierung und Unterhalt werden dagegen gemischten, seit Beginn der 70er Jahre auch privaten Kapitalgesellschaften übertragen (Kap.9.2.2). Daran beteiligt sind Institutionen der öffentlichen Hand, speziell aus den betroffenen Regionen, sowie Banken und Bauunternehmen. Sie übernehmen die Autobahnen und erheben die Gebühren 35 Jahre lang bis zur vollen Überleitung an den Staat (nach FAYARD 1980). Ähnlich wie bei der SNCF funktioniert dieses Prinzip als eine Kombination von staatlicher Verkehrspolitik mit unternehmerischem Streben nach Rentabilität und fördert konsequent das meistbefahrene zentralisierende Radialsystem. Allerdings wird die Benutzung wegen der Gebührenerhebung reduziert. Selbst zwischen Lille und Marseille ist der Verkehr schwächer als auf den Hauptachsen in Deutschland.

6.2.2 Das Flugnetz

Ein regelmäßig bedientes Binnenflugnetz wurde innerhalb Frankreichs erst Ende der 50er Jahre organisiert und hat seitdem zur Modernisierung des Transports erheblich beigetragen. Noch extremer als bei den anderen Verkehrsträgern zeigt sich hier das Übergewicht von Paris: 1989 zählten seine Flughäfen Orly und Charles de Gaulle zusammen 44,3 Mio. bzw. 57,6% aller Passagiere. Damit liegt Paris, das durch den Bau eines weiteren Großflughafens eine gezielte Kapazitätserweiterung erhielt, nach London an zweiter Stelle in Europa. Die drei anderen internationalen Airports, Lyon, Marseille und Nizza, sind nur wenig größer als der von Stuttgart.

Allein in Paris starten und landen mehr Personen als im gesamten Binnenflugverkehr reisen (1989: 42,2 Mio.). Neben kleineren Regionalgesellschaften wird dieser beherrscht von Air Inter, einer Tochtergesellschaft der 1933 verstaatlichten Air France (die nur das Ausland anfliegt). Die internen Fluglinien sind das Ebenbild des Landverkehrs (Abb.1), denn 43,8% aller Binnenfluggäste benutzten die radialen Strecken. Dabei liegen die besonders häufig von dort angeflogenen Städte deutlich jenseits einer Zone, innerhalb derer die Bahnverbindungen schneller sind (vgl. BRÜCHER 1988). Selbst die wichtigste Transversale, Bastia (Korsika) - Marseille, erreicht mit 246.000 Passagieren erst den 18. Platz (Zahlen für 1989, nach Min. de l'Equipement 1990).

Angesichts der für den Binnenflugverkehr vorteilhaften großen Ausdehnung und Einwohnerzahl Frankreichs muß die relativ schwache Rolle des Flugzeugs im gesamten Transportwesen überraschen. Auch dies liegt weitgehend in den zentralistischen Strukturen des Landes begründet: Das Ungleichgewicht der Ballungsräume in Macht, Wirtschaftskraft und Einwohnerzahl reduziert den absoluten Bedarf an Kommunikation bzw. Transport. Außerdem werden die Kontakte der Provinzzentren untereinander durch ihre einseitige Bindung an die Metropole behindert. Selbst auf den radialen Fluglinien wird der Transportbedarf durch die konkurriende Eisenbahn zurückgedrängt, in zunehmendem Maße mit dem Ausbau des "TGV-Sterns". Aus Gründen der Rentabilität jedoch ist die Luftfahrt wie kein anderer Verkehrsträger fast ausschließlich an die Verbindungen mit der Hauptstadt gekettet - erneut zeigt sich hier die systemimmanente Tendenz zur Selbstverstärkung des Zentralismus.

6.2.3 Der *Train à grande vitesse (TGV)*

Bei der Beschleunigung des Eisenbahntransports sind auf den Transversalen beachtliche Erfolge erzielt worden. Der richtungsweisende Fortschritt jedoch vollzieht sich mit dem Hochgeschwindigkeitszug TGV erneut auf den Radialachsen (Abb. 1, 14). Wie schon beim Autobahnbau machte die Linie Paris - Lyon den Anfang. Der "TGV-Sudest" fährt seit 1981 auf einer völlig neuen, tunnelfreien, fast schnurgeraden Trasse, die die Distanz von 512 km auf 425 km bzw. die frühere Fahrzeit von 3 h 48 auf exakt 2 h 00 verkürzt hat. Fast ohne Rücksicht auf das Relief, mit Steigungen bis zu 3,5%, strebt die Strecke quasi direkt auf Paris zu. Auch hier bekam die Direttissima Vorrang, Dijon blieb erneut im Abseits und bekam lediglich einen Zubringeranschluß (vgl. BRÜCHER 1988).

Mehrere gewichtige Gründe sprachen für die Priorität der TGV-Strecke Lyon - Paris: Die Überlastung der meistbefahrenen Strecke Frankreichs erforderte ohnehin eine neue Trasse. Der spektakuläre Zeitgewinn lockte hohe Passagierzahlen von den Autobahnen und Fluglinien zurück, die diese der Bahn in den 70er Jahren abgejagt hatten. Damit wird auch zur Entlastung des Pariser Luftraumes beigetragen. Schließlich versprach das Projekt für die SNCF ganz einfach Rentabilität, denn an der Strecke Paris - Lyon hängt inzwischen ein großer Einzugsbereich in Südost-Frankreich auf traditionellem Schienennetz, der nun fast zwei Stunden "näher" an Paris herangerückt ist. Allein 1981-84 stieg die Zahl der Fahrgäste um 6 Mio./Jahr (+ 50%), davon waren 2 Mio. von den Fluglinien und 1,1 Mio. von Autobahn und Straße übergewechselt (PLASSARD et al. 1986). Entsprechend ging der Flugverkehr Paris - Lyon fast um die Hälfte zurück; der Autobahnverkehr, der seit 1971 im Mittel fast 10%/a zugenommen hatte, stagnierte.

6 Das Verkehrswesen

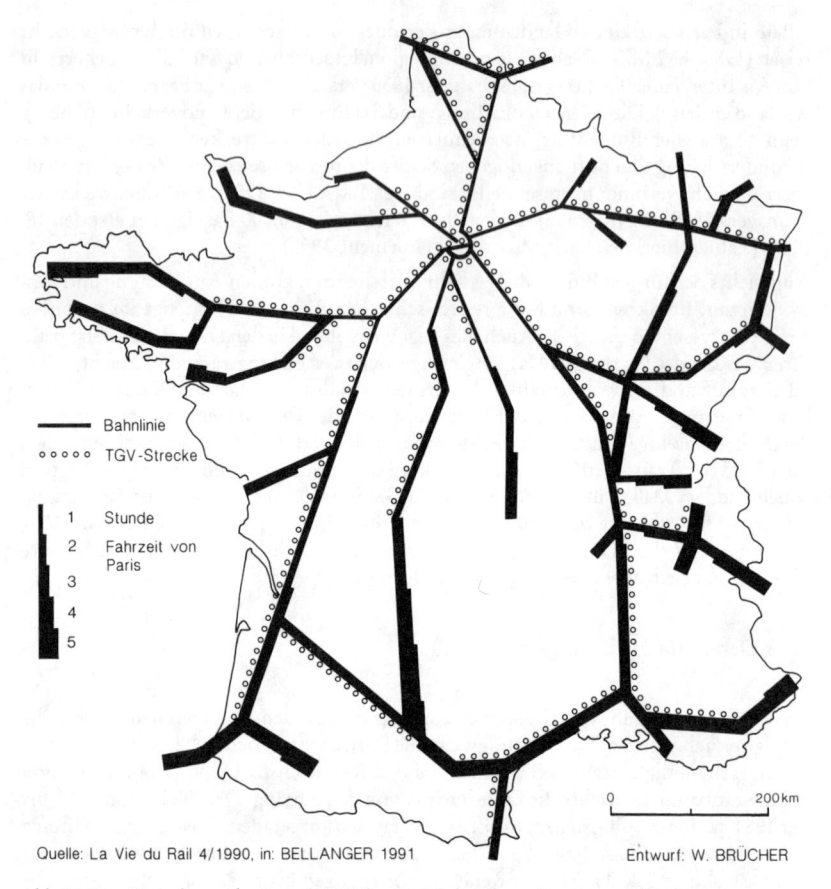

Abb.14 Der *Train à grande vitesse* (TGV) im 21. Jahrhundert - Strecken und Fahrzeiten

Seit 1989 fährt der "TGV-Atlantique" von Paris nach Le Mans und Tours und verbindet über das traditionelle Netz mit der Bretagne und dem Südwesten. Zwischen Paris und Bayonne, La Rochelle, Nantes oder Brest wird damit ein Zeitgewinn von 1 - 2 h erreicht. Während der Bauzeit gebar das futuristische Projekt jedoch auch ein typisch französisches "Problem": Bei Vouvray/Loire könnten, so befürchteten die Winzer, von dem TGV-Tunnel Erschütterungen ausgehen und in den nahen Weinkellern die Qualitätstropfen schädigen - fast eine "Gefährdung des nationalen Interesses"....

Inzwischen sind weitere TGV-Strecken im Bau bzw. fest in der Planung: ausnahmslos Radialen, wie Abb.14 zeigt. Dient nun diese zentralistische Konzeption als "beste Waffe für die Dezentralisierung"*, wie von der SNCF behauptet wird (Ph. DOMERGUE, mündl., Nov.1986)? Im Hinblick auf die rigorose Planung des sternförmigen TGV-Netzes muß eine solche Äußerung zunächst verblüffen. Doch sollen die radialen Strecken

Allein in Paris starten und landen mehr Personen als im gesamten Binnenflugverkehr reisen (1989: 42,2 Mio.). Neben kleineren Regionalgesellschaften wird dieser beherrscht von Air Inter, einer Tochtergesellschaft der 1933 verstaatlichten Air France (die nur das Ausland anfliegt). Die internen Fluglinien sind das Ebenbild des Landverkehrs (Abb.1), denn 43,8% aller Binnenfluggäste benutzten die radialen Strecken. Dabei liegen die besonders häufig von dort angeflogenen Städte deutlich jenseits einer Zone, innerhalb derer die Bahnverbindungen schneller sind (vgl. BRÜCHER 1988). Selbst die wichtigste Transversale, Bastia (Korsika) - Marseille, erreicht mit 246.000 Passagieren erst den 18. Platz (Zahlen für 1989, nach Min. de l'Equipement 1990).

Angesichts der für den Binnenflugverkehr vorteilhaften großen Ausdehnung und Einwohnerzahl Frankreichs muß die relativ schwache Rolle des Flugzeugs im gesamten Transportwesen überraschen. Auch dies liegt weitgehend in den zentralistischen Strukturen des Landes begründet: Das Ungleichgewicht der Ballungsräume in Macht, Wirtschaftskraft und Einwohnerzahl reduziert den absoluten Bedarf an Kommunikation bzw. Transport. Außerdem werden die Kontakte der Provinzzentren untereinander durch ihre einseitige Bindung an die Metropole behindert. Selbst auf den radialen Fluglinien wird der Transportbedarf durch die konkurriende Eisenbahn zurückgedrängt, in zunehmendem Maße mit dem Ausbau des "TGV-Sterns". Aus Gründen der Rentabilität jedoch ist die Luftfahrt wie kein anderer Verkehrsträger fast ausschließlich an die Verbindungen mit der Hauptstadt gekettet - erneut zeigt sich hier die systemimmanente Tendenz zur Selbstverstärkung des Zentralismus.

6.2.3 Der *Train à grande vitesse (TGV)*

Bei der Beschleunigung des Eisenbahntransports sind auf den Transversalen beachtliche Erfolge erzielt worden. Der richtungweisende Fortschritt jedoch vollzieht sich mit dem Hochgeschwindigkeitszug TGV erneut auf den Radialachsen (Abb. 1, 14). Wie schon beim Autobahnbau machte die Linie Paris - Lyon den Anfang. Der "TGV-Sudest" fährt seit 1981 auf einer völlig neuen, tunnelfreien, fast schnurgeraden Trasse, die die Distanz von 512 km auf 425 km bzw. die frühere Fahrzeit von 3 h 48 auf exakt 2 h 00 verkürzt hat. Fast ohne Rücksicht auf das Relief, mit Steigungen bis zu 3,5%, strebt die Strecke quasi direkt auf Paris zu. Auch hier bekam die Direttissima Vorrang, Dijon blieb erneut im Abseits und bekam lediglich einen Zubringeranschluß (vgl. BRÜCHER 1988).

Mehrere gewichtige Gründe sprachen für die Priorität der TGV-Strecke Lyon - Paris: Die Überlastung der meistbefahrenen Strecke Frankreichs erforderte ohnehin eine neue Trasse. Der spektakuläre Zeitgewinn lockte hohe Passagierzahlen von den Autobahnen und Fluglinien zurück, die diese der Bahn in den 70er Jahren abgejagt hatten. Damit wird auch zur Entlastung des Pariser Luftraumes beigetragen. Schließlich versprach das Projekt für die SNCF ganz einfach Rentabilität, denn an der Strecke Paris - Lyon hängt inzwischen ein großer Einzugsbereich in Südost-Frankreich auf traditionellem Schienennetz, der nun fast zwei Stunden "näher" an Paris herangerückt ist. Allein 1981-84 stieg die Zahl der Fahrgäste um 6 Mio./Jahr (+ 50%), davon waren 2 Mio. von den Fluglinien und 1,1 Mio. von Autobahn und Straße übergewechselt (PLASSARD et al. 1986). Entsprechend ging der Flugverkehr Paris - Lyon fast um die Hälfte zurück; der Autobahnverkehr, der seit 1971 im Mittel um fast 10%/a zugenommen hatte, stagnierte.

86 6 Das Verkehrswesen

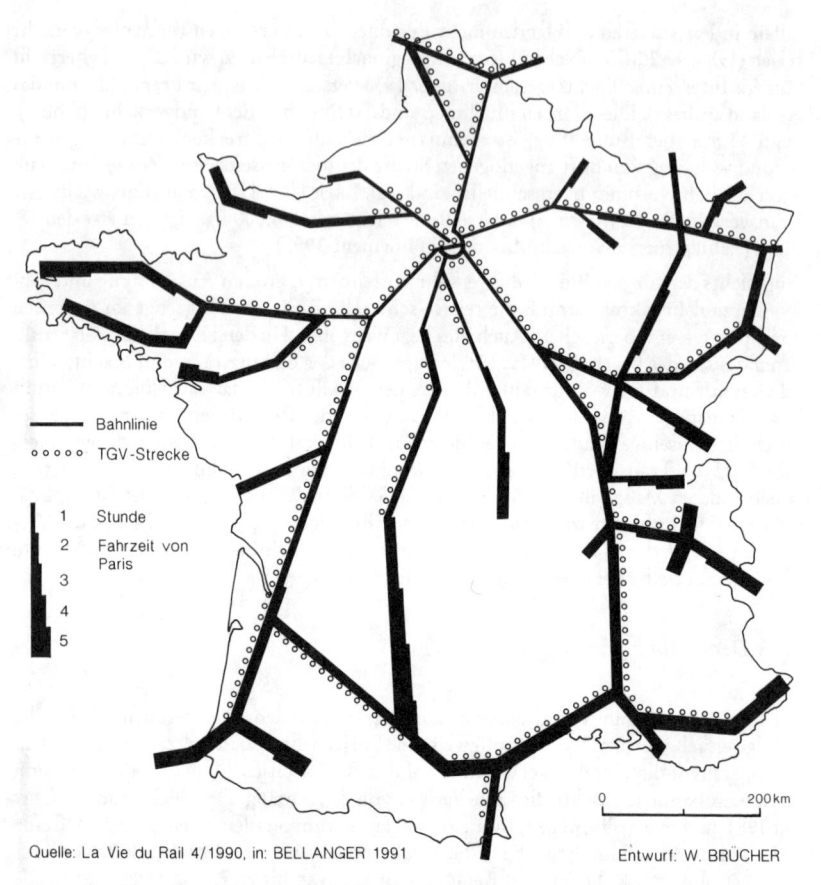

Quelle: La Vie du Rail 4/1990, in: BELLANGER 1991   Entwurf: W. BRÜCHER

Abb.14 Der *Train à grande vitesse* (TGV) im 21. Jahrhundert - Strecken und Fahrzeiten

Seit 1989 fährt der "TGV-Atlantique" von Paris nach Le Mans und Tours und verbindet über das traditionelle Netz mit der Bretagne und dem Südwesten. Zwischen Paris und Bayonne, La Rochelle, Nantes oder Brest wird damit ein Zeitgewinn von 1 - 2 h erreicht. Während der Bauzeit gebar das futuristische Projekt jedoch auch ein typisch französisches "Problem": Bei Vouvray/Loire könnten, so befürchteten die Winzer, von dem TGV-Tunnel Erschütterungen ausgehen und in den nahen Weinkellern die Qualitätstropfen schädigen - fast eine "Gefährdung des nationalen Interesses"....

Inzwischen sind weitere TGV-Strecken im Bau bzw. fest in der Planung: ausnahmslos Radialen, wie Abb.14 zeigt. Dient nun diese zentralistische Konzeption als "beste Waffe für die Dezentralisierung"*, wie von der SNCF behauptet wird (Ph. DOMERGUE, mündl., Nov.1986)? Im Hinblick auf die rigorose Planung des sternförmigen TGV-Netzes muß eine solche Äußerung zunächst verblüffen. Doch sollen die radialen Strecken

6.3 Das Verkehrswesen als zentralisierender Faktor 87

in der Tat auch für Transversalverbindungen - z.b. von Bordeaux nach Lyon oder von Nantes nach Straßburg - eingesetzt werden, als sog. "TGV-Interconnexion". Sie führen über eine (1991 noch im Bau befindliche) Umgehungsbahn im Osten von Paris - 102 km lang, 7,5 Mrd. FF teuer - und werden nur deren vier Bahnhöfe bedienen, wie z.B. Massy (Abb.15), nicht aber die Endstationen in der Innenstadt. Seit Mitte der 80er Jahre, beginnend mit Lyon - Rouen und Lyon - Lille, sind solche diagonalen TGV im Einsatz. Zweifellos wird der TGV einen Beitrag zur Beschleunigung der Querverbindungen leisten; das ganze Land wird sozusagen zusammenrücken. "Zum ersten Mal in der französischen Geschichte wird ein neues Verkehrsnetz nicht ausschließlich auf Paris ausgerichtet sein"* (BELLANGER 1991, S.153). Zwar wird die *Interconnexion* nur den Randbereich des Pariser Ballungsraumes berühren, gerade dort aber verzeichnet man seit langem die höchsten Bevölkerungswachstumsraten und einen Trend von Betriebsauslagerungen aus der Kernstadt. Außerdem bedeutet eine steigende Benutzerquote von Bahnhöfen an der Peripherie eine willkommene Entlastung derjenigen in der Innenstadt. Überdies sollen die vier neuen TGV-Bahnhöfe die Raumordnung in der Ile-de-France gezielt verstärken:

- in Melun-Sénart und Marne-la-Vallée die Neuen Städte,
- in Massy, auf dem Plateau von Saclay, die größte *technopole* Frankreichs,
- in Marne-la-Vallée den Freizeitpark "Eurodisneyland", wo man binnen kurzem 10 Mio. Besucher im Jahr erwartet, davon über 4 Mio. per TGV, und
- in Roissy einen Hyperverkehrsknotenpunkt mit Großflughafen, Autobahnanschluß und RER-Verbindung zur Pariser Innenstadt (BELLANGER 1991, S.153).

Außerhalb Frankreichs entfernt sich das TGV-Netz vom zentralistischen Prinzip, nämlich im "TGV-Nord", der ebenso gute Verbindungen zwischen London, Brüssel, Amsterdam oder Köln schaffen wird wie mit Paris. Innerhalb Frankreichs jedoch, so unterstreicht die SNCF, benötigen seit 1989, dank "TGV-Sudest" und "TGV-Atlantique", 93% der französischen Bevölkerung unter 5 h Fahrzeit nach Paris, noch weniger nach 2000 (WALRAVE 1986, S.22). Nicht nur als Karikatur wird er also weiterleben, der *"turboprof"*: ein etablierter Pariser Professor, der morgens auf einer jener Schnellinien in eine abgelegene Provinzuniversität rast, dort Sprechstunde, Vorlesung und hof hält, aber rechtzeitig zum Diner wieder in der Kulturmetropole eintrifft....

Ein Regionalpolitiker aus Dijon: "Der TGV ist ein Faktor der Zentralisierung. Sie wird aber durch den TGV angenehmer, weil man abends wieder zu Hause sein kann..."*.

6.3 Das Verkehrswesen als zentralisierender Faktor - eine Bilanz

Eine Bilanz der modernen Entwicklung und Planung des französischen Verkehrswesens ergibt eine ständige Verstärkung des auf Paris ausgerichteten Radialsystems. Im Verbund mit der zentralisierenden Wirkung anderer Sektoren trägt es außerordentlich zu der charakteristischen Raumstruktur Frankreichs bei: Förderung der überlasteten Pariser Agglomeration, weitere Schwächung der marginalen Gebiete.

Zu alledem heizt der Zentralisierungsprozeß der Verkehrsträger unter diesen einen unerbittlichen Konkurrenzkampf an, sogar zwischen staatlichen Gesellschaften, nämlich der SNCF, der Air Inter sowie den (indirekt staatlich kontrollierten) Autobahngesell-

88   6 Das Verkehrswesen

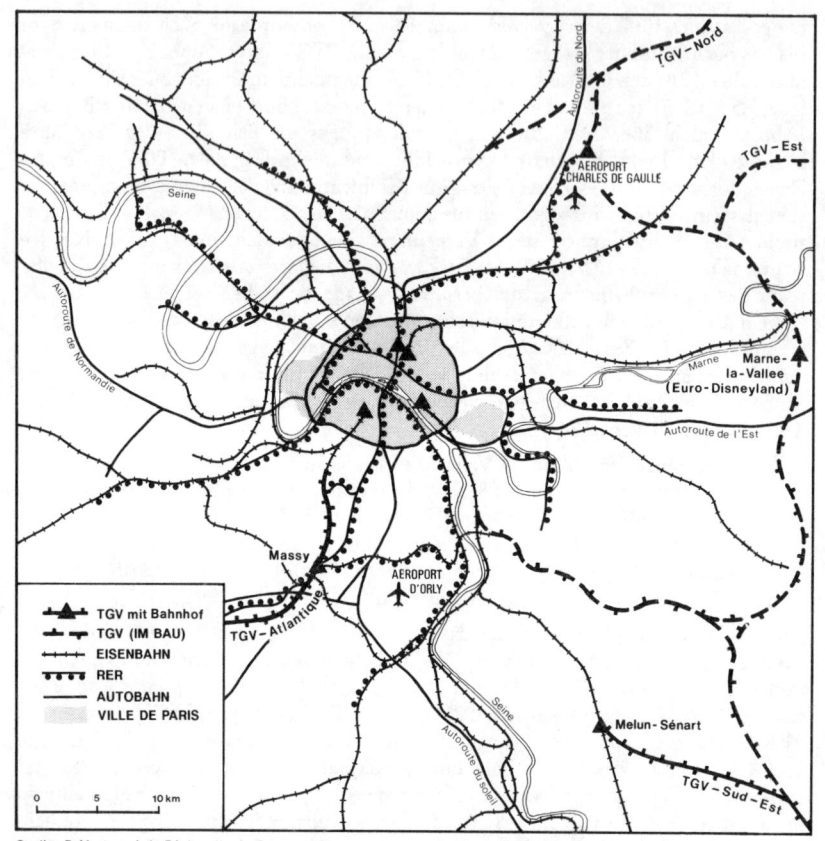

Quelle: Préfecture de la Région Ile-de-France 1982; Le Monde 9. 3. 1988; BELLANGER 1991   Entwurf: W. BRÜCHER

Abb. 15 Die Verkehrsstruktur der Region Ile-de-France

schaften. Hinzu kommt, daß die SNCF mit 25% am Kapital der staatlichen Air Inter beteiligt ist - ein Widerspruch zwischen den betriebswirtschaftlichen Interessen der staatlichen Gesellschaften und den volkswirtschaflichen und raumordnerischen Bedürfnissen Frankreichs. Doch scheint die Zentralregierung die Konkurrenzstrategien der Staatsunternehmen voll zu unterstützen, wenn nicht gar zu steuern. Beispielsweise, so BAZIN (1981, S.31,62,93), sei die Planung des TGV von der SNCF bis zuletzt unter Ausschluß der Öffentlichkeit und selbst der lokalen Volksvertreter durchgeführt worden; der TGV sei immer als alleinige Angelegenheit des Staates betrachtet, die Baugenehmigung direkt vom Premierminister erteilt worden.

Auch hinter der mit Rentabilität begründeten Strategie, die Radialachsen zu verstärken, steht bewußt der Staat. Trotz aller Einsicht in die Notwendigkeit einer Dezentralisierung hält er an einer zentralisierenden Raumordnungspolitik fest. Dies geschehe, so sagte schon VIDAL DE LA BLACHE, aus einer Tradition, die politisch-strategisch begründet sei, nicht ökonomisch-raumordnerisch (zit. bei CLAVAL 1965, S.160). Vielleicht aber geht es gar nicht um eine "Tradition", sondern abermals um jene Eigendynamik des Leitprinzips: Die von ihm geprägte Raumstruktur macht jede Veränderung der Verkehrsinfrastruktur um so rentabler - und deshalb wirtschaftspolitisch überzeugender - je genauer sie sich dem zentralistisch geprägten Grundmuster unterwirft.

Hier liegt nur ein scheinbarer Widerspruch vor, denn die vom Zentralismus geprägte Raumordnung hat ihre eigene "Logik"; sie tritt besonders im Verhalten der Provinzstädte gegenüber der geschilderten TGV-Planung hervor. Angesichts der zentralistischen Verkehrsplanung müßte man in den großen Regionalzentren eigentlich erhebliche Skepsis erwarten gegenüber einem Anschluß an eine TGV-Strecke, also einer schnelleren Anbindung an die Hauptstadt. Genau in diesem Sinne stellt die Zeitung Le Monde die Benachteiligung von Osaka gegenüber Tokyo durch den Hochgeschwindigkeitszug "Shinkansen" als warnendes Beispiel hin. Trotzdem scheine man sich in ganz Frankreich um den TGV geradezu zu reißen. Zum Beispiel sei in Amiens eine massive Kampagne entfacht worden, um den nicht geplanten TGV-Anschluß doch noch zu bekommen, mit der Begründung, man habe ein Anrecht auf die seit 1981 propagierte Dezentralisierung [sic] (Le Monde 25./26.9.1983). So kann die als Kapitelüberschrift gestellte Frage von BAZIN (1981) über die Auswirkungen des TGV nur provokatorisch-rhetorisch gestellt sein: *Paris-sur-Rhône ou Lyon-sur-Seine?*

Welch eminent politische Bedeutung der Verlauf der Verkehrsachsen hat, wird auch aus der Nicht-Realisierung von neuen, wichtigen Achsen außerhalb des Radialsystems deutlich: Der Vorschlag, die "Europastädte" Genf, Straßburg, Luxemburg und Brüssel mit einem "Europole"-Schnellzug zu verbinden, ist in Paris nie ernsthaft zur Diskussion gelangt. Ebenfalls weitab von der Hauptstadt würde ein neuer Rhein-Rhône-Kanal verlaufen (vgl. RESKE 1980): Seit langem bestehen Pläne, die Lücke zwischen Chalon-sur-Saône und dem Rhein zu schließen, um eine durchgehende moderne Wasserstraße zwischen Nordsee und Mittelmeer zu schaffen. Die Befürworter erhoffen sich davon Industrialisierung und regen Schiffstransport. Obwohl das Projekt nach langem Tauziehen 1975 vom französischen Parlament genehmigt und vom Staatspräsidenten persönlich versprochen worden war, blieb es bis heute heftig umstritten und scheint inzwischen ad acta gelegt zu sein. Sicherlich geht die Zurückhaltung nicht allein auf die hohen Baukosten und die von vielen angezweifelte Rentabilität zurück. So fiel bei einer Parlamentsdebatte 1979 das bezeichnende Argument, der Kanal werde dem "Niedergang der Pariser Region dienen"* (zit. in Le Monde 12.12.1979). Man darf hier mit LABASSE resümieren, daß der Bau bedeutender Bahnlinien, Kanäle und Straßen, die die Hauptstadt nicht berühren würden, auf harten Widerstand stößt (1965, S.589).

6.4 Der Kampf zwischen der Stadt Paris und dem Staat um die Verkehrsstruktur der Hauptstadt

Konsequent hätte Paris als der zentrale Knotenpunkt des Landes von Anfang an voll in das Radialsystem integriert werden müssen. Daß dies aber erst sehr spät, nach einer komplexen Entwicklung erfolgte, um schließlich doch in dem bekannten Schema zu enden, gehört zu den faszinierendsten Aspekten der Verkehrszentralisierung.

6 Das Verkehrswesen

Auch bei der Entstehung der modernen Pariser Verkehrsstruktur hat sich der uralte Interessengegensatz zwischen der Zentralregierung und der Stadt Paris ausgewirkt. Nach Vollendung der sechs Bahnlinien plante der Staat, deren Kopfbahnhöfe quer durch den Stadtkern miteinander zu verbinden. Damit sollte das räumliche Wachstum des Ballungsraums längs der radial ausstrahlenden Strecken, d.h. außerhalb (!) der Ville de Paris gesteigert werden. Dahinter stand vermutlich die Absicht, das Bevölkerungs- und Machtpotential der immer argwöhnisch beäugten Stadt Paris einzudämmen. Diese jedoch, nicht minder mißtrauisch, wehrte sich vehement gegen den Plan: Sie wollte kein Bahnnetz auf ihrem Boden, das zwangsläufig unter den Einfluß der Eisenbahngesellschaften und damit indirekt des Staates geriete. Sie wollte vielmehr eine Stadtbahn ausschließlich in ihrem und für ihren Hoheitsbereich, um nur dort das Bevölkerungswachstum und die Infrastruktur zu fördern. Obwohl ab 1871 direkter staatlicher Kontrolle unterstellt, setzte die Stadt Paris, angesichts der immer dringlicher werdenden Verkehrsprobleme, schließlich doch ihr Konzept durch: Sie baute *"le Métro"* (Compagnie du Chemin de Fer Métropolitain de Paris). Erst im Jahre 1900 erfolgte die Einweihung. Dieser erhebliche Verzug gegenüber Städten wie London oder New York erklärt sich durch jenen schier endlosen Streit (nach RATP 1981).

Die seit langem kritisierte Struktur der Métro spiegelt jenen Machtkampf zwischen Staat und Stadt unübersehbar im Raum wider (Abb.15): Bis in die jüngste Zeit deckte sie mit einem dichten, später von Buslinien ergänzten Netz ausschließlich das Gebiet der Stadt Paris ab. Man stellte, offenbar absichtlich, keine systematischen Verbindungen zwischen den Kopfbahnhöfen der befehdeten Eisenbahngesellschaften her - bei 7 von 15 Möglichkeiten muß man heute noch umsteigen. Absichtlich auch wurden die Tunnels und die Schienenspur zu eng angelegt, um die Benutzung durch normale Züge auf ewig zu verhindern.

Tatsächlich gelang es der Stadt damals, ein eigenes Verkehrsnetz zu schaffen, sich nicht in das Radialsystem zwängen zu lassen und außerdem jeden Durchreisenden zum Bahnhofswechsel, also zu Aufenthalt und Ausgaben in Paris zu zwingen. Dadurch erfuhr Paris in der Tat einen entscheidenden Wachstumsimpuls, der Stadt Lyon dagegen war das "Privileg" von Kopfbahnhöfen verweigert worden (DE PLANHOL 1988, S.312)! Andererseits hat die gewollte Trennung der lokalen und regional-überregionalen Verkehrssysteme zu einem Bremseffekt geführt und der Entwicklung des Pariser Ballungsraumes erheblich geschadet. Denn jenseits der Stadtgrenzen von Paris wurden die Pendler, zumindest am Anfang, fast ausschließlich über die radial ausstrahlenden Bahnlinien transportiert. Dementsprechend weitete sich die Agglomeration sternförmig aus, während zwischen den Zacken dünn besiedelte Zonen ohne oder mit unzureichendem Verkehrsanschluß stagnierten. Mit der Expansion des radialen Straßennetzes wurde jene Grundstruktur weiterhin gestützt. Zweifellos hat der Durchbruch der Massenmotorisierung den isolierenden Effekt der Radialen abgeschwächt, doch haben diese, indem sie die Querverbindungen des öffentlichen Personentransports erschwerten, erheblich zu den abnormen Ausmaßen des Pariser Individualverkehrs beigetragen. Eine weitere *étoile parisienne* wurde mit den sechs Autobahnen darübergelegt, die aus allen Landesteilen kommend in den Boulevard Périphérique münden: Diese Ringautobahn - 35 km Länge, 17 Jahre Bauzeit, 2 Milliarden Francs Baukosten, mittlere Fahrgeschwindigkeit 13 km/h (BEAUJEU-GARNIER 1977, II, S.99) - wurde längs der Stadtgrenze von Paris im Bereich des alten Festungsgürtels gebaut und dient heute zugleich der Umgehung des Stadtkerns,

6.4 Der Kampf um die Verkehrsstruktur der Hauptstadt

als Sammelader für den Verkehr aus der Provinz und als Durchgangsverbindung - und während der Stoßzeiten auch als "Ringparkplatz".

Mit der Einbindung des Pariser Raumes in das Radialnetz der Nationalstraßen, vor allem der Autobahnen, dominierte jedoch abermals das zentralistische System über die Eigenständigkeitsbestrebungen der Stadt Paris. Dasselbe gelang mit dem jüngsten Ausbau des innerstädtischen Schienennetzes. Entscheidend dafür wurde 1948 die Ablösung der alten unabhängigen Métro-Gesellschaft durch die Régie Autonome des Transports Parisiens (RATP). Denn diese untersteht nun voll der öffentlichen Hand, wobei der Staat über Aufsichtsratsmitglieder und seine Verpflichtung, 70% der chronischen RATP-Defizite zu decken, den ausschlaggebenden Einfluß bekam. Außerdem wird weiter an der Schnell-Métro RER gebaut (Réseau Express Régional). Über bisher vier Hauptstrecken verbindet sie alle Außenbezirke mit dem Zentrum in Châtelet-les-Halles, *"the largest and busiest underground station in the world, a seven-acre cave-palace of space-age design"* (ARDAGH 1982, S.285). Das RER-Netz wurde von Anfang an so angelegt, daß sich über kombinierte Bahnhöfe günstige Anschlußmöglichkeiten an das regionale SNCF-Eisenbahnnetz einrichten ließen. Inzwischen nutzen auch - gerade das hatte die Stadt einst so heftig bekämpft! - SNCF-Züge das unterirdische RER-Netz und verbinden damit erstmals Außenbereiche quer durch das Stadtzentrum, also sternförmig. Eine Unterstützung jener zwei parallelen NW-SE-Achsen beiderseits der Seine, mit denen der noch zu schildernde Entwicklungsleitplan (SDAU) der Region Ile-de-France gegen das monozentrische Wachstum des Pariser Ballungsraumes steuern sollte (vgl. Kap.8.4.1), sucht man hier allerdings vergebens. In Zukunft wird der RER perfekt an die TGV-Interconnexion anbinden.

Das zentralistische Radialsystem hat sich durchgesetzt, sich endlich auch der Stadt Paris bemächtigen können. Doch ein Ende ist nicht abzusehen, denn um dem Verkehrschaos zu entrinnen, wird dessen Steigerung bereits jetzt vorprogrammiert: Das Projekt heißt, hypermodern klingend, "LASER" (Liaison automobile souterraine express régionale), ein "seesternförmiges Schnellstraßensystem bis zu 70 m tief unterhalb von Oper, Seine und Eiffelturm" (Saarbrücker Zeitung, 6.9.1988).

7 Die Bevölkerung

Zumindest bis 1945 haben in Frankreich die Wechselbeziehungen zwischen gebremster Bevölkerungs- und Verstädterungsdynamik, einseitigem Wachstum von Paris, schleppender, räumlich begrenzter Industrialisierung und insgesamt rückständiger Landwirtschaft zu einer Struktur und Verteilung der Bevölkerung geführt, die in Westeuropa einmalig ist.

Der Zentralismus hat zu dieser ungünstigen Entwicklung nicht nur maßgeblich beigetragen; er konnte sich im Rahmen der schwachen räumlichen Strukturen auch ungehinderter entfalten und eine größere Prägekraft ausüben als in einer blühenden Wirtschaft mit dichter, dynamischer Bevölkerung und expandierenden autonomen Städten.

In Frankreich (ohne überseeische Departements) zählte man beim letzten Zensus 1990 56,6 Mio. Einwohner einschließlich 3,6 Mio. Ausländer (6,3%). Gegenüber 1982 hatte die Bevölkerung um 2,3 Mio bzw. 4,2% zugenommen. 42 Mio. bzw. 74% der Einwohner leben in 1891 *unités urbaines*, die 5300 Gemeinden umfassen; der Anteil der städtischen Bevölkerung liegt bei 74,3%. Die Altersgruppen verteilen sich folgendermaßen: 0 - 19 Jahre 28%, 20 - 59 Jahre 53%, 60 Jahre und älter 26%. Mit 104 Einw./km² ist Frankreich neben den vergleichbaren europäischen Industriestaaten allerdings dünnbesiedelt; so haben Großbritannien, Deutschland und Italien zwischen 190 und 240 Einw./km². Bedingt durch die exzessive Konzentration auf Paris, Industriegebiete und sekundäre Ballungsräume - 50% der Einwohner drängen sich auf 2,5% der Fläche! (DATAR 1990) - liegt die Dichte in vier Fünfteln des Territoriums sogar unter 30 Einw./km². In der Erwerbsstruktur entfielen 1989 6,3% auf den primären, 28,6% auf den sekundären und 65,1% auf den tertiären Sektor.

7.1 Wachstum und Verteilung der Bevölkerung unter der Dominanz von Paris

Das Wachstum der französischen Bevölkerung hat in den letzten 200 Jahren den in Europa ausgefallensten Verlauf genommen. Bereits vor der Revolution von 1789 wurde die Zwanzigmillionengrenze überschritten, das Land hatte damals mit Abstand die stärkste Einwohnerzahl in Europa, blieb allerdings dünnbesiedelt. Während von nun an in allen anderen Staaten die Wachstumsrate kräftig anstieg, ging sie in Frankreich zurück, mit Eintritt in das 19.Jh. strebte sie bereits ihrem Scheitelpunkt zu. Um die Wende vom 19. zum 20. Jahrhundert trat Stagnation ein, und zwischen den Weltkriegen war es das einzige Land auf der Erde mit abnehmender Bevölkerung.

Sicherlich hat ein Bündel verschiedener Ursachen zu diesem eigenartigen Verlauf geführt. Die Weichen wurden jedoch wiederum durch das politische System gestellt: Unter dem zentralisierenden Absolutismus wurden die Adligen an den Königshof gebunden, also in Funktion und Person von ihren Territorien getrennt. So vergaben sie ihre Ländereien in Pacht und Unterpacht und förderten damit das schon stark verbreitete Kleinbauerntum, das mit der Französischen Revolution noch an Boden gewann. In einer derart geprägten Agrarsozialstruktur kam es nicht zur Ausbildung eines vergleichbaren ländlichen Proletariates wie in England oder in Deutschland, was dort zu einer Massenlandflucht führte. Der französische Kleinbauer, der ja nicht von seiner Scholle und der Mitnutzung der Allmende verdrängt worden war, versuchte mit allen Mitteln, seine gegebene Existenzgrundlage zu erhalten. Schon früh begrenzte er deshalb die Zahl seiner Nachkommen; mit dem *fils unique* umging man außerdem die vom napoleonischen Code Civil verordnete Realerbteilung. So kam es in Frankreich zwar auch zu einer Abwanderung in die Städte, nur erreichte diese wegen der unterschiedlichen Agrarsozialstruktur und des schwächeren Bevölkerungswachstums nicht die Ausmaße wie in den Nachbarländern (nach BLOHM 1976, S.23 ff).

Eine ähnliche, oft mit Malthusianismus bezeichnete freiwillige Geburtenbeschränkung erfaßte auch die städtische Bourgeoisie: Kinder galten zunehmend als finanzielle Belastung, nicht mehr, wie einst, als Alterssicherung. Sogar einflußreiche Politiker unterstützten den Trend und spornten die Wähler an, sich zu bereichern, anstatt Kinder zu zeugen. Das erweckte natürlich Argwohn gegenüber dem starken Nachwuchs der peripher lebenden, schwer in den Zentralstaat integrierbaren Bretonen. Wahrscheinlich befürchtete man auch die Vermehrung der als gefährlich eingeschätzten Arbeiterklasse (PINCHEMEL 1980, I, S. 131). In dieser zur Stagnation tendierenden Bevölkerungsentwicklung führten die direkt und indirekt durch den Ersten Weltkrieg verursachten Verluste, die BEAUJEU-GARNIER (1976, S.21) auf insgesamt 3,7 Millionen Menschen berechnet, zu Nachwirkungen, die das Land jahrzehntelang nicht voll überwinden konnte. Außerdem gingen im Zweiten Weltkrieg durch Tote, Deportierte und Auswanderer nochmals 1,5 Millionen verloren. Den weitaus größten Aderlaß, vor allem im Ersten Weltkrieg, mußte die ländliche, bäuerliche Bevölkerung erleiden, wovon noch heute die lange Liste der Gefallenen auf dem Kriegerdenkmal eines jeden Dorfes und Marktfleckens zeugt. Dagegen wurde die Stadtbevölkerung weit weniger getroffen. Auch diese räumlichen Unterschiede haben zum Stadt-Land-Gefälle, das primär zu einem Gefälle zwischen Hauptstadt und Provinz wurde, erheblich beigetragen.

Zwischen den beiden Weltkriegen wurde man sich der Konsequenzen der rückläufigen Entwicklung bewußt. Hatte die Zentrale im 19.Jh. noch Propaganda gegen zu viele Kinder gemacht, so begann sie nun, kinderreiche Familien systematisch zu fördern. Die Politik war erfolgreich (vgl. Abb.16): Ab 1946 ist wieder eine schnelle Zunahme festzustellen, bis 1975 stieg die Einwohnerzahl um rund 12 Millionen - das heißt, in drei Jahrzehnten soviel wie vorher in eineinhalb Jahrhunderten (1801: 29,6 Mio; 1946: 40,5 Mio Einw.)! Inzwischen hat sich das Wachstum wieder stark verlangsamt und tendiert erneut zu Stagnation, aus denselben Gründen wie in vielen Industrieländern (BEAUJEU-GARNIER 1976).

Parallel zu jener Gesamtentwicklung kam es zu regionalen wie großräumigen Disparitäten in der Bevölkerungsverteilung, primär das Resultat einer Landflucht seit der ersten Hälfte des 19.Jh.: Die Ernährungsmöglichkeiten auf zu kleinen, strukturell veralteten Betrieben waren unzureichend. Die Not der ländlichen Bevölkerung wurde jedoch zusätzlich verschlimmert durch agrarpolitische Entscheidungen, wie die Importe von Weizen und Seide, sowie durch Naturkatastrophen, wie der Reblausbefall in den Weinbergen. Von den größeren Städten und Märkten waren die ländlichen Räume isoliert, ihre Infrastruktur äußerst mangelhaft, das Netz zentraler Orte schwach entwickelt und unvollständig. Später wurden infolge Modernisierung und Vergrünlandung Arbeitskräfte freigesetzt; die aufkommende Industrie unterdrückte das ländliche Handwerk. Der Militärdienst in den Städten und wohl auch der in Paris konzipierte, von dort einheitlich gesteuerte Volksschulunterricht, der nivellierend wirkte und zu einseitig an der städtischen Zivilisation orientiert war, haben die Landflucht zusätzlich gefördert (BEAUJEU-GARNIER 1976). Aus einer allgemeinen Scheidung des ländlichen vom städtisch-industriellen Raum, speziell von Paris, so PINCHEMEL (1980, I, S.148) sei es zu einer "Trennung in zwei Welten"* gekommen, wozu auch sämtliche legislativen, administrativen und wirtschaftlichen Aktivitäten der Regierungen beigetragen hätten.

Bereits Ende der 40er Jahre des 19.Jh. verloren einige Departements absolut an Bevölkerung. Durch Kumulation der genannten Probleme kam es zu Wellen von Landflucht: 1876-81 z.B. verließen über 800.000 Personen ihre Heimatgemeinden infolge der Weizenimporte und der Reblauskatastrophe (BLOHM 1976, S.29, 32). Zwischen dem Krieg von 1870/71 und dem Ersten Weltkrieg wanderten rund 5 Mio. Menschen aus den ländlichen Bereichen ab, die Einwohnerzahl ging dort in etwas mehr als einem Jahrhundert fast um die Hälfte zurück (1866: 26,5 Mio. Einw., 1975: 14,2 Mio.). Auf der anderen Seite stieg der Urbanisierungsgrad 1851-1911 von 26% auf 42%; der Pariser Ballungsraum lag weit voraus an der Spitze der Wachstumsraten, mit 348%! Dessen einseitiger Gewinn auf Kosten sich entleerender ländlicher Gebiete zeigt auch einen Übergang in der Motivation der Migration: War diese noch bis zur Jahrhundertwende vorwiegend eine Flucht aus dem Elend, so tritt nun die Anziehungskraft der Agglomeration von Paris mit ihrem Angebot an Arbeitsplätzen, höheren Löhnen, attraktiven städtischen Lebensformen und Prestige in den Vordergrund.

Die geschilderte Abwanderung wurde ermöglicht und beschleunigt durch den Bau des flächendeckenden Eisenbahnnetzes (vgl. Kap.6.1). Die verästelten, damals noch zahlreichen Nebenstrecken mündeten in die nach Paris führenden Hauptlinien, "kanalisierten" sozusagen die Migration in die Metropole und trugen damit entscheidend zu deren einseitigem Wachstum bei.

Die Binnenwanderung hat seit dem Ersten Weltkrieg noch zugenommen; zu erneuten Wellen von Landflucht kam es z.B. in den 30er Jahren unter der Volksfront und, stärker als nie zuvor, nach 1945: 1962-68 verloren 10 Departements, 1968-75 und 1975-82 jeweils 19 und 1982-90 22 absolut an Bevölkerung! Auch ist die Schrumpfung des Agrarsektors immer noch nicht abgeschlossen, obwohl dessen Anteil an den Erwerbstätigen von einem Drittel (1946) auf unter 6% (1989) gesunken ist.

Zwar sind die genannten Zahlen der Abwanderung beeindruckend, besonders vor der Kulisse wüstgefallener Nutzflächen und verlassener Gehöfte, nicht jedoch im Vergleich mit anderen Industrieländern (vgl. BLOHM 1976). Es sind weniger Indizien für eine außergewöhnliche Landflucht als vielmehr für den fehlenden Nachwuchs an jungen Menschen. Es gab nur vereinzelte ländliche Gebiete, wie die Bretagne, den Norden und das Elsaß, die durch Abwanderung lediglich ihren Bevölkerungsüberschuß abgaben, ihre demographische Dynamik jedoch erhalten konnten. Demgegenüber bluteten riesige Räume regelrecht aus, so das Zentralmassiv oder der Südwesten. Vergleicht man die Landflucht mit der in Deutschland, so zeigt sich, daß einerseits die räumlichen Auswirkungen in Frankreich heftiger, die absoluten Ausmaße der räumlichen Bevölkerungsverluste aber weit geringer waren. So dürften in Frankreich im gesamten 19. Jh. ca. 6 - 8 Mio. Menschen die ländlichen Bereiche verlassen haben, im Deutschen Reich dagegen lagen die Zahlen um ein Mehrfaches höher: Von dessen 60,7 Mio. Einwohnern im Jahre 1907 lebte fast jeder zweite nicht mehr in seiner Geburtsstadt (KÖLLMANN 1959, zit. in LEIB/MERTINS 1983, S.120-126). Hier herrschte eine deutliche Übervölkerung, die im 19.Jh. fast 5 Mio. Menschen zur Auswanderung nach Übersee trieb, gegenüber nur 2 Millionen Franzosen (MARSCHALCK 1984, S.177; DUPÂQUIER 1988, S.138). Da sich in der kleinbäuerlichen Struktur und der stagnierenden Bevölkerung kein Massenproletariat gebildet hatte, kam es auch nicht zum Massenexodus. Die Provinzstädte, umgeben von dünnbesiedeltem Hinterland und durch das zentralistische System geschwächt, erlebten folglich kein vergleichbares Wachstum. Sie konnten nicht zu attraktiven Standorten für aufblühende Industrien werden, denn es fehlte an Arbeitskräften, an Infrastruktur, an wachsenden Märkten und, im Schatten von Paris, an Zentralität.

Jene Entwicklung hat erheblich dazu beigetragen, daß die Industrialisierung in Frankreich bis zum Zweiten Weltkrieg insgesamt schwach blieb und sich, abgesehen von Paris selbst, zu einseitig auf einzelne Gebiete konzentrierte: die Häfen, den Norden, Lothringen, die Vogesentäler, Lyon und das östliche Zentralmassiv. Diese Standräume liegen peripher zum Rest des Landes und waren deshalb für Abwandernde schwierig zu erreichen. Zudem ist anzunehmen, daß das expansive Beschäftigungspotential von Paris Arbeitsuchende, die über das sternförmige Bahnnetz zwangsweise im Kern der Hauptstadt zusammenströmten, vor einer Weiterreise in ein Industriegebiet buchstäblich "abgefangen" hat. Außerdem war das Pariser Tätigkeitsspektrum verständlicherweise beliebter als die Schwerarbeit in den Montanrevieren. So mußten dort, in Ermangelung ausreichender heimischer Arbeitskräfte, zahlreiche Ausländer angeworben werden, vor allem Polen und Italiener. Dies mögen Erklärungen sein für die verwunderte Feststellung von BÉTEILLE (1981, S.8), daß "fast alle [französischen] Migranten sorgsam in Distanz zu den großen Industrieregionen Nord und Lothringen blieben".*

Jene peripheren Industrieräume erlebten eine bedeutende Zuwanderung, doch bildete die Hauptstadt selbst den bei weitem dominierenden Attraktionspol. Positive Wanderungsbilanz aber heißt in der Regel Verjüngung der Bevölkerung und Steigerung der Geburtenrate. Rechnet man nun noch die schon erwähnten Räume mit anhaltend hohem natürlichem Zuwachs hinzu - Bretagne, Nord, Elsaß - so ergibt sich eine auffallende Zone demographischer Dynamik, die sich vom Raum Lyon über den Nordosten und den Norden bis in die östliche Bretagne zieht, quasi im Halbkreis um das Zentrum Paris, in ironischer Anspielung an den Vorderen Orient "fruchtbarer Halbmond" genannt. Auf der anderen Seite stehen der Südwesten und das Zentralmassiv, geprägt von Überalterung und Bevölkerungsverlust, sowie die Provence-Côte-d'Azur oder das Limousin (Kap.5), deren positive Wanderungsbilanz jedoch in ausgeprägtem Maße von Pensionären getragen wird und dadurch die Überalterung noch verstärkt.

In dem zur Zeit der Französischen Revolution noch weitgehend gleichmäßig besiedelten Land - Paris beherbergte damals erst ca. 3% aller Franzosen! - kam es infolge der geschilderten Entwicklung zu einer äußerst unausgewogenen Verteilung der Bevölkerung. Verdichtungen bildeten sich nur in isolierten Regionalzentren mit weitem Hinterland, in den Industriegebieten im N und NE, an einzelnen Küstenabschnitten, entlang bedeutenden Wirtschafts- und Verkehrsachsen und, allen anderen weit voran, im Raum Paris. Zwischen diesen oft nur punkt- oder linienhaften Agglomerationen erstrecken sich weite dünnbesiedelte Räume, deren Entleerungsprozeß fortschreitet.

7.2 Die Bevölkerungsentwicklung von Paris

Die Gegenüberstellung zeigt klar die besondere Position der Region Ile-de-France, deren 10,7 Mio. Einwohner (1990) zu 85% auf die Pariser Agglomeration entfallen. Bisher verzeichnete sie ein anhaltendes, in Frankreich einmaliges Wachstum: Seit 1801 vergrößerte sie sich um rund 8 Mio. Menschen bzw. um das Fünfzehnfache; die heute folgenden 10 größten Ballungsräume zusammen wuchsen nur um 6 Mio. bzw. um das Achtfache. In dem Jahrhundert nach 1851 entfielen von der Zunahme um 6,3 Mio. in ganz Frankreich allein 5,1 Mio. auf die Pariser Region! So stieg deren Anteil an der Gesamtbevölkerung fast kontinuierlich auf ihr Maximum von 18,83% im Jahre 1990.

Seit langem konnte die Stadt von einem Bündel spezifischer Vorteile profitieren, die ihr schnell zu einem Vorsprung vor den anderen Großstädten verhalfen, ja zum Selbstverstärkungseffekt führten. Paris war nicht zuletzt durch die Revolution und die napoleonische Epoche zu einer Art nationalem Mythos und demetsprechend zu einem Magneten für die Provinzbevölkerung geworden. Mit über einer Million Einwohner um 1850, mehr als fünfmal so groß wie Marseille oder Lyon, bildete die Stadt einen einmaligen Arbeitsmarkt. Die Sanierungsmaßnahmen des Präfekten Haussmann (vgl. SUTCLIFFE 1970) boten zusätzliche Beschäftigungskapazitäten. Zudem lagen die Löhne in der Provinz stets weit unter denen der Hauptstadt (GRAVIER 1968, S.19).

Neben diesen Attraktionseffekten hat der Erste Weltkrieg ein geradezu explosives Wachstum der Stadt bewirkt: Sie zog die Rüstungsproduktion und deren Nachfolgeindustrien an, außerdem strömten Flüchtlinge aus den Frontgebieten über das Eisenbahnnetz hier zusammen. 1901-1954 ging die Einwohnerzahl in der Provinz um 486.000 Einwohner zurück, während ihre Hauptstadt um 2,6 Mio. zunahm. Noch drastischer ist die Diskrepanz bei den Erwerbstätigen: Ihre Zahl sank 1926-62 in der Provinz von 17,6 Mio. auf 14,7 Mio. (- 16,5%) und stieg gleichzeitig in der Metropole von 3,2 Mio. auf 3,9 Mio. (+ 21,8%) (CARMONA 1975, S.23).

Die Pariser Agglomeration blieb bis weit nach dem Zweiten Weltkrieg der Motor des Verstädterungsprozesses. Noch 1954-62 waren die Wanderungsbilanzen aller [!] anderen Regionen negativ, vorwiegend zugunsten der Hauptstadt (vgl. PINCHEMEL 1980, I, S.173). Wenn auch ab 1962-68 die Binnenwanderung sich primär innerhalb der eigenen Departements und ihrer Nachbargebiete abspielte, so blieb für die Migranten über größere Entfernungen das dominierende Ziel Paris (LARIVIERE 1976).

In den 60er Jahren setzte jedoch eine Wende ein: Die Wachstumsrate der Metropole begann zu sinken, der Wanderungstrend drehte sich nun in die Gegenrichtung. Bereits 1968-75 verzeichneten alle Regionen Migrationsgewinne, mit Ausnahme der industriellen Krisenräume Lothringen, Champagne-Ardennes, Nord - und mit Ausnahme auch der Ile-de-France! Überdies ging 1975-82 erstmals der Anteil der Bevölkerung der Region an der ganz Frankreichs zurück von 18,8% auf 18,5% und - ein historisches Novum - die Einwohnerzahl der Agglomeration von Paris sank absolut, um 0,5%!

Doch dies war nur ein Intermezzo. 1982-90 nahm der Pariser Ballungsraum wieder beträchtlich zu, um 6,5%; selbst die Stadt Paris verliert keine Einwohner mehr, sondern stagniert. Ein kräftiges Wachstum erlebte auch die gesamte Region Ile-de-France (+5,8%). Mehr noch: auf die Region entfielen rund 26% der Zunahme in Frankreich. Überdeutlich wurden damit auch die Effekte des "Überschwappens" in das Umland sowie der ungebrochenen Anziehungskraft von Paris, denn die acht angrenzenden Departements verbuchten weitere 35% (!) des Gewinns. Mit einem derartigen Zuwachs an *population satellisée*, die zum großen Teil im Pariser Kernraum arbeitet, entfielen 62% der Bevölkerungszunahme Frankreichs auf das innere Pariser Becken! Daß mit einer Fortsetzung, vielleicht gar mit einer Beschleunigung des Trends zu rechnen ist, zeigt sich in der Abschwächung der negativen Wanderungsbilanz und im wachsenden Anteil junger Menschen (nach RCD 1990, I u. II).

Auch funktional findet eine massive Verstärkung statt, die sich vor allem in Beschäftigungsdaten spiegelt: Das kräftige Wachstum der erwerbsfähigen Jahrgänge steht im Zusammenhang mit dem dynamischen Arbeitsmarkt. So lag 1989 die Arbeitslosigkeit bei 7,6% gegenüber 10,6% in der Provinz; der Anteil an allen Arbeitslosen Frankreichs war 1975-89 von 24% auf 17,6% gesunken. Verwundern kann

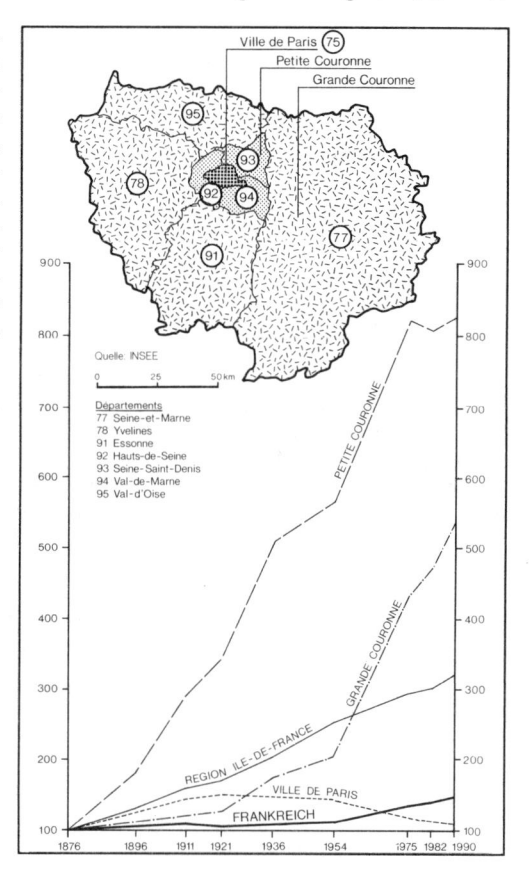

Abb.16 Die Bevölkerungsentwicklung der Region Ile-de-France 1876-1990

dies nicht, denn 1981-87 entfiel über ein Drittel (!) aller neugeschaffenen Arbeitsplätze (*créations pures*) auf die Hauptstadtregion; sie nehmen schneller zu als die Bevölkerung. Ein extremer Wert, denn in den zweit- und drittplazierten Regionen, Rhône-Alpes und Provence-Alpes-Côte d'Azur, wurden nur Anteile von je 7% - 10% erreicht. Zu alledem werden in der Ile-de-France auch höherwertige, also besser bezahlte Stellen angeboten: Nur 39,8% der Erwerbstätigen haben keine abgeschlossene Ausbildung, dagegen 19,9% Universitäts- und gleichwertige Diplome, im Vergleich dazu 52,8% bzw. 9,4% im restlichen Frankreich (nach RCD 1990; Lettre de la DATAR, 1987, Suppl., No.1).

8 Die französischen Städte unter dem Einfluß des Staates

Räumliche Verteilung, größenmäßige Staffelung und hierarchische Ordnung der französischen Städte sind ebenfalls primär durch die zentralistische Politik und das Übergewicht von Paris bedingt. Auch darin unterscheidet sich Frankreich von den meisten anderen Staaten Europas.

8.1 Das Städtesystem

1990 lebten rund 43 Mio. bzw. 76% aller Einwohner in sogenannten *unités urbaines*, d.h. in eigenständigen oder agglomerierten Orten mit geschlossener Bebauung und über 2.000 Einwohnern. Demgegenüber zählten 32.161 ländliche Gemeinden Einw.) eine Bevölkerung von rund 14 Mio. (24%). Schon in den 70er Jahren hatte sich das Verhältnis von städtischer und ländlicher Bevölkerung gegenüber 1851 (25 : 75) genau umgedreht; inzwischen aber ist der Anteil der Städte statistisch wieder leicht rückläufig.

Das in Kap.7 näher belegte abrupte Gefälle von der Hauptstadt zu den folgenden Städten tritt in keinem vergleichbaren europäischen Staat auf, nicht einmal in Großbritannien, dessen zentralistische Strukturen allerdings weniger ausgeprägt sind: Als zweit- und drittgrößter Ballungsraum hatten die West Midlands bzw. Greater Manchester 1985 je knapp unter 40% der Bevölkerung von Groß-London (FWA 1991, S.386). Noch geringer waren im Deutschen Reich die Größenabstände zwischen Berlin und den anderen Großstädten. Extremere Relationen treten nur auf
- in dem Torso-Staat Österreich, mit 20% der Einwohner in Wien,
- in kleineren Staaten, in denen die Grundlage für ein normal gestaffeltes Städtesystem fehlt, z.B. Luxemburg,
- in strukturschwachen Ländern wie z.B. Griechenland, mit einem Drittel der Bevölkerung in Athen, und
- in den Ländern der Dritten Welt mit ihren charakteristischen *primate cities*.

Bestehen nun in Frankreich Zusammenhänge zwischen dieser Diskrepanz in der Größenordnung und der Streuung der Städte im Raum? Entsprechend der durchschnittlich dünnen Besiedlung des gesamten Landes und, zusätzlich, der Konzentration von fast 19% der Bevölkerung auf die Hauptstadt, müssen die größeren Orte in weiteren Abständen zueinander liegen, um über das notwendige Hinterland verfügen zu können. Eine einigermaßen ausgeglichene räumliche Verteilung ist dabei jedoch nicht festzustellen. Auch Konzentrationen mehrerer größerer Städte sind eher atypisch. Ins Auge springt dagegen die zentral-periphere Anordnung der bedeutenden Regionalzentren in weitem Abstand um den Mittelpunkt Paris. Besonders deutlich wird dies, wenn man diejenigen Verdichtungsräume ausklammert, die ihr Wachstum in hohem Maße der Nähe von Bodenschätzen (nordfranzösische Städte) oder Hafenfunktionen (Nantes, Bordeaux, Marseille) und weniger ihren zentralörtlichen Funktionen verdanken. Aufschlußreich ist vielmehr die Lage der führenden Regionalzentren, die vor allem auf der Basis ihrer Zentralität Gewicht erlangen konnten, wie Lyon, Toulouse oder Straßburg. Sie liegen ausnahmslos peripher und in großer Entfernung zu Paris. Näher zur Hauptstadt sowie

8.1 Das Städtesystem

zwischen dieser und den Regionalmetropolen liegen zweitrangige Regionalzentren wie Dijon, Clermont-Ferrand, Limoges oder Rennes und drittrangige, wie Poitiers, Troyes oder Amiens mit entsprechend geringerer Größe und Ausstrahlung (Abb.17).

Sicherlich haben die natürlichen Voraussetzungen, nämlich das in einen Kreis passende Hexagon, die Küsten, die randlichen Hochgebirge und die Rhein - Rhône - Achse die Verteilung der Regionalzentren begünstigt. Ausschlaggebend aber sind wiederum das zentralistische Verwaltungssystem und das Übergewicht von Paris, die beide zusammen die Bildung urbaner Konkurrenz im Ausstrahlungsbereich der Hauptstadt verhindert, ja erdrückt haben.

Zur Erklärung dieses auffälligen Verteilungsmusters muß man von dem uralten gewachsenen, aber inkohärenten Städtenetz der Zeit vor 1789 ausgehen. Die Revolution hatte es übernommen und in das von ihr geschaffene Gefüge der Hauptorte der Departements und der Arrondissements gezwängt, über das alle Städte von Paris aus gesteuert werden. Eine Rangordnung vom Marktflecken über Mittel-, Ober- und Regionalzentren bis zur Hauptstadt wurde nicht eingeplant, wahrscheinlich sogar gezielt verhindert, um die Bildung von regionalen Machtzonen auszuschalten. Auch der Bau des Bahnnetzes, über das alle Präfekturen, Subpräfekturen und Canton-Hauptorte systematisch mit Paris verbunden wurden, hat diese Nivellierung und Unterwerfung des Städtenetzes zusätzlich gefördert.

In dem demographisch zur Stagnation tendierenden, noch wenig urbanisierten Frankreich des 19.Jh. bedeutete jene Nivellierung der Städte eine weitere Schwächung, nachdem sie bereits unter dem Absolutismus entmachtet worden waren. Umgekehrt wurde dadurch das überdimensionierte Wachstum der konkurrenzlosen Hauptstadt begünstigt. Gerade wegen des schwachen Urbanisierungsgrades konnte das System der abhängigen *chefs-lieux* tiefe Wurzeln schlagen und sich die Zentralgewalt ohne Opposition konsolidieren. Noch klarer wird dies im Vergleich zu den deutschen Städten: Bis zur Reichsgründung 1871 waren die bedeutendsten unter ihnen Hauptstädte, Herrschaftssitze, zentrale Handelsmetropolen oder Freie Reichsstädte, und alle Gemeinden verfügten stets über weit mehr Autonomie.

An dieser städtischen Struktur Frankreichs hat, zumindest zunächst, die Industrialisierung nichts Grundlegendes ändern können: Zum einen konzentrierte sie sich auf die Hauptstadt und auf die erwähnten peripheren, also für die Gesamtentwicklung des Landes ungünstig gelegenen Gebiete, zum anderen boten die schwachen, stagnierenden Provinzstädte keine attraktiven Standorte. So konnte das künstliche Netz der *chefs-lieux* eine erstaunliche Persistenz beweisen, trotz zunehmender regionaler Wachstumsdisparitäten. Zwar wurde eine Reihe unbedeutender Verwaltungszentren von anderen Orten überflügelt, so ist z.B. im Dept. Pyrénées-Atlantiques die mit dem Fremdenverkehr gewachsene Agglomeration Biarritz-Bayonne heute doppelt so groß wie der landeinwärts gelegene Hauptort Pau; in den Depts. Finistère, Manche und Morbihan drängten die Kriegshäfen Brest, Cherbourg und Lorient an die Spitze; im Dept. Pas-de-Calais wurde Arras sogar von drei Häfen überrundet: Dünkirchen, Calais und Boulogne. Doch nach wie vor bilden die alten *chefs-lieux* der Departements in der großen Überzahl auch deren größte Bevölkerungskonzentration.

Die weitaus meisten Städte blieben primär Dienstleistungszentren, und je näher sie zur Hauptstadt liegen, desto mehr geraten sie unter deren zentralörtlichen Einfluß (vgl.

8 Die französischen Städte unter dem Einfluß des Staates

Abb. 9). So sind heute selbst die Großstädte im inneren Pariser Becken durch auffallend schwache zentralörtliche Funktionen charakterisiert. Verglichen mit den angrenzenden Staaten, hat sich um Paris eine anormal große direkte Einflußzone mit einem Radius von ca. 130-150 km gebildet, daran anschließend ein konzentrisches Band mit einem weniger klaren Einfluß von Paris (*"attraction diffuse"*), der zwischen 200 und 450 km abklingt. Um dieses Band gruppieren sich die Einflußbereiche der peripheren Regionalmetropolen Lille, Metz - Nancy, Straßburg, Lyon, Marseille, Toulouse, Bordeaux und Nantes, die sich nur teilweise berühren, also auch große Leerräume lassen. Dort, teilweise aber auch am Rand des Pariser Einflußbereiches, haben sich sekundäre Regionalzentren bilden können, die solche Schwächezonen unvollkommen ausfüllen, wie z.B. Dijon, Nizza oder Caen. Sie liegen mindestens 200 km von der Hauptstadt entfernt, abgesehen von deren Umschlaghafen Rouen. Schließlich existieren im Schatten der Regionalmetropolen und der Hauptstadt noch drittrangige Zentren wie Nîmes oder Pau.

Diese für Frankreich spezifische räumliche Verteilung seiner führenden Städte wurde von HAUTREUX und ROCHEFORT (1965) klassifiziert und in ein Schema der *armature urbaine* gefaßt. Entsprechend vier grob umrissenen Größenstufen stellten sie vier Haupttypen auf (vgl. Abb.17):

1. die Hauptstadt (*capitale*): Sie steht als Einzelphänomen an der Spitze der Hierarchie, denn nur hier können landesweit wirksame Entscheidungen getroffen, extrem konzentrierte Einrichtungen in Funktion gesetzt und sehr rare Dienstleistungen angeboten werden.

2. die Regionalmetropolen (*métropoles régionales*): Sie bieten alle Dienstleistungen, die nicht allein von der Hauptstadt getragen werden, für eine bedeutende Bevölkerungs- und Wirtschaftskonzentration in einer entsprechend großen Region. Zwischen ihnen bestehen nach Größe und Ausstattung erhebliche Unterschiede; sie sind aber in keiner Beziehung hierarchisch gestuft.

3. die vollständig ausgestatteten Regionalzentren (*centres régionaux de plein exercice*): Sie sind erheblich kleiner, nehmen ein Zwischenniveau ein und sind für die Versorgung ihrer Einzugsbereiche (z.T. "Subregionen") ausgestattet.

4. die unvollständig ausgestatteten Regionalzentren (*villes à fonction régionale incomplète*), die im Schatten aller höher stehenden Zentren liegen und eher für eine Lokalversorgung zuständig sind.

Die in der BR Deutschland gängige Nomenklatur (vgl. KLUCZKA 1970) für die zentralen Orte kann auf diese Struktur nicht übertragen werden, weil die Hauptstadt eine einzigartige Funktion ausübt, die Provinzstädte keine ausreichende Autonomie haben und eine durchgehende Rangordnung der zentralörtlichen Funktionen fehlt. So existieren im Umkreis von Lille nur Industrie- und Bergbauagglomerationen, welche die Erfordernisse zweit- und drittrangiger Zentren nicht erfüllen. Ähnliches gilt für die Städte im Einflußbereich von Bordeaux und Toulouse. Nancy, Metz und Straßburg stehen auf etwa gleichem Niveau nebeneinander, haben kaum funktionale Kontakte - sie machen sich vielmehr gegenseitig Konkurrenz. Die Bürger von Nizza würden die Behauptung, sie seien abhängig von Marseille, entrüstet von sich weisen. Nicht einmal Mülhausen ist voll Straßburg unterstellt. Dagegen übt Lyon, die stärkste aller Regionalmetropolen mit einer bis in gallische Zeiten zurückreichenden Autorität, seinen Einfluß über Städte wie Grenoble und Saint-Etienne aus.

8.1 Das Städtesystem 101

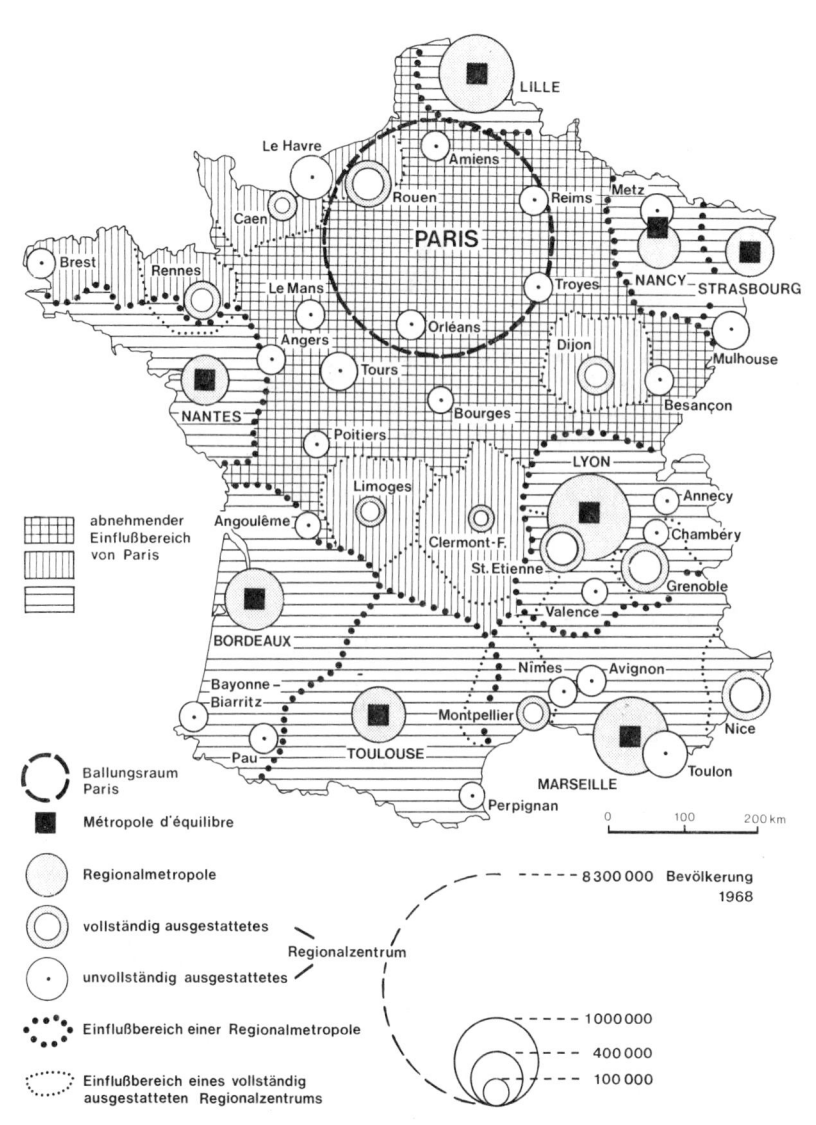

Quellen: HAUTREUX u. ROCHEFORT 1965 (modifiziert) und Bevölkerungszensus 1968 (Entw.: W. Brücher)

Abb.17   Bedeutungsgrad und Einflußbereiche der zentralen Orte in Frankreich in den sechziger Jahren

8 Die französischen Städte unter dem Einfluß des Staates

Wenn es also an einer Hierarchie der zentralen Orte bis heute fehlt, so schlägt hier unverändert das alte zentralistische Prinzip durch, nach dem die Städte nivelliert, entmündigt und der übergewichtigen Hauptstadt unterstellt wurden. In der Tat können bestimmte Funktionen nicht einmal von den Regionalzentren übernommen werden, und in folgenden beispielhaften Angelegenheiten muß man sich stets direkt an die Hauptstadt wenden: zum Erbitten von Subventionen für die Gemeinden; in Fragen, die nur von in Paris ansässigen Ministerien oder Firmenhauptverwaltungen entschieden werden können; zur Erlangung höherer Bankkredite; wegen rarer Dienstleistungen; um sich von Spezialisten beraten oder heilen zu lassen etc.

Ein generalisierender Vergleich der *armatures urbaines* der einzelnen Regionen ist wegen der vielgestaltigen Struktur und Verteilung der Städte Frankreichs ausgeschlossen. In den schwach entwickelten, überwiegend ländlichen Bereichen aber zeigt sich im Dominanzbereich der regionalen Zentren eine auffällige Parallele zu der erdrückenden Wirkung von Paris: Beispielsweise konnte sich im weiten Umkreis von Bordeaux und Toulouse, aber auch um Sekundärzentren, wie Clermont-Ferrand oder Limoges (vgl. Kap.5), keine ausgewogene größenmäßige und funktional-hierarchische Abstufung der umliegenden kleineren Städte ausbilden. Zwar bestehen auch hier Abhängigkeiten von oben nach unten, aber wiederum nicht in einer Rangordnung, sondern alle subalternen Städte verschiedener Niveaus hängen direkt vom Regionalzentrum ab. Die größeren unter ihnen wenden sich gern unmittelbar an das ferne Paris, selbst wenn die benötigten Dienste im nahegelegenen zuständigen Regionalzentrum angeboten werden (HAUTREUX/ROCHEFORT 1965, S.673).

8.2 "*Métropoles d'équilibre*" und "*Villes moyennes*"

Nach dem Zweiten Weltkrieg führten eine fast explosive Zunahme der Bevölkerung, bis dahin unerreichte Wachstumsraten in der Industrie und, bedingt durch den rapide schrumpfenden Agrarsektor, eine massive Landflucht zu einer entsprechend schnellen Expansion der Städte, einer *"véritable révolution urbaine"* (CARRIÈRE/PINCHEMEL 1963, S.25). Der Anteil der Einwohner in den *unités urbaines* verdoppelte sich von 37,5% (1954) auf 75,7% (1990); davon profitierten vor allem die Städte mit mehr als 50.000 Einwohnern, ganz besonders der Pariser Ballungsraum.

Die negativen Folgen des damit zunehmenden Ungleichgewichts hatte bereits 1947 GRAVIER angeprangert. Nicht zuletzt unter diesem Anstoß ergriff Anfang der 50er Jahre die Zentralregierung Maßnahmen, um das Wachstum ausgeglichener zu verteilen: zunächst die sogenannte Dezentralisierung der Industrie und, später, des tertiären Sektors (vgl. Kap.10.2); letztere wurde kombiniert mit dem Förderungsprogramm der sogenannten "Gleichgewichtsmetropolen" (*métropoles d'équilibre*). Diesen Status erhielten Städte, die nach Lage und Größe geeignet erschienen, dem Pariser Einfluß ausgleichend entgegenzuwirken. Zu dem Zweck waren sie mit den notwendigen Funktionen auszustatten; sie sollten zu attraktiven, ausgesprochenen Regionalhauptstädten aufgewertet werden, denn "um die von Paris Angelockten in der Provinz zu halten, muß man ihnen dort ein vervielfachtes Paris anbieten"* (GEORGE 1967, S.105).

Nach zähem Ringen einigte man sich 1964 auf acht Städte, das heißt, die Regierung bestimmte sie: jene peripheren Regionalmetropolen, die nach Paris das oberste Niveau der

8.2 Métropoles d'équilibre und Villes moyennes

armature urbaine bilden (Abb. 17): War die Entscheidung für Bordeaux oder Toulouse problemlos, so wollte Metz nicht der Erzrivalin Nancy untergeordnet werden; Rennes machte - vergeblich - Nantes Konkurrenz; Rouen, das wegen seiner Nähe zu Paris nicht in Betracht kam, fühlte sich übergangen etc. Man versuchte deshalb, solche "Nachbarschaftsprobleme" und die empirische Abgrenzung der zugehörigen *aires métropolitaines* durch kompromißhafte Kombinationen wie "Nancy - Metz - Thionville", "Lyon - Saint-Etienne - Grenoble" oder "Marseille - Aix-en-Provence" zu lösen. Damit jedoch wurde das ganze System von Anfang an verwässert.

Um das Gewicht dieser Regionalmetropolen zu verstärken, sollten dort neue bedeutende tertiäre Funktionen eingerichtet und bestehende ausgebaut werden. Ab 1967 vergab der Staat für die Ansiedlung von Dienstleistungsbetrieben aus den Bereichen Verwaltung, Leitung und Forschung mit mindestens 100 neuen Arbeitsplätzen Prämien von maximal 20% der Investitionen. In deren Genuß konnten im Grunde aber auch alle *chefs-lieux* der Departements außerhalb des inneren Pariser Beckens kommen, ähnlich auch neue Universitäten und Großkrankenhäuser. Es bleibt deshalb unklar, worin die eigentliche und stark propagierte Förderung der *métropoles d'équilibre* eigentlich bestand. Ebensowenig hatte man deutlich abgegrenzte Zugehörigkeitsbereiche für Administration und Kommunikation festgelegt. Außerdem blieben hinreichende praktische Maßnahmen aus, um die regionale Attraktivität jener Städte zu verstärken. Zwar war es durchaus logisch, große Zentren in den peripheren, also wegen der zentralistischen Struktur des Landes benachteiligten Regionen auszuwählen. Man ließ aber viele Lücken offen, beispielsweise um Dijon - Besançon, um Caen oder im zentralen Bereich, wo sich Clermont-Ferrand, Limoges oder Bourges angeboten hätten.

Als ungünstig sollte sich auch erweisen, daß man sich für die größten Städte bzw. für die Regionalzentren entschieden hatte. Sie waren bereits entsprechend mit Dienstleistungen ausgestattet, hatten also nicht mehr ausreichende Aufnahmekapazität für zusätzliche tertiäre Aktivitäten. Größe und Ausstattung der Regionalmetropolen beruhten auf einer historisch gewachsenen Stellung, was allerdings keine Garantie für eine Steigerung dieser Entwicklung bedeutete. Ein sprechendes Beispiel dafür ist Marseille, das die wirtschaftlichen Folgen der Entkolonialisierung und der langen Schließung des Suez-Kanals nie überwunden hat. So konnte es nicht überraschen, daß die mittlere jährliche Wachstumsrate aller *métropoles d'équilibre* im Zeitraum ihrer Gründung 1962-68 mit 2,1% niedriger lag als die der sogenannten Mittelstädte mit 2,3% (*villes moyennes*, je 20.000 - 200.000 Einw.).

Auch bei der Förderung der *métropoles d'équilibre* ist das Grundprinzip der Unterordnung unter die Hauptstadt nie durchbrochen worden. Ihnen wurden keine autonomen Entscheidungsbefugnisse zugestanden, man hat sie nie zu *"métropoles politiques"* aufgewertet. "Denn in einem Land, wo der zentralistische Zwang in keiner Weise nachgelassen hat, wurden die politischen Bedingungen einer solchen Veränderung nicht erfüllt"* (KAYSER 1973, S.346). Es nutzte deshalb wenig, staatliche Dienstleistungsinstitutionen in einer Gleichgewichtsmetropole anzusiedeln, wenn ihr gleichzeitig große Unternehmenssitze den Rücken kehrten, um dem Sog der Pariser Standortvorteile zu folgen. Ein Aufblühen des tertiären Sektors war nicht zu erwarten, noch weniger eine Annäherung an die Strukturen der Regionalmetropolen in den Nachbarstaaten.

Das Förderprogramm der *métropoles d'équilibre* war halbherzig und verschwand auffallend schnell wieder in den Schubladen, u.a. mit den wenig überzeugenden Begründungen, die Expansion der Regionalmetropolen beeinträchtige Umwelt- und Lebensqualität und verlange zu hohe infrastrukturelle Kosten. Unterstützung solcher Argumente kam auch von Geographen: Es sei, so BEAUJEU-GARNIER (1974, S.62) "für ein Land wie Frankreich in seiner demographischen und wirtschaftlichen Situation unmöglich, gleichzeitig acht Regionalmetropolen ein ausreichendes Wachstum zu gewähren"*. VEYRET-WERNER befürchtete für die Provinz Parallelentwicklungen zu dem "Land, das von seiner krankhaft angeschwollenen Hauptstadt verschlungen"* wird, denn ein kräftiges Wachstum der Regionalmetropolen könne nur durch Zuwanderung, also über den Preis einer Entleerung des ohnehin dünn besiedelten Umlandes erreicht werden. Und in Anspielung auf GRAVIER (1947) heißt es: "Was nutzen acht oder zehn große *métropoles d'équilibre*, wenn sie über acht oder zehn französische Wüsten regieren sollen?"* (1969, S.16,19; vgl. GEORGE 1967, CHARDONNET 1976, S.359 ff, ALBERTIN 1988, S.141).

Es ist andererseits nicht auszuschließen, daß den Anhängern der Pariser Zentralmacht die beachtliche Entwicklung des Städtedreiecks Lyon - Marseille - Toulouse unbehaglich geworden war. So wendete die Regierung ihre Förderpolitik von den Gleichgewichtsmetropolen geräuschlos ab, um sie nun auf die zahllosen Mittelstädte (s.o.) zu konzentrieren. Begründet wurde die Wende mit dem geringeren Industrialisierungsgrad und der offensichtlichen Vitalität der *villes moyennes*. Auch betonte man die hier günstigere Umwelt- und Lebensqualität sowie geringere infrastrukturelle Investitionen und Lohnkosten. Primär ging es auch nicht um ein Wachstum der Mittelstädte, man wollte sie vielmehr qualitativ aufwerten und dadurch zu Stabilisierungspolen machen (vgl. BARRÈRE/CASSOU-MOUNAT 1980, S.115 f).

Als Kern der neuen Förderpolitik entwickelte man den sog. Planvertrag (*contrat de ville moyenne*), den eine Mittelstadt mit dem Staat abschließen kann. Damit soll eine bilaterale Finanzierung der lokal gewünschten Projekte ermöglicht werden. Zugleich aber schränkt ein solcher Vertrag die Handlungsfreiheit der Mittelstadt ein und bindet diese an die Zentrale (Kap.11.3.4). Offenbar ist auch die Förderpolitik der Mittelstädte über die Köpfe der betroffenen Bürger hinweg konzipiert und von Anfang an den Instanzen der Regionen und Departements entzogen worden. Dies ließ sich umso leichter praktizieren, als der Staat es nun mit zahllosen kleinen, machtlosen Einheiten zu tun hatte, anstatt mit den großen Regionalmetropolen. KAYSER dazu polemisch: "Es scheint vielmehr, daß der Mißerfolg der Regionalisierungsbemühungen, die von einer sehr zentralistisch eingestellten Mehrheit innerhalb der herrschenden Klasse vorbereitet worden waren, dazu geführt hat, eine veränderte Politik zu konzipieren, die sich auf Atomisierung gründet..."* (1973, S.346).

Seit 1975 ist das Programm der Mittelstädte ausgeweitet worden auf die Förderung noch kleinerer Orte, ja sogar ländlicher Räume. Es läßt sich also eine sukzessive Ausweitung der Förderpolitik von den Regionalmetropolen über die Mittelstädte bis hin zu den *villages-centres* der ländlichen Bereiche verfolgen. Angeblich stand dahinter die Erkenntnis, daß eine einseitige Stützung zunächst der Regionalmetropolen, dann der *villes moyennes* in deren jeweiligem Hinterland genau das Gegenteil erreicht habe: Vernachlässigung - Abwanderung ins aufblühende Zentrum - Verarmung (HOUSE 1978, S.380), gewissermaßen die Entwicklung ganz Frankreichs im Kleinformat. Selbst wenn dies zutrifft, so ist man doch zugleich von einer Schwerpunktförderung zum Gießkannenprinzip zurückgekehrt, das an andere nivellierende Maßnahmen in der Provinz erinnert.

8.3 Staatliche Einflüsse auf den Wohnungsbau

Neben der Beeinflussung der städtischen Hierarchie und des Urbanisierungsprozesses auf nationaler Ebene greift der Staat auch in die Bauplanung der einzelnen Gemeinden ein. Bis 1982 geschah dies auf der gesetzlichen Basis des Code de l'Urbanisme (Art. 35 /L.110), nach dem "das französische Territorium das gemeinsame Eigentum der Nation ist"* (zit. bei GRUBER 1986, S.157). Selbst seit dem Erlaß der Dezentralisierungsgesetze von 1982, die den Gemeinden mehr Kompetenzen verliehen haben, bleiben dem Staat Möglichkeiten der zentralen Einflußnahme.

Als Beispiel soll hier der Wohnungsbau geschildert werden, der zum einen die Eingriffsmöglichkeiten des Zentralstaates, zum anderen eine Uniformierungstendenz der Städte widerspiegelt. Nie zuvor hatte Frankreich einen vergleichbaren Urbanisierungsprozeß und damit einen Bedarfszuwachs an Wohnungen erlebt wie nach dem Zweiten Weltkrieg (vgl. Kap.7). Hinzu kam der Zwang, die zerstörten Grenzstädte und Atlantikhäfen wiederaufzubauen und die allgemein überalterte Bausubstanz zu erneuern. Auch wenn Paris weiter der Motor des Städtewachstums blieb, so wurde nun das ganze Land davon erfaßt und drohte außer Kontrolle zu geraten. Durch die Kleinheit der Gemeinden und die administrative Zersplitterung der Agglomerationen in viele gleichberechtigte Kommunen - zudem von unterschiedlicher politischer Couleur - wurden die Schwierigkeiten nur noch vermehrt. So fällte die Regierung den in der Tat unumgänglichen Beschluß, in den Urbanisierungsprozeß einzugreifen; denn da die Zentralmacht seit dem Absolutismus die Gemeinden gezielt klein, arm und machtlos gehalten hatte, waren diese von den nun hereinbrechenden Problemen völlig überfordert - abermals zeigt sich hier der Selbstverstärkungsmechanismus des zentralistischen Leitprinzips.

Von 1954 bis Ende der 70er Jahre errichtete die öffentliche Hand rund 8 Mio. Wohneinheiten, was einen Zuwachs von über 50% bedeutete. Über 10 Mio. Menschen, ein Fünftel der französischen Bevölkerung, waren nun in Gebäuden des staatlichen sozialen Wohnungsbaus (habitations à loyer modéré = HLM) untergebracht. Die nächstliegenden Probleme, Bodenspekulation und extreme Grundstückzersplitterung, löste man 1953 durch ein Gesetz, das der öffentlichen Hand erlaubte, große, zusammenhängende Baulandflächen zu erwerben, im Bedarfsfall durch Enteignung. So entstanden an den Stadträndern ausgedehnte, aus mehrgeschossigen, häßlichen Betonkomplexen zusammengesetzte Wohnviertel - *"les grands ensembles"* -, deren größten Teil der soziale Wohnungsbau einnahm. Unter dem Druck des steigenden Bedarfs wurden diese Viertel möglichst schnell, ohne Architektenehrgeiz, in billigster Ausführung und auf preiswertem, unzureichend erschlossenem Gelände aus dem Boden gestampft. Schlechte Verkehrsanbindung, Isolation, rudimentäre Infrastruktur, mangelnde Lebensqualität und die aus alledem resultierenden sozialen Probleme machten sie schon bald zum Gegenstand heftiger Kritik. "An der Städtebaupolitik der *'grands ensembles'* trägt der Staat die entscheidende Verantwortung"* (SIMONETTI 1977, S.136).

Solche Planlosigkeit, periphere Zersiedlung und andere Anfangsfehler sollten ab 1958 durch ein zentrales Wohnungsbaugesetz behoben werden. Daraus entstanden die sog. "ZUP" (Zones à urbaniser en priorité), deren städtebauliche Konzeption für ein Jahrzehnt beherrschend wurde. Auf wesentlich größeren Flächen als bei den frühen *grands ensembles* ließen sich nun integriert geplante Siedlungskomplexe mit voll funktionsfähiger Infrastruktur errichten, bei denen auch mehr Wert auf Architektur und Lebensqualität gelegt werden sollte. Gerade zu Anfang wurden riesige Einheiten für 8.000 - 10.000 Wohnungen mit 30.000 - 40.000 Menschen vorgesehen, teilweise auch als eine Art "Neuer Städte".

Bekanntestes und größtes dieser Anfangsprojekte ist die ab 1964 errichtete Toulouser Satellitenstadt Le Mirail. Im Zusammenhang mit der Wachstumspolitik der *métropoles d'équilibre* waren auf 800 ha ursprünglich 23.000 Wohnungen für 100.000 (!) Personen geplant, dazu Einkaufszentren, Märkte, Hotels, Schulen, Sportanlagen, Jugend- und Sozialzentren etc. Mehrere Industriebetriebe sollten Arbeitsplätze bereitstellen. Schließlich wurde sogar die Philosophische Fakultät der Universität Toulouse hier untergebracht. Neu in Frankreich war zudem der Versuch, durch den Bau sowohl von HLM-Wohnblocks als auch von Eigentumswohnungen und Eigenheimen eine Mischung verschiedener Sozialschichten zu erreichen. Die Initiative zu dem Mammutprojekt war von der Stadt Toulouse ausgegangen, die ihr rapides Wachstum nur durch randliche Expansion auffangen konnte. Auf der anderen Seite kam dies den Interessen des Staates entgegen, der in Toulouse gezielt Forschungsinstitutionen und Industrien (u.a. Flugzeugbau, Elektronik) ansiedelte - Toulouse sollte ein Vorzeigeexemplar der Politik der sog. industriellen Dezentralisierung werden (vgl. Kap.10.2). Überhaupt ließ sich ein Projekt solcher Dimensionen nur mit überwiegender staatlicher Finanzierung verwirklichen. Die gesamte Durchführung übertrug man einer gemischtwirtschaftlichen Gesellschaft, mit Unterstützung der staatlichen Entwicklungsgesellschaft SCET (s.u.).

Der frühe Gigantismus der ZUP konnte schon hier nicht in die Realität umgesetzt werden - 1991, fast drei Jahrzehnte nach Baubeginn, lebten in Le Mirail erst rund 35.000 Menschen (briefl. Mitt. J.-P. VIGNEAU, Univ. Toulouse). Auch die grundlegenden Ziele hatte man nicht erreicht (DOMPNIER 1983, S.128 f), u.a.: Es waren zu wenige Einfamilienhäuser gebaut worden, so daß sich die angestrebte soziale Mischung nicht durchsetzen konnte. Die Zahl der HLM-Wohnungen war zurückgegangen. Schließlich hatten sich auf dieser einzigen großen Bodenreserve der Gemeinde Toulouse zu viele Verwaltungen und Industriebetriebe angesiedelt.

Angesichts der chronischen Kapitalschwäche der französischen Gemeinden erhielt der Staat für den Bau einer ZUP eine Schlüsselstellung über die unvermeidliche Subventionierung. Parallel dazu erlaubte ihm das ZUP-Gesetz aber auch konkrete Eingriffsmöglichkeiten (nach D'ARCY 1968, S.49 ff): Gründung und Abgrenzung einer ZUP gingen auf den Vorschlag einer oder mehrerer Gemeinden zurück, rechtskräftig werden konnten sie erst mit der Genehmigung durch das Bau- und Transportministerium. Die Finanzierung, aufgeteilt auf die Bauträger, die beteiligten Gemeinden und staatliche Subventionen, bedurfte jedoch der Bewilligung durch ein Komitee des Fonds de Développement Economique et Social (FDES), sprich: das Finanzministerium. "Diese Baulandpolitik entgleitet den Gemeindeautoritäten vollkommen. Der Präfekt fällt die Entscheidung, steckt die Flächen ab, und der Staat übernimmt den größten Teil der Finanzierung des Vorhabens"* (SIMONETTI 1977, S.137).

Da den weitaus meisten Gemeinden für Planung und Durchführung solcher ZUP-Projekte nicht nur das Kapital, sondern in der Regel auch Erfahrung, Kompetenz und Personal fehlten, stand ihnen eine - wiederum staatlich gesteuerte - Institution zur Verfügung, jene schon erwähnte SCET (Société centrale pour l'équipement du territoire), die etwa zwei Drittel aller ZUP geplant hat. Gegründet wurde die SCET 1955 als der organisatorisch-technische Arm der staatlichen Caisse des Dépôts et Consignations (CDC), der zentralen Sammelstelle für die Sparkasseneinlagen (vgl. Kap.10.3.4). Die SCET sollte die Durchführung öffentlicher Projekte (Wohnungsbau, Autobahnen, Industriezonen etc.) vereinfachen, die von der CDC finanziert und damit auch kontrolliert werden (D'ARCY 1968, S.40,53).

Die Zusammenarbeit der lokalen Bauträger einer ZUP mit der SCET war freiwillig. An den Gründen, ob sie in Anspruch genommen wurde oder nicht, läßt sich erneut die Komplexität des zentralistischen Systems verdeutlichen: Einerseits wollten gerade größere Gemeinden ein ZUP-Projekt weitestgehend selbständig durchführen; sie kritisierten, daß die Zentrale der SCET in Paris liege und dort den lokalen Gegebenheiten nicht Rechnung trage. Andererseits griff mancher Gemeinderat gern auf das Angebot kompletter Durchführung durch die SCET zurück, um ein anderes Problem des Zentralismus zu umgehen: die sektorale Aufspaltung der Zuständigkeiten der Pariser Ministerien. Denn bei einem Alleingang mußten die Gemeinden sämtliche Probleme in mehreren Ministerien getrennt regelrecht durchboxen, was unvermeidlich zu exzessivem Bürokratismus und Verzögerungen führte (D'ARCY 1968, S.142). Die SCET bekam deshalb die sinnvolle Funktion, diese hemmenden Strukturen des Zentralismus zu vermeiden und die Prozeßabläufe per Koordination zu vereinfachen - und zu diesem Zweck hatte der Staat eben eine weitere zentralistische Institution ins Leben rufen müssen.

In den 60er Jahren wurde jedoch deutlich, daß viele Probleme der *grands ensembles* in den ZUP weiterlebten. 1967 erließ man einen bis heute weitgehend gültigen Gesetzeskomplex (Loi d'orientation foncière et urbaine). Die ZUP wurde abgelöst durch das System der ZAC (Zone d'Aménagement Concerté), deren neues Hauptmerkmal darin besteht, daß die öffentliche Hand Planung und Erstellung einer solchen Stadtrandsiedlung nun auch in die Hände privater Bauträger legen kann.

Dasselbe Gesetz verpflichtet jede Agglomeration mit über 10.000 Einwohnern zum Entwurf eines Schéma directeur d'aménagement et d'urbanisme (SDAU), das weitgehend einem Flächennutzungsplan entspricht, sowie eines verbindlichen Plan d'occupation des sols (POS), einer Art Bebauungsplan. Dabei hat sich der POS jeweils am SDAU zu orientieren. Auf diese Weise wollte man, nach Jahren des Experimentierens mit Einzelverordnungen und eher isolierten Projekten, eine umfassendere, kohärente Urbanisierungspolitik verwirklichen. Ziele und Problematik eines SDAU sollen im folgenden Kapitel 8.4.1 am Beispiel der Region Ile-de-France näher betrachtet werden.

Es sei ein maßgebliches Verdienst des genannten Gesetzeswerks, so PINCHEMEL (1981, II, S.362), daß die Grundlagen für die Urbanisierungsprojekte von nun an gemeinsam von Vertretern des Staates und der lokalen Verwaltung erarbeitet werden. Außerdem habe in den 60er und 70er Jahren eine allgemeine Liberalisierung und Dezentralisierung des Städtebaus stattgefunden, von der strikten Steuerung sei man zu einer Öffnung zum freien Markt und zu einem eher "begleitenden Urbanismus"* übergegangen. Inzwischen spiegelt sich die Tendenzwende positiv in einer menschenwürdigeren Bauweise wider: Seit 1971/73 gilt in allen Klein- und Mittelstädten ein Bauverbot für Wohntürme, langgezogene Blocks und Einheiten mit mehr als 500 Wohnungen; in Städten unter 50.000 Einw. darf eine ZAC nicht mehr als 1000, in größeren nicht mehr als 2000 Wohnungen umfassen. Inzwischen ist auch die erdrückende Monotonie der *grands ensembles* ansprechender Farbenfreudigkeit und Abwechslung in der Architektur gewichen.

Trotz solcher Liberalisierung ist der Staat keineswegs zugunsten lokaler und individueller Einflußentfaltung zurückgetreten. Vielmehr sind gerade die letzten drei Jahrzehnte geprägt durch zahlreiche neue Eingriffsmöglichkeiten der Zentralregierung. Seit 1964 fungiert ein interministerelles Gremium für Stadtplanung, das die Positionen der Regierung definiert und sich bei Projekten der größten Städte in Schlichtungs- und Finanzierungsfragen einschaltet. Im Jahr darauf wurde die Mission de l'urbanisme den Städtebauarchitekten entzogen und den Ingenieuren der mächtigen zentralen Straßenbaubehörde Ponts et Chaussées übertragen. Für die Raumplanung jeder *métropole d'équilibre* wurde dort 1966 ein Organisme d'Etudes d'Aménagement des Aires Métropolitaines (OREAM) gegründet und dem Regionalpräfekten untersteht. Während der Staat vorher nur die Einzelprojekte der *grands ensembles* bzw. der ZUP steuern konnte, so gewinnt er nun über die Leitschemata (SDAU) Einfluß auch auf die Gesamtgestaltung einer Agglomeration: Für diese soll ein SDAU grundlegende raumordnerische Orientierungen definieren, die dann den Rahmen für die Aktivitäten des Staates, der lokalen Gebietskörperschaften und der öffentlichen Dienste bilden. Auch wenn die SDAU meist dahin tendieren, eine "Liste frommer Wünsche" zu bleiben (SORBETS 1982, S.165), so folgt ihre Formulierung den nationalen Richtlinien der Raumordnung und gegebenenfalls besonderen Richtlinien des Regionalpräfekten. Außerdem steht den Städten in jedem Departement eine Spezialgruppe des Ministère de l'Equipement für die Ausarbeitung eines SDAU zur Verfügung, um die entscheidenden Inhalte zu konzipieren. Vielleicht wollte sich manche Gemeinde solcher Steuerung durch die Zentrale entziehen, indem sie, trotz gesetzlicher Verpflichtung, bisher kein SDAU entwarf. Seit 1982 kann der Bebauungsplan (POS) von den Gemeinden selbst erstellt werden und dürfen diese die Baugenehmigungen selbst erteilen - aber die Sachkompetenz dazu haben wiederum nur die großen.

So ist es "ein eindeutiger Widerspruch, wenn man einerseits liberale Absichten, Zugang zu den Mechanismen des freien Marktes und Aufhebung der Kontrollen und Zwänge versichert, andererseits aber die Einrahmung mit Gesetzen und Vorschriften immer offener zur Schau stellt"* (PINCHEMEL 1981, II, S.363, S.358 ff).

8.4 Pläne und städtische Entwicklung der Pariser Region

8.4.1 Das Schéma Directeur d'Aménagement et d'Urbanisme - Zielsetzung und Ausführung

In den frühen 60er Jahren stieg die Zahl der jährlich in die Pariser Region strömenden Menschen auf ca. 160.000 an, gleichzeitig eskalierten die Schwierigkeiten der Innenstadt infolge überlasteter Infrastruktur, degradierter Bausubstanz und verschlechterter Wohnbedingungen. Die strahlende Hauptstadt der Nation drohte zur Hauptstadt der unlösbaren Probleme zu werden. Außerdem erschien es mehr als dringlich, die Stadtplanung mit den Zielen der nationalen Raumplanung zu koordinieren (vgl. Kap.9.3.2). So wurde - der Zweite Weltkrieg hatte frühe Planungsansätze zunichte gemacht - 1960 ein erster Raumordnungsplan für die Großagglomeration aufgestellt, der sog. PADOG. Mit dem Ziel, das Wachstum von Paris anzuhalten, paßte er durchaus in die damals aktuelle Politik der industriellen "Dezentralisierung", zumindest offiziell.

8.4 Pläne und Entwicklung der Pariser Region

Doch der Druck der Realität hat das Ziel überrollt. 1965 wurde der PADOG abgelöst durch das Schéma Directeur d'Aménagement et d'Urbanisme (SDAU), einen seitdem mehrfach modifizierten Flächennutzungsplan für die Region Ile-de-France. War bzw. ist das SDAU geeignet, die einseitige, zentralistisch strukturierte Entwicklung der Hauptstadtagglomeration anzuhalten und zu ändern? Die Antwort muß umso aufschlußreicher sein, als die Stadt Paris bis 1977 direkt der Regierung unterstand. Diese war letztlich verantwortlich für Konzeption und Ausführung des Leitplanes.

Obwohl das SDAU mehrfach modifiziert wurde, blieben seine vier offiziellen Hauptziele bis heute unverändert:
1. soll Paris weiterhin seine nationalen und internationalen Funktionen wahrnehmen;
2. sollen Stadt und Region mittels wirtschaftlicher "Dezentralisierung" zu einer Verteilung des Wachstums auf andere Regionen und Ballungsräume beitragen;
3. soll innerhalb der Pariser Agglomeration eine gleichgewichtige Entwicklung angestrebt und
4. soll die Lebensqualität in ihr verbessert werden.

Tragende Leitlinien zur Durchsetzung dieser Ziele waren:
- die Erhaltung der Einheit des Pariser Verdichtungsraumes,
- die Gründung von "Neuen Städten" (*villes nouvelles*) und "Erneuerungspolen" (*pôles de restructuration*) in den peripheren Verwaltungszonen und
- die Etablierung je einer Entwicklungsachse im Norden und Süden parallel zur Seine, um die bisher dominierende Tendenz radial-konzentrischen Wachstums zu brechen.

Um die ursprüngliche Konzeption des SDAU zu verstehen, muß man sich den beherrschenden Expansionsmythos der 60er Jahre vergegenwärtigen: Hochrechnungen hatten für das Jahr 2000 16 - 18 Mio. Einwohner in der Pariser Region angezeigt! Das Wachstum sollte jedoch abgebremst und auf die für "sinnvoll" gehaltene Zahl von 14 Millionen ausgerichtet werden. Anders ausgedrückt: Man wollte nicht, wie bei dem gescheiterten PADOG, den Urbanisierungsprozeß von Paris stoppen, sondern vielmehr das Wachstum organisatorisch in den Griff bekommen. Alle Planziele und -mechanismen hatten sich an jenen "erwarteten" 14 Millionen Einwohnern zu orientieren.

Zunächst sollte der paralysierende Monozentrismus von Wirtschaft und Verkehr mit Hilfe der erwähnten Entwicklungsachsen und einer polyzentrischen Struktur gebrochen werden: Bereits 1964 hatte man die alten Departements Seine und Seine-et-Oise in sieben neue Departements mit entsprechend semiperipher gelegenen Präfekturen aufgeteilt, um die eigentliche Ville de Paris zu entlasten. Mit demselben Ziel wurden in der *banlieue* kulturelle Zentren, Großkrankenhäuser und Universitäten gegründet. In dem gigantischen Dienstleistungszentrum La Défense entstand in 15jähriger Bauzeit ein Ensemble von Wolkenkratzern mit einem hypermodernen Nahverkehrsknotenpunkt. Die berühmten Hallen, Emile Zolas "Bauch von Paris", wurden abgerissen und in Rungis im Süden durch den größten Nahrungsmittelverteilermarkt der Welt ersetzt. Im Einzelhandel entstanden an der Peripherie etwa 1 Million m² Verkaufsfläche. Als Bindeglied zwischen dem Zentrum und diesen so gestärkten Vororten zog man den *Boulevard périphérique* um die Stadt Paris. Innerhalb der beiden Entwicklungsachsen im Norden und Süden waren anfangs acht Neue Städte geplant, mit einem Einwohnerziel zwischen je 500.000 und 1 Million! Sie sollten die polyzentrische Tendenz unterstützen und zu Polen wirtschaftlicher Entwicklung mit einer großen Zahl von Arbeitsplätzen werden.

Obwohl die "Dezentralisierung" der Pariser Wirtschaft in den 60er Jahren offizielle staatliche Politik war, obwohl die Stadt Paris damals noch direkt der Zentralregierung unterstand, enthielt der Plan zur Entlastung des Ballungsraumes nie entsprechende Vorschläge für eine parallele Kräftigung der Provinz. Vielmehr hat man mit dem mehrmals modifizierten SDAU das Gewicht der Hauptstadt und ihrer Peripherie nur noch verstärkt! Denn bei allem Wachstumsglauben Anfang der 60er Jahre muß den damaligen Verantwortlichen bereits bekannt gewesen sein, daß die Expansion von Paris keinesfalls im selben Tempo anhalten konnte, allein schon wegen des zwangsläufigen Rückgangs der Landfluchtquote. Alles deutet darauf hin, daß jene 14 Millionen im Jahr 2000 nicht als unvermeidbar akzeptiert, sondern durchaus erwünscht waren. So wurde in der Provinz folgerichtig kritisiert, das SDAU "drücke den Willen der Pariser Region aus, im Jahre 2000 14 Millionen Einwohner zu haben und die dafür notwendige Aufnahmekapazität vorzubereiten, unter Mißachtung jeder sinnvollen Raumordnungspolitik"* (CARMONA 1975, S.20). Die innerhalb der Pariser Region erfolgte "Dezentralisierung" diente zwar der Entlastung des dem Kollaps nahen Zentrums, sie förderte damit aber zugleich die Existenz- und Entfaltungsbedingungen der Hauptstadt. In diesem Sinne wurde auch das im Kern von Paris konvergierende Verkehrsnetz ständig ausgebaut (vgl. Kap.6 u. Abb.15), während die beiden parallelen Entwicklungsachsen im Norden und Süden der Seine weiterhin nur in der Theorie existieren. Inzwischen wurden sie durch eine dritte, zentrale Achse längs Marne und Seine ergänzt (vgl. IAURIF 1989), die realitätsnäher ist und die Stadt Paris voll einbezieht.

Die *villes nouvelles*, in der anfänglichen Konzeption den *New Towns* um London nachempfunden, wurden in Paris bei weitem nicht mit derselben Konsequenz geplant und gebaut. In England hatte man das Übergewicht der Hauptstadt tatsächlich abschwächen wollen und konnte auch Erfolge erzielen - man denke nur an das Gewicht der heutigen *New Towns* und an den Rückgang der Bevölkerung von Groß-London um ca. 1 Million. Mit demselben Ziel hatte auch die Raumplanungsbehörde DATAR angestrebt (vgl. Kap. 9.3.2), den erwarteten Einwohnerzustrom von der Metropole auf Großstädte des Pariser Beckens wie Reims, Troyes, Orléans oder Rouen zu lenken, und dazwischen einen Grüngürtel nach Londoner Vorbild zu erhalten. Doch habe sich, so MONOD/CASTELBAJAC, die DATAR gegen die Präfektur der damaligen Région Parisienne nicht durchsetzen können (1980, S.62) - man beachte: beide Institutionen unterstanden der Zentralregierung! Vielmehr wurden die *villes nouvelles* wesentlich näher zum Zentrum von Paris und innerhalb von dessen Pendlereinzugsbereich angelegt; so blieb zwischen dem alten Kern und den Neuen Städten kein Raum für einen Grüngürtel. Eine funktionale Eigenständigkeit der Neuen Städte wie in England war aber nie ernsthaft geplant. Sie sollten zu gigantischen Trabanten für Wohnbereiche und industrielle Arbeitsplätze werden, wobei man in Größenordnungen dachte wie für die *métropoles d'équilibre*. Obwohl die *villes nouvelles* sogar mit attraktiven Industrieparks ausgestattet wurden (Abb.23), konnten sie nicht genügend neue Arbeitsplätze anziehen. Umso mehr Einwohner pendeln in die Pariser Innenstadt, ermuntert durch das sternförmige Nahverkehrsnetz. Letzteres wird nicht nur ständig ausgebaut und verbessert, sondern geht teilweise, wie im Fall der Neuen Stadt Marne-la-Vallée, der Urbanisierung sogar auf der grünen Wiese voraus.

8.4.2 Eine Renaissance der Ville de Paris?

Inzwischen wurde das SDAU dreimal an die veränderten Verhältnisse angepaßt: 1969 war die frühe Wachstumseuphorie abgekühlt, man schraubte für 2000 die Prognosen von 14 Mio. auf 12 Mio. Einwohner zurück; 1976 mußte man außerdem die Folgen der Rezession berücksichtigen. Die Expansion hatte im Pariser Ballungsraum erheblich nachgelassen, dagegen lagen die Wachstumsraten fast aller Mittel- und Großstädte entschieden über der der Hauptstadt. Unter den Agglomerationen mit mehr als 100.000 Einwohnern hatten lediglich diejenigen in den industriellen Krisengebieten des Nordens und Nordostens langsamer zugenommen. Die Stadt Paris hatte sogar 7,2% ihrer Einwohner verloren; gerade im Zentrum aber verschärften sich infrastrukturelle und soziale Probleme. Die angesichts der veränderten Situation modifizierten Planziele und Maßnahmen sollten nun einem Bedeutungsschwund der Hauptstadt Paris und vor allem ihres Kerns entgegenwirken, also ganz im Gegenteil zu den einstigen Zielen des PADOG. 1972 wurde der Beschluß gefaßt, die damals vorgesehene Bürofläche in La Défense auf 1,5 Mio. m² zu verdoppeln und dort im Endstadium rund 100.000 Angestellte zu beschäftigen. Parallel zu dieser Politik der "Dezentralisierung" des tertiären Sektors innerhalb (!) der Ile-de-France rückte man auch von der (ohnehin zum Stillstand gekommenen) industriellen "Dezentralisierung" ab und förderte die Reaktivierung überalterter und aufgegebener innerer Industrieflächen, vor allem in der an die Stadt Paris angrenzenden *petite couronne*.

Gleichzeitig besann man sich auf eine Neugestaltung der Stadt Paris, wo die überlastete, rückständige Infrastruktur, die degradierte Bausubstanz und der Exodus der Einwohner wachsende Befürchtungen hervorriefen. Dabei darf nicht übersehen werden, daß es sich um die weitaus mächtigste Gemeinde inmitten eines Agglomerats kleinerer Kommunen handelt, die folglich ein ausgeprägtes Eigeninteresse an ihrer Entwicklung hat. So wurden in den Vierteln Gare de Lyon und Gare du Nord moderne Zentren für Dienstleistungsbetriebe und sogar Industriezonen gegründet. In mehreren Bezirken laufen ausgedehnte Sanierungsmaßnahmen. Hypermoderne Attraktionspole entstanden: Der hervorstechendste ist das erwähnte multifunktionale unterirdische Zentrum Châtelet-Les Halles auf dem Gelände der einstigen Hallen. In Sichtweite davon provoziert inmitten einer typischen Pariser Silhouette das Centre Pompidou (Beaubourg), ein vielseitiger Kulturpalast, der mit seiner eigenwilligen Architektur im Stil einer Erdölraffinerie jahrelang Schlagzeilen gemacht hat. Auch die jüngsten Großprojekte, mit denen sich die Staatspräsidenten auf Staatskosten ihr Denkmal setzen, dienen nicht zuletzt der nationalen und internationalen Aufwertung der Hauptstadt (vgl. Kap.9.2.3 u. CHASLIN 1985).

Seit der Modifikation des SDAU im Jahre 1976 scheint die Stadt Paris wieder an Gewicht zu gewinnen, auch innerhalb der Region Ile-de-France. Letztere mußte sich auf die - damals - begrenzten Wachstumsperspektiven einstellen und reduzierte die Zahl der geplanten Neuen Städte von acht auf fünf, ihre vorgesehene Einwohnerzahl auf je 300.000; für das außerhalb der Pariser Stadtgrenzen liegende Zentrum La Défense wurde 1977 ein vorübergehender Baustopp verfügt (HOUSE 1978, S.338). Je mehr Investitionen *extra muros* zurückgeschraubt werden mußten, desto deutlicher werden die geschilderten Attraktivitätssteigerungen *intra muros*.

Es ist schließlich auffällig, daß man von der Politik der *métropoles d'équilibre* just in dem Zeitraum wieder abrückte, als die Stagnation des Pariser Ballungsraumes allzu offenkundig wurde, während fast alle anderen Großstädte beachtlich expandierten. Man kehrte wieder zu dem bewährten, die Provinz egalisierenden Gießkannenprinzip zurück, nicht zuletzt, um weiterhin Paris als beherrschenden Kopf des Landes zu erhalten und zu fördern.

Dies blieb letztlich auch das Ziel der Zentralregierung, bei allem scheinbaren Widerspruch durchaus vereinbar mit der Politik der wirtschaftlichen "Dezentralisierung", die, wie Kap. 10.2 ausführlicher belegt, de facto auf eine Dekonzentration abzielte. Nur der Staat hatte die Autorität besessen, das SDAU der Pariser Region zu genehmigen, denn vor 1982 hatte weder eine Gebietskörperschaft Ile-de-France existiert, noch hatte Paris vor 1977 einen eigenen Bürgermeister gehabt. Der Staat hat das Wachstum der Pariser Agglomeration gefördert, u.a. indem er das sternförmige Verkehrsnetz ausbaute und die *villes nouvelles* in Pendlerdistanz zum Zentrum errichtete - und dabei sogar seine eigene Raumplanungsbehörde desavouierte, die DATAR. Der Staat hat die Metropole modernisiert und dort Milliarden in die Prestigeobjekte seiner Präsidenten investiert. Da die aktuellen Probleme des Ballungsraumes immer prekärer werden, können die Sanierungsaufgaben nun nicht mehr von der Region Ile-de-France oder von der Stadt Paris bewältigt werden, sondern, wenn überhaupt, nur noch vom Staat: 1989 erklärte der Premierminister dies zu seiner ureigenen Aufgabe. Sie erlaubt ihm übrigens, wieder in die Geschicke der alten Konkurrentin des Staates einzugreifen - und nicht ohne Grund wittert die Opposition eine drohende Re-Zentralisierung.

9 Staat, Wirtschaft und Raumordnung

Unter den kapitalistischen Industrieländern hat Frankreich eine Sonderstellung durch umfangreiche Eingriffe des Staates in die Wirtschaft, durch einen Zentralisierungsprozeß, in den auch die Privatwirtschaft direkt und indirekt eingebunden wird. Die wechselseitige Stärkung von Politik, Verwaltung und Ökonomie darf nicht unterschätzt werden, allerdings wird die Rolle des Staates durch den kapitalistischen Mechanismus der Wirtschaft und durch unternehmerische Außenverflechtungen begrenzt, in wachsendem Maße auch durch die Einbindung in die EG. Deshalb sind Vergleiche mit der Staatsmonopolwirtschaft sozialistischer Länder irreführend und unzulässig. Eine genaue Charakterisierung der französischen Wirtschaft bezüglich ihres Verhältnisses zum Staat ist schwierig und mit prägnanten Kurzformeln wie "semi-indikative Planwirtschaft" oder *"économie libérale fortement étatique"* (FROMENT/LERAT 1977, I, S.114) nicht voll zu erfassen. Eine klare Trennung zwischen Wirtschaft und Staat gibt es nicht und wird von beiden Seiten offensichtlich auch nicht gewünscht.

9.1 Staat und Privatwirtschaft

Die Bedeutung der Eingriffe leitet sich allein schon aus der geschilderten Kontinuität des Colbertismus ab (Kap.3.4). Dazu gehören die direkte Einflußnahme auf einzelne Sektoren ebenso wie die indirekten Steuerungsversuche, mit denen auch die Privatwirtschaft in dieselbe Richtung bewegt werden soll. Im Grunde ist es zu einer Verschmelzung von staatlichen und privaten Interessen gekommen. Darüber dürfen die immer wieder zu hörenden Proteste der *patrons* gegen die Einmischung der Regierung nicht hinwegtäuschen, denn genauso oft und laut rufen sie nach dem Staat, wenn sie ihn brauchen. Man glaubt auf beiden Seiten an eine Machbarkeit der Wirtschaft, und es hat sich, wie in einem Teufelskreis, eine Art "zentralistische Wirtschaftsmentalität" gebildet: Schon seit dem Absolutismus will sich die Zentrale der Wirtschaft als Vehikel bedienen. Wie in anderen katholisch-romanisch geprägten Ländern kommt dem entgegen, daß sich die Privatinitiative zu wenig entfaltet hat. Im allgemeinen Konsens hält man das Eingreifen des Staates für unumgänglich. Dieser übernimmt tatsächlich die Initiative, allerdings zuviel, und bremst dadurch den schwachen individuellen Unternehmergeist. Die Verschmelzung von Staat und Privatwirtschaft äußert sich auch in der Führungsschicht und ihrer homogenen Ausbildung in den *Grandes Ecoles* (Kap.3.3.2). Gerade in kritischen Epochen, wie nach Ende des Zweiten Weltkriegs, trat diese Wechselwirkung besonders deutlich hervor und verstärkte entsprechend die Position des Staates in der Wirtschaft. An dieser Stelle müssen aber den Deutschen, die vom reichlich propagierten Mythos des eigenen "Wirtschaftswunders" geblendet, über die gleichzeitige Entwicklung im benachbarten Frankreich jedoch kaum informiert wurden, die dort erbrachten imponierenden Leistungen vor Augen gehalten werden. Deutschland hatte seinen Wiederaufbau in einem weitgehend zerstörten Land und mit einer dezimierten, notleidenden Bevölkerung zu bewältigen, es konnte dabei jedoch auf ausgebaute Infrastrukturen und ausgereifte industrielle Traditionen zurückgreifen, die in Frankreich vor Kriegsbeginn weder dasselbe Niveau noch die günstige dezentrale Streuung erreicht hatten. Zwar war in Frankreich das "Wirtschaftswunder"... stets eine Nummer kleiner als das der Nachbarn" (ZIEBURA 1987, S.4), dafür hat aber ein wesentlich größerer Sprung in der Modernisierung der Wirtschaft stattgefunden. Dabei spielte der Staat die ausschlaggebende Rolle - es war für ihn zugleich eine optimale Gelegenheit, seinen zentralisierenden Einfluß auf die Wirtschaft auszuweiten.

Es wäre jedoch falsch, die alleinige Aktivität beim Staat zu suchen und der Privatwirtschaft Passivität, gewissermaßen erzwungene Anpassung zu unterstellen. Vielmehr agiert diese in voller Akzeptanz der Mechanismen des Zentralismus. ESTIENNE behauptet sogar, daß die schwache Wirtschaftsstruktur der Provinz in viel höherem Maße auf die Konzentration der Finanzgruppen und der Privatwirtschaft in Paris zurückgehe als auf den staatlichen Zentralismus (Abb.18). Das Unternehmermilieu, das ansonsten die Dezentralisierung verlangte, würde am meisten zur Zentralisierung auf Paris beitragen, indem es immer wieder die Beschleunigung der Transporte nach Paris fordere. Dadurch festige die Hauptstadt ihre Hegemonie ständig (1979, I, S.129).

9.2 Formen staatlicher Eingriffe in die Wirtschaft

Staatliche Eingriffe in die Wirtschaft werden heute in allen westlichen Industrieländern angewendet. Was Frankreich von ihnen unterscheidet, ist der wesentlich intensivere, direktere und zentral dirigierte Einsatz verschiedener Steuerungsmittel. Dagegen versucht z.b. in Deutschland der Staat nur indirekt anregend oder bremsend auf die Marktwirtschaft einzuwirken; als Konkurrent der Privatwirtschaft wird er überwiegend abgelehnt. Zudem verteilen sich die öffentlichen Einflußkompetenzen auf den Bund und die regionalwirtschaftlich autonomen Länder bzw. auf jeweils ein Bundes- und Landesministerium, nämlich eines für Wirtschaft und eines für Finanzen.

In fundamentalem Kontrast dazu steht in Frankreich das übermächtige Ministère des Finances, das für beide Bereiche und für die gesamte Nation zuständig ist, "eine Bastille, deren Allmacht alle Republiken und alle politischen Fluktuationen überlebt"* (CHARDONNET 1976, S.391). Nicht der Außenminister, der Finanzminister ist der zweite Mann im Kabinett.

Drei besonders wichtige und typische, zugleich sehr raumprägsame Formen staatlicher Einflußnahme auf die Wirtschaft sollen im folgenden näher untersucht werden:

- die Verstaatlichung von Privatunternehmen und die Funktionen der öffentlichen und halböffentlichen Unternehmen,
- die Förderung der Wirtschaft und
- die sog. semi-indikative Planwirtschaft.

9.2.1 Verstaatlichung und öffentliche Unternehmen

Wenn vom Einfluß des französischen Staates auf die Wirtschaft die Rede ist, dann meist in einem Atemzug mit den öffentlichen Unternehmen und Verstaatlichungen. Hier fügen sich Gesellschaften im vollen oder partiellen Eigentum des Staates seit dem Absolutismus logisch in die Richtlinien der Wirtschaftspolitik. Grundsätzlich gilt dies auch nach der Welle von Reprivatisierungen seit Ende der 80er Jahre.

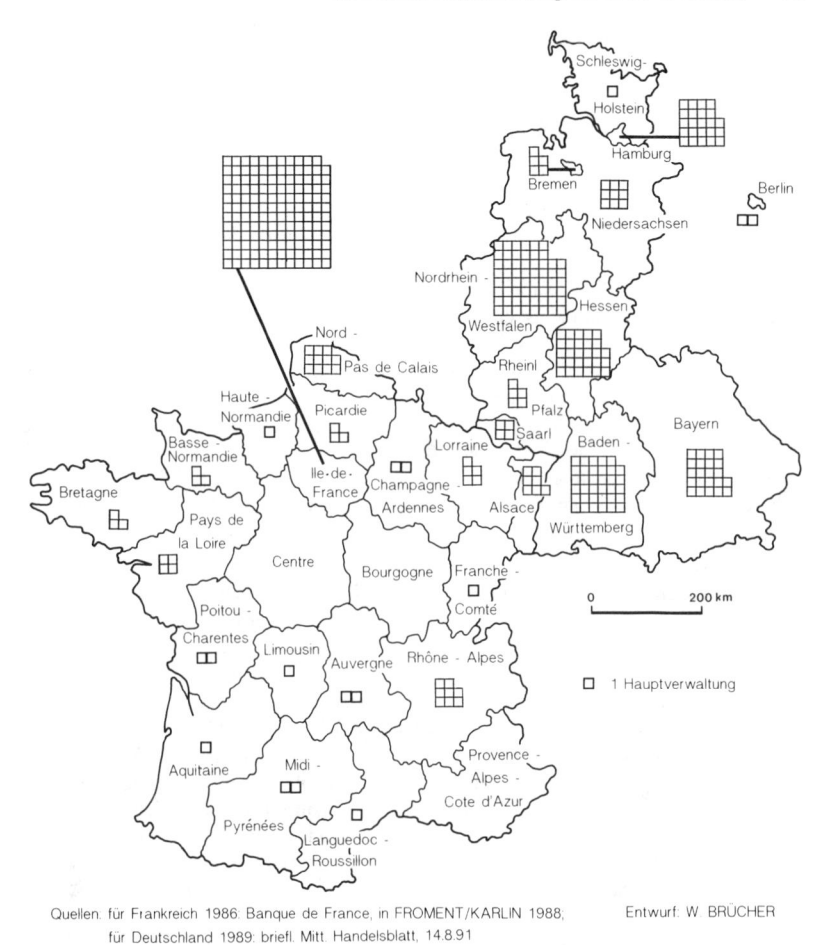

9.2 Formen staatlicher Eingriffe in die Wirtschaft   115

Quellen: für Frankreich 1986: Banque de France, in FROMENT/KARLIN 1988;   Entwurf: W. BRÜCHER
für Deutschland 1989: briefl. Mitt. Handelsblatt, 14.8.91

Abb.18 Die Standorte der Hauptverwaltungen der je 200 größten Wirtschaftsunternehmen in
Frankreich und in der Bundesrepublik Deutschland (nach Regionen bzw. Ländern)

Im Wechselspiel Staat - Wirtschaft kommt den öffentlichen Unternehmen eine Schlüsselrolle zu, sie liegen sozusagen auf der Nahtstelle. Die schon angesprochene problematische Trennung beider Bereiche wird dadurch zusätzlich erschwert. Eine Definition der "öffentlichen Unternehmen" sowie eine klare Abgrenzung und Gewichtung des Einflußbereiches des Zentralstaates in "seinen" Unternehmen scheinen bisher zu fehlen. Treffend dafür ist die Bezeichnung "vager Dirigismus"* (CHENOT 1983, S.115). Nach CHEVALLIER zählen als "öffentliche Unternehmen" (*entreprises publiques*) generell selbst solche mit einem Minimum staatlicher Kapitalbeteiligung. Es sei entscheidend, daß sie anhand von Richtlinien (*directions*) der öffentlichen Hand ihre Aktivitäten im ökonomischen Sektor ausüben und dort nicht mit administrativen Zielen eingreifen (1979, S.8). Von den ersten modernen Verstaatlichungen erfaßt wurden die Sektoren Kommunikation und Verkehr: 1889 das Telephon, kurz vor und nach dem Ersten Weltkrieg das Office de Navigation sowie mehrere Häfen, die einen Autonomiestatus unter indirekter staatlicher Kontrolle erhielten. Es folgten die Schiffahrtsgesellschaft Compagnie Générale Transatlantique (1933), die Air France (1936) und 1937 die Fusion der Eisenbahngesellschaften in der Société Nationale des Chemins de Fer Français (SNCF) mit 51% Kapitalmehrheit des Staates. Nach dem Krieg kamen selbst die "Métro" und die Busse der Pariser RATP wie auch die Flughäfen der Metropole in den Griff des Staates. Auch die großen Rundfunkanstalten unterstehen der zentralen öffentlichen Hand. Mehrere führende Banken und Versicherungen wurden schon nach Kriegsende verstaatlicht, 1982 - allerdings nur vorübergehend - auch die restlichen größeren Banken. Nahezu lückenlos wirkt die Kontrolle durch den Staat seit 1946 in der Energiewirtschaft. Nicht einmal Ernährung und Versorgung werden ausgelassen. Über Großhandelsmärkte (MIN) soll die Nahrungsmittelverteilung rationeller organisiert werden; die zentrale Stellung unter ihnen nehmen die Pariser "Hallen" von Rungis ein (vgl. Kap.4.3). Öffentliche Unternehmen greifen auch in randliche Sektoren ein, so z.B. über das Tabak- und Streichholzmonopol oder den Immobilienmarkt.

Weit weniger war der Staat bis 1982 in die verarbeitende Industrie eingedrungen. Einen Schlüsselbereich hatte er sich nur in der metallmechanischen Branche erschlossen, zunächst nach Kriegsende mit der Enteignung der Firma Renault (die 1991 wieder teilprivatisiert wurde). Wie Renault gehört der staatliche Flugzeugbau mit den auf Bordeaux und Toulouse konzentrierten Unternehmen SNECMA und SNIAS zu bedeutenden Abnehmern der mechanischen Zulieferindustrie. Neben anderen Zielen sollten die Verstaatlichungen von 1982 diese unvollständige Branchenpalette offenbar erweitern, denn hinzu kamen nun auch die Erzeugung von Eisen und Stahl (USINOR-SACILOR), Aluminium (Péchiney-Ugine Kuhlmann) und Glas (Saint-Gobain), der Flugzeugbau für die Rüstung (Matra, Dassault), Elektro- und Elektronikindustrie (CGE, Thomson), Computerbau (CII-Honeywell-Bull) sowie Chemie (Rhône-Poulenc). Damit stiegen die jeweiligen Anteile der staatlichen an allen Industrieunternehmen in der Erwerbstätigkeit auf 22,2%, am Umsatz auf 29,4%, in den Investitionen sogar auf 51,9% (UTERWEDDE 1983, S.155; vgl. Abb.19).

Insgesamt waren nach 1982 verstaatlicht rund
- 25% der Industrie und insbesondere fast drei Viertel der als "strategisch" geltenden Schwerindustrie und High-Tech-Bereiche,
- 80% der Energieversorgung,
- 80% der öffentlichen Verkehrsmittel,
- 100% der großen Banken und
- 70% der Versicherungen (STOFFAËS 1989, S.478).

Allerdings wurde 1986 von der Regierung Chirac eine Reprivatisierung der ab 1982 verstaatlichten Unternehmen eingeleitet (außer dem damals maroden Stahlsektor) und von den 1988 wiedergewählten Sozialisten weitergeführt. Betroffen waren in einem Zeitraum von fünf Jahren 1454 Gesellschaften mit etwa 755.000 Arbeitnehmern (ZIEBURA 1987, S.12). Kam damit tatsächlich die propagierte Abkehr vom Colbertismus? Stimulans für die neue Politik scheint weniger ein neuer Glaube an die Markt-

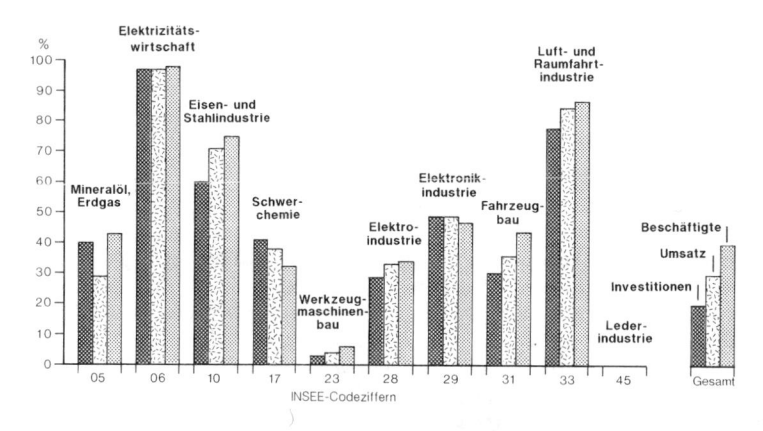

9.2 Formen staatlicher Eingriffe in die Wirtschaft 117

Quelle: Le tissu industriel. Les Cahiers Français No. 211, 1983   Stand Ende 1981. Verstaatlichungen rechtskräftig Februar 1982

Abb.19 Der Anteil des Staates an ausgewählten Industriebranchen nach den Verstaatlichungen von 1981/82

kräfte gewesen zu sein als vielmehr der Erlös durch die Reprivatisierung, mit dem der Staat seine Kasse und seine meist defizitären Unternehmen stützen wollte. Zugleich aber sicherte sich die Regierung weiterhin Einflußmöglichkeiten auf die reprivatisierten Unternehmen, z.b. über die restriktive Vergabe sog. "spezifischer Staatsaktien" und die Bildung von "stabilen Aktionärsgruppen". Vermutlich drückte sich darin auch ein Machtkampf aus: Dem Industrieminister wurde der Zugriff auf die führenden Unternehmen entzogen, dagegen stieg der Einfluß des ohnehin mächtigeren Wirtschafts- und Finanzministers durch jene Aktienstrategie. "Der staatliche Interventionismus ist nicht verschwunden, sondern hat sich nur verlagert" (UTERWEDDE 1987, S.255 ff). Auch nach den Reprivatisierungen bleibt Frankreich unter den westlichen Ländern dasjenige mit dem größten öffentlichen Sektor.

Die effektive Einflußnahme des Staates auf "seine" Unternehmen hängt zunächst von der Kapitalbeteiligung ab. Außerdem ist zu beachten, ob ein solches Unternehmen gar eine Monopolstellung für eine öffentliche Dienstleistung einnimmt, wie z.b. SNCF, EDF, GDF oder Post, oder ob es der privaten Konkurrenz ausgesetzt ist, wie z.b. Renault. Auch besteht prinzipiell ein Unterschied zwischen den vollstaatlichen und den in Kap.9.2.2 dargestellten sog. gemischtwirtschaftlichen Unternehmen. Die Unternehmensleitungen, die von der Regierung ernannt werden, stehen unter deren Aufsicht (*tutelle*) bzw. können sie auch von parlamentarischen Ausschüssen direkt kontrolliert werden. Da die Unternehmen jedoch angewiesen sind, wie Privatgesellschaften am profitorientierten Wettbewerb teilzunehmen, genießen sie weitgehende Autonomie (*autonomie de gestion*), vor allem in den Bereichen Produktion, Verkauf, Lagerhaltung, Personal etc. Begrenzt wird die Eigenständigkeit allerdings durch den Rahmen der industriepolitischen Regierungsrichtlinien (*direction*). Diese stecken die wirtschaftlichen Ziele oder zumindest die Perspektiven ab, während die anzuwendenden Methoden

Angelegenheit der Unternehmensleitungen bleiben. Trotzdem werden den meisten sogar die Tarife und Finanzierungsmodalitäten "von oben" vorgeschrieben. Dabei liegt das Problem in der unklaren, offenbar nie definierten Trennung zwischen der dem Staat obliegenden *direction* und der der Unternehmensleitung zugestandenen *gestion*. So hat es sich, wie UTERWEDDE (1983, S.156) den Konflikt diplomatisch umschreibt, "auch unter früheren Regierungen als schwierig erwiesen, staatliche Vorgaben nicht in bürokratische Bevormundung ausarten zu lassen". CHEVALLIER (1979, S.110, 140) dagegen betont ohne Umschweife den Vorrang des staatlichen Willens.

Kaum deutlicher werden die unscharfen Übergänge zwischen beiden Bereichen, wenn man die Gründe der staatlichen Einmischung betrachtet, zumal sich ideologische, politische und ökonomische Motive vermengen. Entsprechend schwierig ist es, zentralistische Zielsetzungen klar herauszuschälen. Wenn die königlichen Manufakturen Colberts am Anfang stehen, so gehen die modernen Verstaatlichungen auch auf sozialpolitische Vorstellungen zurück. Verstaatlichungen sind sogar in den Verfassungen der IV. und der V. Republik als Verpflichtung [!] verankert. So heißt es 1946: *"Tout bien, toute entreprise, dont l'exploitation a ou acquiert le caractère d'un service public national ou d'un monopole de fait doit devenir la propriété de la collectivité."* (zit. bei DEBBASCH/PONTIER 1983, S.230).

Hier geht es, wohlgemerkt, um das Eigentum der Gemeinschaft (*collectivité*), nicht des Staates. Im Hintergrund stehen sozialistisch-gewerkschaftliche Ziele, die im 19.Jh. formuliert und vor allem durch den Anarchosozialisten Proudhon, auch durch Marx beeinflußt wurden. Sie stehen zum Teil in Gegensatz zueinander, da Proudhon eine Übereignung an die Allgemeinheit vorschwebte, an die *nation*, während Marx die Rolle des Staates, *Etat*, betonte. Bezeichnenderweise spricht man bis heute nur von *nationalisation*, bewußt nie von *étatisation*, denn von der ursprünglichen, anarchistisch beeinflußten Vorstellung her sollte das angestrebte Gemeineigentum nicht nur dem Privatkapital, sondern auch dem Moloch Staat entwunden werden.

Trotzdem ist der deutsche Begriff "Verstaatlichung" realistischer. Offensichtlich blieb die "Nationalisierung" in Frankreich Theorie, denn wer anders als der Handlungsträger der Nation, nämlich der Staat, sollte in der Praxis die Regie übernehmen? Konsequent macht er sich in Frankreich zum alleinigen Vertreter und Verfechter des *intérêt général*. Aus dieser Logik erklärt sich eine Reihe staatlicher Ziele in der Wirtschaft, die ihn selbst und seine zentral gelenkten Einflußmöglichkeiten wiederum stärken: So läßt sich das Ziel des "Allgemeinwohls" sehr wohl mit der marktwirtschaftlich-profitorientierten Strategie der Staatsunternehmen anstreben, denn dadurch kann die Produktivität gesteigert, die Situation der Beschäftigten verbessert und das Bruttosozialprodukt erhöht werden. Dazu muß die Wirtschaft technokratisch gesteuert und rationalisiert werden, z.B. vereinigte man 1946 Hunderte von zu kleinen, unrentablen Elektrizitätsunternehmen in der EDF. In Krisen muß der Staat das Heft in die Hand nehmen oder auch durch Übernahme bankrotter Gesellschaften volkswirtschaftliches Kapital vor der Vernichtung retten. Ökonomische Betätigung benötigt der Staat nicht zuletzt zur Festigung seiner eigenen Unabhängigkeit, sei es nach außen, z.B. in der Energieversorgung, sei es nach innen gegen die "Bedrohung" durch die privaten Konzerne.

In der Realität setzen sich die wirtschaftlich-politischen Interessen des Staates nicht nur gegen die sozialistische Ideologie der *nationalisation* durch, sondern übernehmen diese, um in einer faktischen *étatisation* die eigene Macht zu festigen: "Für diejenigen, die im

Grunde nicht die Absicht hegten, die Gesellschaft zu reformieren, war die Verstaatlichung zumindest die effizienteste Form des ökonomischen Dirigismus" * (CHENOT 1983, S.114).

9.2.2 Die gemischtwirtschaftlichen Unternehmen

Eine Übergangsform, aber auch ein Bindeglied zwischen staatseigenen und privaten Unternehmen bilden die schon mehrfach erwähnten gemischtwirtschaftlichen Unternehmen (*sociétés d'économie mixte*). Sie sind besonders kennzeichnend für die genannte Unschärfe der Trennung zwischen beiden Bereichen. Strenggenommen werden sie zwar durch eine Verbindung öffentlichen und privaten Kapitals definiert, sehr häufig aber sind die Grenzen fließend, z.B. in Form der Beteiligung einer Handelskammer oder einer verstaatlichten Bank, die wie eine Privatbank geführt wird. Auch kommt es durch Verstaatlichung privater Anteilseigner zu einer schleichenden Übertragung an die öffentliche Hand, wie z.B. bei der Compagnie Nationale du Rhône (s.u.). Mittels solcher gemischtwirtschaftlicher Unternehmen übt die Zentralregierung direkt oder über die Gebietskörperschaften einen zusätzlichen, bedeutenden Einfluß auf Wirtschaft und Raumordnung aus. Übrigens zählt zu ihnen ein großer Teil der allgemein als voll "staatlich" angesehenen Unternehmen, so beispielsweise die SNCF mit nur 51% Beteiligung des Staates (bevor sie 1982 voll in dessen Eigentum überging).

Gemischtwirtschaftliche Unternehmen werden gezielt für die Durchführung von Projekten gegründet, die wegen ihres finanziellen und/oder räumlichen Umfangs häufig sogar nationale Bedeutung annehmen: etwa die Autobahnen, die Neuen Städte im Umkreis von Paris, die Erschließung der Languedoc-Küste für den Fremdenverkehr, der Pariser Versorgergroßmarkt Rungis oder der Mont-Blanc-Tunnel. Aber auch bei Projekten lokaler Dimension, wie z.B. der Sanierung einer Altstadt oder der Anlage einer Industriezone, die die Kapazität der betroffenen Gemeinde(n) übersteigen würden, schließen sich Staat, Gebietskörperschaften und private Unternehmen als Trägergemeinschaft zusammen. Einerseits wird dadurch die Finanzierung solcher Vorhaben erst ermöglicht, andererseits öffnen sich dem Staat erhebliche Einflüsse gerade auf raumgestaltende Prozesse: Er ist durch einen Teil des Kapitals direkt vertreten, indirekt auch über die von ihm abhängigen Gebietskörperschaften; außerdem ist bei mehr als 50% Kapitalbeteiligung der Gebietskörperschaften die Mitgliedschaft eines Regierungskommissars obligatorisch - meistens in der Person eines Präfekten (D'ARCY 1968, S.34). Die gemischtwirtschaftlichen Gesellschaften "kombinieren die Geschmeidigkeit des Privatrechts mit den Garantien einer Kontrolle der Unternehmensführung"* (GRUBER 1986, S.256; vgl. FRITSCH 1973, S.111).

Die heute in die Hunderte gehenden *sociétés d'économie mixte* entstanden überwiegend seit den 50er und 60er Jahren. Wichtigster Vorläufer ist die Compagnie Nationale du Rhône (CNR, Abb.20) mit dem bisher größten Raumerschließungsprojekt Frankreichs. In ihrer Entwicklung spiegelt sich besonders deutlich der fortschreitende Einfluß des Staates auf Wirtschaft und Raumordnung in diesem Jahrhundert. Als nämlich das Parlament 1921 ein Gesetz erließ, das einer "Rhône-Körperschaft" den Ausbau des Flusses übertragen sollte, war dies ein Novum in einer Wirtschaft, die als Rechtsform nur das Privatunternehmen gekannt hatte. Wegen der Unterbrechung durch den Krieg konnte

120 9 Staat, Wirtschaft und Raumordnung

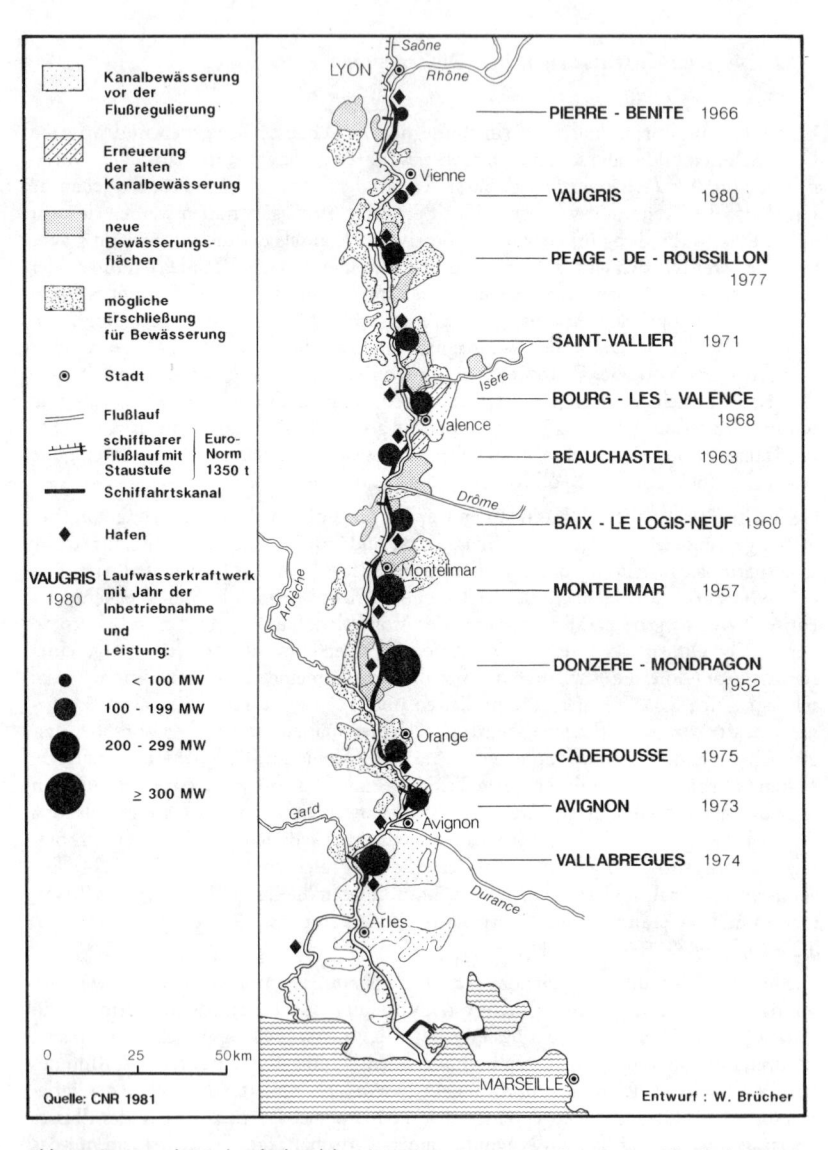

Abb.20 Compagnie Nationale du Rhône (CNR): Inwertsetzung eines Stromes durch den Staat

das Vorhaben erst ab 1948 in Angriff genommen werden. Die Leistungen, die 1980 ihren vorläufigen Abschluß fanden, beeindrucken: Zwischen der Schweizer Grenze und der Mündung der Rhône wurden 20 Staustufen für die Flußregulierung und für Wasserkraftwerke angelegt, mit einer Gesamtleistung von 3062 MW. Bereits 1970 - der Boom der Kernkraft hatte noch nicht eingesetzt - wurden von den Rhône-Kraftwerken 20,2% der Hydro- und 8,1% der gesamten Elektrizität Frankreichs erzeugt. Von Lyon aus abwärts bändigte man den reißenden Strom zu einer 310 km langen Wasserstraße für Schiffe bis zu 1500 t und Schubschiffeinheiten bis zu 5000 t. Im Zusammenhang mit der Kanalisierung wurden rund 50.000 ha landwirtschaftlicher Nutzfläche flurbereinigt, die gesamte vorher überschwemmungsgefährdete Agrarzone (41.000 ha) geschützt sowie 35.000 ha Bewässerungsfläche angelegt, die um weitere 85.000 ha ausgedehnt werden kann (nach CNR 1981).

Nicht zu Unrecht führt die CNR das Attribut *national*, denn der Staat sicherte sich von Anfang an entscheidenden Einfluß. Er entsendet mehrere Vertreter in den Verwaltungsrat, ernennt dessen Vorsitzenden und beauftragt Kontrollkommissare. Die Investitionsprogramme unterstehen der strikten Aufsicht der Regierung, werden aus staatlichen Fonds finanziert und in die Fünfjahrespläne (Kap.9.3.1) eingebunden. Zunächst war die CNR eine klassische gemischtwirtschaftliche Aktiengesellschaft, denn ihr Kapital gehörte anfangs zu je 25%

- dem damaligen Departement Seine, also der Kernstadt Paris, die an den Stromlieferungen interessiert war,
- öffentlichen Körperschaften des Rhônetales,
- der noch privaten Eisenbahngesellschaft "PLM" (Paris-Lyon-Marseille)
- und privaten Elektrizitätsgesellschaften.

Die Anteile haben sich nicht verändert, wohl aber ihre Eigner: Über den Zusammenschluß der alten Bahngesellschaften in der SNCF mit Aktienmehrheit des Staates (1937) und die fast totale Verstaatlichung der französischen Elektrizitätswirtschaft in der EDF (1946) wurde die CNR schließlich, obwohl nie direkt verstaatlicht, auch de facto alleiniges Eigentum der öffentlichen Hand.

9.2.3 Projekte nationaler Dimension

Staatsunternehmen und *sociétés d'économie mixte* haben auch unter einem anderen Aspekt in der Nachkriegsentwicklung Frankreichs eine bedeutende Rolle gespielt, nämlich als Träger einer Reihe spektakulärer Projekte nationaler Dimension: TGV, Concorde, Gezeitenkraftwerk, Mont-Blanc-Tunnel, Kernenergieprogramm, Ferienzentren der Languedoc-Küste etc. Zweifellos hatten solche bahnbrechenden Operationen nicht zuletzt das Ziel, der Welt Frankreichs technischen und kulturellen Fortschritt vor Augen zu führen. Äußerem Prestige dienen vor allem die modernen *grands projets* in Paris: Wie einst die Könige und der *Empereur* setzen sich hier, in ungebrochener Tradition, die demokratisch gewählten Präsidenten der Republik ihre Denkmäler, *le fait du prince*. Nirgends wird dies deutlicher als in der Glaspyramide, die der Sozialist Mitterrand in geradezu provozierender Weise errichten ließ: im Hof des Louvre, zwischen Napoleons Arc de Triomphe du Carrousel und dem Königspalast, auf einem "neuen Königsplatz" (SINZ 1988, S.468). Von den 21 *grands projets* der 80er Jahre entstanden zehn - und die mit Abstand größten und teuersten - in Paris, u.a. die neue Oper der Bastille, die Grande Arche in La Défense oder das Musée d'Orsay. Sie stehen im "Schaufenster der Nation" - auch finanziert von der Nation. Die offiziell geschätzten Kosten, von CHASLIN (1985, S.239) als zu niedrig vermutet, beliefen sich schon 1984 auf 15,7 Mrd. FF.

Die großen Projekte des Landes haben noch weiterreichende Ziele, die auf diese Weise optimal kombiniert werden: Beschleunigung des technischen Fortschritts, Modernisierung der Infrastruktur, Aktivierung der gesamten Wirtschaft, Urbanisierung, Stärkung der nationalen Unabhängigkeit (vgl. Kap. 10.4.2). Der Staat bedient sich ihrer zugleich, um Wirtschaft, Technik und Fortschritt zu kontrollieren und zu steuern. Zwecks Investition in solche von oben garantierten, also risikolosen Milliardenvorhaben lassen sich die private Wirtschaft und das private Kapital willig integrieren, also auch in die staatliche Planifikation einbeziehen (Kap. 9.3). Außerdem läßt sich damit die regionale Entwicklung lenken, da die meisten Großprojekte sich auf bestimmte Räume konzentrieren: Über die CNR bekam der Staat Zugriff auf das Rhônetal, über den TGV werden die Regionalmetropolen stärker angebunden, die *grands projets* in Paris unterstehen den Staatspräsidenten und hinterlassen deren Handschrift im Stadtbild; mit dem Bau der Feriensiedlungen an der Languedoc-Küste wollte man die Urlauberströme von der überlasteten Côte d'Azur und von den konkurrierenden Küsten Spaniens fernhalten.

Nach SCHMITGES spricht man in Frankreich selbst "von der Existenz eines spezifisch französischen ...'*mythe des grands travaux d'intérêt national*'... Die kontinuierliche Praxis ... legt die Vermutung ihrer systemischen Bedingtheit nahe. In der Tat kann vermutet werden, daß sich der Zentralstaat schon wegen seiner begrenzten Informationsverarbeitungskapazität auf Großprojekte konzentriert. Sie können - und aufgrund der involvierten Mittel müssen auch - unmittelbar unter seiner Leitung durchgeführt werden, wobei das Element der Demonstration zentralstaatlicher Macht und Aktivität, d.h. die symbolische Funktion, eine das zentralistische System legitimierende Dimension hinzufügt. ... Diese dem politischen System inhärente Bereitschaft verband sich zu Beginn der 60er Jahre mit der Raumordnungspolitik" (1980, S.260) (vgl. Kap.9.3.2).

9.3 Die sogenannte "Planwirtschaft" des Staates

9.3.1 Die staatliche Wirtschaftsplanung

Spricht man vom Verhältnis Staat - Wirtschaft in Frankreich, so fallen fast automatisch die Schlagwörter *plan* und *planification*. Es handelt sich um eine seit 1947 mit schwankender Intensität praktizierte, mittelfristig angelegte Rahmenplanung für die wirtschaftliche, später auch für die soziale Entwicklung unter Berücksichtigung der regionalen Disparitäten. Die Zielsetzungen werden für jeweils fünf Jahre im *plan* festgelegt, der vom Gesetz definiert wird als "der Rahmen der Investitionsprogramme und als das Orientierungsinstrument für wirtschaftliche Entwicklung und sozialen Fortschritt"* (ROCHEFORT et al. 1970, S.52). Die Vorbereitung eines Plans erfolgt durch das Commissariat Général au Plan, mit Unterstützung von sog. Modernisierungskommissionen. Nach Beratung der Optionen durch das Parlament gehen diese zur Stellungnahme an den Wirtschafts- und Sozialrat. Abschließend wird der Plan von der Nationalver-

9.3 Die sogenannte "Planwirtschaft" des Staates

sammlung formuliert, diskutiert und verabschiedet (MENYESCH/UTERWEDDE 1982; vgl. THARUN 1987, Abb.1).

Zweifellos sollte die Planifikation dem Zentralstaat nicht zuletzt als Instrument dienen, um mehr Einfluß auf die Privatwirtschaft ausüben zu können. Deshalb konvergieren hier, wie bei den Verstaatlichungen, politische Interessen der Zentrale und Ideologie der Linken. Daß die Regierungen der Planifikation einen hohen politischen Wert beimessen, wird bereits aus der Organisation ersichtlich: Die oberste koordinierende Behörde, das Commissariat au Plan, und die oberste Raumordnungsbehörde DATAR (s.u.) unterstehen direkt dem Premierminister.

Jeglicher Vergleich mit der "Planwirtschaft" sozialistischer Staaten ist abwegig. Doch hat die Tatsache, daß ein kapitalistischer Industriestaat des Westens nach dem Zweiten Weltkrieg "Fünfjahrespläne" aufstellte, und das noch zu Stalins Lebzeiten, im In- und Ausland zunächst Mißtrauen hervorgerufen. Begründet lag dies auch im unpräzisen Charakter der *planification à la française* "zwischen" kapitalistischen und sozialistischen Wirtschaftsmechanismen. PINCHEMEL (1980, I, S.231) macht jedoch klar, daß die Planifikation alle möglichen Attribute verdiene - *"concerté, indicatif, normatif, incitatif, directif, souple..."* - doch eines nicht, nämlich *"impératif"*. Denn der jeweils gültige Plan ist lediglich eine Zusammenfassung politischer Optionen mit parlamentarischer Zustimmung, ohne rechtliche Sanktionierung seiner Durchführung, also kein Gesetz (THARUN 1987). Folglich kann die Regierung privatwirtschaftliche Aktivität nur einschränken, kontrollieren oder stimulieren, aber nicht einmal sie selbst muß sich an die Pläne halten, wie wiederholt geschehen. Obwohl allgemeiner Konsens herrscht, daß die Effizienz der Planifikation sehr begrenzt blieb, erfährt sie eine Überbewertung. Dies ist sicher eine Folge massiver Propaganda, erklärt sich aber auch aus dem Machtzuwachs ehrgeiziger, hochqualifizierter Technokraten, die sich nach dem Krieg erstmalig formierten, um eine zentrale Lenkung und Modernisierung der Wirtschaft durchzusetzen.

Das bei Kriegsende formulierte Ziel, die Wirtschaft über Mehrjahrespläne global und zentral zu lenken, entsprang weniger einer Idee, Theorie oder Ideologie. Allerdings reichten geistige Wurzeln in den Merkantilismus, waren Einflüsse aus dem labourregierten Großbritannien und aus der UdSSR über die mächtige Linke im Parlament nicht zu verkennen (THARUN 1987). Es begann rein pragmatisch 1947, in der Zwangslage des Wiederaufbaus, mit der Erstellung des "Ersten Planes" (1947-1950, verlängert bis 1953). Er konzentrierte sich ausschließlich auf Investitionen in den Basis- und Schlüsselsektoren Kohle, Stahl, Elektrizität, Baustoffe, Transport, Düngemittel und Landmaschinenbau, mit den Zielen, Produktion und Lebensstandard drastisch zu erhöhen und eine ausgeglichene Zahlungsbilanz zu erreichen. Allgemeiner Einschätzung nach wurde er erfolgreich durchgeführt. Dieses koordinierte Programm, auf das die Regierung zusätzlich direkten Einfluß über Staatsunternehmen wie SNCF oder EDF sowie mit Hilfe der Marshallplan-Mittel ausübte, war ein *"plan"* im eigentlichen Sinne - es sollte aber auch der einzige bleiben.

Den folgenden Plänen, übersichtlich dargestellt bei MENYESCH/UTERWEDDE (1982, S.59-62) und PINCHEMEL (1980, I, S.224 ff.), fehlen diese Kohärenz und straffe Führung durch den Staat. Generell orientieren sich die Pläne zunehmend am Wandel der Binnen- und Weltwirtschaft, gekennzeichnet zunächst durch neue Ziele wie Wachstum, Öffnung externer Märkte, Vollbeschäftigung, Wettbewerbsfähigkeit gegen die EG-Konkurrenz,

Gleichgewicht, umgekehrt dann, ab Beginn der siebziger Jahre, durch Reaktionen auf die Krise. Ab den 50er Jahren werden die Einkommensverteilung und - ein Novum - die regionalen Disparitäten berücksichtigt. Eine eigentliche Regionalpolitik wird aber erst in den 4.Plan (1961-65) integriert. Bis es schließlich zu einer Symbiose zwischen Planwirtschaft und Raumordnung kam, nämlich ab dem 5.Plan (1966-70), mußten zwei Jahrzehnte verstreichen.

Wie unterschiedlich die Pläne sein können, zeigt sich u.a. in dem Wechsel zwischen der Betonung des regionalen Aspekts im 5. und 7.Plan (1976-80) und der Priorität für industrielle Entwicklung im 6.Plan (1971-75). Solcher Mangel an inhaltlicher Kontinuität ist nicht nur Folge einer Anpassung an veränderte ökonomische Rahmenbedingungen und an Regierungswechsel, sondern, so betont THARUN (1987), auch Ausdruck einer fehlenden theoretischen Begründung. Es gebe keine eigentliche theoretische Basiskonzeption der Planifikation; diese verfolge nur "'strategische' Zwecke [zur] "Sicherung der zentralisierten Macht" (S.705). Bisher konnte dieses Ziel jedoch nicht erreicht werden, denn das Haupthindernis liegt in der Unvereinbarkeit von zentralgelenkter Planifikation und Kapitalismus. Entsprechend unzureichend bleiben die Instrumente des Staates, denn diese haben, wenn überhaupt, nur indirekten, also bremsenden oder antreibenden Effekt:

- der Einsatz von Geldern aus dem Staatshaushalt für den Ausbau der Infrastruktur oder für Staatsaufträge an Privatunternehmen,
- indirekter Einfluß über die Steuerpolitik auf Konsum, Sparverhalten, Standortentscheidungen etc.,
- Einwirkungen auf Investitionen und Konsum über die Subventions-, Kredit- und Geldpolitik.

Es sind Instrumente, die in jedem marktwirtschaftlich orientierten Staat angewandt werden. Sie bedürfen aber keines Plans, noch reichen sie zu dessen konsequenter Durchführung aus. Ebensowenig gelingt dem Staat, wie zahlreiche erfolglose Versuche gezeigt haben, auf diese Weise ein effektiver Zugriff auf Preise, Löhne, internen Konsum oder Außenhandel - hängt letztlich nicht alles von dem frommen Wunsch ab, daß Unternehmen und Konsumenten im Sinne des Plans kooperieren? Intern liegen weitere Hindernisse darin, daß sich weder ein Planhaushalt mit den parallelen Jahrestats der Regierung noch eine Planperiode mit einer Legislaturperiode in Übereinklang bringen lassen. Extern werden die Pläne in wachsendem Maße durch Zwänge des Weltmarkts, Konjunkturschwankungen, internationale Verpflichtungen, EG-Beschlüsse etc. durchkreuzt.

Auch in den gemischtwirtschaftlichen Unternehmen sind dem Staat Grenzen gesetzt, und selbst in Staatskonzernen wie USINOR-SACILOR oder Renault kann von einer direkten vertikalen "Befehlsausführung" keine Rede sein. Allein die schwierige Kombination (s.o.) der *direction* durch den Staat mit der autonomen *gestion* durch die Unternehmensleitung, von der ein Management nach kapitalistischen Grundsätzen und Gewinne erwartet werden, erweist sich als Quelle ständiger Konflikte. Mittels der spektakulären Großprojekte, wie z.B. Rhôneregulierung oder TGV, hat der Staat mehr Einfluß auf die Raumordnung und auf den technisch-ökonomischen Fortschritt als auf die Wirtschaft selbst. In welchem Maße er bisher Eingriffsmöglichkeiten über das Kreditwesen genutzt hat, ist schwer abzuschätzen.

In der Bewertung der Planwirtschaft dominieren die negativen Töne. Die meisten Autoren halten sie für unvereinbar mit der Marktwirtschaft, manche schlicht für überflüssig. Nach dem Höhepunkt im 4.Plan begann eine schleichende *"déplanification"*. Sie hielt im wesentlichen bis heute an, obwohl bisher lückenlos Pläne aufgestellt wurden. Die Existenz der semi-indikativen Planwirtschaft und ihre psychologische Wirkung sind jedoch aus dem modernen Frankreich nicht mehr wegzudenken und haben zweifellos dazu beigetragen, dem Land, das durch zwei Weltkriege und die Stagnation der Zwischenkriegszeit geschwächt war, das Gefüge und das Bewußtsein einer prosperierenden, modernen Nation zu verleihen - auch wenn es dem Zentralstaat nicht gelungen ist, die Wirtschaft im beabsichtigten Ausmaß unter seine Kontrolle zu bringen.

9.3.2 *Aménagement du territoire* - Raumordnung und Raumplanung des Staates

9.3.2.1 *Aménagement du territoire* und *Planification*

Die Planifikation wird meist im Zusammenhang mit dem *aménagement du territoire* (AT) genannt und behandelt. Der Begriff bedeutet soviel wie Raumordnung, schließt allerdings die Raumplanung mit ein. Das AT ist in die Planwirtschaft integriert, wenn auch zu dieser von der Entstehung her keine Verbindung besteht. Vielmehr bezogen sich die ersten Pläne global auf das als Einheit verstandene gesamte Territorium; der Raum als solcher und als ein in sich differenziertes Gebilde fand keine Beachtung. "Frankreich hat offiziell die Existenz von Disparitäten zwischen seinen Regionen, die Realität der regionalen Probleme ignoriert"*, schreibt PINCHEMEL (1980, I, S.233) und gibt dafür drei Gründe an:
- der Raum Frankreich werde als "uniform" angesehen (vgl.Kap.2),
- der Rückgang der Bevölkerung bis zum Zweiten Weltkrieg habe die regionalen Unterschiede kaschiert, und
- der Staat habe vor Einsatz des AT keine nach regionalen Einheiten getrennte Statistik aufgestellt.

So schien zunächst kein dringlicher Anlaß gegeben, die Raumordnung von Anfang an in die Planwirtschaft zu integrieren. Beide liefen weitgehend parallel, die Einbeziehung des AT in die Planwirtschaft erfolgte erst mit dem 4.Plan (1962-65).

Ansätze zu einer Raumordnungspolitik kamen um 1949/50 auf. Auslöser war allein die exzessiv wachsende Disparität zwischen Paris und der Provinz gewesen, also ebenso wie bei der Planifikation ein pragmatischer Grund. Wenn überhaupt von einer "theoretischen Begründung" der Raumordnung die Rede sein könne, so PINCHEMEL, dann von der durchgehend "vorherrschenden Philosophie des *aménagement du territoire*, die auf der Idee der Gleichheit, des Chancenausgleichs zwischen den Regionen und auf der Suche nach einer 'geographischen Gerechtigkeit' beruhte"* (1980, I, S.234). Gerade die Zentralisierung aber bedingt, wie schon in Kap. 2 ausführlich erläutert, jene räumliche Polarisierung und damit einen ständigen scheinbaren Widerspruch im Leitprinzip selbst: Die Zentralisierung führt unvermeidlich zur Hypertrophie der Metropole und m u ß gleichzeitig die dadurch entstandenen räumlichen Disparitäten mit raumordnerischen

Maßnahmen bekämpfen. Bezeichnenderweise richten sich diese nie gegen das verursachende Leitprinzip selbst, sondern stets nur gegen dessen räumliche Auswirkungen. MERLIN betont, man habe "die Raumordnungspolitik ... um - und gegen - Paris geschmiedet, zumindest bis 1955"; man habe jedoch nie ernsthaft die Vorteile und Nachteile der Konzentration auf Paris untersucht, sondern allein die Nachteile gesehen (1980, S.183 ff). So steht hinter dieser Raumordnungspolitik auch eine Form von Widerstand des Zentralstaates gegen die Stadt Paris als potentiellen Staat im Staat (vgl. Kap.4.1). Auf der anderen Seite haben sich die Region Ile-de-France und die Stadt Paris stets mit allen Mitteln gegen jegliche "Dezentralisierung" gewehrt, die für sie Steuerausfall, Deindustrialisierung und Verlust von Arbeitsplätzen bedeutet (vgl. SCHMITGES 1980, S.104).

Erste und bisher auch dominierende Maßnahme gegen die Hypertrophie von Paris und für den Ausgleich war ab 1954 die "industrielle Dezentralisierung" (vgl. Kap.10.2). Man verhängte über die Ile-de-France Niederlassungsbeschränkungen und förderte, im Gegenzug, die Industrialisierung der Provinz mit finanziellen Anreizen. Faktisch wurde diese Politik von 1954 bis Anfang der 70er Jahre praktiziert, auch wenn die Fördermöglichkeiten in modifizierter Form weiterbestehen. Parallel dazu unterstützte man ab den 60er Jahren eine ähnliche "Dezentralisierung" des Dienstleistungssektors und kombinierte sie mit dem Programm der sog. *métropoles d'équilibre* (vgl. Kap.8.2), die als Gegengewichte zu Paris aufgebaut werden sollten. Auffällig schnell jedoch lenkte man die Förderung um auf die Mittelstädte und, weitgehend parallel dazu, auf den ländlichen Raum (*rénovation rurale*), die Gebirgsregionen, den Fremdenverkehr und das Transportwesen. Die Raumordnungspolitik wurde auf alle Sektoren und praktisch auf den gesamten Raum ausgedehnt.

Hinter dieser Entwicklung steht abermals das permanente Ziel des räumlichen Gleichgewichts. Es erfordert in Frankreich eine Raumordnungspolitik, die - würde sie konsequent betrieben - auf echte Dezentralisierung hinauslaufen müßte und nicht, wie tatsächlich geschehen, auf eine Dekonzentration (vgl. Kap.10.2 u. 11). Aus der Perspektive des zentralistischen Leitprinzips jedoch gilt ein *aménagement du territoire* prinzipiell als notwendiges Übel, denn in einem Staatswesen mit homogenen Territorium wäre es letztlich überflüssig. Ebensowenig paßt es in eine Planifikation, die ohne Berücksichtigung regionaler Unterschiede sektoral ausgerichtet ist und zentral gesteuert wird, eine homogene Planifikation, die überdies konzipiert wurde, als von Raumordnungspolitik noch keine Rede war. Vermutlich erklären sich die verzögerte Konzeption der Raumordnung und ihre verspätete Integration in die Planung (s.u.) als eine erzwungene Anpassung an die Realität eines heterogenen Territoriums. Dies drücke sich, so THARUN (1987), in der Unselbständigkeit der Raumordnungsorgane und in deren Unterordnung unter die Wirtschaftspolitik aus, die primär sektoral anstatt regional orientiert bleibe.

Die sektorale Ausrichtung zeigt sich auch in der Entwicklung der staatlichen Instrumente und Organe. Zunächst, bis 1963, war für die Belange des sich erst langsam formierenden AT das Bauministerium zuständig. Die einzelnen Sachbereiche entfielen auf die Ministerien und wurden gewohnheitsgemäß streng voneinander getrennt verwaltet. Dementsprechend wurde die gesamte Raumordnung unzureichend koordiniert. Beispielsweise fehlte es der Industrialisierungspolitik an begleitenden Maßnahmen im Wohnungsbau, im Straßenbau oder in der Modernisierung der Landwirtschaft (vgl CHARDONNET 1976, S.388).

9.3 Die sogenannte "Planwirtschaft" des Staates

Auch in diesem Bereich hat in der Staatsführung nie ein prinzipieller Wechsel von zentralistischen zu regionalistischen Denkkategorien stattgefunden. Keineswegs erstrebte die Raumordnung ein harmonisches Neben- und Miteinander unterschiedlicher Räume, etwa wie in einer Föderation. Das AT sollte vielmehr dazu beitragen, die räumlichen Disparitäten abzubauen, die sich seit Kriegsende enorm verschärft hatten. Deshalb mußte mittels der Raumordnung in die Prozesse innerhalb der Regionen selbst eingegriffen werden, das heißt, in die Planifikation war eine Regionalpolitik zu integrieren (die keinesfalls mit einer "Regionalisierung" verwechselt werden darf! vgl. Kap.11).

Die Regierungen konnten sich jedoch nicht auf eine solche Ausgleichsstrategie zwischen Paris und Provinz beschränken, denn die Notwendigkeit einer darüber hinausgehenden, globalen Raumordnungspolitik war ihnen nicht entgangen. Um 1960 begann die eigentliche Einbindung der Raumordnung in die Planifikation, zunächst mit der Bildung des Comité Interministériel de l'Aménagement du Territoire (CIAT), unter Vorsitz des Premierministers, das Koordination und Kooperation zwischen den sektoral arbeitenden Ministerien schaffen soll. Als eigentliche Raumordnungsbehörde wurde 1963 die DATAR gegründet (Délégation à l'Aménagement du Territoire et à l'Action Régionale). Mit ihrem kleinen Stab hochqualifizierter Beamter untersteht sie direkt dem Premierminister und ist absichtlich keinem Ministerium zugeteilt. Sie soll vielmehr Ideen entwickeln, für die Regierung regionalpolitische Entscheidungen vorbereiten und anschließend deren zielkonforme Durchführung seitens der Ministerien kontrollieren. Die DATAR soll auch die allgemeine Kooperation erleichtern: zwischen den hierarchischen Niveaus der traditionellen Verwaltung, zwischen den eifersüchtig gehüteten Domänen der Ministerien, zwischen Zentralverwaltung und Gebietskörperschaften. Dies läuft auf die schwierige Aufgabe hinaus, den Widerspruch zwischen der sektoral agierenden Planwirtschaft und der räumlichen Lenkung des *aménagement du territoire* zu beheben (THARUN 1987).

Außerdem greift die DATAR direkt in regionale Fragen ein, bis zum Detail: Sie entwickelte die OREAM, die Planungsorgane für die Regionen der acht *métropoles d'équilibre*, organisiert die sog. Missions Interministérielles de l'Aménagement du Territoire, z.B. 1963 für die Languedoc-Roussillon-Küste, schließt mit kleineren Raumeinheiten spezielle Entwicklungsverträge ab (*contrats de pays*) und berät selbst einzelne Industrielle über Dezentralisierungsmöglichkeiten. Die Rolle der DATAR konzentriert sich auf *"réflexion, impulsion, coordination"* (NOIN 1984, S. 228) - eine eigene Autorität wurde ihr jedoch nicht zugestanden, ihr sehr bescheidener Etat an Fördermitteln reicht allenfalls zur "Starthilfe" für kleinere regionale Projekte.

Parallel zu der Raumordnungspolitik, die sich anfangs auf das gesamte Territorium bezogen hatte, formierte sich seit den 50er Jahren auch eine Ausrichtung auf die einzelnen Räume. Die ersten Anstöße dazu kamen aus den - offiziell ja noch nicht existierenden - *régions*, wo sich auf privater und freiwilliger Basis zahlreiche Comités régionales d'études bildeten. Sie trugen zur Bildung eines Regionalbewußtseins bei, untersuchten räumliche Probleme und Disparitäten, gaben Entwicklungsimpulse. Außerdem arbeiteten sie an den ersten, 1955 staatlich dekretierten Programmes d'action régionale mit, die als Vorläufer der Regionalplanung gelten dürfen. Obwohl zu Recht häufig kritisiert, "stellten diese Programme eine beachtliche Neuheit in einem zentralistischen Frankreich dar ... eine Entdeckung der regionalen Realität (*du fait régional*)"* (PINCHEMEL 1980, I, S.239).

Wiederum bezeichnend für den Zentralisierungsprozeß ist der Werdegang der Regionalplanung und ihrer Organe. Die Ideen zu jenen Programmen waren zwar aus den Regionen gekommen, redigiert wurden sie jedoch in Paris, möglichst unter Vermeidung von Kontakten mit Regionalvertretern. Ab 1961 bemächtigte sich der Staat der wichtigsten dieser (oft von Privatleuten dominierten!) Comités régionales d'études: Zunächst erkannte er sie an, vereinheitlichte sie und veränderte ihre Bezeichnung in Comités d'expansion économique. Wenig später, als die *régions* festgelegt wurden (1964), etablierte und kontrollierte der Staat dort die Commissions de développement économique régional (CODER). Diese verdrängten die Comités d'expansion économique (vgl. CHARDONNET 1976, S.316), erhielten selbst aber nicht mehr als beratende Funktionen, ebensowenig ihre Nachfolgeorganisationen, die Comités économiques et sociaux.

Die Regionen als administrative Einheiten wurden während des 4.Plans festgelegt (1962-65), gleichzeitig erfolgte die *régionalisation du Plan*: Seitdem werden die Planziele unter zusätzlicher Beachtung der Regionen spezifiziert. Auch stellt jede Region nun ihren eigenen Regionalplan auf; er hat aber keinen bindenden, sondern nur vorschlagenden Charakter und muß sich stets dem übergeordneten nationalen Plan anpassen. Folglich wurde nicht die Planungsautonomie der Regionen erhöht, vielmehr ging es primär um die Berücksichtigung regionaler Disparitäten im Interesse des Gemeinwohls. Zu diesem Zweck erfolgte eine Dekonzentration der entsprechenden staatlichen Zuständigkeiten in die Regionen, d.h. die entscheidenden Vollmachten für die Planung erhielt nun der Regionalpräfekt. Auch durch die Dezentralisierungsgesetze von 1982 wurde nichts Entscheidendes geändert, weder am neuen Typ der Regionalpläne noch an der neugeschaffenen Nationalen Planungskommission: Von deren 83 Mitgliedern vertreten nur 23 die Regionen; sie hat weiterhin ausschließlich beratende Funktion (BRAUNER 1985, S.65 f., vgl. BRÜCHER 1987a).

9.3.2.2 Die Effizienz des *Aménagement du Territoire*

Einer der wichtigsten Erfolge der Raumordnungspolitik wird in der Regel übersehen: Sie hat "in die französische Planifikation eine geographisch orientierte Vorausschau (*prospective*) eingeführt, die vorher völlig fehlte" * (PINCHEMEL 1980, I, S.241). Damit hat die im zentralistischen Prinzip negierte und unterdrückte Individualität der räumlichen Einheiten Frankreichs ihre Anerkennung zurückbekommen. Wie aber steht es um die tatsächliche Effizienz des *aménagement du territoire* bezogen auf die räumliche Ent-wicklung selbst?

Zweifellos hat Frankreich seit dem Erscheinen von GRAVIERS *"Paris et le désert français"* (1947) eine sehr beeindruckende Modernisierung erlebt. Wenn auch die *désertification* in abgelegenen ländlichen Bereichen fortschreitet, so kann man die Provinz keinesfalls mehr als "französische Wüste" bezeichnen! Gegenüber der Hauptstadt haben die Regionen in ihrer Gesamtheit wie auch als Individuen an Gewicht und Profil gewonnen, was ebenso für die führenden Städte gilt. *"La province"* gibt es im Grunde nicht mehr, auch wenn bestimmte Pariser Kreise sie per Sprachgebrauch als solche lebendig halten (und sich selbst damit aufwerten) wollen... Die von Beginn an dominierende Zielsetzung des regionalen Gleichgewichts konnte eindeutige Fortschritte verzeichnen, sei es zwischen Paris und dem restlichen Territorium, sei es auf das ganze Land bezogen.

9.3 Die sogenannte "Planwirtschaft" des Staates 129

Ob diese positive Entwicklung, wie häufig propagiert, ein globaler Erfolg der zentralen Raumordnungspolitik ist, darf bezweifelt werden, allein schon wegen des Effekts von drei Jahrzehnten Wachstum ("*trente glorieuses*"). Immer wieder wird auf die positiven Resultate der "Dezentralisierung" von Industrie und Dienstleistungen des Pariser Raumes hingewiesen. Es handelte sich jedoch, wie in Kap.10.2.3 näher erläutert wird, um eine völlig normale Ausgleichsbewegung zwischen einem expansiven, überlasteten Ballungsraum und seinem aufnahmefähigen Umland. Abgelegene, dringend förderwürdige Räume, wie z.b. die Region Limousin (Kap.5), blieben davon unberührt. Die Politik der *métropoles d'équilibre* mußte scheitern, weil die notwendige Voraussetzung, nämlich eine Verstärkung ihrer Autonomie, nie beabsichtigt war. Demgegenüber konzentrieren sich Planverträge mit Mittelstädten auf individuelle Projekte und lassen in der Regel keine Einordnung in eine regionale oder überregionale raumordnerische Konzeption erkennen.

Immer wieder zeigt sich in solchen Ansätzen die Priorität sektoraler Ziele bzw. punktueller Projekte. Begründet liegt diese Charakteristik der französischen Raumordnungspolitik zum einen in der Macht der Ministerien, die traditionell innerhalb ihrer Sektoren agieren und sich darin durch koordinierende Organe wie CIAT und DATAR nicht behindern lassen wollen. In den Kontext paßt auch die primär wirtschaftspolitisch, also am gesamten Plan, weniger am regionalen Bedarf orientierte Verteilung der öffentlichen Fördermittel. Zum anderen hat das schon genannte Fehlen einer theoretischen Begründung der Planifikation eine geschlossene Konzeption der Raumordnungspolitik verhindert. Von den direkt betroffenen Gebietskörperschaften können diese Mängel nicht kompensiert werden: Nicht nur, daß man ihnen, auch nach 1982, die erforderliche Autonomie verweigert; sie stehen überdies zentralistisch geformten Entscheidungsträgern gegenüber, das heißt mit Raumproblemen wenig vertrauten Verwaltungsspezialisten der *"énarchie"*, die zu alledem meist in Paris aufgewachsen sind und dabei auch die entsprechende "Mentalität" in bezug auf Staat, Hauptstadt und Provinz vermittelt bekamen (vgl. THARUN 1987).

Hinzu kommt eine unzureichende finanzielle Basis für die Verwirklichung der raumordnerischen Ziele. Die offiziellen Subventionen fließen über mehrere staatliche Fonds, unter denen der FDES ein einseitiges Übergewicht hat. Aber selbst dessen Ausstattung war immer auffällig niedrig angesichts der gewaltigen nationalen Planziele. Beispielsweise wurden für Prämien im Bereich des AT (Dezentralisierung, Umstrukturierung etc.) 1973 449,5 Mio. FF vergeben, was nur 11,8% aller subventionierten Investitionen entsprach (INSEE, Statistiques... 1978, S.579). Real sind diese bescheidenen Prämien jedoch noch wesentlich niedriger, denn da sie als Gewinne gelten, fließen sie in Form von Steuern etwa zur Hälfte wieder an den Staat zurück. CHARDONNET beklagt denn auch, daß der Anteil der Förderprämien an den Investitionen wesentlich unter dem der Nachbarstaaten liege (1976, S.387).

Offensichtlich spiegeln sich auch in der administrativen Organisation des AT die Machtstrukturen und -strategien des Zentralstaates. Eine übergeordnete Raumordnungsbehörde mit realer eigener Macht wurde nie geschaffen. Die durch Zahl und Diversität nicht mehr überschaubaren Institutionen machen das System für regionale und individuelle Interessen undurchsichtig und unzugänglich, sind aber von oben kontrollierbar - zeigt sich auch hier die bewährte Taktik des *divide et impera*? Werden aber regionale Raumordnungsinstitutionen zu erfolgreich, wie z.B. die Compagnie Nationale de l'Aménagement du Bas-Rhône et du Languedoc (CNABRL), so gründet der Staat eine eigene Parallelinstitution, in jenem Fall eine Mission interministérielle.

Bezeichnend sind auch die Existenz und die Rolle der DATAR. Als zentrale Instanz soll sie die sektoralen Machtstränge der Ministerien durch Querverbindung unter Kontrolle halten. Darüberhinaus versucht die politische Führungsebene (Premier, Präsident), über die DATAR direkten lokalen bzw. regionalen Einfluß auszuüben: Damit umgeht und schwächt sie die zentralen, eigenmächtigen Administrationen der Ministerien und kann zugleich den unerwünschten Interessenfilz zwischen deren Außenbehörden und den Notabeln durchkreuzen. Hier geht es also darum, den Zentralismus unmittelbar durchzusetzen (vgl. Kap.3.2.5). Zu den Hauptzielen der DATAR gehört die möglichst gleichmäßig gestreute Entwicklung der Wirtschaft, also die traditionell vom Zentralstaat erstrebte Homogenität des Territoriums - nicht zuletzt gegen die Eigeninteressen der mächtigen Ile-de-France. Indem die DATAR die räumliche Zentralisierung bekämpft, unterstützt sie die politische Zentralisierung. REMI bezeichnet sie deshalb zu Recht als "bemerkenswertes Werkzeug der Zentralisierung"* (1975, S.43). Selbst ESSIG (1979, S.103), langjähriger Präsident der DATAR, berichtet, daß sie "gern als 'jakobinisch' qualifiziert"* werde, ohne dem zu widersprechen. Von den Fachministerien wird die Einmischung der DATAR in ihre Kompetenzen als "imperialistisch" empfunden. Doch ebenso wie den anderen Raumordnungsinstitutionen bleibt der DATAR eigenständige Macht über den Raum verwehrt.

Wie die gesamte Planifikation wird auch die Effizienz des *aménagement du territoire* begrenzt durch die Unvereinbarkeit einer *géographie volontaire* mit dem freien Unternehmertum. Ebensowenig paßt eine eigentliche Regionalpolitik zu einem Zentralstaat, zu dessen Selbstverständnis es gehört, trotz aller wirklichen regionalen Heterogenität ein homogenes Territorium zu postulieren. Gerade dieses Selbstverständnis zwang ihn, den zunehmenden regionalen Disparitäten und, vor allem, dem Übergewicht der Hauptstadt entgegenzuwirken. Im Rahmen des wirtschaftlichen Aufschwungs bot der Aufbau eines Raumordnungsinstrumentariums dem Staat zugleich die Möglichkeit, die Entwicklung in den Regionen zu beeinflussen und zu kontrollieren, sich nicht von aufkommenden Bestrebungen regionaler Eigenständigkeit verdrängen zu lassen (vgl. FRITSCH 1973, S.59). Der Staat beherrscht die regionalen Institutionen i.w.S., von den interministeriellen Missionen über die Staatsunternehmen bis zu den gemischtwirtschaftlichen Gesellschaften, und hält sie an Finanzierungsmitteln knapp (vgl. Kap. 11.3.4). Gerade durch seine administrative Abhängigkeit, unübersichtliche Zersplitterung und bescheidene Kapitalgrundlage bleibt dem gesamten Instrumentarium der Raumordnung jegliche Eigenmacht vorenthalten.

Es ist erneut faszinierend, wie das zentralistische Leitprinzip sich staatlicher Lenkungsmechanismen bedient, um die räumliche Entwicklung des gesamten Territoriums zu fördern und um zugleich zu verhindern, daß aus einer regionalen eine regionalistische Entwicklung wird.

10 Der Zentralismus in ausgewählten Wirtschaftsbereichen

Im folgenden sollen die Wechselwirkungen zwischen Zentralismus und Raum auch innerhalb einzelner Wirtschaftsbereiche untersucht werden. Dabei können nicht alle Sektoren behandelt werden, obwohl sie ebenfalls vom zentralistischen Leitprinzip erfaßt sind, so z.b. das Versicherungswesen, der Einzelhandel oder selbst der Fremdenverkehr. Die Abfolge der Kapitel 10.1 - 10.4, von der Landwirtschaft über die industrielle Dezentralisierung und die Banken bis zur Energiewirtschaft, richtet sich bewußt nicht nach der gängigen Einteilung in primären, sekundären und tertiären Sektor. Vielmehr soll damit, dem Thema folgend, auch eine Steigerung der Einflüsse und der Persistenz des Zentralismus ausgedrückt werden. Am deutlichsten wird dies in der Tat in der - deshalb zuletzt behandelten - Energiewirtschaft.

10.1 Zentralismus selbst in der Landwirtschaft?

Auf den ersten Blick lassen Landwirtschaft und ländlicher Raum keine Einflüsse des Zentralismus erkennen. Auch ist die Agrarwirtschaft konservativer und deshalb langsamer wandelbar. Zentralistische Auswirkungen sind hier außerdem schwieriger von anderen Faktoren zu trennen: Dies beginnt schon bei der landwirtschaftlichen Vorrangstellung des zentralen Pariser Beckens, wo die Gunstfaktoren Naturraum, Besitz- und Betriebsstruktur, Nähe zur Hauptstadt und politische Dominanz miteinander verwoben sind. Umgekehrt: Ist z.B. die extensive Schafweidewirtschaft der Südalpen oder des Zentralmassivs mehr durch die armen Böden, die Distanz zur Hauptstadt oder zentralistische Agrarpolitik bedingt?

Was wäre denn eine spezifisch "zentralistische" Agrarpolitik? Jedes Industrieland ist heute bestrebt, der Landwirtschaft im Rahmen eines modernen Staatswesens eine aktive Rolle zu geben oder zu erhalten. Sie wird in Frankreich auch als der Sektor angesehen, der am meisten staatlicher Regulierung bedarf (FAURE 1966, S.175). Staatliche Eingriffe sind im übrigen nicht per se "zentralistisch", allein weil sie in Frankreich durchgeführt werden, und Ähnlichkeiten zur Bundesrepublik Deutschland sind oft nicht zu übersehen. Auch werden heute entscheidende Fragen nicht mehr in den Hauptstädten, sondern bei der EG-Kommission in Brüssel entschieden. Kurz, es erscheint zunächst schwieriger, die für Frankreich typischen zentralistischen Einflüsse und Strukturen herauszuarbeiten als in den meisten anderen Bereichen.

Bestimmend ist wiederum ein vollkommen zentralistisches Verwaltungssystem: Im Pariser Ministère de l'Agriculture befinden sich sämtliche Abteilungen für die einzelnen Agrarsektoren (Weinbau, Großviehhaltung etc.). Außerdem ist in jeder Region bzw. jedem Departement eine von Paris abhängige Direction Régionale/Départementale de l'Agriculture ansässig. Alle Mitarbeiter haben eine zentral vereinheitlichte Ausbildung erhalten, was den Vorteil eines garantierten Qualifikationsniveaus und eines gleichmäßigen regionalen Einsatzes der Spezialisten mit sich bringt. Ein weiterer indirekter zentraler Steuerungsmechanismus ist der Crédit Agricole Mutuel (vgl. Kap.10.3).

Frankreichs Landwirtschaft hat unter den westeuropäischen Ländern die günstigsten Naturbedingungen und konnte auch, dank den Anteilen an verschiedenen Klimabereichen, die größte Produktionsvielfalt entwickeln. Es ist zum bedeutenden Agrarproduzenten prädestiniert, zumal ausgedehnte hochwertige Nutzareale für eine relativ geringe Einwohnerzahl zur Verfügung stehen. Trotzdem war die französische Landwirtschaft am Ende des Zweiten Weltkriegs noch sehr rückständig: Sie beschäftigte ein Drittel aller Erwerbstätigen, Mechanisierung und moderne Kultivierungsmethoden steckten in den Anfängen, die Betriebsflächen waren zersplittert, die Produktivität zu niedrig. Es überwog noch die traditionelle Polykultur, in der Selbstversorgung Priorität genoß. Demgegenüber kam die Masse der vermarkteten Erzeugnisse, damals überwiegend Getreide und Zuckerrüben, aus relativ wenigen, aber ökonomisch organisierten modernen Großbetrieben der *grande culture*, die sich im Pariser Becken konzentrierten. Diese bis 1945 stagnierende Entwicklung wird allgemein auf den Protektionismus zurückgeführt, der die Wirtschaftspolitik des Landes seit Ende des 19.Jh. beherrscht und Modernisierungen im Agrarsektor weitgehend verhindert hatt. Außerdem, so behaupten GERVAIS et al. (1965, S.45), habe die Dritte Republik versucht, den Landwirt unbedingt von der modernen Entwicklung fernzuhalten, und deshalb "eine Mythologie, einen Kult der Kleinbauern"* aufgebaut. Bis zum Zweiten Weltkrieg wurde so von oben herab die rückständige Agrarstruktur sogar gestützt.

10.1.1 Die Ile-de-France, Zentrum der Agrarwirtschaft

Zwischen jener bis in die Nachkriegszeit reichenden, retardierenden Politik und dem Entwicklungsgefälle zwischen dem inneren Pariser Becken und den übrigen Agrargebieten bestehen nicht zu übersehende Zusammenhänge, die von zentralistischen Einflüssen auch auf diesen Sektor zeugen. Sozusagen der Nabel ist die Agrarstruktur des Kernraumes; um ihr Gewicht erfassen zu können, seien einige repräsentative Daten genannt: In der die Hauptstadt umschließenden Region Ile-de-France wurde 1987 mit 64,6 ha die größte mittlere Betriebsfläche/Region erreicht, mehr als doppelt so groß wie der französische Normalbetrieb (28,6 ha). An der Spitze standen dort auch die Bruttoproduktion und die Wertschöpfung pro Betrieb, mit fast 800.000 FF/a bzw. 470.000 FF/a, d.h. mehr als das Doppelte bzw. fast das Vierfache des französischen Durchschnitts. Selbst der Wert der Hektarerträge in dem von extensivem Getreideanbau beherrschten Raum übersteigt bei weitem das Landesmittel. Daß hier weniger, dafür aber stärkere und modernere Traktoren pro Flächeneinheit eingesetzt werden, zeugt nur für deren rationelleren Einsatz auf riesigen Parzellen gegenüber einer Übermotorisierung in anderen Landesteilen. Diesen Vorteil ermöglicht nicht zuletzt die fast abgeschlossene Flurbereinigung (vgl. Abb.21), die im Landesmittel 1987 erst bei 41,7% der LN lag. Auch im Düngemittelverbrauch führt die Ile-de-France, fast gleichrangig mit der ähnlich strukturierten Picardie. (Zahlen nach INSEE, Statistiques... 1989).

Wie ist eine derartige Vorrangstellung erklärbar? Zweifellos haben das günstige Klima, die fruchtbaren Löß- und Lehmböden und die weitgespannten, leicht zu bestellenden Ebenheiten die Entwicklung erheblich erleichtert. Vergleichbare Gunsträume finden sich jedoch ebenso in anderen Landesteilen, beispielsweise im Elsaß, im Garonne-Becken oder im Rhônetal. Einseitige deterministische Erklärungen sind deshalb fehl am Platz, vielmehr müssen die naturräumlichen Vorteile im Zusammenhang mit der Formierung der Besitz- und Betriebsstruktur, mit der avantgardistischen Modernisierung und, nicht zuletzt, mit den Beziehungen zur nahen Hauptstadt gesehen werden.

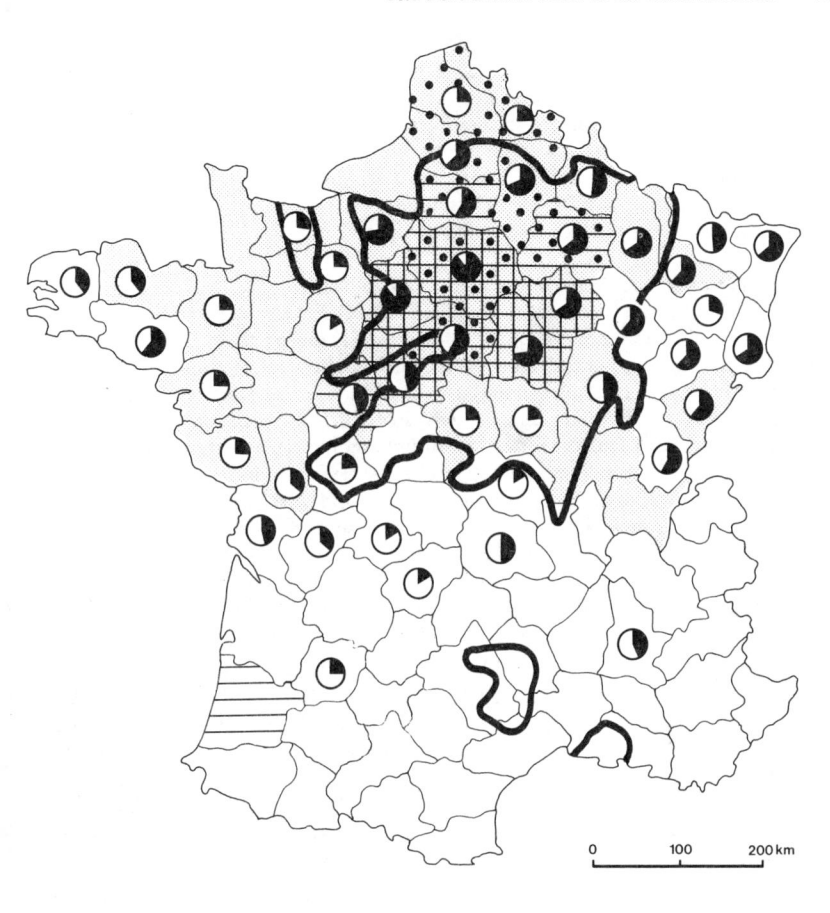

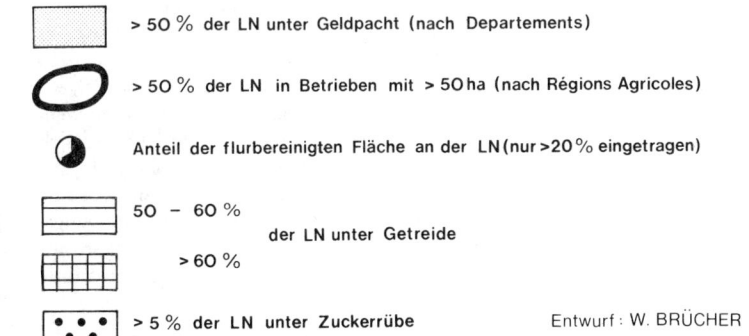

10.1 Zentralismus selbst in der Landwirtschaft? 133

> 50 % der LN unter Geldpacht (nach Departements)

> 50 % der LN in Betrieben mit > 50 ha (nach Régions Agricoles)

Anteil der flurbereinigten Fläche an der LN (nur >20 % eingetragen)

50 – 60 %
                      der LN unter Getreide
> 60 %

> 5 % der LN unter Zuckerrübe

Entwurf: W. BRÜCHER

Abb. 21 Die agrarische Vorrangstellung des Pariser Beckens

Zum Ausgangspunkt wurde die frühe Bildung von Großbetrieben in diesem traditionellen Gebiet des *openfield*. BRUNET (1960) geht bis auf die Folgen des Hundertjährigen Krieges zurück: Er hinterließ zahlreiche Wüstungen, viele Weiler schrumpften zu Einzelhöfen, deren Fluren entsprechend vergrößert werden konnten. Im Rahmen der Binnenkolonisation von Klöstern wurden riesige Schläge geschaffen. Auch war der Anteil von zusammenhängenden Kirchen-, Staats- und Adelsländereien schon früh bedeutend. Nach 1789 setzte unter den Pariser Besitzbürgern ein regelrechter "Landrausch" ein, Domänen der Kirche und der Krone wurden aufgekauft, die kleinen Bauern weitgehend verdrängt; z.b. waren um 1850 im NE der Hauptstadt ausgedehnte Flächen zu über 40% Eigentum von Parisern, vor allem von Bankiers, eine Struktur des Eigentums großer Flächen, die sich bis heute erhalten hat (Abb.22). Entscheidend für die Entwicklung der Betriebs- und Besitzstruktur wurde jedoch die parallele Etablierung der Geldpacht *(fermage)*. Da vor der Agrarrevolution Produktionssteigerungen pro Betrieb im Prinzip nur über eine Ausdehnung der Nutzfläche erzielt werden konnten, tendierten die Pächter von Anfang an zu einer systematischen Expansion ihrer Betriebe, die sie meist aus den Flächen mehrerer Eigentümer gruppierten. Mit der Zeit wurden die Pachtflächen im Mittel entschieden größer als die Eigentumsflächen, das Pachtwesen bestimmte die Entwicklung der Agrarstruktur und -wirtschaft. Hier konnten die Geldpächter ihr Kapital direkt in den Produktionsprozeß fließen lassen. Dagegen wurden die Gewinne in dem von Eigenbewirtschaftung beherrschten Süden nach Möglichkeit in die Erweiterung des Grundeigentums investiert, oft in einem fast aussichtslosen Rennen gegen die Realerbteilung. Als fortschrittshemmend erwies sich dort auch die - heute weitgehend verschwundene - Teilpacht *(métayage)*.

Es fällt auf, daß die agrarische Entwicklung des inneren Pariser Beckens keine Parallele in den ähnlich ausgestatteten Räumen hat. BRUNET führt dies darauf zurück, daß gerade in der Nähe von Paris, dem Sitz der mittelalterlichen Königsmacht, mehr unverpachtete Lehensgüter vergeben worden waren als im restlichen Frankreich. Folglich habe sich in der weiteren Ile-de-France keine starke, widerstandsfähige Bevölkerung kleiner und mittlerer Bauern bilden können. "So zeigt sich in der Entfaltung dieser Agrarstrukturen letztlich doch ein Einfluß von Paris, der uns ansonsten bescheidener zu sein schien als man annehmen sollte"* (1960, S.471).

Trotzdem darf der Einfluß der Metropole, die auch in der Vor-Eisenbahnzeit schnell erreichbar war, keinesfalls unterschätzt werden. Denn seit der Agrarrevolution verbreiteten sich die Innovationen aus den agrarischen Avantgarderäumen Großbritanniens und Flanderns über Paris in seine direkte Umgebung. Teilweise wurden sie von unternehmerischen, gebildeten Pariser "Gentlemen-Farmern" in eigenen Großbetrieben getestet und selbst eingeführt. Auch unterstützte mancher Pariser Besitzbürger die Anwendung neuer Methoden auf seinem verpachteten Terrain. Bereits im 19.Jh. haben sich hier Agribusiness-Betriebe entwickeln können. Außerdem fanden die aufblühenden Pariser Industrien, vor allem Chemie, Metallverarbeitung und Maschinenbau, vor den Toren der Stadt ideale Experimentierfelder und Märkte für ihre Erzeugnisse: Düngemittel, Pestizide, Herbizide, Geräte und Landmaschinen. Der Staat förderte diese Entwicklung durch die Gründung von landwirtschaftlichen Versuchsstationen. So wurde die Ile-de-France zum Kernraum agrarischer Innovationen.

Von Anbeginn an war das innere Pariser Becken die Kornkammer der Hauptstadt, die über die Seine und ihre hier mündenden schiffbaren Nebenflüsse äußerst vorteilhaft versorgt werden konnte. Nur so läßt sich erklären, daß sich in dieser Binnenlage bereits

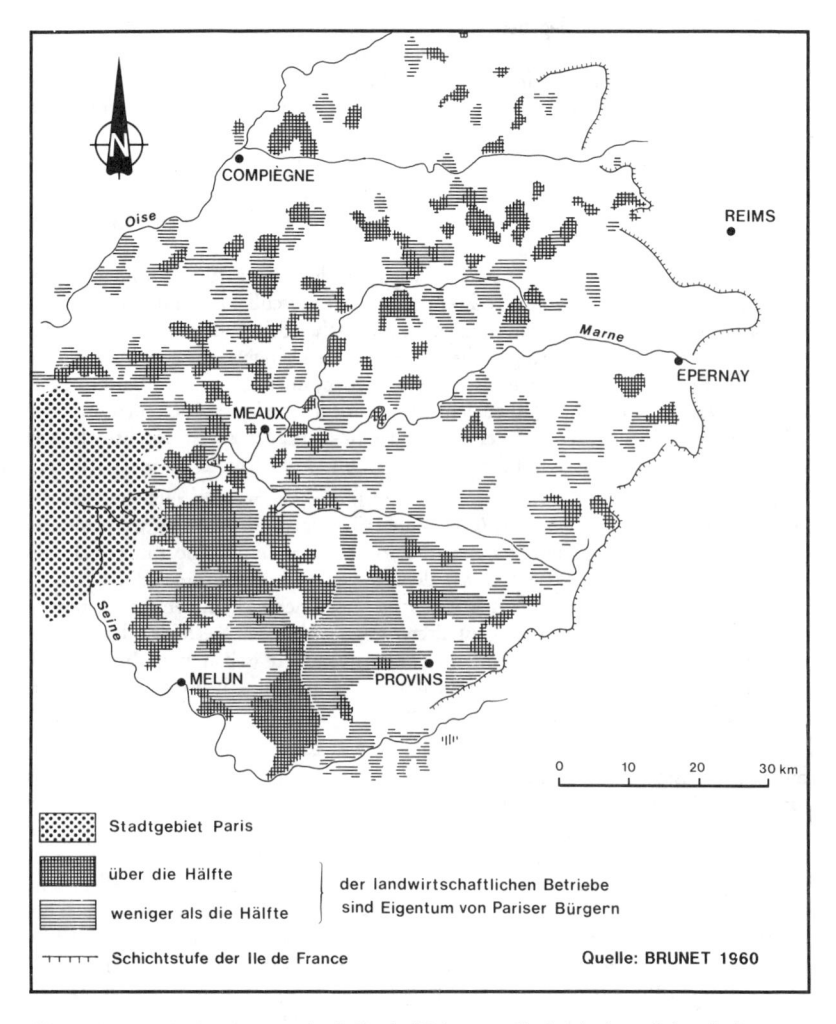

10.1 Zentralismus selbst in der Landwirtschaft? 135

Abb.22 Eigentum Pariser Bürger an landwirtschaftlichen Nutzflächen in der östlichen Ile-de-France

im Mittelalter die weitaus größte Bevölkerungskonzentration Europas gebildet hatte. Noch um 1850 galt Paris als der nach London und Peking drittgrößte Lokalmarkt der Erde, übrigens mit einem Nahrungsmittelverbrauch, der das Vierfache des Durchschnittsfranzosen erreicht haben soll (PAUTARD 1965, S.150). Auch hatte das Brotgetreide als Hauptnahrungsmittel ein Monopol, das trotz des bekannten Brotkonsums der Franzosen heute kaum noch vorstellbar ist. So war seit dem Hundertjährigen Krieg die mögliche Gefährdung der Nahrungsmittelversorgung der Hauptstadt zum nationalen Trauma geworden: Hungersnöte hatten den letzten Ausschlag für den Ausbruch der

Französischen Revolution gegeben, sie spielten auch 1871 bei der Belagerung der Stadt und dem Kommune-Aufstand eine entscheidende Rolle. Hier konnte der Staat in seinem Nervenzentrum getroffen werden. Noch heute scheint das Trauma nicht überwunden zu sein, möglicherweise stand es sogar hinter dem fehlgeschlagenen Milliardenprojekt des Pariser Schlachthofs La Villette oder dem Bau des größten Lebensmittelgroßmarkts der Welt, der neuen "Hallen" in Rungis (vgl. Kap.4.3).

Im inneren Pariser Becken hat die wechselseitige Abhängigkeit zwischen der Hauptstadt und ihrer Nahrungsbasis die Bildung großer Betriebseinheiten mit riesigen Blockfluren und die Modernisierung der Landwirtschaft außerordentlich begünstigt. Erleichtert wurde die avantgardistische Entwicklung durch eine frühe Kommerzialisierung der Landwirtschaft, deren Produktion sich fast ausschließlich am nahen Markt Paris orientierte. In Kontrast dazu standen die agrarischen Selbstversorgungsgebiete der übrigen Provinz, wo nur geringe Überflüsse für die kleinen zentralen Orte erzielt werden mußten, Geldeinnahmen also gering blieben; überdies wurden Bankkredite, also Schulden, im bäuerlichen Milieu peinlichst gemieden. So konnte nur ein schwacher Geldkreislauf entstehen, während er sich in der Ile-de-France zuerst durchsetzte und den Pächtern ermöglichte, Kapital zu investieren und Lohnarbeiter zu beschäftigen.

Jene förderlichen Wechselbeziehungen mit der Metropole werden nicht zuletzt dadurch begünstigt, daß die *grande culture* heute teilweise unmittelbar an den Rand des Pariser Ballungsraumes grenzt. Der Ring der Sonderkulturen blieb dort nur noch teilweise erhalten (s. Karte in BRUNET 1984), denn wegen der hohen Löhne in Hauptstadtnähe ist es rentabler, mit einem perfektionierten Maschinenpark, hohem Düngemitteleinsatz und einem Minimum an Angestellten riesige Schläge mit Getreide oder Zuckerrüben zu bestellen, anstatt sich dem arbeitsintensiven Gemüsebau zu widmen. Dank optimaler Verkehrsverbindungen kommen die Frischprodukte heute aus allen Teilen des Landes -THÜNENS Gesetz ist hier Geschichte.

Zwangsweise hatten die geschilderten Beziehungen zwischen Paris und seinem Umland sowie die wirtschaftliche Macht der Getreidebauern politische Auswirkungen. Paris war an der Blüte seiner Kornkammer interessiert, denn diese garantierte nicht nur die Nahrungsmittelversorgung, sondern mit Weizen läßt sich auch spekulieren, ja sogar Macht ausüben, wie sich in den Beziehungen USA - UdSSR gezeigt hat. Außerdem brachte die nahe Landwirtschaft den Besitzbürgern hohe Pachtzinsen ein, stellte einen bedeutenden Markt für Industrieprodukte und hatte einen überdurchschnittlichen Bedarf an Bankkrediten für Investitionen. Umgekehrt konnte den Großpächtern die Pflege solcher Beziehungen nur gelegen sein, was sich bis heute in politischer Einmütigkeit zeigt. So war der Protektionismus mit Unterstützung, ja sogar unter Druck der mächtigen Getreidebauern und gegen die Interessen der Viehzüchter und Polykulturlandwirte lange aufrechterhalten worden. Bis in die 50er Jahre blieben die Preise von Getreide, Zuckerrübe, Ölpflanzen und zeitweise Wein geschützt, nicht aber die von tierischen Produkten, Obst und Gemüse. Regional bedeutete das eine Begünstigung der fortschrittlichen Agrarregionen, vor allem des Pariser Beckens, während benachteiligte Zonen wie z.B. die Bretagne dem offenen Markt ausgesetzt waren. Die Folgen sind bekannt. Bis in jenen Zeitraum "favorisieren die staatlichen Eingriffe die beherrschenden Regionen, verschärfen also die räumlichen Disparitäten"* (PAUTARD 1965, S.161).

Der bedeutendste agrarische Interessenverband Frankreichs, die FNSEA, nicht zufällig beherrscht von den Getreidebauern als der mächtigsten Gruppe der Landwirte, hatte in dieselbe Richtung gestoßen: Er "war der Ansicht, daß die Interessen der Landwirtschaft eine Einheit bilden, und daß das, was für den Getreidebauern des Pariser Beckens gut ist, auch für den kleinen Bauern im Limousin gut sein muß"* (LE ROY 1972, S.16). Vermutlich wollen die Getreidebauern nach wie vor mit Hilfe der staatlichen Agrarpolitik nicht nur ihre Interessen verteidigen und ihren Besitzstand wahren. Sie wollen auch die Konkurrenz der anderen Landwirte blockieren, beispielsweise über die konsequente, demagogisch leicht zu untermauernde Verteidigung des bäuerlichen Familienbetriebs. 1986-88 war der Präsident der FNSEA zugleich Agrarminister. Das Zusammenspiel von Pariser Interessen, Getreidebauern und Staat hatte den Agrarraum Frankreichs nachhaltig geprägt und das zentral-periphere Gefälle verstärkt.

10.1.2 Jüngere Agrarpolitik und Fortschritte in der Landwirtschaft

Nach dem Zweiten Weltkrieg wurden die protektionistischen Prinzipien schrittweise aufgegeben. Das Ungleichgewicht der Macht zwischen den agrarischen Interessenverbänden hat sich inzwischen gemildert, denn auch in den strukturschwachen Räumen konnten sich einflußreiche Pressure-groups bilden. Nun holten andere Regionen auf, allen voran und überwiegend aus eigener Kraft die Bretagne, die sich zum dynamischsten Agrarraum Frankreichs entwickeln konnte.

Heute präsentiert der Industriestaat Frankreich in den meisten Regionen eine moderne Landwirtschaft, wie sie 1945 noch als Utopie erscheinen mußte: Sie zählte 1989 (incl. Fischerei und Forstwirtschaft) nur noch 1,36 Mio. (6,2%) aller Erwerbstätigen auf 1,02 Mio. Betrieben (1988) und hat, trotz absolutem Rückgang der Nutzfläche, beeindruckende Produktivitätssteigerungen erzielen können. Parallel zum Verschwinden unrentabler Höfe vollzieht sich eine anhaltende Vergrößerung der durchschnittlichen Betriebsfläche. Der Düngemittelverbrauch ist extrem gestiegen, die Zahl der Traktoren 1938-75 um das Vierzigfache! Überhaupt haben sich die Verflechtungen mit der Industrie erheblich intensiviert. Frankreich ist mit Abstand der bedeutendste Agrarproduzent in der Europäischen Gemeinschaft, mit etwa 40% des Getreides, 35% des Weins, 30% der Milch, 25% des Fleisches. Ein Sechstel des gesamten Exportwertes (ohne Rüstungsgüter) wird von Agrarerzeugnissen eingebracht.

Eine solch stürmische Entwicklung konnte nur durch massives Eingreifen des Staates zugunsten des ganzen Landes erreicht werden. Die seit 1945 und besonders nach dem landwirtschaftlichen Orientierungsgesetz 1960/62 betriebene Agrarpolitik fügt sich erneut in die zentralistische Strategie. Letztlich bestimmt das Agrarministerium in Paris, ganz gleich ob es sich um das weit entfernte Mammutprojekt für Bewässerung und agrarische Umstrukturierung Bas Rhône-Languedoc handelt oder um neu zu setzende Weinstöcke in Burgund. Hier sollen nun die französische Agrarpolitik der letzten drei Jahrzehnte und ihre Auswirkungen unter dem Gesichtspunkt zentralistischer Steuerungsmechanismen verfolgt werden.

Wie die Förderung der anderen Wirtschaftszweige wurde auch die Agrarpolitik in die jeweiligen "Pläne" integriert (vgl. Kap.9.3.1). Sie zielten 1947-61 eindeutig auf Wiederaufbau und Produktionssteigerung ab. Daraus erklärt sich u.a. die boomartige Zunahme landwirtschaftlicher Maschinen, wodurch gleichzeitig die Industrie angekurbelt wurde. Fördernd eingreifen konnte der Staat hier über eine konzertierte Aktion von öffentlicher Hand, Industrie, Handel und landwirtschaftlichen Organisationen, durch die Senkung von Treibstoffsteuern und -preisen sowie durch Anleihen. Eine sinnvolle Ergänzung bildete die partielle Finanzierung der Flurbereinigung nach 1946. Hinzu kamen Fördermaßnahmen für Produktion und Einsatz von Düngemitteln, für die Verbesserung der ländlichen Infrastruktur, für die Gründung von Kooperativen oder für Konservierungseinrichtungen der Agrarprodukte.

Allerdings verstärkte auch die Politik der Produktionssteigerung die räumlichen Disparitäten: Während die Getreidebauern bei geschützten Preisen beachtliche Einkommenssteigerungen erzielten, ergab sich in den ungeschützten Bereichen Viehhaltung und Sonderkulturen eine Überproduktion mit entsprechendem Preisverfall. Für viele kleine und mittlere Höfe, ja für weite Agrargebiete bedeutete dies Ruin und Abwanderung: Es kam zur bisher gewaltigsten Landflucht, die allein 1954-62 jeden vierten Erwerbstätigen in der Landwirtschaft bzw. insgesamt 1,5 Mio. Menschen erfaßte (GERVAIS et al. 1965, S.9). Demgegenüber durfte abermals das Pariser Becken von dieser Entwicklung profitieren. Die hier aufgegebenen Höfe erlaubten eine weitere Arrondierung der Betriebsflächen, die Rationalisierung konnte noch gesteigert werden. Dazu trug auch der wachsende Mangel an Arbeitskräften bei, denn die Ansiedlung verlagerter Industriebetriebe aus dem nahen Paris absorbierte in zunehmendem Maße landwirtschaftliche Erwerbstätige: Den höchsten Rückgang in Frankreich, nämlich von über 30% (1954-62), verzeichneten die an die Region Ile-de-France grenzenden Departements Aisne, Oise und Eure-et-Loire.

Allgemeiner Auffassung nach existiert eine eigentliche Agrarpolitik in Frankreich erst seit dem landwirtschaftlichen Orientierungsgesetz von 1960/62. Sie setzte sich drei Hauptziele: Erhaltung der Preise, Anpassung der Betriebsflächen und Verbesserung der sozio-demographischen Struktur (KLATZMANN 1978, S.148). Konkret ging es darum, lebensfähige Familienbetriebe zu schaffen bzw. zu erhalten, um ein dem allgemeinen Lebensstandard angepaßtes Einkommensniveau und soziale Sicherheit zu garantieren (Krankenversicherung, Schutz bei Naturschäden etc.). Die wichtigsten, im ganzen Land einheitlichen Instrumente dieser Politik nach 1960 sind:

- die Zuschüsse und Vorzugskredite des Crédit Agricole;
- die Flurbereinigung;
- die Aktivitäten der Sociétés d'Aménagement Foncier et d'Etablissement Rural (SAFER), die mittels Aufkauf von landwirtschaftlichen Flächen kleine Höfe durch Arrondierung wieder rentabel machen oder übernommene Flächen zu neuen lebensfähigen Betrieben zusammenlegen; die Erfolge der SAFER blieben jedoch begrenzt;
- eine Rente für ruhestandswillige Landwirte (IVD), um die Übernahme der Höfe durch jüngere, modernisierungswillige Nachfolger zu erleichtern; 1963-77 erhielten über eine halbe Million Personen diese Rente; das betraf 9,5 Mio. ha bzw. ein knappes Drittel der gesamten LN, vor allem im Süden (KLATZMANN 1978, S.173).

Außerdem werden regionalspezifische Entwicklungsmaßnahmen durchgeführt. Im Zusammenhang mit der früheren Politik der Produktionssteigerung standen Erschließungs- und Meliorationsprojekte, fast ausschließlich in zurückgebliebenen Räumen Südfrankreichs. Sie sollten mittels Bewässerung, Flußregulierung, Drainage, Bodenverbesserung, speziellen infrastrukturellen Eingriffen etc. die gesamte Landwirtschaft größerer Areale modernisieren sowie neue Nutzflächen erschließen; zu den bekanntesten zählen die Projekte Bas Rhône-Languedoc und Mittlere Durance (vgl. PLETSCH

1976, 1987; LIVET 1978). Auf der Grundlage eines Gesetzes von 1951 werden solche Großprojekte in der Regel von gemischten Gesellschaften (Kap.9.2.2) durchgeführt, über die das Agrarministerium die Entwicklung ganzer Agrarräume beeinflussen kann. Jüngeren Datums ist die Globalförderung strukturschwacher ländlicher Regionen (Zones de rénovation rurale), z.B. der Bretagne, des Cotentin und des Zentralmassivs, sowie aller Departements, deren Fläche sich zu mindestens 80% über 600 m NN erhebt. Zusammen umfaßten sie in den 70er Jahren ein Viertel der Fläche Frankreichs mit 6,5 Mio. Einwohnern und ca. einem Drittel der landwirtschaftlichen Betriebe. Hier stellt der Staat Zuschüsse bzw. Kredite für die Schaffung von Arbeitsplätzen, die Diversifizierung der Wirtschaft (Tourismus, Industrie) und die Modernisierung der Agrarbetriebe zur Verfügung. Bei der großen Ausdehnung dieser Gebiete kann die Wirkung allerdings nur begrenzt bleiben. Deshalb wurden in den einzelnen Räumen auch Förderprioritäten gesetzt, z.b. in der Bretagne für Straßenbau und Verarbeitung von Schweinefleisch, im Limousin für Wasserversorgung, Viehhaltung und Tourismus (LE ROY 1972, S.85). Diese Politik hat zu erheblichen Produktionssteigerungen, zur strukturellen Sanierung und zur Verbesserung der sozialen Verhältnisse in der Landwirtschaft geführt. Gleichzeitig hat sie den Rückgang der traditionellen Polykultur beschleunigt, zugleich also zur Spezialisierung und Polarisierung der einzelnen Agrarregionen beigetragen.

Mit der neuen Agrarpolitik ist ein definitiver Wandel eingetreten: Hatte man noch in der Nachkriegszeit für das ganze Land jene Einheitsstrategie der Produktionssteigerung verfolgt, so trägt man seit den 60er Jahren, bei aller zentralen Konzeption und Steuerung, auch den regionalen Strukturen und Bedürfnissen Rechnung. "Das Prinzip eines Bruchs mit der uniformen nationalen Politik ist von den Landwirten, die die Ungerechtigkeit der egalitären und zentralisierenden Haltung gegenüber den Regionen mit ihren schreienden Ungleichheiten kritisiert hatten, positiv aufgenommen worden"* (LE ROY 1972, S.85). Überholt ist heute die These von GERVAIS et al. (1965, S.60), fünfzehn Jahre Fortschritt hätten den Abstand zwischen der *grande culture* des Nordens und der Masse der Polykultur-Bauern noch vergrößert. Im Gegenteil, viele Regionen und Produktionsbereiche verzeichnen inzwischen höhere Wachstumsraten als die Landwirtschaft des Pariser Beckens. Selbst in der Erzeugung von Getreide, bekommt er Konkurrenz, beispielsweise durch den Mais im Südwesten. Ebensowenig zu übersehen sind die Modernisierungserfolge in den Erschließungsprojekten, wie z.B. im Tal der Durance. In weiten Bereichen Südfrankreichs wurde die morbide Agrarstruktur wiederbelebt, nicht zuletzt unter dem stimulierenden Einfluß repatriierter Kolonialfranzosen aus Nordafrika (vgl. PLETSCH 1976).

10.1.3 Persistenter Zentralismus in der Landwirtschaft

In großen Teilen Frankreichs konnte sich eine vom Untergang bedrohte Landwirtschaft in die moderne Gesamtwirtschaft integrieren. Sie liefert heute unverzichtbare Produktionsbeiträge für den nationalen und für den europäischen Markt. Doch verblassen die zentralistischen Strukturen keineswegs, ebenso scheint die agrarpolitische Führungsrolle der Hauptstadt und des inneren Pariser Beckens - sprich: der Getreidebauern - ungebrochen. Das zeigte sich beispielsweise in einem 1980 verabschiedeten Gesetz, das die jährliche Steigerung des Pachtzinses auf max. 2% begrenzt, was wiederum auf eine Begünstigung der Pachtbetriebe gegenüber den eigenbewirtschafteten Höfen hinausläuft.

Ein zusätzlicher Zentralisierungsprozeß in der Landwirtschaft vollzieht sich indirekt über die Nahrungsmittelindustrie. Diese hatte sich in Frankreich schon früh entwikkelt, blieb aber lange in kleine Betriebe zersplittert und regional gestreut. Da eine solche Struktur keine vergleichbaren Wachstumsraten erlaubte wie in der eigentlichen Agrarproduktion, förderte der Staat die Unternehmenskonzentration und bewog auch große, sogar multinationale Konzerne zur Niederlassung in Frankreich. Seit Beginn der 70er Jahre erlangten sie steigende Bedeutung. Kleine und mittlere Landwirte schließen mit den Firmen feste Verträge über eine Belieferung mit Saatgut, Düngemitteln etc. sowie umgekehrt über Abnahmegarantien. Letztlich wird dadurch die Agrarproduktion in zunehmenden Maße von solchen Unternehmen gesteuert, der individuelle Landwirt wandelt sich zum Kontraktbauern mit dem Status eines Quasibeschäftigten. Nun haben aus den bekannten Gründen fast alle betreffenden Großunternehmen und Konzernvertretungen ihre Hauptverwaltung in Paris angesiedelt. Außerdem ist die Produktion der Nahrungsmittelindustrie dort weitaus stärker konzentriert als es dem Lokalverbrauch entspräche. So wird die französische Landwirtschaft heute in einem früher unbekannten Grade und auf eine neue Weise aus der Hauptstadt ferngesteuert, durchaus vergleichbar mit der Industrie.

Die Nachteile des Zentralismus verschonen auch die Landwirtschaft nicht. Daß alles in Paris entschieden wird, kann die Entwicklung hemmen und auch zu wirklichkeitsfremden Beschlüssen an fernen Grünen Tischen führen: Beispielsweise wird der Bau von Schafställen überall nur ab einer Mindestgröße subventioniert, obwohl diese in manchen Gegenden überdimensioniert ist. Weinbau mit Bewässerung ist strikt verboten, um die Überproduktion einzudämmen - ein für die Massenweine im Languedoc sicherlich sinnvolles Gesetz, das jedoch anderen Weinbaugebieten schadet, die durch Berieselung eine (staatlicherseits erwünschte!) Qualitätssteigerung erzielen könnten. Das Hauptproblem solcher Gesetze ist ihre landesweite Uniformität, die lokalen und regionalen Besonderheiten bzw. Erfordernissen nicht Rechnung tragen will. Ungünstig wirkt sich zu alledem die Provinzferne der landwirtschaftlichen Verbände, Organisationen und Interessengruppen aus, die zu ca. 90% in Paris ansässig sind.

Zentralistisches System und Übergewicht der Metropole inmitten eines natürlichen Gunstraumes haben das zentral-periphere Gefälle in der Landwirtschaft maßgeblich verstärkt. Abgesehen von den genannten Nachteilen scheint der französische Zentralismus in seinen aktuellen Auswirkungen jedoch eher vorteilhaft für die Agrarwirtschaft des Landes zu sein. Denn die Förderpolitik seit Beginn der 60er Jahre zielte eindeutig auf eine Stabilisierung und Verbesserung der Verhältnisse in den peripheren und benachteiligten Räumen ab. Viele von ihnen holten auf, manche langsam, manche atemberaubend, wie die Bretagne. Die führende Agrarlandschaft, das Pariser Becken, macht wiederum als Vorbild moderner Möglichkeiten Schule, gestützt durch das Prestige der Hauptstadt und durch den von dort ausgehenden schnellen und direkten Entscheidungsfluß. Vorteile, die man keinesfalls übersehen sollte - bei allem Verständnis für den Bauern in der Provence, der über "die da oben" flucht, weil er jeden neuen Weinstock beim Agrarminister beantragen muß, so wie auch seine Vorfahren unter dem *Ancien Régime* geflucht haben, wenn sie durch Verordnung des Königlichen Rates gezwungen wurden, Weinstöcke auszureißen.... (DE TOCQUEVILLE 1856, in 1978, S.60).

10.2 Die industrielle "Dezentralisierung" - Instrument gegen oder für den Zentralismus?

Den komplexesten Bereich in den Wechselwirkungen zwischen Zentralismus und Industrie bildet die Politik der sog. industriellen Dezentralisierung, vor allem in den 50er und 60er Jahren. Doch entgegen dem offiziellen Ziel, mit dieser Strategie die zentralistischen Raumstrukturen und das Gefälle Hauptstadt - Provinz auszugleichen, lief sie im Endergebnis auf eine Dekonzentration hinaus (vgl. Kap.2.3) und trug paradoxerweise dazu bei, den Zentralismus zu konsolidieren.

10.2.1 Die Ausgangssituation in den 50er Jahren

"Paris et le désert français" von GRAVIER hatte 1947 das extreme, wachsende Ungleichgewicht zwischen Hauptstadt und Provinz bewußt gemacht wie nie zuvor. In Boom des wirtschaftlichen Neubeginns der 50er Jahre wurde die negative Entwicklung noch beschleunigt. 1954 lebten in der Ile-de-France auf nur 2,2% der Fläche Frankreichs 7,3 Mio. Menschen, d.h. 17,2% der gesamten bzw. rund die Hälfte der großstädtischen Bevölkerung. Der jährliche Zuwachs an Einwohnern stieg bis auf 180.000 an. 35% der Baugenehmigungen in Frankreich entfielen auf die Region (CLOUT 1970).

1926-54 war die Zahl aller Beschäftigten in Paris um 70% gestiegen, gleichzeitig aber in ganz Frankreich um 12% gesunken (OCKENFELS 1969, S.15). Die Bevölkerung der Provinz stagnierte, auf drei Vierteln des Territoriums hatte sie seit Mitte des 19.Jh. abgenommen. Die Investitionen gingen zurück, Produktionsmittel und Infrastruktur veralteten, die Provinz verarmte, der Abstand zu Paris wuchs. Zugleich aber drohte die Metropole an ihrem eigenen exzessiven Verdichtungsprozeß zu ersticken.

Angesichts der prekären Entwicklung verfolgte der Staat ab 1950 eine Politik der "Dezentralisierung", nämlich den "Versuch, das industrielle Wachstum der Pariser Region ... in die stärker benachteiligten Räume zu verlagern"* (SAINT-JULIEN 1973, S.557). Als einziges Instrument sollte die Industrie eingesetzt werden, obwohl schon damals die Dienstleistungen der führende Wirtschaftssektor im Pariser Raum waren und im Zeitraum 1954-60 einen dreimal so hohen Zuwachs verzeichneten wie die Industrie (CLOUT 1970, S.56). Erst ein Jahrzehnt später bezog man auch den tertiären Sektor in diese Strategie ein (vgl.Abb.24).

Es war aber in der Nachkriegszeit durchaus logisch, an der Industrie anzusetzen: Nach Jahrzehnten der Stagnation erlebte diese einen Boom, in dem man den Motor der gesamten Wirtschaft wähnte. Dagegen war um 1950 die eigenständige Entwicklung des tertiären Sektors noch nicht erkannt; vielmehr schien man ihn primär als Konsequenz der Industrialisierung zu interpretieren, nämlich daß einem neuen Arbeitsplatz in der Industrie ein bis zwei weitere in den Dienstleistungen folgen. Dementsprechend würde eine Dezentralisierung der Industrie auch im tertiären Sektor einen Ausgleich zwischen Paris und Provinz fördern (vgl. u.a. NOEL 1976).

Auf die Ile-de-France entfielen je ein Viertel der Industrieproduktion und -beschäftigten Frankreichs, die Betriebe mit > 1000 Beschäftigten erreichten sogar 38% (1958). Hier arbeiteten etwa die Hälfte aller Facharbeiter und Ingenieure. Mehrere Zweige, fast ausnahmslos Wachstumsbranchen, erzeugten mehr als die Hälfte der jeweiligen nationalen Produktion, u.a. Optische Industrie (> 70%), Kraftfahrzeug- und Flugzeugbau (> 60% bzw. > 55%) und Elektroindustrie (> 55%) (vgl. BRÜCHER 1971). Für eine solche Hyperkonzentration der Industrie in der Hauptstadt gab es in der Tat keine zwingenden Gründe. Im Gegenteil, die extreme Verdichtung führte zu wachsenden Standortproblemen für die Unternehmen: Raummangel, überhöhte Bodenpreise und Löhne, Transportschwierigkeiten etc. Alles sprach also dafür, die Industrie zu dezentralisieren, zumal solche Standortnachteile nach einer Auslagerung sich zu entsprechenden Standortvorteilen in der Provinz umkehren würden (vgl. GEORGE 1961, S.28).

10.2.2 Politik und Methoden der industriellen "Dezentralisierung"

Die Politik der sog. industriellen Dezentralisierung scheint als solche nie klar definiert worden zu sein. Daraus ergaben sich Ungenauigkeit und Interpretationsbreite bei der Begriffsverwendung, wie SAINT-JULIEN (1973) näher ausführt. So erscheint hier zunächst eine genaue Abgrenzung notwendig. Die Einzeldefinitionen in BASTIÉ et al. (1981, S.5 ff) lassen sich folgendermaßen zusammenfassen: Man versteht offiziell unter einer Operation industrieller "Dezentralisierung" (*décentralisation*) die Verlagerung der Gesamtheit oder von Teilbereichen eines Industrieunternehmens aus der Region Ile-de-France, das dort mit mindestens einem Produktionsbetrieb vertreten ist; Teilbereiche sind Hauptverwaltung, nichtproduktive Dienste sowie Produktionsstätten und -betriebe. Um eine "dezentralisierte Erweiterung" (*extension décentralisée*) handelt es sich, wenn ein in der Ile-de-France produzierendes Unternehmen außerhalb einen Betrieb gründet oder erweitert, ohne jedoch eine Verlagerung vorzunehmen. Es sollten nur die wirklich paris-ständigen, also dort auch produzierenden Unternehmen erfaßt werden; reine Zweigwerksgründungen (*créations décentralisées*) durch die zahlreichen, in Paris nur mit einer (Haupt-)Verwaltung vertretenen Unternehmen fallen nicht unter die Bezeichnung *décentralisation* (vgl. SAINT-JULIEN 1973).

Die Methoden zur Verwirklichung der Dezentralisierungspolitik werden durchweg nur als Faktum hingestellt und beschrieben: Im Pariser Raum sollte die Industrie in ihrem Wachstum gebremst bzw. zur Verlagerung bewegt werden, indem man versuchte, mittels Restriktionen die Industrieflächen zu reduzieren; umgekehrt bot man in bestimmten förderungswürdigen Gebieten der Provinz finanzielle Anreize zur Schaffung von Arbeitsplätzen. Abgesehen von SAINT-JULIEN (1973), die den Wesensunterschied von Flächen und Arbeitsplätzen hervorhebt, konnte jedoch in keiner Publikation eine Interpretation dieser überraschenden Kombination gefunden werden. Offensichtlich wählte man in beiden Fällen als Ansatzpunkt den wichtigsten, weil knappsten Produktionsfaktor: in Paris den Boden, in der Provinz die Arbeit. So ließ sich die Einschränkung von industriellen Baugrundstücken als das effizienteste Druckmittel, die Subventionierung neuer Arbeitsplätze als das effizienteste Lockmittel einsetzen: Flächenintensität gegen Arbeitsintensität.

Ging es nun bei diesem kombinierten Einsatz der Faktoren Boden und Arbeit nur um eine quantitative Verschiebung der Industrie (später auch von Dienstleistungen) aus dem Pariser Raum in den Rest des Landes? Oder sollte mit der Verlagerung arbeitsintensiver Produktion aus dem Zentrum mit seinen hohen Standortkosten Gelände freigemacht werden für eine flächenintensivere Nutzung, wie z.B. durch hochproduktive Industriebranchen, tertiäre Bereiche der Industrie oder höhere Dienstleistungen? Sollte umgekehrt die Industrialisierung der Peripherie forciert werden, um die materielle Basis für das Wachstum der gehobenen Dienstleistungen im Zentrum zu erwirtschaften? Eine solche kombinierte Zielsetzung der Raumordnung würde zu einer Stärkung des Zentrums führen, letztlich also wiederum den Zentralisierungsprozeß fördern!

Dies erinnert an die vom Konsumzentrum nach außen sinkende Lagerente, im weiten Sinne ist es eine Übertragung des Thünenschen Modells auf den sekundären und tertiären Sektor. Den Raumplanern der 50er Jahre kann die älteste aller Standorttheorien nicht unbekannt gewesen sein. Hat man es deshalb bis heute vermieden, die Dezentralisierungspolitik genau zu definieren? War sie gar ein - bewußtes oder unbewußtes - Instrument der Zentralisten? Am Ende des Kapitels ist darauf zurückzukommen.

10.2.2.1 Die Restriktionspolitik im Pariser Raum

Der Beginn der Dezentralisierungspolitik fällt auf die Jahreswende 1954/55. Obwohl die auf Paris gerichteten Bemühungen allgemein nur als Teil bzw. Ausgangspunkt einer ausgleichenden Raumordnungspolitik dargestellt werden, hatte die Entlastung von Paris in den 50er Jahren doch klare Priorität; die parallele Förderung der Industrieansiedlung in der Provinz und Fragen der Verteilung der Industriestandorte blieben bis zu Beginn der 60er Jahre zweitrangig (MERLIN 1980, S.183; BASTIÉ et al. 1981, S.12).

Die Restriktionspolitik für den Pariser Raum setzte per Dekret 1955 ein und wurde erst 1985 endgültig annulliert. Danach benötigten Unternehmen, die einen Betrieb mit > 500 m² Fläche gründen, einen bestehenden Betrieb um > 10% der Grundfläche erweitern oder - ab 1959 - übernommene Bauten entsprechender Ausdehnung nutzen wollten, eine Sondergenehmigung (*agrément*) des Bauministeriums. Bei Zuteilung des Agréments mußte ab 1960 eine einmalige Standortgebühr bis zu 150,- FF/m² entrichtet werden, während für die Stillegung von Produktionsstätten Prämien in ähnlicher Höhe winkten. (Ab 1967 gab es jedoch erste Lockerungen: Die genehmigungsfreie Fläche bei Gründung wurde auf 1000 m², ab 1972 auf 1500 m² bzw. bei Erweiterung auf + 50% angehoben.) Die anfangs für die ganze Region einheitlichen Auflagen wurden sukzessiv für die weniger belasteten Randgebiete erleichtert, speziell für die *Villes Nouvelles*, und für die äußersten Randzonen abgeschafft (vgl. Kap.8.4.1, Abb.23). Über das Agrément entschied ab den 60er Jahren das Raumordnungsministerium, nach Begutachtung durch den sog. Dezentralisierungsausschuß, der aus Vertretern der DATAR, der Regionalpräfektur der Ile-de-France und des Industrieministeriums bestand. Abzulehnen war ein Antrag, wenn die Präsenz der Branche im Pariser Raum als nicht notwendig erachtet wurde bzw. wenn umgekehrt die dortige "Ansiedlung nicht unumgänglich für ihre Rentabilität erschien"* (MONOD/CASTELBAJAC 1980, S.48) - Bestimmungen, die bei SCHMITGES (1980, S.93) sogar den "Eindruck von Willkürlichkeit" aufkommen lassen.

Das Genehmigungsverfahren wurde 1967 ausgeweitet auf Büroflächen ab 500 m² (1972: > 1000 m²), die eine Standortgebühr von 200,- FF/m² (1972: 400,- FF/m²) zu entrichten hatten. Die Grenzwerte lagen also genauso hoch wie für Industriebetriebe, das heißt, die Maßnahmen gegen die Büros mit ihrem wesentlich höheren Umsatz pro Flächeneinheit waren auffällig lascher.

10 Der Zentralismus in ausgewählten Wirtschaftsbereichen

Standortgebühr bei Sondergenehmigung für Industrieansiedlung bzw. -expansion

- 150 Francs/m²
- 75 Francs/m²
- 25 Francs/m²
- keine Gebühr

— Grenze von Paris (Stadt) bzw. der Neuen Städte

● ausgewiesene Industriezone

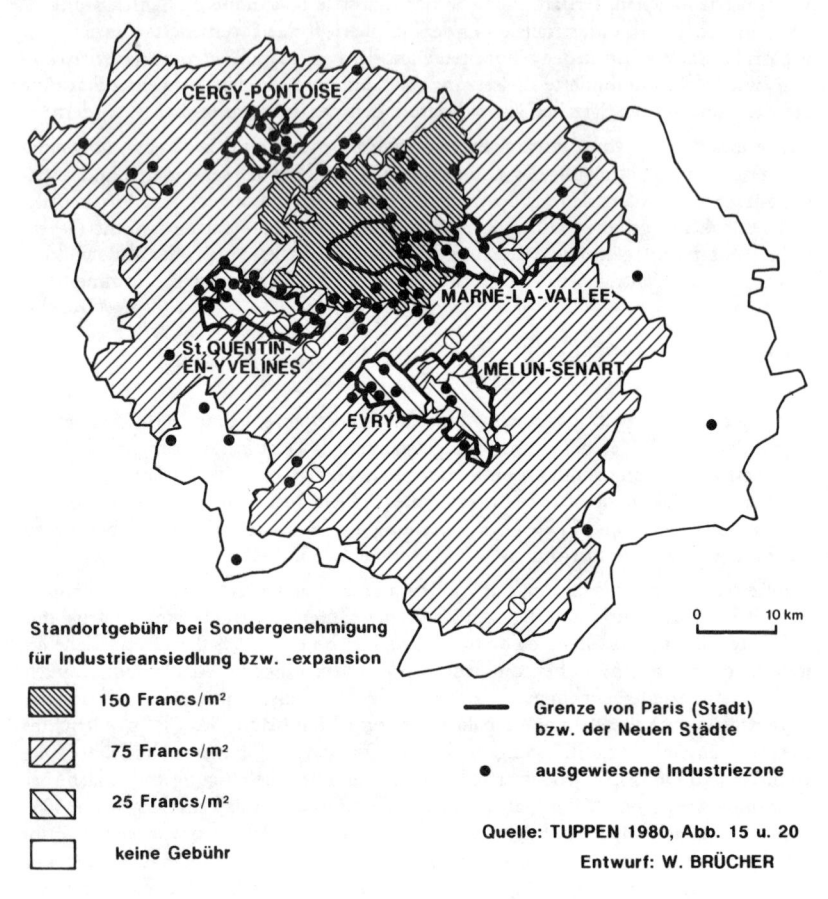

Quelle: TUPPEN 1980, Abb. 15 u. 20
Entwurf: W. BRÜCHER

Abb.23 Bedingungen für die Industrieansiedlung in der Region Ile-de-France in den 70er Jahren

Über den Genehmigungsentscheid hinaus erhielt folglich die DATAR einen gewichtigen Einfluß auf die gesamte Raumordnung: Sie konnte nicht nur Dezentralisierungsoperationen in der Provinz, sondern auch Projekte innerhalb der Pariser Region steuern, d.h. im Hauptstadtbereich Einfluß nehmen auf Kriterien wie Mikrostandort, Betriebsgröße, Branche, Arbeitsintensität etc.. Dies ermöglichte eine Konzentration von Ansiedlungen auf die ausgewiesenen Industriezonen, einen Ausgleich im schwächeren östlichen Bereich sowie eine Schwerpunktförderung der Neuen Städte (MONOD/-CASTELBAJAC 1980, S.49; vgl. Abb.23). Oft zitiertes Beispiel für solche innerregionalen Operationen ist die Verlagerung des Citroën-Werkes vom Quai de Javel, im SW der Stadt Paris, nach Aulnaye-sous-Bois, nur 9 km NE *extra muros*.

10.2 Die industrielle "Dezentralisierung"

SCHMITGES (1980) schildert die Verwendung des Agréments als raumordnerisches Instrument der DATAR: Es ermöglichte ihr die Verdrängung von einfachen, arbeitsintensiven Produktionsprozessen mit geringer Wertschöpfung in die Provinz. Die Erteilung einer Baugenehmigung innerhalb der Ile-de-France an ein Unternehmen wurde meist von dessen Zusage abhängig gemacht, gleichzeitig auch in der Provinz Arbeitsplätze zu schaffen - ein Druckmittel also für die Durchsetzung von Dezentralisierungsoperationen. Bevorzugte Partner solcher "Kompensationsgeschäfte" (S.170) waren Großunternehmen, denen die DATAR das Agrément zwar nur unter Schwierigkeiten verweigern konnte (Streikdrohungen etc.), die umgekehrt jedoch unbedingt ihre Hauptverwaltungen in Paris behalten, wenn nicht gar vergrößern wollten. Überdies deckte sich die Absicht der DATAR, möglichst viele Arbeitsplätze in der Provinz zu schaffen, auch mit dem Vorhaben so manchen Unternehmens, denn dort sind Grundstücke billig, Löhne niedrig und Streiks selten (S.70; vgl. LIMOUZIN 1988, S.105). Die sich derart vermählenden Interessen mündeten folglich in die erwähnte Verdrängung lohnkostenintensiver Erzeugungsprozesse aus der Hauptstadt zugunsten der Ansiedlung hochproduktiver Aktivitäten. Damit erhielt die DATAR einen erheblichen Einfluß auf die Industrialisierung Frankreichs schlechthin. In begrenztem Maße konnte die DATAR sogar Einfluß auf die regionale Branchenspezialisierung nehmen, z.B. im Raum Toulouse auf Luft- und Raumfahrtindustrie, Elektrotechnik und Elektronik.

Diese Kontrollpolitik der DATAR erklärt auch, daß auffallend wenige Anträge auf Erteilung des Agréments abgelehnt wurden, selten mehr als 30% pro Jahr (SCHMITGES 1980, Fig.5,8). Den restlichen wurde meist stattgegeben, wenn die Unternehmen zusagten zu dezentralisieren - je größer die Unternehmen, desto weniger Ablehnungen, desto mehr solcher "Kompensationsgeschäfte". Demgegenüber wurden die mittelständischen, Unternehmen benachteiligt: Die Standortgebühr traf sie unvergleichlich härter, meist sahen sie sich auch nicht in der Lage, zugleich in der Ile-de-France und, als Gegenleistung, außerhalb zu investieren. Insgesamt sind die konkreten Auswirkungen verweigerter Agréments jedoch sehr gering geblieben. Erfolge größeren Ausmaßes erzielte die DATAR dagegen mit der geschilderten Kontrollpolitik, die SCHMITGES als das "wichtigste Element innerhalb der Dezentralisierungspolitik" bezeichnet (1980, S.79, 114).

10.2.2.2 Die regionalen Anreize zur Industrieansiedlung

Daß die Dezentralisierungspolitik bis Anfang der 60er Jahre primär gegen das "Monstrum" Paris gerichtet war, wird auf der anderen Seite deutlich an den mageren Anreizen für eine Industrialisierung der Provinz. Erst ab 1964 weitete man die Dezentralisierungspolitik, unter Einbindung in die Entwicklungspläne (vgl. Kap.9.3), zu einer aktiven Raumordnungspolitik für das ganze Land aus. Die CNAT und die DATAR wurden ihre wichtigsten Träger. Letztere entwickelte ein im Prinzip bis heute gültiges System finanzieller Anreize für die Industrieansiedlung in der Provinz.

Generell werden seit 1964 Dezentralisierungsoperationen entschädigt, maximal in Höhe von 60% bzw. 0,5 Mio.FF der Kosten des Transfers zum neuen Standort. Zur Förderung von Niederlassungen bzw. Strukturverbesserungen wurde das Territorium von der DATAR entsprechend der Dringlichkeit zunächst in fünf gestaffelte Zonen eingeteilt (Industrialisation et aménagement... 1968; DATAR 1988, S.152; vgl. Abb.25):

Zone I: In der Entwicklungszone (*zone de développement*), dem schwach industrialisierten Westen, wurden Steuervergünstigungen und Beihilfen für die Aus- und Fortbildung gewährt; hinzu kamen Prämien, maximal 13.000 FF pro Arbeitsplatz, für:
1. Neugründungen mit einem investierten Minimum von 300.000 FF bzw. von 30 Arbeitsplätzen:
a) bis zu 12% der Investitionen im Zentralmassiv, in Korsika und im SW,
b) bis zu 15% in der Bretagne,
c) bis zu 25% in einzelnen Ballungsräumen mit hoher Arbeitslosigkeit (u.a. Limoges),
2. Betriebserweiterungen um mindestens 30% bzw. um 100 Arbeitsplätze:
a) 6% im ganzen Bereich,
b) 12% bzw. 7.000 FF pro Arbeitsplatz in jenen Ballungsräumen.
Zone II: In altindustrialisierten strukturschwachen Revieren (z.B. Lothringen, Vogesen, Bergbaugebiete im Zentralmassiv), die man zu Umstrukturierungszonen (*zones d'adaptation*) erklärte, erhielt eine Operation je nach ihrer Bedeutung als Umstrukturierungsmaßnahme Subventionen bis zu 25% der Investitionen, ansonsten vergleichbare Unterstützung wie in Zone I.
Zone III, die vor allem die Randbereiche des Pariser Beckens, den SE und das Languedoc umfaßte, erhielt keine Prämien, wohl aber die anderen Vergünstigungen, ebenso *Zone IV*, jedoch ausschließlich für Dezentralisierungsoperationen aus der Ile-de-France (in Abb.25 nicht differenziert).
Zone V, ein etwa 100 km breiter Streifen im Norden, Westen und Süden um die Ile-de-France und ohnehin der bevorzugte Standraum der aus der nahen Hauptstadtregion ausgesiedelten Betriebe, bekam keinerlei Unterstützung.

Auch von lokaler und regionaler Seite sollten Fördermaßnahmen die staatlichen Anreize verstärken. So unterstützte die DATAR massiv und mit beeindruckenden Erfolgen die Modernisierung der regionalen Infrastruktur : Im Zeitraum 1958-1978
- entstand das erste Autobahnnetz mit 4583 km Länge,
- wurde die Elektrifizierung des Bahnnetzes ausgedehnt, von 6057 km auf 9511 km,
- nahm die Zahl der Inlandflughäfen von 14 auf 55 zu,
- die der Telefonhauptanschlüsse von 2 Mio. auf 12 Mio. (L'Express, 2.-9.12.78).

Regionale Institutionen, wie z.B. die Industrie- und Handelskammern, betrieben intensive Werbung und halfen bei der Standortsuche. Besonders aktiv zeigten sich die Gemeinden, die ihre schmalen Einkünfte verbessern wollten. Zusätzliche Effekte erwartete man von der Anlage von Industrieparks (*zones industrielles*) (vgl. BRÜCHER 1971).
Nachdem der Höhepunkt der "Dezentralisierungen" 1961 längst überschritten war (Abb.24), bedeutete die Einführung der gestuften Förderzonen eine Tendenzwende, nämlich von der eigentlichen *industriellen Dezentralisierung*, also von der prioritären Entlastung von Paris, zu einer *dezentralen Industrialisierung*.
Später wurden die Prämien mehrmals modifiziert und zusammengefaßt, die Förderzonen differenzierter und konkreter festgelegt (Abb.25). Damit bekamen die Unterstützung der ländlichen Notstandsgebiete und die Umstrukturierung der Krisenreviere Vorrang (vgl. Abb.3 in THARUN 1987). Ohne Anrecht auf Unterstützung bleiben seit 1982 das gesamte Pariser Becken, der Südosten (früher *Zone* III und IV) sowie die inselhaften Ballungsräume. Ein Detail fällt auf: In diese nicht unterstützte Zone ragt wie ein Kap ein kleines Fördergebiet um Château-Chinon (Dept. Nièvre) - der Wahlkreis von François Mitterrand...

Parallel zu jener Tendenz zur Flächenförderung lockerte sich der Druck auf die Ile-de-France: Seit 1971 gibt es in den Neuen Städten keine Prämien mehr für die Schließung von Industriebetrieben, ihr Ansiedlung wird sogar subventioniert. Ende 1985 hob die Regierung schließlich alle Restriktionen gegen die Metropole auf - und besiegelte damit auch de iure das Ende der Dezentralisierungspolitik. Die Unternehmen müssen das als regelrechte Einladung betrachtet haben: Waren 1978-85 315.000 m²/a Industrieflächen hinzugekommen, so expandierten diese 1986-89 um 811.000 m²/a (RCD 1990, III, S.54)!

10.2.2.3 Die Effizienz der industriellen Dezentralisierungspolitik

Bedingt durch die geschilderte Ungenauigkeit des Begriffs "Dezentralisierung" schwanken die Angaben über die Zahl der Operationen und der dadurch geschaffenen Arbeitsplätze. Wir beziehen uns hier auf den mehrfach untersuchten Zeitraum vom Beginn 1954/55 bis zum faktischen Ausklingen 1975. BASTIÉ et al. (1981) geben 3682 Operationen an, FERNIOT (1976) und identisch SCHMITGES (1980) 3126, d.h. 15% weniger. Mit den 3126 Dezentralisierungen wurden über 462.000 Arbeitsplätze außerhalb der Region Ile-de-France geschaffen. Etwa zwei Drittel entfallen auf das Jahrzehnt 1959-68, mit einer herausragenden Spitze 1961 (vgl. Abb.24 u. VERLAQUE 1984).

10.2.2.3.1 Die Auswirkungen auf die Pariser Region

Die mit sog. Dezentralisierungsoperationen verlagerten Betriebe hatten zu einem Drittel ihren Ursprung in der Stadt Paris, zu weiteren 56% in der ebenfalls überlasteten *Petite Couronne*. Den entscheidenden Effekt auf die Beschäftigtenzahlen hatten die großen Unternehmen: Nur 4% stellten die Hälfte aller durch "Dezentralisierung" geschaffenen Arbeitsplätze; allein aus zehn bekannten Großunternehmen entstammte ein Viertel, d.h. über 100.000 Stellen (FERNIOT 1976). Der weitaus größte Teil der Operationen dagegen wurde von kleinen und mittleren Firmen getragen. Trotzdem folgten den abwandernden Betrieben nur 24% der zugehörigen Hauptverwaltungen, überwiegend kleiner Einbetriebsunternehmen, auf die nur 8% der Arbeitskräfte entfielen. Da die Steuerung der Industrie also weitgehend in Paris verblieb, muß man korrekterweise von *déconcentration* sprechen, anstatt von *décentralisation* (VERLAQUE 1984, S.35; vgl. Definitionen in Kap.2.3)!

Nach dem Höhepunkt der Dezentralisierungen stellte man auf Seiten des Staates den Rückgang der Pariser Industrie gern als politischen Erfolg dar, während die Lokal- und Regionalvertreter der Ile-de-France ihr die Schuld an einer angeblich bedrohlichen *désindustrialisation parisienne* zuschoben. Scheinbar sprachen zahlreiche Fakten für eine massive Wirksamkeit dieser Politik in der Ile-de-France: Dort ging der Flächenanteil an allen jährlichen industriellen Baugenehmigungen in Frankreich von 33% (1954) auf 8% (1968) zurück. Während 1954-75 die Zahl der Industriebeschäftigten in der Provinz um rund 1,1 Mio. (+ 31%) zunahm, stagnierte sie im Pariser Raum mit + 38.000 (+ 3%); dessen Anteil am ganzen Land sank von 25,6% auf 21,4% (INSEE, briefl. Inform. 22.8.1988). Geradezu spektakulär schrumpften die hier konzentrierten Wachstumsbran-

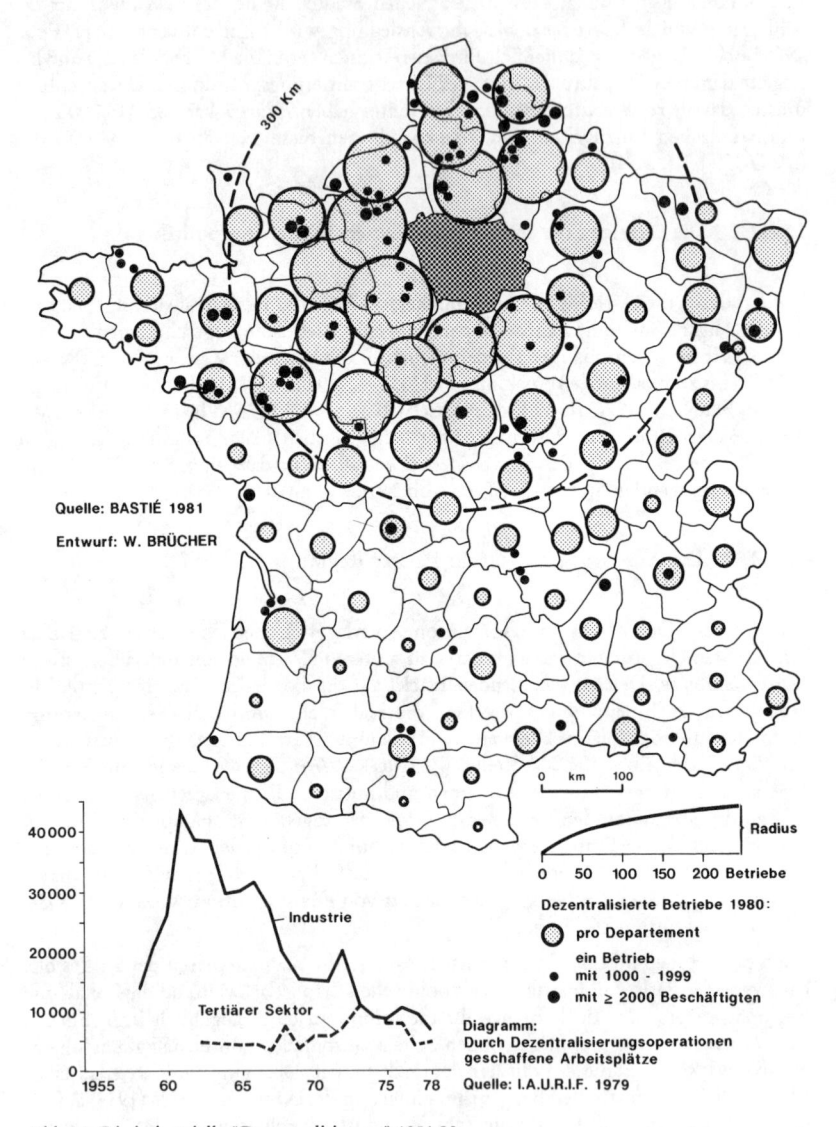

148   10 Der Zentralismus in ausgewählten Wirtschaftsbereichen

Quelle: BASTIÉ 1981
Entwurf: W. BRÜCHER

Dezentralisierte Betriebe 1980:
- ⊙ pro Departement
- ein Betrieb
- • mit 1000 - 1999
- ● mit ≥ 2000 Beschäftigten

Diagramm:
Durch Dezentralisierungsoperationen
geschaffene Arbeitsplätze
Quelle: I.A.U.R.I.F. 1979

Abb. 24 Die industrielle "Dezentralisierung" 1951-80

10.2 Die industrielle "Dezentralisierung" 149

1964

I — Förderprämien bis zu 25 % (plus Steuerermäßigungen)
 " bis zu 15 % " (ab 1982 bis zu 17 %)
 " bis zu 12 % "

II — Anpassungsprämien für Umstrukturierung

III, IV — nur Steuerermäßigungen

V — keine Förderung

Ile-de-France: partielle Einschränkungen

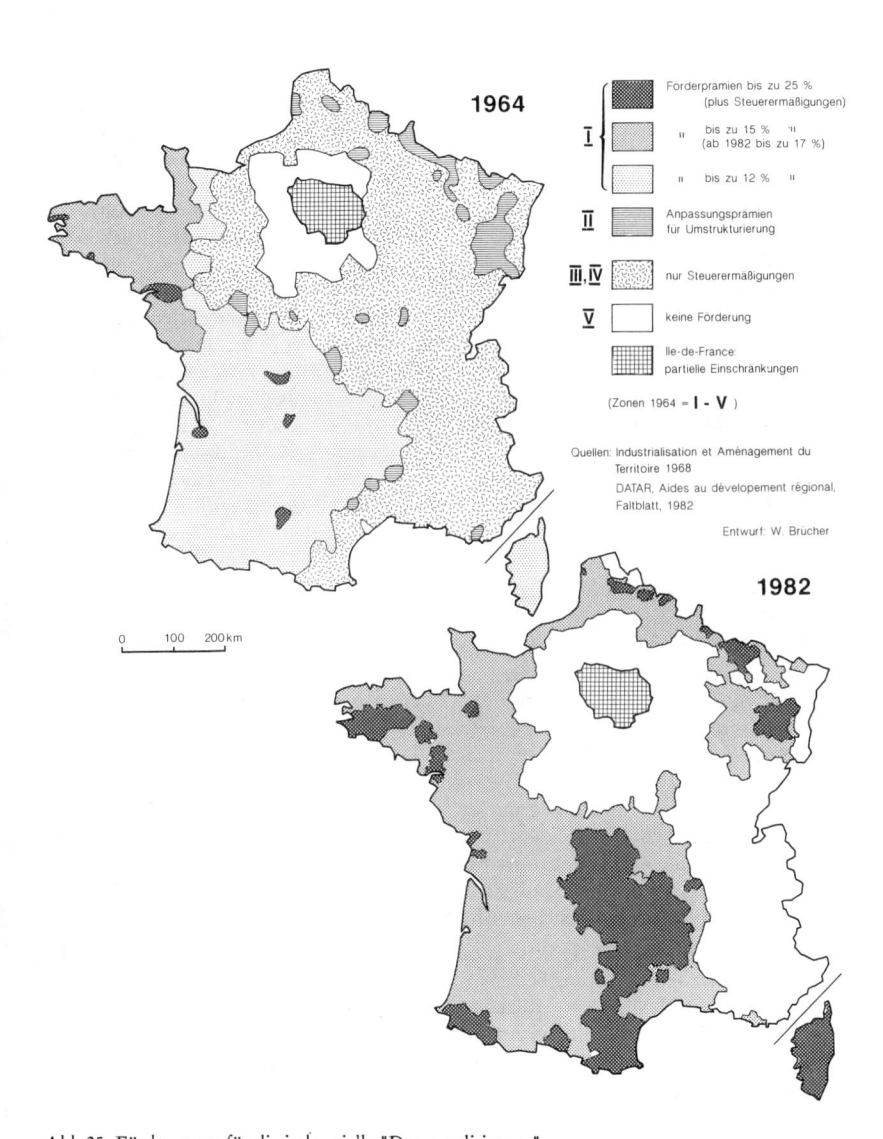

(Zonen 1964 = **I - V**)

Quellen: Industrialisation et Aménagement du Territoire 1968
DATAR, Aides au dévelopement régional, Faltblatt, 1982

Entwurf: W. Brücher

1982

0 100 200 km

Abb.25 Förderzonen für die industrielle "Dezentralisierung"

chen, z.B. die Automobilindustrie von > 60% auf 33,5% (1975) und die Elektroindustrie von > 55% auf 33,9% (BASTIÉ 1980, S.43). In den anschließenden Krisenjahren (1975-84) verlor die Provinz zwar 20,7%, die Ile-de-France dagegen 25,7%, so daß hier 1984 nur noch drei von vier Arbeitsplätzen des Jahres 1954 übrigblieben (INSEE, Statistiques...1986).

Der rapide Rückgang der Pariser Industrie kann jedoch nicht pauschal auf jene Raumordnungspolitik zurückgeführt werden. Bereits die direkt nachprüfbaren Fakten sprechen dagegen: Die Zahl der Beschäftigten in Unternehmen, die "dezentralisiert" haben, ist 1954-71 um 161.000 zurückgegangen (-11,7%) (BASTIÉ 1973, S.565); den abwandernden Betrieben sind aber lediglich 34.000 Arbeitskräfte (1954-75) gefolgt, mit ihren Angehörigen also etwa 100.000 Menschen bzw. pro Jahr durchschnittlich kaum mehr als 5.000! Gleichzeitig jedoch entstanden neue Industrien und Arbeitsplätze im Pariser Raum. Es kam sogar zu der verblüffenden Entwicklung, daß gerade während der Spitzenphase der "Dezentralisierungen" 1954-62 die Zahl der Industriebeschäftigten der Ile-de-France um 154.000 bzw. um 12,9% zugenommen (!) hat, in der Provinz nur um 10,5%. Negativ begann die Beschäftigung in der Region erst zu verlaufen, als dort auch die Operationen nachließen und, ganz besonders, als diese in den 70er Jahren verebbten. Mit solch weitgehender Parallelität, zuerst bedingt vor allem durch die Hochkonjunktur, dann umgekehrt durch die Wirtschaftskrise, lief die Entwicklung den Zielen der Politik diametral entgegen. Doch hat sie zweifellos einen Bremseffekt ausgeübt, sonst wäre die Wachstumsrate in der Pariser Region noch höher gewesen. Dafür spricht auch das am Ende von Kap.10.2.2.2 erwähnte Hochschnellen der Ansiedlungsquote nach offizieller Beendigung der Restriktionen.

Auch bei der Bilanz für den gesamten Zeitraum 1954-75 - Stagnation (+ 3%) in der Ile-de-France gegenüber beachtlichem Wachstum um 31% im restlichen Frankreich (s.o.) - ist Vorsicht geboten. Denn bei einem sehr großen Teil der Operationen handelte es sich um eine spontane zentral-peripher gerichtete Abwanderung von Unternehmen (s.u.): Viele verließen die Kernzone wegen Raummangels und zu hoher Kosten, um sich an günstigeren Standorten niederzulassen, natürlich möglichst nahe bei Paris mit seinen Fühlungsvorteilen. Es handelte sich nicht um Dezentralisierung, sondern um räumliche Entflechtung (*desserrement*). Diese Verlagerungen vollzogen sich jedoch nicht im Sinne der Raumordnungspolitik, d.h. grundsätzlich zwischen der Ile-de-France und den Fördergebieten der Provinz, sondern strahlte nur vom Kern der Agglomeration aus; teilweise spielten sie sich sogar innerhalb der Hauptstadtregion ab: Von der zentralperipheren Verschiebung der Industrie profitierte die *Grande Couronne* 1962-82 mit einem Wachstum der Industriebeschäftigten um 35,9% (LIMOUZIN 1988, S.13).

Dies ist ein in allen Großagglomerationen anzutreffendes, normales Phänomen, das keiner Politik noch Förderung bedarf (vgl. BEAUJEU-GARNIER 1974, S.47). Für 1970-74 ermittelte die DATAR, daß der Rückgang aller Industriebeschäftigten der Ile-de-France zu 47% auf solche räumliche Entflechtung zurückgegangen sei, zu 35% auf die Schließung von Betrieben, zu 8% auf die Reduzierung der Belegschaften, aber nur zu 10% auf Dezentralisierungsoperationen (zit. in Le Monde 22.3.80).

Zwar konnte die Expansion der Pariser Industrie gebremst werden, hochfliegende Simulationen von Wachstumsraten, wie sie ohne diese Politik stattgefunden hätten, sind jedoch spekulativ: In der Ile-de-France gab es nur noch begrenzte - und zudem teure! - Standortreserven, die spontanen Entflechtungen, aber auch viele mit "Mitnahmeeffekt" vollzogene "Dezentralisierungen" wären ohnehin geschehen, und in der Provinz erfolgte Industrieansiedlungen hätten nicht zwangsläufig in der Ile-de-France stattgefunden. Ohne Dezentralisierungspolitik hätten dort keinesfalls, wie FERNIOT (1976) für 1975 hochrechnet, "vielleicht 11,5 Millionen" Menschen gelebt anstatt real nur 10 Millionen.

Bleibt zu untersuchen, warum seit Mitte der 60er Jahre die Operationen abnehmen und ein Jahrzehnt später gegen Null tendieren. Das oft zu lesende Argument, das dezentralisierbare Potential habe sich zunehmend erschöpft (u.a. CHARDONNET 1970, S.494; BASTIÉ 1984, S.85), trifft nur sehr begrenzt zu, denn für Zweigwerkgründungen in der Provinz durch große Pariser Unternehmen gibt es keine Einschränkungen: Sie hängen ausschließlich von Konjunktur und Expansionswillen ab. In der Tat entfiel fast ein Viertel der 1975 erfaßten, durch "Dezentralisierung" geschaffenen Arbeitsplätze auf reine Erweiterungen ohne Produktionstransfer (*extensions*) (VERLAQUE 1984, S.39). Der Hauptgrund des Rückgangs war zweifellos die allgemeine Krise ab 1974. Auswirkungen zeigte aber auch die Wende in der Raumordnungspolitik: Die Förderung ganz Frankreichs, die der Hauptstadt einbegriffen, trat in den Vordergrund, man zog die Pariser Region "aus der Schußlinie" und ließ ihren Standortattraktionen wieder freie Entfaltung. Nicht zuletzt hatten die Argumente der mächtigen Dauergegner der Dezentralisierungspolitik Wirkung gezeigt, von den Notabeln der Stadt Paris und der Ile-de-France bis zu jenen im ganzen Land anzutreffenden "Pariser Zentralisten", für die Zentralismus, Nationalismus und Hauptstadtfetischismus immer identisch waren. *"Il n'est bonne industrie que de Paris"* (L'Express 13.3.1978, S.59) - eine ironische Anspielung auf den bekannten Vers des mittelalterlichen Dichters François Villon: *"Il n'est bon bec que de Paris"* ("Nur in Paris spricht man richtig"*).

10.2.2.3.2 Die Auswirkungen auf die Provinz

Die über 3000 "Dezentralisierungs"-Operationen haben 1955-75 nahezu eine halbe Million Arbeitsplätze in der Provinz geschaffen und bis 1968 zu 90% zur Gründung aller neuen Stellen in der Provinz beigetragen, 1968-75 noch zu 18%. Eine wahre *"industrialisation parisienne"* also - war es deshalb ein Erfolg dieser Politik für die ganze Nation?

Zunächst müssen, wie NOËL betont (1976, S.222), in der Gesamtbilanz von den 462.000 neuen Stellen jene 161.000 abgezogen werden, die im Pariser Raum als Konsequenz von Dezentralisierungen wegfielen (s.o.). Bleiben für ganz Frankreich noch rund 300.000 zusätzliche Arbeitsplätze. Den ausgelagerten Betrieben waren zwar nur 34.000 Arbeitskräfte gefolgt, doch verloren in den zwei Jahrzehnten noch mehr Beschäftigte, nämlich 42.000, in der Provinz ihre neue Anstellung in 524 "dezentralisierten" Betrieben, die wieder schließen mußten (VERLAQUE 1984, S.66). Es waren überwiegend kleine Einheiten bzw. Einbetriebunternehmen lohnintensiver, wachstumsschwacher Branchen. Sie hatten häufig aus Überlebenszwang Paris verlassen, scheiterten dann an den Bedingungen am neuen Standort. Manche Betriebsaufgabe wurde auch durch Prämienjäger verschuldet, die sich in Billiglohngebieten angesiedelt und die Subventionen kassiert hatten, um nach beendeter Abschreibung die Werkstore zu schließen und denselben Trick an einem neuen Standort zu wiederholen, - eine auch in Deutschland nicht unbekannte "Strategie"... Besonders in Mitleidenschaft gezogen war der ländliche Raum, wo

30% der neuen Arbeitsplätze wieder verlorengingen. Ausgerechnet das wurde dadurch beschleunigt, was die Förderpolitik bremsen wollte: die Abwanderung (FERNIOT 1976; vgl. BRÜCHER 1974).

AYDALOT (1978, S.247 f) sieht negative Konsequenzen auch allgemeiner Art, selbst in Wachstumsbranchen, wie z.b. in der Automobil, Elektro- und Elektronikindustrie. Viele von deren Unternehmen hätten ihre Produktionsbetriebe in Billiglohngebieten angesiedelt und die Anforderungen an die Qualifikation ihrer Beschäftigten heruntergeschraubt. Zahlreiche Städte hätten dadurch zwar ein massives Wachstum, aber auch eine "sozial katastrophale Vereinheitlichung"* auf dem Niveau der angelernten Arbeiter erlebt; als typische Beispiele werden Dreux und Orléans genannt. Zugleich seien in den Pariser Stammhäusern Ausbildungsniveau, Kompetenzgrad und Einkommen ständig gestiegen.

Letztlich handelt es sich um Auswirkungen der gezielten Verdrängung der flächenextensiven und/oder lohnkostenintensiven Produktionsprozesse aus dem Pariser Raum. Umgekehrt wurden diese in den Aufnahmegebieten zur Basis, zur typischen Industrieform. Man gründete "verlängerte Werkbänke" neben isolierten Klein- und Mittelbetrieben. Verhindert wurde dagegen die Entwicklung eigenständiger, kohärenter Industrieräume, mit ortsansässigen Entscheidungsträgern, Kontakten, Verflechtungen, Stufenproduktion etc. Bezeichnenderweise folgten Zulieferer so gut wie nie ihren "dezentralisierten" Abnehmern, nicht einmal den großen Automobilwerken in die westlichen Departements, sondern versorgen sie weiterhin von Paris aus. So haben z.B. in der Basse-Normandie die neuen Werke von Renault und Citroën keinen nennenswerten Verbund mit Zulieferern in der Umgebung aufgebaut: In der Region tätigt die Branche nur 3% ihrer gesamten Einkäufe (BERTRAND 1981, S.550).

Die Nachteile solcher "Dezentralisierung", die sich allein auf die Produktion beschränkt, wurden schnell deutlich (nach SCHMITGES 1980, S.176 ff): Solche quasi "mit dem Fallschirm" gegründeten Betriebe waren durch rationalisierte Arbeitsteilung und mangelnde Verbindung zum neuen Standortmilieu isoliert, folglich auch krisenanfällig. Der jungen, dynamischen Bevölkerung der Zielgebiete boten sie keine Aufstiegsmöglichkeiten, die Streikneigung nahm zu, die Gemeinden bekamen das "Gefühl kolonialer Abhängigkeit" (S.181). Sowohl der DATAR als auch den Unternehmen wurde schon zu Beginn der 70er Jahre bewußt, daß die Industrie in der Provinz aufgewertet werden mußte, daß sie mehr Eigenständigkeit in Verwaltung, Forschung, Entwicklung etc. benötigte. Die DATAR soll damals auch eine dahingehende neue Strategie konzipiert haben, konnte sie wegen der dann ausbrechenden Krise jedoch nicht mehr realisieren.

Die räumliche Verteilung der Operationen konzentrierte sich in geradezu frappierender Weise auf das innere Pariser Becken: Es war nichts anderes als ein "Überschwappen" des Ballungsraumes (Abb.24). Insgesamt überwogen die kleinen Einheiten. So entfielen 1971 auf einen Umkreis von 300 km um Paris 75% der "dezentralisierten" Betriebe, aber nur 60-65% der Arbeitsplätze. Auf dem Höhepunkt der Welle 1961-62 reichte genau ein Drittel der Operationen nicht weiter als in die direkt an die Ile-de-France grenzenden Departements (nach BASTIÉ 1973 und BASTIÉ et al. 1981). Der Wunsch, unbedingt die Vorteile der Nähe von Paris zu genießen, wurde zunächst noch verstärkt durch eine Reihe abschreckender Standortbedingungen in den entfernteren Landesteilen, u.a. die begrenzte Zuständigkeit der zentralen Orte, den Wohnungsmarkt, das Telefonnetz, fehlende Universitäten, das Straßennetz. Ebenso mangelte es

10.2 Die industrielle "Dezentralisierung"

an einer Infrastruktur für die spezifischen Bedürfnisse der Industrie und, abgesehen von den wenigen großen Ballungsräumen, an einem "industriellen Milieu". Die neu angelegten *zones industrielles* (Kap.10.2.2.2) hatten wegen ihrer geringen Größe, ihrer unvollständigen Ausstattung und eines flächendeckenden Überangebots nur sehr begrenzte Erfolge (BRÜCHER 1971; BASTIÉ 1973, S.538).

Erschwert wurde die Industrialisierung der Provinz schließlich auch durch das Verhalten der potentiell Beteiligten. Die Unlust der Pariser Unternehmer, "in die Wüste" zu gehen oder unter schwer kalkulierbaren neuen Standortbedingungen zu produzieren, braucht hier nicht mehr begründet zu werden. Sie fürchteten aber auch das erläuterte DATAR-Verfahren, also die Verwicklung in die Staatsmaschinerie. Für mangelndes Interesse an einer Mobilität in Richtung Provinz spricht ebenso die niedrige Zahl der 34.000 mitgewanderten Beschäftigten. Dies beruht nicht zuletzt auf der begründeten Furcht, am neuen Standort stärker an den Arbeitgeber gebunden zu sein als zuvor. Konsequent opponierten die Gewerkschaften gegen die Dezentralisierungspolitik, förderte diese doch das Ausweichen der Unternehmer in Räume mit billigen, abhängigen und wenig streikfreudigen Arbeitern (SCHMITGES 1980, S.174 ff). Von regionaler Seite gab es ebenfalls Widerstände: In Krisenrevieren wehrten sich Unternehmen gegen die Umstrukturierung, um ihr Monopol und ihr Lohnniveau nicht zu gefährden. Konservative Gemeinderäte befürchteten den Verlust ihrer politischen Mehrheit. Selbst in sozialistischen Regionen, wie z.B. dem Limousin, blockte man Ansiedlungsanträge von Firmen ab - wohl um einen noch schärferen Linksruck und eine Störung der etablierten Verhältnisse auszuschließen (vgl.Kap.5).

Schließlich ergibt sich die entscheidende Frage nach der Effizienz der Dezentralisierungspolitik für die Provinz. Allein an den Zahlen - 3126 Operationen, 462.000 Arbeitsplätze (1955-75) - läßt sich nicht ablesen, ob die Operationen durch diese Politik tatsächlich motiviert wurden oder ob nur ein "Mitnahmeeffekt" gegeben war. Grundsätzlich auszuschließen ist sogar, daß wegen einer einmaligen Prämie bzw. befristeter Steuervergünstigungen dauerhaft negative Standortfaktoren akzeptiert werden. Außerdem richtet sich die Höhe der Prämie nach der Zahl der geschaffenen Arbeitsplätze, sie kann damit allenfalls auf Standortentscheidungen für lohnkostenintensive, nicht jedoch für kapitalintensive Herstellungsverfahren einwirken. Die Prämien haben nicht nur diese Schwäche im Anreiz, sie sind überdies zu niedrig, nicht zuletzt, weil sie zum Einkommen des Unternehmens gerechnet werden und zur Hälfte wieder an den Fiskus zurückfließen (CHARDONNET 1970, S.497)! Global brachte der französische Staat 1955-75 wesentlich weniger Subventionen für die regionale Industrieförderung auf als seine Nachbarn, z.B. nur 10% der Aufwendungen in Großbritannien und 30% derer in der BR Deutschland (SCHMITGES 1980, S.74 ff). Die Gesamtsumme für den Zeitraum 1966-76 belief sich, nach PINCHEMEL, auf 3,3 Mrd. FF - das habe den Kosten für den Bau von 450 km Autobahn bzw. von einem Drittel der Pariser Schnellmetro RER entsprochen! (1981, II, S.133).

Daß die Regionalhilfen auf die Standortentscheidung nur geringen Einfluß hatten, bezeugen mehrere Untersuchungen. So nannte man CHESNAIS (1975) bei einer Befragung in 594 "dezentralisierten" Betrieben als entscheidende Standortfaktoren die Beziehungen zu Paris, verfügbare Arbeitskräfte sowie die Einbindung in das industrielle Milieu, während die finanziellen Anreize und die Rolle des Staates als nebensächlich eingeschätzt wurden. In einer Untersuchung von 220 der 1500 größten Unternehmen stellte AYDALOT (1978, S.246) fest, daß von 788 "Dezentralisierungen" nur 30 durch Regionalhilfen beeinflußt waren. Am deutlichsten wird dies beim Vergleich der Karte der geförderten Gebiete (Abb.25) und der der tatsächlichen Operationen (Abb.24): "Die eine Karte ist das Negativ der anderen"* (ROCHEFORT et al. 1970, S.87).

10.2.3 Industrielle Entwicklung und Dezentralisierungspolitik

10.2.3.1 Zentral-periphere Tendenzen als Konsequenz der Standortspaltung

Die Politik der industriellen Dezentralisierung hat keinen innovativen Prozeß ausgelöst, sondern letztlich nur die damalige Entwicklung von Industrie und tertiärem Sektor in Frankreich widergespiegelt. Diese war gekennzeichnet durch rasches Wachstum, Modernisierung und Rationalisierung, aber auch durch eine verspätete Unternehmenskonzentration. Gerade die davon vornehmlich erfaßten Wachstumsbranchen konzentrierten sich auf den Großraum Paris (Kap.10.2.1). Per se bedeutete das bereits Überlastung für die Metropole und Ungleichgewicht für das ganze Land. Räumlich äußerten sich Wachstum und Modernisierung in steigendem Bedarf an Beschäftigten, an zunehmender mittlerer Produktionsfläche pro Arbeitskraft und an Grundstücksreserven. Daraus resultierte ein massiver zentral-peripherer Expansionsdruck, verschärft durch den Boom des tertiären Sektors im Kern der Agglomeration.

Bereits dieser spontane Prozeß bedingte eine räumliche Entflechtung, eine Dekonzentration der Erzeugung, da die Hauptverwaltungen in der Metropole blieben. Unterstützt wurde er durch den generellen Strukturwandel und die Unternehmenskonzentration in der Industrie. Wachstum und Rationalisierung der Unternehmen erlaubten in zunehmendem Maße eine funktionale und deshalb auch räumliche Trennung zwischen Verwaltung und Produktion. Darüberhinaus kam es innerhalb der Produktion zu einer hierarchischen Stufung, die nun eine Spaltung in verschiedene Produktionsstandorte rentabel machte und zu einer entsprechenden zentral-peripheren Verteilung führte. Sie wurde bestimmt durch den Grad der Abhängigkeit vom Hauptsitz und durch die Standortkosten bzw. durch die Wertschöpfung pro Flächeneinheit: Die Fertigung von anspruchsvollen Erzeugnissen durch Ingenieure und Facharbeiter bedarf noch eines räumlich-zeitlich engen Kontaktes zur Zentrale, sie erträgt aber durch hohe Produktivität die hohen Standortkosten. Dagegen verdrängen letztere die standardisierte, lohnkostenintensive Serienfertigung mit ungelernten Arbeitskräften (Fließband etc.) in Billiglohngebiete, wo sie überdies problemlos aus den Zentralen ferngesteuert werden kann. Dazu zwei kontrastive Beispiele: Die Elektro- und Elektronikindustrie mit einem Beschäftigtenanteil von 36,0% an angelernten und Hilfsarbeitern gegenüber nur 28,6% an leitenden Angestellten, Ingenieuren und Technikern hat am "Dezentralisierungsprozeß" intensiv teilgenommen und ist heute räumlich stark gestreut (vgl. Abb.26); demgegenüber fällt die Luft- und Raumfahrtindustrie, mit entsprechend 5,7% bzw. 46,8%, durch ihr Verhaften am Pariser Raum auf. Dort konzentrieren sich folglich die hochproduktiven und die tertiären Bereiche der Industrie, die *white collars* drängten die *blue collars* massiv zurück: 1962-82 halbierte sich in der Ile-de-France der Anteil der Industriearbeiter an allen Beschäftigten von 37,5% bis 1989 auf 19,8% (AYDALOT 1978, S.249 ff; LIMOUZIN 1988, S.17; RCD 1990, II, S.24).

10.2.3.2 Paris als Steuerungszentrale der französischen Industrie

Die ungelenkte zentral-periphere Standortverteilung hat zu einer räumlichen Hierarchisierung der Industrie um das Zentrum Paris geführt: Die Hauptverwaltungen ballen sich im Kern; Forschung, Entwicklung und hochwertige Produktionsbereiche bevorzugen Standorte in der weiteren Agglomeration und der *Grande Couronne*. Außerhalb der Region folgt ein Ring mit Betrieben mittleren Niveaus, die noch auf die Nähe zur Zentrale angewiesen sind. Die unqualifizierte Produktion strebt in die Billiglohngebiete der Provinz. BEAUJEU-GARNIER bringt dies auf die griffige Formel "... je mehr man sich von Paris entfernt, desto gröber (*plus grossières*) werden die Industrien"* (1977, II, S.22). Das Gefälle in der zentralen Agglomeration, nämlich von der höchsten Wertschöpfung in der City zur flächenextensiven Produktion im Randbereich, überträgt sich im monozentrisch strukturierten Staat auf ein sinngemäßes Gefälle von der Metropole zur Peripherie. Erst in den großen Regionalzentren mit gebührendem Abstand zur Hauptstadt (Kap.8.1) sowie in besonders begünstigten Gebieten - Technologiezentren an der Côte d'Azur! - kommt es wieder zu lokaler Standortgunst für Produktionsprozesse höheren Niveaus; sie erreichen aber nie das Niveau der Fühlungsvorteile von Paris.

In einer solchen Funktionspyramide wird Paris für die Hauptverwaltungen der großen Unternehmen zum einzigen erstrebenswerten Standort. Deshalb verläuft der zentral–periphere Verdrängungsmechanismus innerhalb der Agglomeration besonders intensiv. Zu alledem unterstützt der französische Staat diese spontane Entwicklung seit den 60er Jahren indirekt, indem er den strukturellen Konzentrationsprozeß der Unternehmen gezielt und erfolgreich fördert. Entsprechend stieg mit der wachsenden Zahl der Produktionsbeschäftigten pro Gesellschaft, noch mehr infolge von Rationalisierung, auch die Zahl der Verwaltungsangestellten.

Zunehmende Größe eines Unternehmens bedingt zunehmendes Kompetenzniveau seiner Hauptverwaltung, folglich auch zunehmende Ansprüche an die Fühlungsvorteile bzw. an den Zentralitätsgrad ihres Standorts. Da im zentralistischen Frankreich die Regionalmetropolen diesbezüglich wesentlich schwächer ausgestattet sind als in föderalistischen Staaten, erfordern solche Ansprüche bereits auf relativ niedrigem Niveau eine Präsenz in der Hauptstadt. So stieg der Anteil an Stammsitzen der nach Umsatz 1500 bzw. 500 größten Industrieunternehmen Frankreichs im Pariser Raum auf 60% bzw. fast 80% (BEAUJEU-GARNIER 1977, II, S.19). Auf Lyon entfallen nur etwa 3% - noch, möchte man sagen, denn selbst aus dieser attraktivsten unter den Regionalmetropolen wanderten zahlreiche große, alteingesessene Firmensitze an die Seine: 1972 beherbergte Lyon 42 Hauptverwaltungen von Unternehmen mit > 500 Beschäftigten, 1987 noch 25 (LEBEAU 1991; vgl. LAFERRÈRE 1987). Von entgegengesetzten Verlagerungen ist nichts bekannt, nicht einmal bei Staatsunternehmen. Als Kontrast die Bundesrepublik Deutschland vor 1989: Von den 500 größten Industriefirmen wurden 38% aus fünf[!] verschiedenen Agglomerationen gesteuert (NUHN/SINZ 1988,S.44; vgl. Abb.18).

Gegenüber der industriellen Homogenisierung der Provinz auf niedrigem Qualifikationsniveau entwickelte sich die Ile-de-France zu einem Schwerpunkt hochwertiger Produktion und des tertiären Bereichs innerhalb der Industrie. Quantitativ fand eine industrielle Dekonzentration, qualitativ eine Zentralisierung statt.

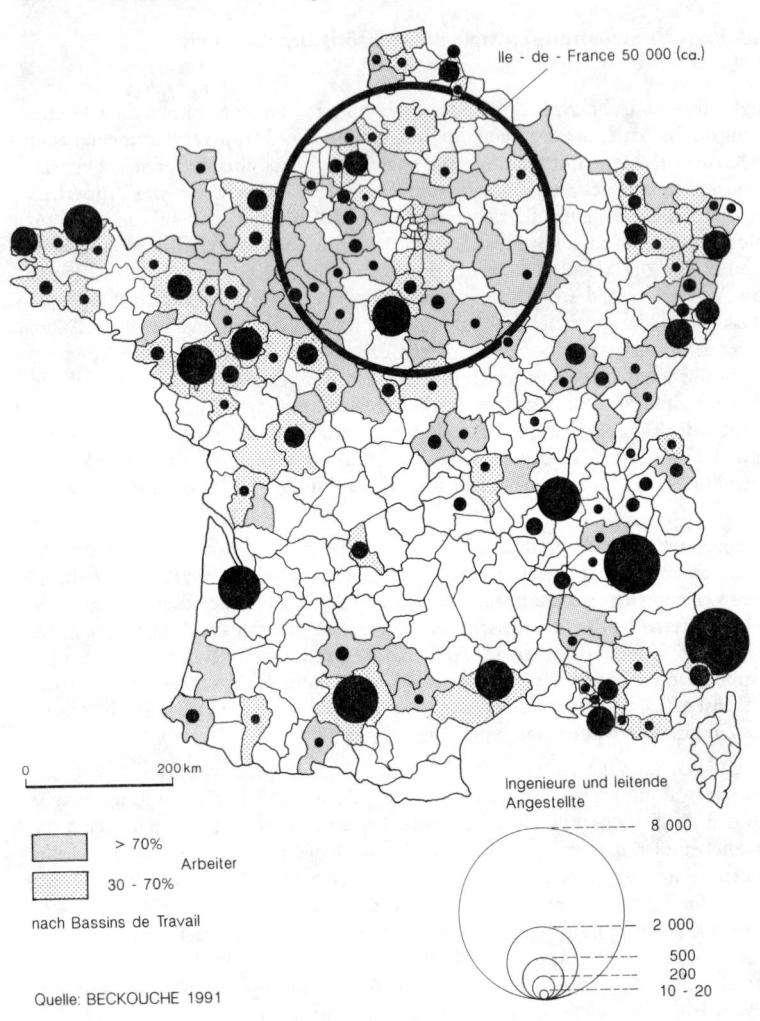

156   10 Der Zentralismus in ausgewählten Wirtschaftsbereichen

Abb.26 Paris als Steuerungszentrale, die Provinz als Produktionsraum - Die Elektronikindustrie als Beispiel

In der Metropole ballt sich also eine außergewöhnliche Führungskraft über die Industrie Frankreichs, mit jedem "dezentralisierten" Arbeitsplatz erhöht sich der Einfluß des verbleibenden Firmensitzes auf die Provinz: Paris wurde "..'die Hauptverwaltung Frankreichs', fast sein einziger Entscheidungspol"* (LABASSE 1965, S.584). Zwar lassen sich die qualitativen Auswirkungen kaum erfassen, doch geben die meßbaren Indikatoren Arbeitsplätze und Investitionen einen Einblick in die Dimension. Mangels neuerer Unterlagen sei hier auf ANFRÉ (1969) und BRIQUEL (1976) zurückgegriffen: Aus Paris wurden 1963 47,7% aller Betriebe in Frankreich und 26,5% aller Provinzbetriebe gesteuert; bis 1971 stiegen die Anteile auf 54,6% bzw. 39,9%. Der sich hierin spiegelnde Dekonzentrationsprozeß hatte zu einer Verschiebung der Arbeitsplatzzahlen zugunsten der Provinz geführt und zugleich deren Abhängigkeit signifikant erhöht, noch mehr aber die finanzielle Abhängigkeit von Paris, denn dort wurde über 56,3% des in der Provinz investierten Industriekapitals entschieden.

Vor allem die größeren Betriebe werden von außen gesteuert. Beispielsweise hingen im Nivernais, dem Raum zwischen Nevers und Digoin (Region Bourgogne), um 1970 89% der 21.500 Beschäftigten von außen, d.h. ganz überwiegend von Paris ab. Dort hatten alle Betriebe mit > 500 Beschäftigten ihren Stammsitz, aber nur 12 der 78 mittelständischen Unternehmen, von denen 64 in der Region selbst verwaltet wurden (GRIBET 1982, S.198,145). Die Abhängigkeit der gesamten Region Burgund wird aus Abb.27 deutlich. Hier wirkt sich noch die Nachbarschaft zur Ile-de-France aus (vgl. NAGEL 1976). Mit zunehmender Entfernung sinkt der Einfluß der Hauptstadt, bedingt auch durch niedrigen regionalen Industrialisierungsgrad, wie im Limousin und im Languedoc, oder umgekehrt durch höhere wirtschaftliche Autonomie, wie in Rhône-Alpes. Am schwächsten sind die Drähte aus Paris ins Elsaß, mit nur 20,5% ferngesteuerter Arbeitskräfte, da die Region wegen ihrer Grenznähe und historischen Sonderstellung viele ausländische Betriebsansiedlungen aufgenommen hat (BRIQUEL 1976).

Insgesamt führte der geschilderte Prozeß im ganzen Land zu erheblichem Wachstum, zu Umstrukturierung und zu Neuverteilung der Industrie. Nicht trotz der beeindruckenden Modernisierung und Belebung der Provinz, sondern gerade davon profitiert vor allem die Hauptstadt. Sie drängt die wenig produktiven Bereiche sowie die einkommensschwache Wohnbevölkerung nach außen und zieht umgekehrt hochproduktive Tätigkeiten und Dienstleistungen an. Ihre Macht nimmt damit ständig zu, vor allem dank dem ungestümen Wachstum des tertiären Sektors. Doch trägt auch die geschilderte spontane Dekonzentration der Industrie erheblich zur Stärkung von Paris und der zentralistischen Strukturen bei und ebnet der Expansion des tertiären Sektors den Weg.

10.2.3.3 Industrielle "Dezentralisierung" versus Stärkung der Hauptstadt?

Diese Umstrukturierung wäre in ihrer spontanen Dynamik auch ohne die staatliche Raumordnungspolitik erfolgt, wenn auch in geringeren Ausmaßen. Zwischen dieser spontanen Entwicklung und der Dezentralisierungspolitik zeigt sich nun eine auffällige Parallelität: Als die industrielle Expansion zu Beginn der 50er Jahre einsetzte, wurde auch das Planungsziel aufgestellt, Paris zu bremsen und damit zugleich die Provinz zu fördern. Später, nach der Integration der Raumordnung in die Planifikation und nach der Gründung der DATAR im Jahre 1963 (Kap.9.3.2), paßte sich die politische Praxis von neuem der spontanen Entwicklung an: Mit der von SCHMITGES (1980, s.o.) geschilderten Kontrollpolitik förderte die DATAR einerseits die Auslagerung der geringwertigen Produktion bzw. die Industrialisierung der Provinz auf diesem Niveau, andererseits erlaubte sie im Pariser Raum das Wachstum von Aktivitäten mit hoher Wertschöpfung und des tertiären Bereichs der Industrie (vgl. MONOD/CASTELBAJAC 1980, S.64).

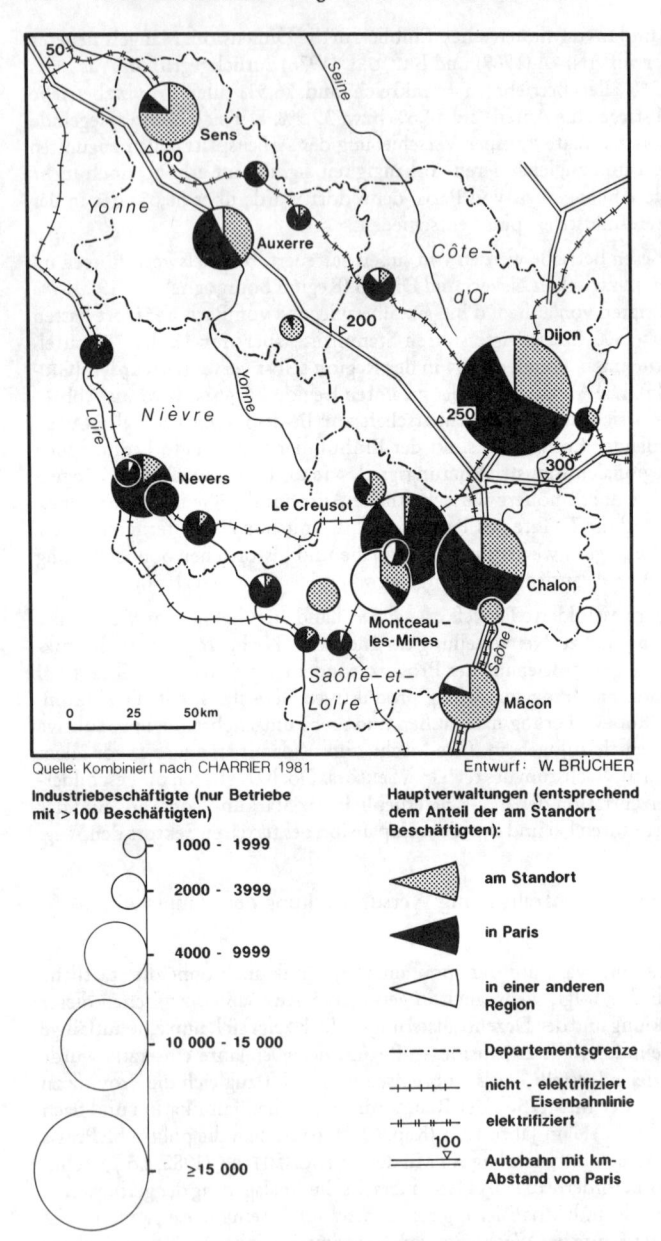

158   10 Der Zentralismus in ausgewählten Wirtschaftsbereichen

Quelle: Kombiniert nach CHARRIER 1981   Entwurf: W. BRÜCHER

Industriebeschäftigte (nur Betriebe mit >100 Beschäftigten)

- 1000 - 1999
- 2000 - 3999
- 4000 - 9999
- 10 000 - 15 000
- ≥15 000

Hauptverwaltungen (entsprechend dem Anteil der am Standort Beschäftigten):

- am Standort
- in Paris
- in einer anderen Region
- Departementsgrenze
- nicht - elektrifizierte Eisenbahnlinie
- elektrifiziert
- Autobahn mit km-Abstand von Paris

Abb. 27 Industrie und Standorte ihrer Hauptverwaltungen in der Region Bourgogne 1980

10.2 Die industrielle "Dezentralisierung"

Hier zeigt sich wieder der dem Zentralismus inhärente scheinbare Widerspruch (vgl. Kap.2, 9.3.2.1): Zum einen strebt das Leitprinzip den räumlichen Ausgleich und die Beseitigung aller eigenständigen Machtpole an, also auch des Machtpols Paris-Stadt. Zum anderen bedarf der Staat zur Durchführung der Zentralisierung einer entsprechend ausgestatteten, mächtigen Hauptstadt. In der politischen Praxis führte dies zu zwei konträren Strategien: "Dezentralisierung" versus Stärkung der Hauptstadt. Erschwert wird die Analyse der Strategien allerdings dadurch, daß sie nicht einfach zwei "Lagern" - DATAR bzw. Regierung versus Paris-Stadt bzw. Ile-de-France - zugeschrieben werden können. Konsequent verfolgt die DATAR, wie SCHMITGES (1980) immer wieder betont, die erste Strategie, die Förderung des räumlichen Gleichgewichts: in der Pariser Region Industrien und Dienstleistungen abbauen, in die Provinz verlagern und deren wirtschaftliche Entwicklung stärken.

Wie ernst die Strategie gemeint war, zeigte sich u.a. an dem jahrelangen, erbitterten Widerstand der Interessenvertreter der Ile-de-France (s.u.). Nicht auszuschließen ist allerdings auch eine Taktik der DATAR gegen den eigenmächtigsten Part innerhalb der Regierung, das Finanzministerium: Während jenes über die Subventionen für die Regionalförderung entscheidet, kann die DATAR Einfluß auf deren räumliche und branchenmäßige Verteilung nehmen. Benutzt die DATAR, als Arm des Premierministers, die Raumordnung als Hebel gegen die Macht des Finanzministeriums? Ebensogut ließe sich die knappe Bemessung der DATAR-Mittel für die Regionalförderung als "kurze Leine" in der Hand des Finanzministers interpretieren. Spielt sich der systemimmanente Machtkampf zwischen Regierungsspitze und Finanzministerium und den anderen Ministerien) auch auf dieser Ebene der Raumordnung ab?

Schon in den 60er Jahren wehrten sich die Vertreter der Ile-de-France massiv gegen die angeblich zur *désindustrialisation* führende "Dezentralisierung": Die Region entwickelte eine eigene Förderpolitik, die die Strategie der Zentrale konterkarierte. Anstatt der Provinz zu nutzen, ließ man Entlastungsoperationen häufig den Neuen Städten zugute kommen. Diese waren im Rahmen des Leitplans SDAU (s.u.) massiv auszubauen und genossen 1971-73 sogar in der Regierung Priorität gegenüber der Dezentralisierungspolitik (SCHMITGES 1980, S.106 ff). Waren die Neuen Städte trojanische Pferde der Anti-Dezentralisten? Vordergründig geht es ihnen natürlich um Bestandssicherung, um Steigerung von Macht und Privilegien der Zentralregion, um die Stärkung des Staates im Staat. Über solchen Regionalegoismus hinaus wird hier aber auch die zweite Strategie der Zentrale verfolgt, nämlich die Hauptstadt optimal auszustatten für ihre Rolle als Pol der zentralen Entscheidungen: Der Bebauungsplan (POS) von Paris-Stadt wurde gezielt angelegt, weitere Hauptverwaltungen von Industrie- und Finanzkonzernen ins Zentrum der Stadt zu locken - und dafür hatte die Deindustrialisierung der Metropole die nötigen Freiflächen zu schaffen (LIMOUZIN 1988, S.95). Hier laufen die Interessen von Staat und Hauptstadt wieder zusammen, der scheinbare Widerspruch löst sich auf.

Weder die spontane noch die geförderte "Dezentralisierung" der Industrie hat zu einer nennenswerten Gewichtsverschiebung zugunsten der Provinz geführt. In den drei Jahrzehnten nach 1954 sieht VERLAQUE (1984, S.178) "... nur Retuschen an der Verteilung der Aktivitäten im französischen Territorium, wie sie sich seit der Industriellen Revolution geformt hatte"*. Dagegen hat diese Dekonzentration der Industrie - denn nur um eine solche handelte es sich - zweifellos zu einer funktionalen Aufwertung der Hauptstadt beigetragen und damit die Zentralisierung des Landes gefördert.

10.3 Die Zentralisierung des Bankwesens

Wer Macht über einen Raum ausüben will, muß in entsprechendem Maße über Kapital und, wie Kap.10.4 zeigen wird, über Energie verfügen. Beiden kommt eine Schlüsselrolle für die Raumgestaltung zu. Untersuchungen über die Finanzwirtschaft steht naturgemäß das Bankgeheimnis im Wege. Schwer zu erfassen sind auch die Wechselwirkungen zwischen dem konkreten, sichtbaren Raum und dem unsichtbaren, abstrakt wirkenden Kapital. Zusätzlich kompliziert werden solche Zusammenhänge in einem Staat wie Frankreich, der durch die Verflechtung von demokratisch-kapitalistischer Wirtschaftsordnung und semi-indikativer Wirtschaftspolitik geprägt ist (Kap.9.2). Unter solchen Einschränkungen ist ein Bereich zu betrachten, nämlich das Finanzwesen, in dem das Leitprinzip Zentralismus zwar am wenigsten äußerlich in Erscheinung tritt, jedoch ungemein stark eingreift und raumwirksam wird. So fallen bezeichnenderweise auf diesem Gebiet schärfste Angriffe gegen den Zentralismus und gegen die Bevorzugung von Paris, so z.B. von MAYER: "Alle finanziellen Beiträge und die gesamten Ersparnisse der Franzosen werden von einer riesigen Pumpe aufgesaugt und in Paris konzentriert, um damit das ganze Land zu übergießen, wobei der größte Guß jedoch auf die Hauptstadt niedergeht"* (1968, S.94); oder LABASSE spricht von einer "gigantischen Plünderung der finanziellen Ressourcen Frankreichs durch Paris"* (1974, S.157).

Im folgenden ist zu schildern, wie die Geldreserven des Landes zum Zentrum "drainiert" wurden und werden, wie man die Verfügung über sie funktional und räumlich konzentriert, wie der Zentralstaat versucht, diese Mechanismen in seine Machtstrukturen einzufügen. In der konsequenten Tradition Colberts gipfelte die Tendenz in dem Ziel, in einer einzigen (!) Zentralbank des Staates alle Finanzierungsquellen zu vereinen und von dort wieder in die Modernisierung der Wirtschaft zu investieren. Es war schon eine Idee des Wirtschaftsphilosophen Saint-Simon (1760-1825) gewesen und wurde, wie immer parteiübergreifend, zur Forderung sowohl der Rechten in den 60er als auch der Linken in den 70er Jahren (COUPAYE 1984, S.149), allerdings ohne Erfolg.

10.3.1 Strukturelle und funktionale Grundzüge des französischen Bankwesens

In Frankreich trägt die Finanzwirtschaft etwa 3% zum BIP bei, hier arbeiten über eine halbe Million Menschen bzw. rund 4% aller Beschäftigten. Von entscheidender Bedeutung, auch für die Finanzgeographie, sind die Kreditinstitute, vor allem die eigentlichen Banken. Das System der französischen Kreditwirtschaft läßt sich zur Vereinfachung in fünf größere Gruppen unterteilen (nach Science et Vie, Economie, No.2, 1985):

1. die sog. eingetragenen Banken bzw. die Handelsbanken, wie z.B. Crédit Lyonnais (CL), Banque Nationale de Paris (BNP) oder Société Générale (SG);
2. die genossenschaftlichen Kreditinstitute, wie Crédit Agricole Mutuel (CAM), Crédit Mutuel (CM), Banques Populaires (BP);
3. die spezialisierten Finanzinstitute, wie Crédit Foncier,
4. die autonomen lokalen Sparkassen (Caisses d'Epargne et de Prévoyance) und
5. die zu den Sparkassen weitgehend parallele Funktionen erfüllende Postsparkasse.

Auf die eigentlichen Banken (1.u. 2.) und die funktional inzwischen sehr ähnlichen Sparkassen (4.) soll sich im folgenden das Interesse konzentrieren.

10.3.2 Die Typen der Kreditinstitute

Bei den eigentlichen Banken unterscheidet man die "eingetragenen" Handelsbanken und die Genossenschaftsbanken. Erstere haben unter allen Kreditinstituten eindeutig die Führung, von der Gesamtmasse der Kredite und Einlagen entfielen 1983 auf sie 41% bzw. 36%. Bis zum Bankgesetz von 1984 unterschied man zwischen sog. Geschäftsbanken (*banques d'affaires*), zuständig für größere Einlagen bzw. Kredite sowie für bedeutende Unternehmensbeteiligungen, und den weitaus zahlreicheren Depositenbanken (*banques de dépôts*) für kleinere und kurzfristige Einlagen bzw. Kredite. Seitdem besteht eine allgemeine Tendenz, von der auch die Genossenschaftsbanken und die Sparkassen erfaßt werden, zur Universalbank, wie sie in Deutschland verbreitet ist.

Unabhängig von den Funktionen sind die Banken weiter nach Größe und räumlicher Zuständigkeit zu unterscheiden. Die meist kleinen lokalen oder regionalen Banken, Überlebende eines langen Konzentrationsprozesses, haben nur noch einen Anteil von unter 5% an Einlagen bzw. Krediten (s.u.). Auf der anderen Seite stehen die Großbanken, mit einem landesweiten Netz von Bankschaltern und Auslandsvertretungen. Führend unter ihnen sind die schon seit 1946 verstaatlichten CL, BNP und die 1987 reprivatisierte SG. Nach COUPAYE (1984, S.61 f) hat innerhalb der westlichen Länder das Bankwesen Frankreichs den höchsten Konzentrationsgrad: Jene drei größten Banken verfügten 1981 unter den eingetragenen Handelsbanken über 58,6% aller Bankeinlagen, vergaben 49,1% aller Kredite und zählten 53,9% der Beschäftigten.

Die Einlagen und Kredite entfielen zu 25% bzw. 17,6% auf die genannten Genossenschaftsbanken. Entstanden am Ende des 19.Jh. unter dem Einfluß der deutschen Raiffeisenkassen, entwickelten sie sich zunächst als lokale kooperative Kreditkassen für Handwerker, Kleinunternehmer (BP, CP), Arbeiter und Kleinbürger (CM) sowie für Landwirte (CAM). Sie gehören nicht zu den vom Nationalen Kreditrat (CNC, s.u.) kontrollierten "eingetragenen" Banken und gelten als der dezentralisierte Bereich des Bankwesens; z.B. besteht der Crédit Mutuel aus einer Föderation von 22 Regionalkassen mit weit über 3000 lokalen Kassen. Demgegenüber ist der wesentlich gewichtigere Crédit Agricole - er hatte 1983 über 16,5% der Einlagen aller Kreditinstitute und war in dieser Hinsicht zeitweise die größte Bank der Welt! - zwar lokal-regional ähnlich dezentral-autonom organisiert, auf Landesebene jedoch straff zentralisiert. Er soll nicht nur die Landwirtschaft, sondern generell den ländlichen Raum fördern, speziell den Wohnungs- und Eigenheimbau und die Nahrungsmittelindustrie (ROUYER/CHOINEL (1981).

Die lokalen *caisses d'épargne* sind im engen Sinne mehr "Spar"-Kassen als "Kredit"-Institute. Sie dürfen keine Profite erzielen (JO vom 2.7.1983) und sollen Einlagen aus der breiten Bevölkerung sammeln - mit Erfolg: 1983 türmten sich auf den Sparkonten fast eine Billion Francs! Der Erfolg beruht vor allem auf einer besonderen Attraktion, die die Sparkassen im Einvernehmen mit dem Staat anbieten: Jeder Bürger darf bei einer einzigen lokalen Sparkasse oder Postsparkasse ein Sparbuch ("livret A") mit einer Maximaleinlage (1991: 90.000 FF) führen, deren Zinsen steuerfrei sind. Mit diesem Vorteil locken die Sparkassen den Handelsbanken die Kunden weg, müssen aber als Gegenleistung den größten Teil der begünstigten Spareinlagen in der zentralen staatlichen Depositenkasse (Caisse de Dépôts et Consignations, CDC) in Paris aufbewahren (s.u.).

10.3.3 Die Banque de France

Während die erwähnten Kreditinstitute mehr oder weniger unter dem Einfluß des Staates stehen, spielt die Banque de France gerade bei dieser Einflußnahme eine wichtige Rolle als Instrument des Staates. Im Gebäude der Zentralmacht stellt sie eine der tragenden Säulen mit - theoretisch - weitgehender Autonomie: Der *gouverneur* an ihrer Spitze wird zwar von der Regierung ernannt, bleibt aber, *de iure*, unabhängig; allerdings muß er den Jahresabschluß vom Finanzminister genehmigen lassen. Ihm untersteht eine äußerst einflußreiche Organisation mit weisungsgebundenen Filialen und über 15.000 Beschäftigten (1985), davon 46% in Paris (BOUVERET 1979, S.10 ff).

Allein mit den offiziellen Attributen "Hüterin der Währung" oder "staatliche Notenbank" wird man den vielseitigen Tätigkeitsbereichen und der Machtbreite der Banque de France nicht gerecht. Ihre Entwicklung spiegelt abermals den erfolgreichen Griff des Zentralstaates nach einem früher weitgehend autonomen Steuerungsinstrument der Wirtschaft. Unter dem von Anfang an prestigeträchtigen Namen wurde sie als eine Art Zentralbank 1800 von Napoleon gegründet, der auch ihren *gouverneur* einsetzte (und sie zur Finanzierung seiner Feldzüge heranzog...). 1803 begann sie mit der Ausgabe von Geldnoten, erhielt dafür aber erst nach 1848 das Monopol. Nach wie vor eine autonome Bank mit freien Aktionären, wurde sie bei jeder Verlängerung des Monopols über steigende Auflagen Zug um Zug in die Rolle einer "Bank des Staates" gedrängt. Der Prozeß endete 1945 mit der Verstaatlichung und de facto einer Enteignung der Aktionäre (BOUVERET 1979, S.5 ff). Zu betonen ist hier erneut: Verstaatlichung, auch im Sinne von Integration in die dauerhafte Bürokratie bei relativer Unabhängigkeit von den zeitlich befristeten Regierungen.

Heute läßt sich die Banque de France vielleicht am besten charakterisieren als Scharnier zwischen Finanzwirtschaft und Staat. Sie bildet einen wichtigen Faktor in der Kreditpolitik. Sie verwaltet das Vermögen des Schatzamtes (Trésor) und überwacht sämtliche finanziellen Operationen der öffentlichen Hand. Sie gibt die Banknoten heraus und kontrolliert das Volumen des Giralgeldes. Sie kooperiert mit den jeweiligen Hausbanken bei der Sanierung in Schwierigkeiten geratener Unternehmen, prüft Kreditanfragen. Sie sammelt freiwillig eingereichte Bilanzen von über 100.000 französischen Unternehmen, um daraus für alle Beteiligten wertvolle Vergleiche zu ziehen (BOUVERET 1979, S.32 ff). All dies verschafft der Banque de France einen unschätzbaren Überblick über die gesamte Wirtschaft und entsprechenden Einfluß.

Von den Funktionen einer eigentlichen "Bank" abgehoben, schließt die Bank von Frankreich keine Geschäfte mehr mit einzelnen Kunden ab, sondern nur noch mit dem Staat und den Kreditinstituten: Über eine "Staatsbank" hinaus wurde sie zu einer "Bank der Banken". So genießt sie innerhalb des zentralistischen Systems sehr weitreichende Kompetenzen in der Bankenaufsicht und -reglementierung, die allerdings selbst in föderalistischen Staaten anzutreffen sind, so auch in der deutschen Bundesbank. Mit den von ihr beherrschten Institutionen des Nationalen Kreditrates (CNC) (s.u.), der Bankenkontrollkommission (CCB) und weiteren Spezialdiensten bildet die Banque de France sozusagen das Rückgrat der französischen Kreditwirtschaft. Zum einen bietet sie den Kreditinstituten ersichtliche Vorteile mit einem zentralen Kreditrisikodienst und einer Zentralkartei für sämtliche Scheckvergehen. Außerdem sichert die Banque de

France die Refinanzierung des Bankensystems und vergibt an Banken Darlehen für Kapitalaufstockungen (BOUVERET 1979, S.64 ff). Sie hat aber auch, mit dem Staat im Hintergrund, die Handhabe, beim Zusammenbruch einer Bank sämtliche französischen Kreditinstitute zur Beteiligung an einer "Rettungsaktion" zu zwingen, so geschehen 1988 für die Erhaltung der Saudi-Bank. Solche Eingriffe dienen der Erhaltung des ausländischen Vertrauens in die französische Kreditwirtschaft bzw. in den Finanzplatz Paris.

10.3.4 Die Einflußnahme des Staates auf das Kreditwesen

Die Kreditinstitute haben durch ihre kombinierte Funktion, Kapital zu sammeln, zu "transportieren" und in Form von Krediten oder Investitionen wieder zu verteilen, einen hohen Grad an Raumwirksamkeit und Entscheidungsfähigkeit. Diese Grundfunktionen machen die Kreditwirtschaft deshalb zum begehrten Machtinstrument der Führungsspitze. Doch erklärt sich der permanente Versuch des Staates, die Kreditwirtschaft zu steuern, nicht allein aus jenem Colbert'schen Geist und der politischen Geschichte Frankreichs. Vielmehr sahen sich die Regierungen seit dem 19.Jh. veranlaßt zu intervenieren, da die privaten Banken allzu vorsichtig bei der Vergabe langfristiger Kredite waren, speziell gegenüber der Industrie. Auch hier zeigte sich die schon erwähnte mangelnde Initiative in der freien Wirtschaft (Kap.9.1). Hinzu kommt, daß die Bevölkerung traditionell Zurückhaltung gegenüber der Kapitalanlage bei privaten Banken übt und in ihrer Mehrheit Staatsobligationen, Immobilien oder Gold vorzieht. Der Staat muß jedoch an einer möglichst hohen verfügbaren Kapitalmasse interessiert sein und fördert folglich die Sparbereitschaft.

Hieraus erklärt sich die schon angesprochene Kooperation, die erneut die systemtypische Parallelität aufweist: einerseits partielle Autonomie der Sparkassen, andererseits aber Bindung an den Staat. Das Lockmittel der steuerfreien Sparbuchzinsen bringt den Sparkassen hohe Einlagen; eine begrenzte Menge davon dürfen sie für Kredite in limitierter Höhe an die Kunden ausschütten. Im Gegenzug reserviert sich der Staat das Recht, den größten Teil des Sparkapitals in seiner Depositenkasse (CDC) zu horten bzw. damit zu operieren: Ende 1987 mußten die Sparkassen und die Postsparkasse dort nahezu 700 Mrd. FF hinterlegen. Diese Mittel werden in Form von Investitionskrediten an die Gebietskörperschaften transferiert oder in den Wohnungsbau und in öffentliche Projekte investiert, z.B. in das bekannte Touristenzentrum La Grande Motte bei Montpellier. Außerdem sind die Sparkassen seit 1983 gehalten, in jeder Region mit der CDC zu gleichen Kapitalanteilen eine gemeinsame regionale Finanzierungsgesellschaft zu gründen (JO 2.7.1983, 22.6.1985). De facto ist die CDC eine "kolossale Staatsbank"*, die in keinem kapitalistischen Land etwas Vergleichbares findet (ROUYER/CHOINEL 1981, S.78,85). Denn damit kann der französische Staat, zusätzlich zu den Steuern, über ein enormes, unmittelbar aus den Ersparnissen der Bevölkerung zusammengetragenes Kapital zentral verfügen.

Bezüglich der Raumwirksamkeit bedeutet das einen fundamentalen Unterschied zu dezentral funktionierenden Bankensystemen, wie z.B. in Deutschland: Dort besteht über Kredite bzw. Investitionen eine enge Wechselwirkung zwischen Wirtschaft und Kreditinstituten in ein und derselben Region und ohne Rücksicht auf den Staat. Dagegen kann der Zentralstaat enorme Summen aus der Depositenkasse auf einzelne (Mammut-) Projekte konzentrieren, und zwar irgendwo im Territorium ohne Berücksichtigung, ja ohne Kenntnis des regionalen Ursprungs der Geldmittel. Hier wird wieder das Leitprinzip deutlich: Das Kapital kommt aus dem als homogen erklärten Staatsgebiet, es ist also irrelevant, aus welcher Stadt oder Region. Umgekehrt dient seine zentral gesteuerte Investition letztlich immer dem *intérêt général* der Nation, sei es in Form eines dem Prestige oder der Gesamtwirtschaft nutzenden Großprojekts, sei es, wie z.B. beim Wohnungsbau oder der Industrieförderung, um räumliche Ungleichheit zu beseitigen oder zu verhindern.

Abgesehen von dieser de facto eigenen "Bank", verfolgte der Staat bis in jüngere Zeit eher eine Strategie der Einflußnahme und intensiven Kontrolle, ohne die unmittelbare Leitung der Bankenbranche übernehmen zu wollen. Zwar stehen auch die verstaatlichten Banken unter der Aufsicht des Staates als alleinigem Aktionär, agieren aber ansonsten wie freie Unternehmen. Bis zum Zweiten Weltkrieg konnte man sogar von einer relativen Freiheit der Banken sprechen. Allerdings hatte der Staat schon vorher deren Weg in die Abhängigkeit gelenkt: Während der Weltwirtschaftskrise 1930 versagte die Regierung zahlreichen bedrohten Regionalbanken ihre Hilfe, unterstützte dagegen große Pariser Banken, damit sie jene aufkaufen konnten. "Im Bereich der Finanzen blieb der Staat seiner Furcht vor Dezentralisierung treu ... Dadurch erhielt die Regionalwirtschaft einen Schlag, von dem sie sich nur sehr schwer erholen wird, wenn überhaupt"* schrieb MORAZÉ schon im Jahre 1943 (S.102). Nach 1945 setzte sich der Konzentrationsprozeß fort - effizient vorangetrieben durch mehrmalige Anhebung des obligatorischen Mindestkapitals pro Bank sowie 1966 durch ein Liberalisierungsgesetz - und führte zu Untergang oder Fusion von drei Vierteln aller Regionalbanken (ROUYER/CHOINEL 1981, S.11).

Ab 1941 erfolgten die ersten direkten Eingriffe in die Bankenfreiheit durch die Bildung von staatlichen und Selbstkontrollorganen. Ende 1945 lieferten die dominierenden Sozialisten noch zusätzliche ideologische Begründung:

- die Bankenkontrolle wurde reorganisiert bzw. verstärkt,
- die Banque de France (s.o.) wurde verstaatlicht und ebenso
- die vier größten Depositenbanken: CL und SG sowie zwei Banken, die 1966 unter dem Druck der Regierung zur BNP fusionierten.
- Als leitendes Kontrollorgan wurde der Nationale Kreditrat (CNC) gegründet. Er erhielt zunächst weitreichende zentratralisierende Befugnisse, wurde mit der Zeit aber zu einer "Unterabteilung ..., zu einem Akklamationsforum" der Banque de France (BOUVERET 1979, S.94 ff; vgl. La Banque, 1976, S.20).

Schon vor der letzten Verstaatlichungswelle 1982 hatte die Regierung Einfluß auf den öffentlichen und halböffentlichen Sektor in der Kreditwirtschaft: Sparkassen und Volksbanken werden vom Finanzministerium kontrolliert, halböffentliche Spezialinstitute, wie u.a. der Crédit Foncier, unterstehen dessen "Beaufsichtigung". Schon zur Entstehung des zu den "dezentralen" Genossenschaftsbanken gerechneten Crédit Agricole hatte 1894 der Landwirtschaftsminister Méline beigetragen, indem er ein Gesetz zur Gründung lokaler ländlicher Kreditkassen durchbrachte. Als das Kapital der Landwirte nicht ausreichte, sprang im Auftrag des Staates die Banque de France mit der damals enormen Summe von 40 Mio. Francs in die Bresche. Per Gesetz wurden 1920 alle lokalen und regionalen Kassen des Crédit Agricole unter Aufsicht eines Office

National du Crédit Agricole gestellt. Dieses bekam beachtliche zentrale Kompetenzen, ist aber seinerseits von der Regierung abhängig. Ebensowenig konnte der Crédit Mutuel die zunehmende Einmischung verhindern. Seine autonomen Lokalkassen wurden 1958 zu einem einheitlichen Unternehmen mit Bankstatus verbunden; 1964 schuf der Staat per Dekret eine übergeordnete Caisse Centrale de Crédit Mutuel, mit einem Regierungskommissar im Verwaltungsrat. Da die Sparbedingungen der Regierung als zu günstig erschienen - sie machten den Sparkassen und damit der zentralen Depositenkasse Konkurrenz! - zwang der Gesetzgeber den Crédit Mutuel, 50% der Sparbucheinlagen den Gebietskörperschaften für staatlich garantierte und infrastrukturelle Projekte auszuleihen (nach ROUYER/CHOINEL 1981, S.51 ff, 66 ff).

Der Druck von oben auf die Finanzwirtschaft gipfelte 1945 in den Verstaatlichungen, wobei abermals sozialistisch-ideologische und zentralistische Zielsetzungen verschmolzen (vgl. Kap.9.2.1). Die jüngste Verstaatlichung der Banken erfolgte 1982, nach der Regierungsübernahme durch die Koalition von Sozialisten und Kommunisten. Erfaßt wurden alle Banken mit Einlagen von über einer Milliarde Francs, insgesamt 27, sowie - als die größten Objekte - zwei Finanzierungsgesellschaften ("Suez" und "Paribas"). Damit war der Staat dominierender Aktionär aller Handelsbanken, denn auf die ausländischen Banken entfielen nur 9,3% der Einlagen und 14,5% der Kredite, auf die 71 verbleibenden, meist regionalen Privatbanken 3,9% bzw. 4,5% (COUPAYE 1984, S.21). Wegen ihrer prinzipiell sozialen Aufgaben blieben die Genossenschaftsbanken von den Verstaatlichungen ausgenommen.

10.3.5 Der Prozeß funktional-räumlicher Konzentration der Finanzwirtschaft auf Paris

Es wäre verfälschend einseitig, den Zentralisierungsprozeß im Bankensektor allein mit dem Machtwillen der Staatsspitze zu erklären. Vielmehr scheint auch in diesem Bereich die Eigendynamik des Leitprinzips die Zügel geführt zu haben. Hierbei spielen die Machtstrukturen des Staates, die funktionale und räumliche Hierarchie der Handelsbanken sowie die Entwicklung der Raumstrukturen Frankreichs in einer Weise zusammen, die einen wirklich dezentralen Aufbau der Finanzwirtschaft letztlich unvorstellbar erscheinen läßt.

Am besten läßt sich dies am Beispiel des Crédit Lyonnais (CL) erläutern, jener verstaatlichten Großbank mit Sitz in Paris, bei der nur noch der Name an ihre Herkunft erinnert (nach LABASSE 1955 und BONNET 1980). In ihrer Entwicklung spiegelt sich auch der Bedeutungsschwund der Stadt Lyon, die bis in die frühe Neuzeit das wichtigste Finanzzentrum Frankreichs war!

Die Gründung des CL 1863 fiel bezeichnenderweise in den Boom des ersten schnellen Transportmittels, der Eisenbahn. Damals folgten die Bankschalter den vorstoßenden neuen Bahnlinien sozusagen "auf den Fersen", zuerst entlang den leicht zugänglichen Achsen, wie z.B. im Rhônetal, viel später erst in den Gebirgszonen. Mit dem Bahnnetz baute man "Banknetze" auf, um an die Rücklagen in den Sparstrümpfen und Matratzen zu gelangen. Lange Zeit waren die Standorte von Bahnhöfen und Bankschaltern identisch, nicht anders als in den anderen europäischen Ländern; nur stießen in Frankreich die Bahnlinien zunächst fast ausschließlich sternförmig von Paris in den Raum vor, erst später auch von den Regionalzentren. Die ersten auf "Raumeroberung" ausgehenden Banken, der CL und die ein Jahr später gegründete Société Générale, folgten beide dem Bau der Bahnstrecken, praktizierten jedoch völlig verschiedene Strategien: Die in Paris ansässige SG ließ sich längs der radialen Hauptlinien nieder; die Hauptverwaltung blieb von Anfang an in der Hauptstadt. Ein typisch zentralistischer Ablauf. Ganz anders agierte der CL von Lyon aus: kein linienhaftes Vordringen und Überspringen der ländlichen Räume, wie durch die SG, sondern um Lyon eine konzentrische, flächendeckende Erschließung der Region. Eine "regionalistische" Strategie also, die dem CL im weiteren Umkreis, zwischen Chalon-sur-Saône im Norden und Montélimar im Süden, die Vorherrschaft sicherte.

Jener Raum aber war viel zu ausgedehnt, um allein vom Stammsitz in Lyon verwaltet werden zu können. So richtete man von dort aus ein hierarchisch gestuftes Netz von Filialen (*bureaux*) ein, denen wiederum die lokalen *caisses* unterstanden. Im Grunde kopierte der CL damit in seiner Region das für ganz Frankreich konzipierte an Paris orientierte Modell der SG im kleineren Maßstab - leistete er damit nicht seiner Integration in eine später zentralisierte Struktur Vorschub? Denn schon kurz nach der Gründung des CL setzten Spannungen zwischen Mutterhaus in Lyon und Filiale in Paris ein. Am günstigeren Standort zog letztere schnell die Macht an sich, bis die Hauptverwaltung 1881 in die Metropole überwechselte. Dieser finale Schritt schien notwendig, um die von der Region Lyon auf ganz Frankreich ausgedehnte, noch zerbrechliche CL-Gruppe zu festigen. Lyon blieb nur noch für die südostfranzösischen Filialen zuständig, gleichgeschaltet mit den anderen von Paris gesteuerten Regionaldirektionen.

Damit war der Prozeß nicht abgeschlossen. Äußerlich wurde er noch unterstrichen durch den Bau eines Wolkenkratzers mit 26.000 m² Bürofläche im Pariser "Manhattan" La Défense (1967) und die Renovierung der Hauptverwaltung im alten Bankenviertel (1974) - man beachte: Dies geschah auf dem Höhepunkt der Dezentralisierungspolitik für den tertiären Sektor! Als Zeichen für die straffe administrative Zentralisierung des seit 1945 verstaatlichten Unternehmens stand auch die - vom Finanzminister unterstützte - Ernennung (1967) eines Inspecteur des Finances und ehemaligen Präsidenten der Depositenkasse [!] zum Generaldirektor. Wie dessen zwei Subdirektoren, stammte er nicht aus Lyon, es war vielmehr eine "wie 'mit dem Fallschirm gelandete' Mannschaft Pariser Technokraten"* (BONNET 1980, S.102).

Der am Beispiel des Crédit Lyonnais geschilderte Konzentrations- und auf Paris ausgerichtete Zentralisierungsprozeß der Banken fand weitgehend ohne direkte Einflußnahme des Staates statt. Besser gesagt: Dieser griff erst vollends zu - indem er den CL verstaatlichte und seine Leute an die Spitze setzte - als der Prozeß längst abgeschlossen, die Strukturen gefestigt waren. Ansonsten handelte es sich um einen internen Ablauf. Entscheidend war erneut der erdrückende Einfluß der Hauptstadt, die mit den Standorten der Zentralinstitutionen und der Großunternehmen zum konkurrenzlos führenden Finanzplatz prädestiniert war. Der anhaltende Konzentrationsprozeß in der Wirtschaft und die Verstaatlichungen taten ein Übriges. Diesem Sog hatte sich selbst die mächtigste Regionalbank auf Dauer nicht entziehen können, die Präsenz der Hauptverwaltungen und die Zentralisierung des Bankensektors in Paris wurden absolut "normal": Von 214 Bankhauptverwaltungen in der Provinz im Jahre 1945 verblieben dort 1970 nur noch 60, mit zusammen 1,3% der Bilanzsumme aller eingetragenen Banken. Alle wichtigen Entscheidungen laufen über die Hauptverwaltungen an der Seine. Jeder höhere

10.3 Die Zentralisierung des Bankwesens

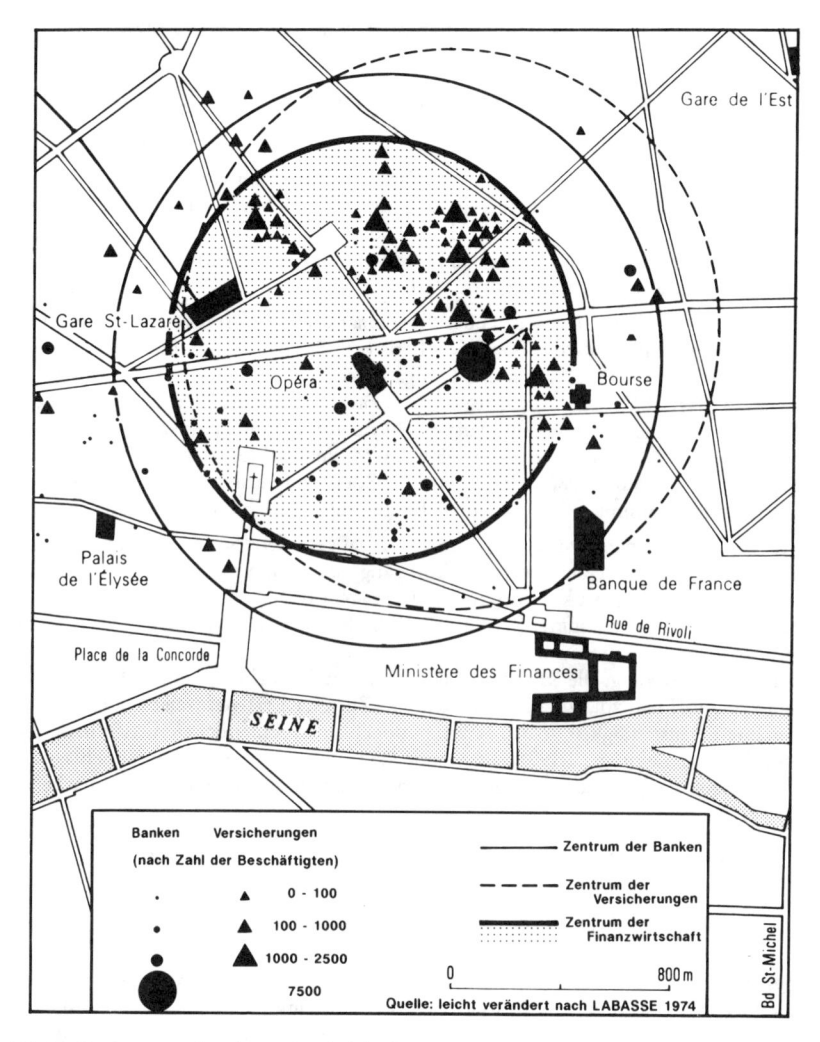

Abb.28 Das Zentrum der Finanzwirtschaft in der Pariser City um 1970

Kredit ist nur dort zu erhalten. Zwar werden nur etwa 15% aller Kreditanträge aus der Provinz direkt in Paris gestellt, sie enthalten jedoch 70% der eingereichten Gesamtsumme (BONNET 1980, S.97,107). Als Selbstverstärkungseffekt ergebe sich wiederum, so MAYOUX (1979, S.41), daß die Unternehmer den Zentralisierungsgrad der Banken sogar überschätzen und deshalb von vornherein dazu neigen, Kredite an den lokalen Filialen vorbei direkt in den Pariser Zentralen auszuhandeln.

10.3.6 Die Pariser Börse, Symbol finanzwirtschaftlicher Hyperkonzentration

Eine von Geographen kaum wahrgenommene Institution ist die Effekten- oder Wertpapierbörse. LABASSE bezeichnet sie als das "wichtigste Glied in den finanziellen Mechanismen der großen Zentren"* (1974, S.230), denn sie bildet den entscheidenden Markt für die Beschaffung und Verteilung von Kapital. Anhand der Kurse läßt sich stets die Einschätzung der Leistungsfähigkeit einzelner Unternehmen wie auch der ganzen Wirtschaft beurteilen. Folglich spiegelt eine Börse auch die Bedeutung ihres regionalen Einzugsbereiches wider und wird damit indirekt zum Indikator für den (De)Zentralisierungsgrad der nationalen Finanzwirtschaft.

Im Kontrast zu Deutschland hängt der Finanzmarkt in Frankreich de facto von einem einzigen Finanzplatz ab, der Börse von Paris (vgl. REITEL 1976, S.12): 1985 erfolgten hier Transaktionen von Aktien und Obligationen in Höhe von 849,3 Mrd. FF gegenüber 25,9 Mrd. FF (3%) an allen regionalen Börsen zusammen [!], nämlich Bordeaux, Lille, Lyon, Nancy, Nantes und Marseille. Nennenswert unter diesen ist nur die Börse von Lyon, die 2% des gesamten bzw. 65% des Provinzmarktes erfaßt (Commission des Opérations de Bourse 1986). Damit wird die Börse von Paris zu *der* nationalen Börse überhaupt, sie nimmt in Europa hinter London und Zürich die dritte Stelle ein.

Auch diese Dominanz wurde und wird vom Staat gefördert: Seit 1961 kann ein Unternehmen nur noch an einer einzigen [!] Börse zugelassen werden (MAYOUX 1979, S.121), was die von Paris quasi konkurrenzlos macht. Nur dort ist der Handel mit ausländischen Wertpapieren gestattet (REITEL 1976). Im Frankreich-Info vom 4.5.1988 sagt die Französische Botschaft in Bonn, wegen einer "Schwächung des Finanzmarktes ... erschien es notwendig, alle Kräfte des Marktes neu zu bündeln ..., um die Wettbewerbsfähigkeit des Finanzplatzes Paris zu erhalten". Zum 1.1.1991 verloren die Regionalbörsen ihre Eigenständigkeit, so daß es nun nur noch einen einheitlichen Aktienmarkt gibt (Saarbrücker Zeitung 2.1.1991). Le Monde (25.6.1987) resümierte in einer Schlagzeile: "Die Regierung will Paris zum ersten [Börsen-]Platz in Kontinentaleuropa machen".

10.3.7 Dezentralisierung oder Dekonzentration des Finanzsektors?

Muß die funktionale und räumliche Hyperkonzentration der Finanzwirtschaft nicht irgendwann zu einer Gefahr an sich und damit für die gesamte Wirtschaft, auch für das gesamte Territorium werden? In der Tat wird in dem Rapport von MAYOUX an die Regierung (1979 S.6,33 ff) als Konsequenz eine Aufteilung der nationalen Banken in autonome regionale Filialen vorgeschlagen, also eine echte Dezentralisierung, bewußt abgehoben gegen eine Dekonzentration. Was ist aus diesem Vorschlag geworden?

Schon relativ früh stieß der räumliche Konzentrationsprozeß an technisch bedingte Grenzen, wie erneut das Beispiel des Crédit Lyonnais zeigt: Er installierte um 1970 in Paris ein zentrales Informatik- und Telematiksystem, um sämtliche Unterabteilungen im Lande zu steuern. Daß die Verbindung zu den Terminals in der Provinz von drei Zentralen ausging - vom Pariser Raum, Tours und Lyon - hatte sich aus den zur Zeit der Installierung noch zu großen Ausmaßen der Computer und ihrer begrenzten Kapazität ergeben. Der Grund der Dekonzentration lag also lediglich im damaligen Stand

10.3 Die Zentralisierung des Bankwesens

der Technik - High-Tech übrigens, denn der CL hatte sein System als erste Bank in Europa eingeführt! Als sich der frühe Vorsprung später in einen Rückstand verwandelt hatte - die Computer der Konkurrenz waren kleiner, ihre Kapazität immer größer geworden - wollte man wieder alles aus einer einzigen Zentrale in Paris dirigieren. Doch zeigten sich bald die Gefahren einer solchen Entwicklung: Als ein Streik eine der drei Zentralen lahmlegte, wurde der Zentralisierungsprozeß gestoppt, war doch die Verwundbarkeit einer einzigen Hauptzentrale in Paris urplötzlich und erschreckend deutlich geworden (BONNET 1980, S.105 ff). Hinzu kam, daß in den 60er Jahren die Zahl der Beschäftigten sprunghaft angestiegen war, was wegen der begrenzten Bürokapazitäten in der Pariser Innenstadt zu Überlastung, unrationeller Verteilung auf verschiedene Gebäude und erschwerten Arbeitsbedingungen führte. Eine Auslagerung der anspruchsloseren Tätigkeiten in die Provinz bot sich nun an (SCHMITGES 1980, S.133) - gewissermaßen eine Parallele zur "Dezentralisierung" der Pariser Industrie (vgl. Kap.10.2.2.3).

An der wirklichen Zentralisierung des Bankwesens änderte dies jedoch nichts. Im Gegenteil, gerade die Verbesserung der Fernsteuerungsmethoden erlaubte eine zunehmende Konzentration der Entscheidungen und gleichzeitig, in umgekehrter Richtung, eine dreistufige Hierarchie der Zuständigkeiten:

- In der Hauptstadt verbleiben weiterhin die Funktionen Steuerung, Innovation und Konzeption; hier ist über die Hälfte der leitenden Angestellten beschäftigt.
- Die der Zentrale unterstehenden "Regionaldirektionen" sind zuständig für die Betreuung der Kundschaft. Beispielsweise hat die BNP 10 solcher "Regionaldirektionen" mit hochqualifizierten Angestellten.
- Die elementaren Tätigkeiten sind je nach Bevölkerungsdichte, Wirtschaftsstruktur etc. über den ganzen Raum verteilt. So unterhält die BNP 171 Filialen und rund 1700 Zweigstellen (BONNET 1980, S.101 ff).

MAYOUX selbst, der die Forderung nach Dezentralisierung erhebt (s.o.), muß in demselben Rapport feststellen, daß es sich hierbei vielmehr um Dekonzentration handelt (1979, S.41).

Jene Perfektionierung in der Hierarchie des Bankensektors erlaubt nicht nur die Stärkung der Hauptverwaltung, sondern auch massives Vordringen in die Städte der Provinz. Gerade weil Regionaldirektionen und Filialen heute enger an die ferne Zentrale gebunden sind, können sie dank der hochmodernen Kommunikation zu ihr mit den Kunden direkter verhandeln als früher. Das einstige Handicap der über Paris laufenden Kreditanträge schwindet deshalb mehr und mehr. Folglich können die nationalen Banken den in der Provinz (noch) überlebenden Regionalbanken immer heftiger Konkurrenz machen. Privilegierter Zeuge ist das traditionell führende Bankzentrum der Provinz, nämlich Lyon: 1979 existierten dort noch 77 verschiedene Finanzinstitute, davon 17 von nennenswerter Größe, die jedoch in der Mehrzahl von externem Kapital kontrolliert wurden, vorwiegend aus Paris. Und dies gerade wegen der attraktiven wirtschaftlichen Dynamik der Region Lyon, getreu der Regel, daß sich das Pariser Kapital in der Provinz immer die rentabelsten Objekte herausgepickt hat. Das Liberalisierungsgesetz von 1966 hatte alle Provinzstädte zu Opfern einer *"chasse aux banques"* gemacht, ganz besonders eben Lyon, wo ein Jahrhundert zuvor die hochmoderne Depositenbank Crédit Lyonnais gegründet worden war - ihre Väter hatten dies als "Emanzipationsakt der Provinz"* verstanden (BONNET 1980, S.94 ff u. LABASSE 1955, S.496).

10.4 Zentralmacht und Energiewirtschaft

> ".. la maîtrise de l'espace est gourmande
> d'énergie".D. W. CURRAN,*La nouvelle
> donne énergétique* (1981,S.11)

Drang zur Macht über Energiebesitz ist ein völlig normales politisches Phänomen, ganz besonders ausgeprägt in einem zentralistischen Land, wo die Staatsspitze keine anderen Machtpole dulden und deshalb allein über die Energie gebieten will. In der Tat gibt es keine bessere Möglichkeit, den Raum zu kontrollieren als über die Energieversorgung: Sie bewegt die gesamte Wirtschaft, sie erreicht jedes Kämmerlein. Energie ist auch die Grundvoraussetzung für Transport und Kommunikation. Da diese im zentralistischen Herrschaftsmechanismus von der Zentrale ausgehen, muß letztere optimal über Energie verfügen und sie über die Radialen flächendeckend verteilen können. Je größer das Territorium, desto mehr Energie muß zentral einsetzbar sein. Umgekehrt darf die Peripherie nicht autonom über Energie gebieten. Wie gewichtig die Beherrschung der Energie eingeschätzt wird, läßt sich vielleicht noch deutlicher am Verhalten föderalistischer Staaten ablesen. Deren Gesetze sind wesentlich zentralistischer und dirigistischer für die Energie als für die anderen Wirtschafts- und Verwaltungsbereiche. "Der Energiesektor ist ... zu lebenswichtig, als daß selbst in den liberalsten Regimen die öffentliche Hand darauf verzichten könnte zu intervenieren, nämlich zu kontrollieren, zu stimulieren und zu regulieren"*, sagt CURRAN (1981, S.56) und nennt als Beispiel die Kontrolle der Erdölwirtschaft in den ansonsten liberalistischen USA. Bezeichnenderweise auch lebt das vom nationalsozialistischen Zentralismus geprägte Energiewirtschaftsgesetz von 1935 bis heute unbeschadet im bundesdeutschen Recht weiter!

Allerdings resultieren die staatlichen Interventionen in der Energiewirtschaft nicht allein aus dem Machtstreben der politischen Führung, sondern auch aus den spezifischen Strukturen der Energiewirtschaft selbst sowie aus deren Verflechtungen mit dem Staat. Hier ergeben sich besondere Bedingungen, vor allem für die leitungsgebundenen Energieträger Elektrizität, Gas und Fernwärme: Die Energieversorgung erfordert für Erzeugung, Transmission und Verteilung erhebliches Kapital, lange Planungszeit und hohe Lebensdauer der Investitionen. Solche Bedingungen können in der Regel allein Monopolunternehmen erfüllen. Für den zentralistischen Staat bietet es sich deshalb geradezu an, diese Aufgaben selbst zu übernehmen, um sein einheitlich verwaltetes Territorium auch einheitlich und zentral mit Energie zu versorgen.

10.4.1 Der staatliche Interventionismus in den konventionellen Energiesektoren

Hier liegt der primäre Ausgangspunkt des Interventionismus auf dem Energiesektor Frankreichs, nicht, wie oft behauptet, in der Importabhängigkeit des Landes (vgl. u.a. PINCHEMEL 1981, II, S.81). Die Autarkiestrategie ist nur eine logische Konsequenz dieses Dranges nach uneingeschränkter Energiekontrolle, besonders ausgeprägt in der französischen Nation, für die Unabhängigkeit traditionell einen besonders hohen Stellenwert hat. Der Staat strebt deshalb sowohl nach der direkten Verfügungsgewalt über die Energiewirtschaft als auch nach unabhängiger und gesicherter Versorgung. Beide Ziele sind nicht voneinander zu trennen, denn je intensiver der staatliche Einfluß, desto effizienter die Politik der Unabhängigkeit. Auf die Mechanismen des freien Marktes darf eine solche Politik nicht vertrauen.

Solange die Eigenversorgung mit Energie weitgehend gewährleistet war, konnten sich die Regierungen zurückhalten, so z.B. im Steinkohlenbergbau, der bis zum Zweiten Weltkrieg von Privatunternehmen betrieben und vom Staat nur indirekt über Konzessionen kontrolliert wurde. Sobald aber die Versorgung gefährdet schien, schaltete er sich ein. Das früheste wichtige Beispiel sind die Erdölgesetze von 1928, die noch heute gültig sind. Prekär wurde die Situation nach dem Zweiten Weltkrieg, als die Nachfrage nach Energie, vor allem nach Erdöl, und damit auch der Grad an Importabhängigkeit steil anstiegen. Die Energiewirtschaft sollte nun so weit wie möglich unter öffentliche Regie gebracht werden: Voll oder partiell verstaatlicht wurden ab 1946 die Förderung der eigenen Ressourcen (Kohle, Erdöl, Gas, Wasserkraft, Uran), die Umwandlung in Sekundärenergie (Raffinerien, Stromerzeugung) sowie die Verteilung an die Verbraucher (Elektrizität, Gas). Indirekt, d.h. über Minderheitsbeteiligungen, Importkontrollen, Konzessionen etc., erreichte der Staat beachtlichen Einfluß selbst auf den fast völlig importabhängigen Erdölsektor. Wie verständlich solche Absicherungsstrategie war, zeigte sich an dem rapiden Rückgang der Eigenversorgung mit Energie, von 67,5% im Jahre 1950 auf nur noch 21,7% 1977 (PINCHEMEL 1981, II, S.81).

Bei dem dominierenden Energieträger Erdöl sind die Eingriffsmöglichkeiten des Staates begrenzt, aber gerade die Kluft zwischen dem Ziel, nämlich der totalen Energieverfügung, und der unzureichenden Eigenausstattung hat die Energiepolitik zu "einer der wichtigsten Größen in der staatlichen Intervention in der französische Wirtschaft"* gemacht (PINCHEMEL 1981, II, S.81). Dahinter steht auch das Trauma, Frankreich sei aus Mangel an eigenen Energiequellen den wichtigsten Nachbar- bzw. Konkurrenzländern, Großbritannien und Deutschland, später vor allem der Atommacht USA, unterlegen. Bezeichnenderweise fiel der wachsende Interventionismus im Energiesektor nach dem Zweiten Weltkrieg mit einer zunehmenden Wirtschaftszentralisierung zusammen (Fünfjahrespläne, Verstaatlichung von Banken und Schlüsselindustrien etc.).

Wie in den anderen Wirtschaftsbereichen setzt eine direkte Beteiligung des Staates am Energiesektor erst zwischen den Weltkriegen ein. Seit 1945 läßt sich eine zunehmend dirigistische Tendenz verfolgen. Sie ist bis heute nicht abgeschlossen, denn mit dem Ausbau der Kernenergie auf Kosten der anderen Energieträger wächst parallel auch die Beteiligung der öffentlichen Hand. Hinzu kommt eine weitere, kaum beachtete Parallelentwicklung: Mit der funktionalen und räumlichen Konzentration des Energiepotentials steigt auch seine strategische Bedeutung für die Zentrale. Man vergleiche unter diesem Aspekt den noch vor wenigen Jahrzehnten dominierenden Kohlenbergbau mit einem Anteil von 86% des Primärenergieverbrauchs (1945) mit der heutigen Dominanz des Erdöls und, vor allem, der wachsenden Kernenergie, die 1989 42,8% bzw. 32,2% erreichten (BELLON/CHEVALLIER 1983, S.69; CEA 1990). Sowohl die Produktion der Energie in Kohlengruben und kleinen Wasserkraftwerken als auch der Konsum waren räumlich stark gestreut, das Transportnetz weitmaschig und schwach; es wurde nur ein knappes Drittel des aktuellen Primärenergieverbrauchs erreicht. Heute liefern 10 Raffinerien fast die Hälfte der gesamten Endenergie, 75% der Elektrizität kommen aus 19 Kernkraftwerken (EDF, Résultats ... 1990), Strom trägt inzwischen zu mehr als einem

Drittel zur Endenergie bei. Rechnet man das Gas hinzu, etwa 15%, so können die staatlichen Monopolunternehmen EDF und GDF die Hälfte des Energiekonsums sozusagen per Knopfdruck aus den Pariser Zentralen steuern.

Der Eingriff des Staates begann im Jahre 1810, als der private Kohlenbergbau von Konzessionen abhängig gemacht wurde. 1919 wurden Konzessionen auch für die Stromproduktion aus Wasserkraft eingeführt. Gezielter intervenierte der Staat ab den 20er Jahren in der Mineralölwirtschaft, die sich stets fast ausschließlich über Importe versorgen mußte. Man kann hier von der Bildung eines Privatsektors durch den Staat sprechen (CHARDONNET 1976, S.147), denn private Initiative fehlte offensichtlich. Er gründete 1924 die Compagnie Française de Pétrole (CFP) und verschaffte sich damit Zugang zu Fördergebieten im Vorderen Orient. Gemeinsam mit der verstaatlichten Banque Nationale de Paris und der Caisse des Dépôts hat der Staat in dem Unternehmen die Kapitalmehrheit (DI MÉO 1983, S.361). Über ihre Tochtergesellschaft Cie. Française de Raffinage erhielt die CFP das Recht, mindestens 25% des französischen Ölbedarfs zu importieren. Kombiniert mit dem Vorgehen wurde ein Gesetzeswerk, das einerseits günstige Bedingungen für Importe und Verarbeitung im Land durch ausländische Unternehmen schuf, zum anderen jedoch der Regierung die Kontrolle über Importe, Re-Export, Raffineriebau bzw. -standorte und Lagerhaltung gab. Man konnte auch durchsetzen, daß mindestens zwei Drittel des eingeführten Rohöls auf Tankern unter französischer Flagge transportiert werden müssen. Mit dieser in ihren Grundzügen bis heute unveränderten Strategie gelang es Frankreich, bis 1939 die größte Raffineriekapazität in Europa aufzubauen (CHARDONNET 1970, S.257 ff).

Nach dem Zweiten Weltkrieg wurde die protektionistische Kontrollpolitik erfolgreich fortgesetzt. Sie ersetzt gewissermaßen die fehlenden Eigenressourcen, zeigt aber auch die Methoden, maximalen politischen Einfluß in einem Bereich zu gewinnen, in dem Verstaatlichungen wegen der Importabhängigkeit ausgeschlossen sind: Aus der Fusion dreier teilstaatlicher Erdölgesellschaften entstand 1966 die staatliche Holding Entreprise de Recherche et d'Activités Pétrolières (ERAP). Diese schloß sich wiederum mit einer teilstaatlichen Gesellschaft zur Société Nationale Elf-Aquitaine (SNEA) zusammen, an der die ERAP 70% Kapitalanteil hat. Auf diese Weise erlangte der Staat die Kontrolle über zwei eigentliche Mineralölkonzerne, die CFP (Kern des Multis Total) und die SNEA. 1979 deckten sie zusammen genau die Hälfte des französischen Marktes ab, addiert hätte ihr Umsatz an sechster Stelle in der Welt gestanden! Die restliche Versorgung entfällt auf die fünf Ölmultis Shell, Mobil, Esso, BP und Fina, an die der Staat Einfuhr und Verarbeitung "delegiert" hat; ihnen "wird gewissermaßen 'gestattet', den französischen Markt zu bedienen" (BOHNEN 1983, S. 17).

Wesentlich direkter als die dirigistische Mineralöl- und Erdgaspolitik aber war im Jahre 1946 - und bleibt bis heute - der Griff nach der Kohle, der Elektrizität und der Verteilung von Gas. Wie bei den anderen Verstaatlichungen zu jenem Zeitpunkt vermengten sich auch hier linksideologische, politische und wirtschaftsstrategische Motive (vgl. Kap.9.2). Am wenigsten ging es aber um Ideologie, denn die später folgenden konservativen Regierungen wurden - in seltener Einigkeit mit den Kommunisten - zu den härtesten Verfechtern der Strategie des *tout nucléaire* (Kap.10.4.2).

Nach 1945 setzte man im Zuge des Wiederaufbaus und der forcierten Entwicklung der Grundstoffindustrien voll auf den tragenden Energieträger Steinkohle. Eine Verstaatlichung lag nahe, zumal der vom Krieg geschwächten Privatwirtschaft das Kapital fehl-

10.4 Zentralmacht und Energiewirtschaft

te. 1946 wurde die staatliche Dachgesellschaft Charbonnages de France (CDF) gegründet, mit Sitz in Paris. Ihr unterstehen die Bergbauunternehmen fast aller Revieren, z.b. die Houillères du Bassin de Lorraine (HBL), mit zusammen etwa 95% der Förderung. Ab Ende der 50er Jahre wurde die Konkurrenz der Steinkohlen- und vor allem der Erdölimporte für den Bergbau erdrückend. Im Revier Nord wurde Ende 1990 die letzte Zeche stillgelegt; 2006 wird dasselbe Schicksal Lothringen treffen. Der Steinkohlenbergbau gilt als abgeschrieben. An einem Energiesektor, der seine Bedeutung als Machtfaktor verloren hat und zudem unrentabel ist, kann der Staat kein Interesse mehr haben. Da die heimische Kohle auch nie die sozialpolitische Bedeutung hatte wie in Deutschland, kann man sie in Frankreich ungenierter fallen lassen. Schon seit langem betreiben die CDF Abbau in Übersee und sichern ihr Überleben durch Diversifizierung ab. Inzwischen erzielen sie den größeren Teil ihres Umsatzes in Nicht-Kohle-Aktivitäten - für den Staat übrigens eine weitere Möglichkeit, in die Industrie einzudringen.

Mit der Gründung der Gaz de France (GDF), ebenfalls 1946, fielen nur Transport und Verteilung von Gas unter öffentliche Regie. Neben geringen Mengen energiearmen Hochofengases wurde ausschließlich Kokereigas (Stadtgas) verbraucht. Damit erfaßte der Staat indirekt auch die Produktion des Gases, denn 62% der damaligen Kokereikapazität gehörte zu den frisch verstaatlichten Steinkohlenzechen (CHEVALLIER 1979, S.44). Die Gaswerke der Städte standen nun in doppelter Abhängigkeit zwischen dem staatlichen Kohlenlieferanten CDF und dem staatlichen Verteiler GDF. Mit der Gründung der GDF sollte die total veraltete Struktur dieses Energiesektors - vorher gab es 264 Gasversorgungsgesellschaften - vereinheitlicht, modernisiert und gestrafft werden, ganz ähnlich wie durch die parallele Gründung der Electricité de France (EDF, s.u.) (EICKHOF/PROHASKA-R. 1982, S.50). Ein nationales GDF-Netz entstand erst in den 60er Jahren mit der Erdgasförderung am Nordrand der Pyrenäen. GDF transportiert und verteilt etwa ein Sechstel des französischen Primärenergiebedarfs. Produktion bzw. Import unterstehen den Mineralölkonzernen. Die Förderung der landeseigenen Vorkommen wurde der SNEA (s.o.) übertra-gen, in der ebenfalls der Staat das Sagen hat.

Die Eigenständigkeit der GDF wird durch das äußerlich gemeinsame Auftreten mit der EDF nicht tangiert. Denn es liegt durchaus auf der Linie des zentralistischen Prinzips, die Energiebereiche Kohle, Gas und Elektrizität voneinander getrennt zu halten, um deren Zusammenschluß zu einem einzigen übermächtigen Energiekonzern und damit zu einem potentiellen Staat im Staat zu vermeiden.

Im Unterschied zur GDF wird die Electricité de France durch eine geschlossene vertikale Struktur charakterisiert, von der Produktion des Stroms über den Transport bis zur Verteilung an den Endabnehmer; zugleich hat sie ein lückenloses Versorgungsmonopol für das ganze Land. 1989 oblagen der EDF 92,3% der Produktion, 96,5% der Endverteilung sowie, gesetzlich bestimmt, 100% des Transports in Leitungen mit über 100 KV (EDF, Résultats ... 1990). Sie hatte 1987 123.800 Mitarbeiter und einen Umsatz von 135,7 Mrd. FF. An den Investitionen ge-messen ist die EDF das zweitgrößte, nach Umsatz das viertgrößte Unternehmen in Frankreich und gilt, laut Le Monde (8.6.1988), als größter Energieerzeuger der Welt.

In der gesamten Energiewirtschaft ließ sich das Monopol einer vertikal integrierten, monolithischen Einheitsgesellschaft wohl am ehesten für den Elektrizitätssektor rechtfertigen: Vor der Gründung 1946 hatten sich 154 Gesellschaften die Produktion geteilt, 86 den überregionalen Transport und 1150 die Endabgabe (EDF 1976, S.8). Außerdem konnte das seit 1939 existierende nationale Verbundnetz nicht rationell genutzt werden: Der reliefarme, stärker industrialisierte Norden wurde nur unzureichend von thermischen Kraftwerken versorgt; 1950 hatten diese (mit zusammen 4800 MW) nur einen Anteil von 42% an der installierten Leistung des Landes. Der wesentlich schwächer industrialisierte Süden leitete Stromüberschüsse aus Wasserkraft in die Nordhälfte. Außerdem erforderten die jahreszeitlich bedingten Schwankungen von Angebot und Nachfrage wechselseitige Belieferung: im wasserarmen Sommer von Nord nach Süd, im Winter umgekehrt. Unter solchen Bedingungen konnte die Elektrizitätswirtschaft nicht ökonomisch betrieben werden, noch war sie den Anforderungen des Wie-deraufbaus gewachsen. Auf die Vorstellung der Zentralisten von einem einheitlichen Frankreich mit einem einheitlichen Wirtschaftsraum muß dies geradezu wie eine Provokation gewirkt haben. So glaubte die Regierung nach Kriegsende, nur einem großen Staatskonzern die gigantischen Aufgaben anvertrauen zu können.

Gerade angesichts der schweren Einbußen durch den Krieg ist es äußerst beeindruckend, wie die EDF ihre Aufgaben gemeistert hat. Ihre Leistungen seien hier zunächst bis zum Durchbruch der Kernenergie ab 1976 kurz betrachtet:

- Modernisierung, Konzentration und Expansion der Kraftwerkskapazität,
- maximale Nutzung der Wasserkraft im Süden (1950-76: + 258%) plus regionale Angleichung durch schwergewichtigen Ausbau der thermischen Leistung vorwiegend im Norden, die 1976 einen Anteil von 58% erreichte,
- Steigerung der Stromproduktion 1950-76 auf das Zehnfache,
- technische Vereinheitlichung, außerordentliche Verlängerung des Verbundnetzes,
- organisatorische Neuordnung zu einem Einheitsunternehmen mit zentraler Verwaltung in Paris und landesweiten Einheitstarifen für die einzelnen Kundengruppen.

Aus der Fusion der zahlreichen alten Gesellschaften war das größte Industrieunternehmen Frankreichs entstanden. Es ist offiziell autonom und wird besteuert, als läge es in privater Hand. Aber die Autonomie auch dieser wichtigsten und mächtigsten "Filiale" des Staates in der Wirtschaft bleibt begrenzt. Entscheidende Hebel in der Hand der Regierung sind die personelle Besetzung, die Fachaufsicht (*tutelle*) durch die zuständigen Ministerien sowie die Preis-, Tarif- und Investitionskontrolle durch das Finanzministerium. Der Staat spricht sogar bei den Löhnen mit und sträubt sich meistens gegen eine Erhöhung der Stromtarife. Dadurch begrenzt er die Einnahmen bzw. das Investitionskapital der EDF, zwingt sie andererseits jedoch zur Durchführung des gigantischen Kernenergieprogramms (EICKHOF/PROHASKA-R. 1982, S.46). Neben sekundären Gründen mag dies die immensen Schulden der EDF erklären, die 1987 300,1 Mrd. FF erreichten (EDF, Rapport d'activité 1987, S.43).

Damit aber wird die Abhängigkeit vom Staat absolut. Mit der EDF verfügt er nicht nur über eines der wichtigsten Machtinstrumente, sondern überdies ist jenes genauso zentralistisch-hierarchisch aufgebaut wie der Staat selbst, erlaubt also de facto eine direkte vertikale und horizontale Durchführung des Regierungswillens. Die räumliche Grundstruktur der Elektrizitätswirtschaft, die sie ubiquitär einsetzbar und zentral lenkbar macht, kommt dem noch entgegen. Daß man die EDF bei ihrer Gründung in mehrere regionale Verteilungsunternehmen mit relativer Autonomie untergliedern wollte (EICKHOF/PROHASKA-R. 1982, S.11), scheint lange vergessen zu sein.

10.4.2 Kernergie - Die perfekte Kontrolle der Energie durch die Zentralmacht?

Mit der 1973/74 ausbrechenden Energiekrise - in Frankreich bezeichnenderweise *"le choc pétrolier"* genannt - kam es zu einer existenzbedrohenden Importabhängigkeit von fast 80%, und dies bei um ein Mehrfaches gestiegenen Erdölpreisen. Von einer Fortsetzung, Reaktivierung oder gar Intensivierung der vorher praktizierten Energiepolitik war jedoch keine Lösung mehr zu erwarten:

- Ein Come-back des Kohlenbergbaus blieb ausgeschlossen, die heimischen Reserven an Öl und Gas näherten sich einem absehbaren Ende, die Wasserkraft hatte ihre Kapazitätsgrenze erreicht.
- Bei der Suche nach alternativen Energien kam man über das Experimentierstadium nicht hinaus: Das leistungsschwache, aber kostenschwere Gezeitenkraftwerk Saint-Malo (240 MW) blieb ein Einzelfall. Wegen fehlender Rentabilität wurde das bis heute einzige Solarkraftwerk Targassonne in den Ostpyrenäen 1986 stillgelegt.
- Die ausländischen Erdölgesellschaften drohten wegen der schlechten Geschäftslage wiederholt und ernsthaft, ihre Raffinerien und petrochemischen Werke aus Frankreich abzuziehen (DI MÉO 1983, S.848 f).

10.4.2.1 Kernenergie als Machtinstrument

Beide Machtinstrumente, die Energie selbst und die Energieunternehmen, drohten nun der Hand des Zentralstaates zu entgleiten, eine wirtschaftlich wie außen- und innenpolitisch gravierende Situation, die von deutscher Seite, auf der beruhigenden Basis der heimischen Kohlenreserven, oft unterschätzt worden ist. Umso mehr konzentrierte man sich in Frankreich auf die Gewinnung von Elektrizität aus Kernenergie, bot sie doch Möglichkeiten weitgehender Autarkie und zugleich zentraler Beherrschung der Energiewirtschaft durch ein staatliches Monopolunternehmen. Nur ein solches war auch objektiv in der Lage, das 1974 angekündigte Kernenergieprogramm in dieser Form, Dimension und Geschwindigkeit zu realisieren (vgl. BOHNEN 1983, S.110). Folglich kann die französische Nuklearpolitik nicht allein mit einer plötzlichen Reaktion auf die Energiekrise erklärt werden. LUCAS (1979, S.196) betont vielmehr, daß die Krise nicht der entscheidende Auslöser gewesen sei, am wenigsten für die (schon in den 50er Jahren begonnene) Entwicklung des "Schnellen Brüters" (s.u.).

Die Vorteile des Programms *"tout nucléaire, tout électrique"* werden ständig hervorgehoben:

- Die Erdöleinfuhr konnte drastisch reduziert (*"dépétroliser l'énergie"*) und der Selbstversorgungsgrad mit Energie wieder auf fast die Hälfte angehoben werden (1988: 48,3%, CEA 1990). Auf der Basis eigener Uranvorkommen kann Frankreich sich sogar zum großen Teil, in Krisenfällen auch vorübergehend allein versorgen, zumal der gesamte sogenannte Brennstoff-"Kreislauf" unter eigener Regie abläuft. Die Importpartner gelten als politisch zuverlässiger als die OPEC-Staaten.
- Offiziell produziert man billigeren Strom (allerdings nur scheinbar, da ein Großteil der Investitionskosten auf den Schuldenberg der EDF gewälzt wurde und die Kosten der Endlagerung unberücksichtigt bleiben).

- Grundsätzlich gelang hier eine partielle "Substitution" der importabhängigen konventionellen Energieträger durch Kapital und Technik (BOHNEN 1983, S.104): Einer Publikation des Industrieministeriums (FRIGOLA 1985, S.7) zufolge haben die nuklearen Brennelemente (vor Endlagerung) an den Erzeugungskosten einer Kilowattstunde einen Anteil von 28% gegenüber 59% bei Kohle und 77% bei Erdöl.
- Zugleich konnte der Staat mit dieser "Technisierung" der Stromerzeugung die entsprechenden Zulieferindustrien fördern (und diese stärker an sich binden).
- In Nuklearforschung und -technologie stieg Frankreich in die Weltspitze auf; Strom, Kernkraftwerke und Know-how sind unverzichtbare Exportprodukten geworden.
- Andererseits sind keine gravierenden Unfälle aufgetreten; ein "französisches Tschernobyl" wird von offizieller Seite als genauso unvorstellbar abgetan wie diesseits des Rheins ein deutsches. Bereits 1981 hatte das Ministerium für Forschung und Technologie erklärt, die Risiken der Kernenergie seien geringer zu gewichten als die Unsicherheit der Versorgung, als das Nachlassen der französischen Konkurrenzfähigkeit oder als der Verlust der Unabhängigkeit (JO, 7.10.1981, S.1510).
- Global fühlt sich die Staatsspitze in ihrer langfristigen Wirtschaftspolitik bestätigt, denn erneute drastische Preisanstiege für die fossilen Energieträger sind in absehbarer Zukunft unumgänglich. Dann wird Frankreich als einziges Land neben den USA und der Sowjetunion einen autarken Brennstoff-"Zyklus" besitzen.
- Nicht zu vergessen sind schließlich die 170.000 Arbeitsplätze im Kernenergieprogramm.

Hinzu kommen politische Vorteile: Der Staat besitzt nun Kontrollfunktionen über die Energie wie nie zuvor, zudem noch über ihren modernsten Bereich. Mittels eigener Einheitsgesellschaften (EDF, CEA, COGEMA, s.u.) gebietet er über den gesamten "Zyklus" von der Produktion bis zur Endverteilung, nicht zu vergessen die Verflechtungen mit der Atomstreitmacht. Schließlich gewinnt Frankreich durch wachsenden Stromexport, durch ausländische Beteiligungen bei der Fertigung der Brennelemente (Pierrelatte) und bei der Wiederaufarbeitung (La Hague, s.u.) sogar Einfluß auf seine Nachbarstaaten: "Ohne die entsprechenden Verträge stünden die meisten deutschen Reaktoren zweifellos heute still" (KLASEN 1982, S.216) - seit der Aufgabe der Wiederaufarbeitungsanlage (WAA) Wackersdorf zugunsten einer Beteiligung der bundesdeutschen Elektrizitätswirtschaft an der WAA in La Hague hat dieser Satz erneut an Aktualität gewonnen.

Treffend resümiert TIMBAL-DUCLAUX (1982, S.25), bezeichnenderweise in einer EDF-Publikation: "... man versteht nun besser, warum Frankreich 1982 der zweitgrößte Produzent von Atomstrom wurde. ... Faktisch hat die zentralistische Tradition ... die Nuklearelektrizität gefördert. Ein einziger Staat, eine einzige Regierung, eine einzige Elektrizitätsgesellschaft, eine einzige Atomenergiegesellschaft (CEA), ein einziger Konstrukteur, das vereinfacht sehr vieles"*.

10.4.2.2 Entwicklung und Struktur des Kernenergieprogramms

Schon unmittelbar nach Kriegsende war die eigene Kernforschung beschlossen worden. Zu diesem Zweck gründete der Staat das Commissariat à l'Energie Atomique (CEA), das der Fachaufsicht durch höchste Beamte um den Premierminister untersteht. 1958

10.4 Zentralmacht und Energiewirtschaft

fiel die Entscheidung für die eigene Atom-, dann für die H-Bombe. Wahrscheinlich hat der Vorrang der Atomstreitmacht (Force de Frappe) den Aufbau einer nuklearen Elektrizitätswirtschaft zunächst in den Hintergrund gedrängt. Doch profitierte auch die zivile Seite von der atomaren Rüstung: In Marcoule im unteren Rhônetal entstand ein erster Reaktor für Plutoniumgewinnung (Abb.29). Als dessen Produktionskapazität nicht ausreichte, baute man 1959-66 die Wiederaufarbeitungsanlage (WAA) in La Hague, an der Nordspitze der Halbinsel Cotentin. 1967 ging in Pierrelatte an der unteren Rhône eine Anreicherungsanlage für die H-Bombe in Betrieb (Le Monde, Bilan... 1986) - bekannte Standorte, die zu den entscheidenden Stationen auch für die zivile Kernenergiewirtschaft werden sollten. Nach wie vor ist das CEA für die Reaktortechnik und über ihre Tochtergesellschaft (100%) COGEMA für den Brennstoff zuständig, und zwar gemeinsam für den militärischen wie für den zivilen Bereich.

Nicht zufällig kam es deshalb zu heftiger Rivalität mit der anderen Energiemacht, der EDF, wodurch das Programm um Jahre verzögert wurde, auch im Vergleich beispielsweise zu Großbritannien und sogar zur Bundesrepublik Deutschland (vgl. DÜRR 1983 und FEIGENBAUM 1985). Dann jedoch entwickelte Frankreich das ehrgeizigste Kernenergieprogramm der Welt, das zu einer fast "vollständigen Französisierung"* der Nuklearwirtschaft geführt hat (Le Monde, Bilan... 1986, S.147).

Diese soll hier, dem Brennstoff-"Zyklus" folgend, kurz geschildert werden: Mit 3% der gesicherten Weltreserven an Uran hat Frankreich die mit Abstand größten Lagerstätten in Westeuropa; bei einer Fortschreibung des Konsums von 1988 reichen diese noch 18 Jahre. 1988 konnten 56% des Bedarfs aus den Vorkommen im Zentralmassiv und in der Vendée gedeckt werden (vgl. BRÜCHER 1987b, Abb.2). An den Gesamtlieferungen für den internen Verbrauch hatte die staatliche CEA-Tochter COGEMA 1988 42,4% Anteil; die Importe kommen von Gesellschaften mit französischer Beteiligung etwa zu drei Vierteln aus den ehemaligen Kolonien Gabun und Niger sowie aus Kanada und den USA (CEA, Quelques informations... 1990). Frankreich sichert sich also auch außen ab und streckt seine eigenen Reserven durch begrenzte Nutzung.

Das Uranerz wird unmittelbar neben den Bergwerken aufbereitet, anschließend in Pierrelatte auf 3,3% spaltbares U-235 angereichert und dort direkt zu Brennelementen verarbeitet. Mit einem Drittel [!] der Weltkapazität (CEA, Notes.. No.2, 1988) vermag diese gigantische Anlage 100 Druckwasserreaktoren à 900 MW versorgen und verbraucht selbst über 80% des im KKW Tricastin (3660 MW) erzeugten Stroms (KLASEN 1982, S.207). In der Brennelementefabrik kann Frankreich nicht nur seinen eigenen Bedarf decken, sondern auch Nachbarländer beliefern. Sie wird von der Gesellschaft Eurodif betrieben, in der neben europäischen Beteiligungen die CEA-Tochter COGEMA, also letztlich der französische Staat, die knappe Kapitalmehrheit hält.

Nach der Entscheidung für eine einheitliche LWR-Linie baute man 1971-77 den ersten Prototyp in Fessenheim mit zwei Blöcken à 880 MW. Die in einem Stufenprogramm festgelegte Nettokapazität nahm bis 1985 um rund 35.000 MW zu. Zugleich wuchs auch die Größe der Blöcke bzw. der Kraftwerke: An der Spitze stehen seit 1985 sechs KKW mit je 1300 MW/Block, 1992/93 gehen in Chooz an der belgischen Grenze zwei Blöcke mit je 1455 MW ans Netz. In Gravelines am Ärmelkanal steht das drittgrößte KKW der Welt, mit 5460 MW (CEA, Notes... No.2, 1990). Ermöglicht wurde diese Expansion nicht nur durch gewaltige Kapitalanstrengungen - in dem Jahrzehnt nach 1976 investierte Frankreich 350 Milliarden Francs (Le Monde 7.5.1987)! - sondern auch durch Rationalisierung und Standardisierung im Kraftwerksbau. Hier konnte der Staat über seine Beteiligung an dem Unternehmen Framatome, das den Alleinauftrag für Reaktor- und Kraftwerksbau hat, auf ein beschleunigtes Verfahren drängen. Außerdem erwirkte er, daß die CEA die 30%-Beteiligung der US-Firma Westinghouse an Framatome zurückkaufte, "um die Kontrolle der französischen Interessen im Sektor Nuklearindustrie zu verstärken"* (EDF 1976, S.40).

Hier ist ein kurzer Vergleich zu den anderen Energieträgern in der Stromerzeugung einzufügen: Öl und Gas werden fast nur noch für die Spitzenlast eingesetzt. Von ihrem Höchststand im Jahre 1976 (Abb.30) war die Produktion der konventionellen Wärmekraftwerke 1989 auf lediglich ein Drittel gefallen. Die Wasserkraft stagniert. Dagegen stieg die Produktion aus KKW bis 1989 auf 289 TWh an bzw. auf 75% der gesamten Stromerzeugung. Am 1.1.1989 stand Frankreich mit einer KKW-Nettokapazität von 52,9 GW an zweiter Stelle hinter den USA (EDF, Résultats... 1990; CEA, Quelques informations... 1990).

Für den nächsten Schritt im Brennstoffzyklus wurde 1959-66 die WAA mit Zwischenlager in La Hague gebaut, eine der größten der Welt. Idealziel und zugleich Schlußstein in der Nuklearpolitik Frankreichs ist der Schnelle Brutreaktor (SBR), erwartet man doch von ihm eine langfristige Autarkie in Atombewaffnung und Stromversorgung. Mit der Erfüllung solcher Wünsche würde dem zentralistischen Staat ein perfektes Machtinstrument in die Hand gegeben. Ziviler und militärischer Bereich sind hier, wie es auch die kombinierte Zuständigkeit des CEA verdeutlicht, untrennbar verbunden. Mit der Erzeugung von Plutonium wird einerseits der Bedarf der Force de Frappe gesichert, zum anderen erlaubt der SBR-Prozeß im Idealfall eine sechzigfache Energieausbeute aus Natururan U-238. Neben dieser - bisher theoretischen - Energiesicherung für viele Generationen hat auch die obligatorische Zusammenarbeit zwischen der Brennelementefabrik, den LWR-Kraftwerken, der WAA und dem SBR wegen ihrer einfachen Kontrolle durch die Staatsspitze höchstes politisches Gewicht.

Nach mehreren Vorläufern (Cadarache, Marcoule) wurde 1986 der "Super-Phénix" in Creys-Malville östlich von Lyon fertiggestellt, der größte SBR der Welt, der ein 1200 MW-Kraftwerk antreibt. Neben Beteiligungen von EG-Ländern hält die EDF die Kapitalmehrheit. Da der "Super-Phénix" wiederholt repariert werden mußte, tauchen immer wieder Gerüchte über ein baldiges Ende des SBR-Programms auf. Andererseits gibt es Vermutungen, daß die Schnellen Brüter nach einem zu erwartenden Anstieg der Uranpreise, vor allem ab 2020, sowie unter dem Druck des CO_2-Problems voll zum Zuge kommen werden (FRISCH 1988, S.466). In der Tat erscheint ein Verzicht im Kontext der gesamten französischen Energiestrategie eher unrealistisch.

Am Ende des Brennstoff-"Kreislaufs" angelangt - der ja vom Begriff her kein "Ende" haben dürfte - steht man überrascht vor der nachlässigen Behandlung der Endlagerung. Allzu lange hat man sie vor sich hergeschoben, ja nicht einmal ernsthaft diskutiert. Der "Betrieb der KKW [wird] von der Bewältigung der Endlagerungsaufgaben weitgehend entkoppelt gesehen ... Politischer Druck ... ist in nennenswertem Umfang nicht vorhanden" schrieb KLASEN noch 1982 (S.215). Erst in allerjüngster Zeit werden Endlager für schwach- und mittelradioaktive Abfälle angelegt und Probebohrungen für weitere Depots durchgeführt. Entscheidend für dieses Verhalten war wohl die politische Priorität des epochalen Kernenergieprogramms, das sämtliche Kräfte und materiellen Mittel

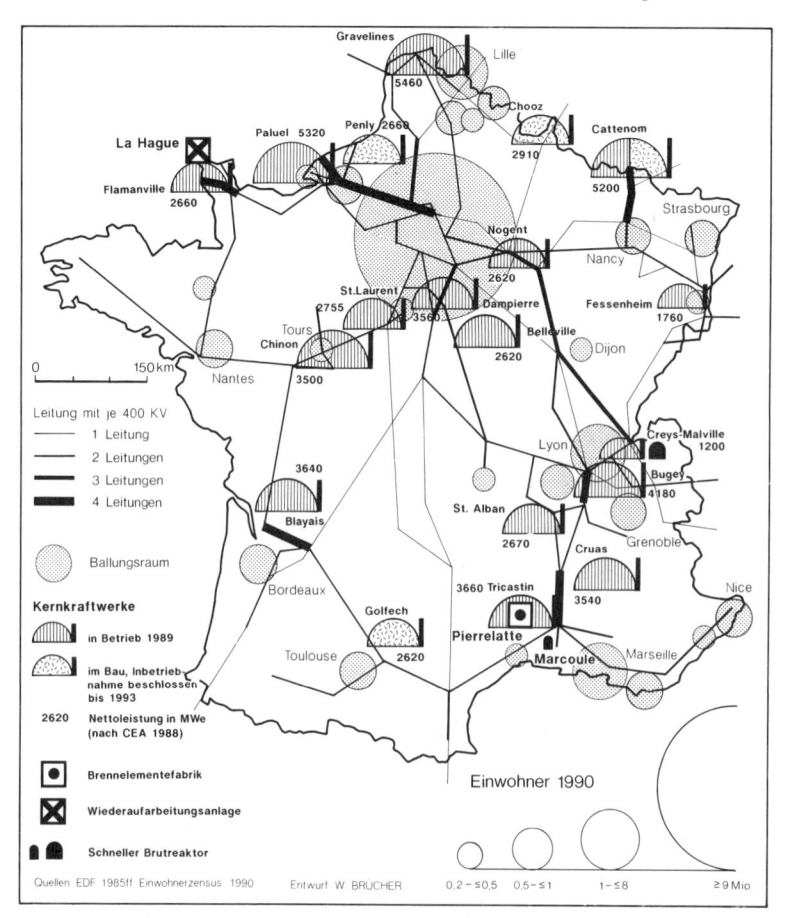

Abb.29 Kernkraftwerke und Verbundnetz der elektrischen Höchstspannung in Frankreich 1989

erforderte, sogar überforderte, wie die astronomische Verschuldung der EDF zeigt. Bei einer solchen Belastung blieben keine freien Kapazitäten mehr für die Endlagerung. Ein zentralistisches Machtinstrument bildet die Endlagerung ohnehin nicht.

10.4.2.3 Das Kernenergieprogramm im Raum

Die wachsende Dominanz der Nuklearstromerzeugung hat den Raum in einer für den Zentralismus charakteristischen Weise geprägt, die nach Kenntnis des Verfassers bisher kaum Beachtung gefunden hat. Entscheidend ist in diesem Fall nicht etwa eine außerge-

180   10 Der Zentralismus in ausgewählten Wirtschaftbereichen

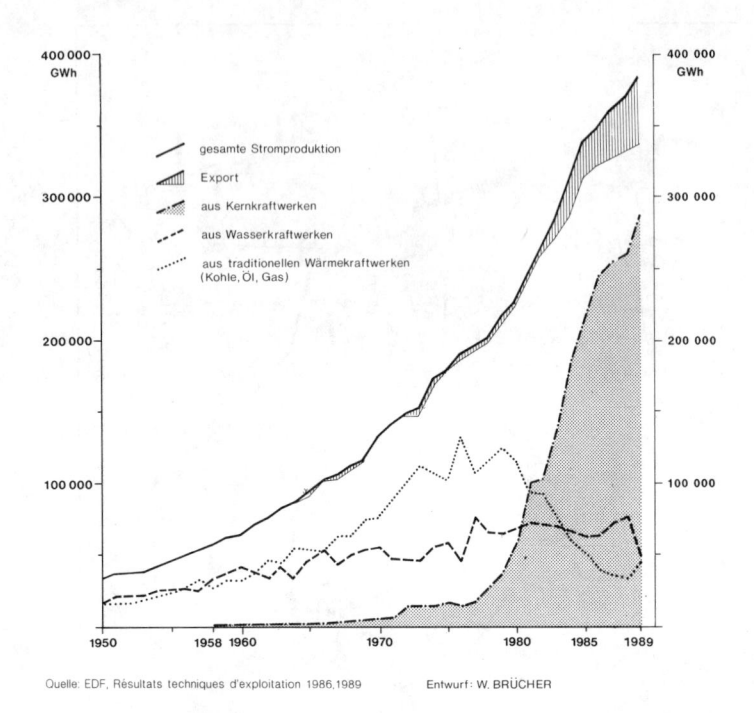

[Legende:
— gesamte Stromproduktion
▰ Export
▨ aus Kernkraftwerken
- - - aus Wasserkraftwerken
······ aus traditionellen Wärmekraftwerken (Kohle, Öl, Gas)]

Quelle: EDF, Résultats techniques d'exploitation 1986,1989   Entwurf: W. BRÜCHER

Abb.30 Die Entwicklung der Stromerzeugung in Frankreich nach Kraftwerkstypen 1950-1989

wöhnlich hohe Stromversorgung der Hauptstadt durch sämtliche Kraftwerke der Nation. Ganz im Gegenteil hat die Ile-de-France einen Pro-Kopf-Verbrauch an Elektrizität, der nur 80% des nationalen Durchschnitts erreicht und weiter relativ sinken wird. Demgegenüber fällt auf, daß in der Hauptstadtregion ungewöhnlich viele Hochspannungsleitungen zusammenlaufen (Abb.29; vgl. BRÜCHER 1987b, Abb.3). Auch in der Heranführung der Trassen aus allen Richtungen wird deutlich, daß es hier nicht um die Menge der Energielieferung geht, sondern vor allem um die Versorgungsgarantie für das nationale Nervenzentrum - letzteres fast im buchstäblichen Sinne, wenn man an die Empfindlichkeit aller EDV-Anlagen gegen Stromausfälle denkt (vgl. BASTIÉ 1984, S.127). Bezeichnenderweise konnte die EDF 1985 in Paris-Stadt und in der Ile-de-France mit 2 h 05 min bzw. 2 h 50 min die weitaus niedrigsten Stromausfälle in Frankreich erreichen, gegenüber einem landesweiten Mittel von 5 h 25 (EDF 1986).

Aus der entgegengesetzten Perspektive betrachtet, führen die Stromtrassen aus der Hauptstadt in das gesamte Territorium. In Paris steht die zentrale überregionale Verteilerstation der EDF. Von einem Punkt aus, durch eine staatliche Monopolgesellschaft wird der Stromfluß im nationalen Verbundnetz gesteuert; die Regionalverteilung untersteht abhängigen, dekonzentrierten Stellen. So hat die Pariser Zentrale letztlich über das gesamte Netz einen unmittelbaren, flächendeckenden Einfluß.

10.4 Zentralmacht und Energiewirtschaft

Für die Strategie, die Stromproduktion auf immer weniger und immer größere Kraftwerke zu konzentrieren, bietet sich die Kernenergie geradezu an. Dies mag primär technischen und wirtschaftlichen Rationalisierungsbestrebungen entstammen, hat aber auch einen - vielleicht gar nicht eingeplanten - machtstrategischen Aspekt. Binnen kurzem werden rund 80% des Stroms bzw. nahezu die Hälfte der gesamten Endenergie Frankreichs aus höchstens 20 staatlichen Kernkraftwerken fließen. Damit kontrolliert der Staat aus einer Schaltzentrale über eine minimale, leicht überschaubare Zahl von Erzeugerstandorten den gewichtigsten Teil der Energiewirtschaft. BASTIÉ betont aber auch die Verwundbarkeit dieser Hyperzentralisierung (1984, S.126).

Überdies kann der Staat über die Standorte der KKW allein und relativ frei entscheiden (vgl. LUCAS 1979, S.169). Denn die offiziellen Standortvoraussetzungen für Kernkraftwerke - ausreichende Fläche, dünne Besiedlung, Distanz zu Ballungsräumen und gefährdeten Objekten, erdbebensicherer, dichter und fester Baugrund sowie, vor allem, ausreichendes Kühlwasser - ermöglichten in Frankreich bisher eine ausreichende Auswahl unter potentiellen Standorten. So hatte die Regierung Spielraum genug, um in vereinzelten Fällen massiven Widerstandes - am bekanntesten wurde der von Plogoff (Bretagne) - auf einen anderen, weniger umstrittenen Bauplatz ausweichen zu können. Reaktoren sind nicht, wie z.B. Braunkohlekraftwerke, an Bodenschätze gebunden, sie lassen sich deshalb auch flexibler im Raum einsetzen. Insgesamt konnte eine ziemlich gleichmäßige Verteilung der Standorte über das Hexagon erreicht werden - ein Faktum übrigens, das die in Deutschland verbreitete Meinung entkräftet, man habe die KKW absichtlich an die Grenzen zu den Nachbarn gesetzt (vgl. Abb.29).

Die relative Flexibilität der Standorte wird ergänzt durch eine schwache Verankerung der KKW im Raum selbst: Trotz staatlicher Bemühungen, während und nach der Bauphase Arbeitsplätze vor allem für die Bevölkerung der Umgebung zu schaffen (TIMBAL-DUCLAUX 1982), bleibt der dauerhafte Beschäftigungseffekt gering. Wie fremde Giganten recken sich Reaktoren und Kühltürme über den leeren ländlichen Raum. Wegen der Ubiquität der Elektrizität, der Stromeinheitstarife und der Distanz zu den Ballungsräumen werden KKW nicht zu Kristallisationskernen neuer Industriegebiete - hier entstehen aber auch keine neuen Machtpole wie einst in den Montanrevieren, deren Wählerschaft selten so dachte wie die Zentrale....

Andererseits können gerade Deglomerationsfaktoren, nämlich verfügbare Fläche und Abstand zu den Ballungsräumen, attraktiv werden für einzelne Großabnehmer, vor allem, wenn sich eine ideale "Standortehe" mit einem KKW eingehen läßt. Ein aktuelles Beispiel ist die 1988 in Planung gegangene Aluminiumhütte (200.000 t/a) unmittelbar neben dem KKW Gravelines am Ärmelkanal. Die Beteiligungen liegen zu 51% bei dem Aluminium-Konzern Péchiney und zu 49% bei der EDF (Le Monde 22.11.1988). Damit bindet der Staat den Konzern Péchiney, ganz gleich ob verstaatlicht oder reprivatisiert, in seine Einflußsphäre ein. Solche Großprojekte, die sich voll in die staatliche Wirtschaftsstrategie fügen, bleiben jedoch die Ausnahme.

So scheint sich die Strategie des Leitprinzips auch im dominierenden Energiezweig durchzusetzen: Möglichst wenige Erzeuger sind relativ gleichmäßig gestreut und können keine eigenen Machtpole entfalten. Sie beliefern das Versorgungsgebiet ebenfalls gleichmäßig und zu Einheitstarifen. Gesteuert werden Produktion und Verteilung von einer Schaltzentrale in der Hauptstadt. Als ideal erweist sich dabei die Interessenidentität des Staates und seines Monopolunternehmens (vgl. LUCAS 1979, S.214).

10.4.2.4 Widerstände gegen das Kernenergieprogramm

Die eminente Bedeutung, die der Zentralstaat seinem Nuklearprogramm beimißt, spiegelt sich nicht zuletzt in den Methoden, wie es gegen Widerstände durchgesetzt wird. Das Programm genießt eine Art "nationaler Priorität" und entsprechende Unantastbarkeit. Laut LUCAS steht es sogar außerhalb der eigentlichen Planwirtschaft (1979, S.213), wahrscheinlich, um es Einflüssen von außerhalb der Achse Zentralstaat - EDF/CEA zu entziehen und es nicht an die relativ kurzfristigen Orientierungen der Pläne zu binden.

Die Durchsetzung des Programms geschieht möglichst direkt, man kann sagen autokratisch: Ein spezifischer Gesetzgebungsrahmen, vergleichbar etwa dem deutschen "Atomgesetz", fehlt. Bei der Festlegung des Kernenergieprogramms wurde die Nationalversammlung weitgehend ausgeschlossen. Vor 1982 durften die betroffenen Gebietskörperschaften nur ihre Meinung ausdrücken, in der Regel ohne Folgen; seitdem haben sie Anspruch auf Anhörung, aber weiterhin kein Mitspracherecht. Stellungnahmen von der ansässigen Bevölkerung, und zwar ausschließlich die Standortwahl betreffend, können nur innerhalb eines Umkreises von 5 km um den geplanten Standort abgegeben werden (VON OPPELN 1989, S.194). Wenn auf der Basis der Staatsdoktrin von der *volonté générale* (vgl. Kap.2.1) Regierung und Staatsrat die *utilité publique* eines Kraftwerksbaus festgestellt haben, wird dieser dekretiert. Widersprüche oder gerichtliche Vorgehen haben keinen Effekt, da sie sich ja automatisch gegen die Staatsraison richten.

So vermochten Proteste, Gerichtsverfahren und sonstige Interventionsversuche bisher keine nennenswerte Verzögerung des Programms zu bewirken (FRISCH 1988, S.465). "... die Schlagkraft des französischen Nuklearausbaus ohne den französischen Zentralismus und die Übermacht der Exekutive über die Legislative, die das präsidentielle System der Fünften Republik kennzeichnet, [ist] undenkbar. ... Abgestützt wird die von den zentralistisch gebundenen Technokraten dominierte Entscheidungsfindung durch die nationalen Funk- und Fernsehanstalten, die sich auch im Nuklearkonflikt als Teil des zentralistischen Herrschaftsapparates entpuppten" (VON OPPELN 1989, S.303 u.195; vgl. COLLINGRIDGE 1984).

Die Realisierung des Kernenergieprogramms wird durch eine kombinierte Strategie von Kontrolle, Information und Propaganda abgesichert. Offenbar wird die Bedeutung des Kernenergieprogramms so hoch eingestuft, daß die Staatsspitze glaubt, es nicht demokratischen Entscheidungsprozessen überlassen zu dürfen. LUCAS (1979, S.196, 213) spricht von einer eindeutig undemokratischen Energiepolitik, VON OPPELN (1984, S.11) von "autoritärer und technokratischer Durchsetzung". Bezeichnend für das zentralistische Leitprinzip ist wiederum, daß diese Politik unabhängig von der parteilichen Zugehörigkeit der Regierung konsequent durchgefochten wird. Dabei hatte Mitterrand im Wahlkampf 1980/81 eindeutig eine Reduzierung des Kernenergieausbaus und eine Abkehr vom Schnellen Brüter versprochen. VON OPPELN (1989, S.198) sieht eine "... schlagartig nach dem Regierungswechsel einsetzende Wende in der Energiepolitik der Sozialisten ...". Aber selbst wenn die Wahlversprechen ehrlich waren - der Stand und die Eigendynamik des Kernenergieausbaus hätten es unmöglich gemacht sie einzuhalten. Auch die Energiepolitik ist zum Selbstläufer des Leitprinzips geworden.

Widerstände gegen das Programm global mit "Anti-Kernenergiebewegung" zu bezeichnen, hieße, ihre Komplexität verkennen. Die häufigen Vergleiche mit Deutschland

10.4 Zentralmacht und Energiewirtschaft

schauen eigentlich nur auf Umfang und Effizienz dieser "Bewegung", übersehen aber die vielschichtige Struktur und Motivation in Frankreich. Zwar kann "von einem ungebrochenen nationalen Konsens zum Kernenergieausbau ... auch in Frankreich nicht gesprochen werden" - schon vor dem Reaktorunfall von Tschernobyl hatten in einer Umfrage 41% dagegengestimmt (VON OPPELN 1984, S.9) - doch ist die Ablehnung eindeutig schwächer als diesseits des Rheins: Beispielsweise protestierten gegen das grenznahe KKW Cattenom fast ausschließlich Luxemburger und Deutsche. Einen Monat nach Tschernobyl, als schon mehr als die Hälfte der Bevölkerung sich gegen Kernkraftwerke erklärte, fanden sich in Paris ganze 5000 Demonstranten (VERDIÉ 1987, S.28) - in Paris, wo für andere Ziele bereits Millionen die Champs-Elysées hinabgezogen waren. Tatsächlich sind verbreiteter Meinung nach die Argumente für die Kernenergie in Frankreich gewichtiger. Sie beziehen sich weitgehend auf die genannten Vorteile, die der Staat aus dem Kernenergieprogramm schöpft (vgl. Kap.10.4.2).

Umgekehrt scheint die Schwäche der Kernenergiegegner weniger in einem Mangel an Argumenten zu liegen als an Fähigkeit, sich zu artikulieren und zu formieren. Letztlich hat dies wiederum Gründe - darin sind sich zahlreiche Autoren einig (u.a. ANDAN 1977; LUCAS 1979; VON OPPELN 1984, 1989; FACH/SIMONIS 1987) - die in der politischen Kultur Frankreichs wurzeln. Insgesamt fehlt es an einer politischen Kraft als Basis. Nur zahlenmäßig schwächere Gruppen, wie z.B. die *"Verts"*, lehnen die Kernenergiepolitik ab (in allerletzter Zeit auch nicht mehr so eindeutig wie früher). Ansonsten aber sehen sich die Gegner einer geschlossenen Front von Staat und etablierten Parteien gegenüber, die mit allen Mitteln das Programm durchsetzen will.

Damit erhalten das Programm und die Ablehnung selbst eine Dimension, die weit hinausgeht über den äußerlichen Streitpunkt, nämlich die Kernenergie als Gefahrenquelle. In Frankreich scheint der politische Aspekt in der Ablehnung stärker zu wiegen als die Angst. Deshalb erscheint es problematisch, pauschal von einer "Anti-Kernenergiebewegung" zu sprechen. Meist bildet sich der direkte Widerstand primär aus der lokalen Ablehnung eines konkreten KKW-Projekts. Massendemonstrationen mit starker überregionaler und ausländischer Beteiligung, wie 1976 gegen den SBR in Creys-Malville, sind Ausnahmen. Es fehlen Projekte mit Symbolcharakter für einen nationalen Protest, etwa wie Brokdorf in der BR Deutschland. Daß das Problem der Endlagerung auffällig wenig kritisiert wird, zeigt ebenfalls die räumliche Begrenzung der Proteste.

Vieles deutet darauf hin, daß bei den lokal-regionalen Ansätzen ökologische bzw. Sicherheitsargumente anfängliche Auslöser waren, dann aber in den Schatten rein wirtschaftlicher, sozialer und politischer Motive gerieten. Die Beweggründe des Widerstands in Frankreich kann man in drei Gruppen zusammenfassen (nach ANDAN 1977):

- Die Bewohner der - meist ländlichen - Umgebung eines vorgesehenen KKW-Standorts befürchten eine grundsätzliche Veränderung ihrer Heimat, ihrer Lebensgewohnheiten bis hin zur Zerstörung der Landschaft. Auch Angst vor den Technokraten kommt hinzu.
- Auf der anderen Seite werden die fehlenden Impulse des KKW auf Wirtschaft, Infrastruktur und Beschäftigung beklagt. Man zieht Arbeit und Wohlstand schaffende Industrien jenem Fremdkörper vor, der, so die allgemeine Überzeugung, nur überschüssigen Strom erzeugt - natürlich für Paris.
- Hier klingt schon die dritte Gruppe von Motiven an: der Protest gegen den Zentralstaat. Diesem wird vorgeworfen, etwas im Grunde Unbekanntes, am Orte Nutzloses

aufzuzwingen, zudem an einem Standort, dessen überregionale Logik man nicht begreift. Im Fall von Fessenheim, so ANDAN (1977, S.287), seien Kernkraftwerk und Rheinkanalisierung zu "Symbolen des Pariser Zentralismus" geworden.

Verschärfend kommt noch der Zusammenhang mit der Atombewaffnung hinzu. Auch sie wird weithin als Notwendigkeit akzeptiert, aber als Instrument der fernen, ungeliebten Zentralregierung mißtrauisch beäugt. So bietet es sich für oppositionelle oder strikt antikapitalistische Gruppierungen geradezu an, jeden Widerstand, der sich nur partiell gegen die Kernenergie als solche richtet, massiv zu unterstützen. Häufig verbinden sich mit ihm auch regionalistische oder gar autonomistische Bewegungen.

10.4.2.5 Die Kontinuität zentralstaatlicher Kernenergiepolitik

Wenn der Widerstand gegen die Nuklearpolitik insgesamt schwach und erfolglos bleibt, so liegt dies ebenso in der Stärke des Zentralstaates begründet, die sich, nicht zuletzt, aus der optimalen Verfügbarkeit der Energie nährt. In den Augen der Regierungen spricht alles für eine prinzipielle Fortsetzung der bisherigen Nuklearpolitik.

Man geht jedoch noch weiter. War der künftige Energiebedarf bereits überschätzt worden, so genehmigte die Regierung 1983 sogar den Bau von mindestens fünf zusätzlichen KKW-Blöcken für 1983-85, trotz einer damals schon unvermeidbaren Überkapazität (Abb.30). Für den Zeitraum 1983-90 bedeutete diese Entscheidung einen Zuwachs um 27.000 MW auf insgesamt 56.000 MW bzw. eine Verdoppelung der Leistung (VON OPPELN 1984, S.6). 1987 mußte der Industrieminister eingestehen, es werde 1990 zwischen drei bis sieben 1300-MW-Blöcke zuviel geben (Le Monde, 7.5.1987). Die heutige Überkapazität ist also eindeutig gewollt. Sie dient als zusätzliches Instrument für die garantierte Fortführung, ja Steigerung des Kernenergieprogramms. Mit dem Argument, die untergenutzten Atomkraftwerke müßten maximal ausgelastet sein, damit sich die immensen Investitionen amortisieren, lassen sich die fossilen Energieträger weiter zurückdrängen bzw. die Umstellung auf Nuklearstrom forcieren. So betreibt die EDF schon seit Jahren erfolgreich Werbung für elektrische Haushaltsgeräte und Zentralheizungen. In jedem Fall wird die Kernenergie um die Jahrhundertwende rund 80% der Stromproduktion und annähernd 40% der gesamten Primärenergie Frankreichs stellen (1989: 32,7%, CEA 1990). Bis dahin, so plante das Industrieministerium, sollte außerdem der Stromexport von 25 TWh (1986) verdoppelt werden (Le Monde 8.5.1988) - dieses Ziel wurde mit 51,3 TWh bereits 1989 überschritten (EDF, Résultats... 1990)!

Die Überkapazität wird weiter bestehen und kann weiter als Druckmittel für die Nuklearpolitik eingesetzt werden. Damit scheint das Ziel, der *point of no return*, bereits jetzt erreicht zu sein: Allein schon die Höhe der bisherigen Investitionen in das Kernenergieprogramm führt jede Diskussion über eine Kehrtwendung ad absurdum. Offensichtlich ist es dem Staat und der EDF gelungen, mit dem Kernenergieprogramm das effizienteste Instrumentarium für die Garantie und die Steigerung der Zentralmacht aufzubauen. Zugleich ist es ein Selbsterhaltungsmotor. So kann es gar nicht verwundern, daß derselbe Staatspräsident und dieselbe sozialistische Regierung, die ab 1982 die Dezentralisierungsgesetze (vgl. Kap.11.2) erlassen haben, die zentralistische Kernenergiewirtschaft ihrer Vorgänger ohne Zäsur fortsetzen.

In jenem Gesetzeswerk sucht man das Thema "Energie" vergeblich.

11 Die Dezentralisierungspolitik der 80er Jahre

11.1 Dezentralisierungsmotive und Regionalismus

Seit seiner Entstehung provoziert das zentralistische Leitprinzip Opposition. Abgesehen von Detailänderungen und einer eher äußerlichen Milderung der napoleonischen Hyperzentralisierung gab es jedoch bis 1981 keine Reform, die die hierarchische Verwaltungsstruktur nennenswert gelockert, die mehr regionale Autonomie gebracht hätte.

Seine wichtigsten Züge hatte der Zentralismus bereits vor der Industriellen Revolution angenommen. Der schnelle Wandel und erheblich erweiterte Anforderungen der (post-)industriellen Gesellschaft ließen sich mit der überkommenen zentralistischen Verwaltung nicht mehr effizient bewältigen. Die gesamte Entwicklung erforderte raschere, flexiblere, realitätsnahe Entscheidungen, dazu in größerem Umfang, die nur noch auf regionaler Ebene möglich erschienen. Hierin lag bereits die entscheidende Motivation des Staates für die Regionenpolitik der 60er und 70er Jahre: eine Dekonzentration in größeren, zwischen Zentrale und Departements geschobenen Verwaltungseinheiten, die parallel zu der geschilderten Förderung der Gleichgewichtsmetropolen sowie der Dekonzentration von Industrie und tertiärem Sektor betrieben wurde (vgl.Kap. 8.2, 10.2.3.1).

Dekonzentration aber bedeutet Fortsetzung der Zentralisierung. Vermutlich haben solche Strategien, die nur scheinbar auf Dezentralisierung abzielten - und beide Begriffe absichtlich verwechselten? - das Bedürfnis der Basis nach wahrer Dezentralisierung noch erhöht. Es wurde unterstützt durch das Wirtschaftswachstum, das das räumliche Entwicklungsgefälle zwischen Paris und Peripherie vergrößert und schärfer ins Bewußtsein gerückt hatte. So gewannen just im Zeitraum der Regionenpolitik regionalistische Strömungen an Boden und führten zur Konfrontation mit der Zentralmacht. Sie konzentrierten sich fast ausschließlich auf Teilgebiete der Peripherie mit ethnisch-kulturellen Minoritäten, am ausgeprägtesten in Korsika und der Bretagne (vgl. HALMES 1984).

Die Forderungen der Regionalisten können hier nur kurz zusammengefaßt werden. Inhaltlich konzentrieren sie sich auf

- kulturell-sprachliche Selbstbestimmung, verbunden mit einer Aufwertung der alten Kulturen, die zwecks zentralistischer Uniformierung unterdrückt oder lächerlich gemacht worden waren;
- Festigung einer regionalen Identität;
- Wiederbelebung der alten *pays* und Provinzen (Kap.3.2.1) mittels Aufhebung der künstlichen Departementsgrenzen;
- Umweltschutzmaßnahmen zwecks Erhalt der Lebensqualität und der Naturräume in den als "Heimat" (*pays*) empfundenen alten Einheiten (man beachte die doppelte Bedeutung von *"pays"*);
- wirtschaftliche Selbstbestimmung und Beendigung der so empfundenen "internen Kolonisierung" (s.u., vgl. GERDES 1985, 1987b);
- volle Demokratisierung der Gebietskörperschaften.

Was die angestrebte politische Struktur der Regionen betrifft, so gehören die Regionalisten den unterschiedlichsten Schattierungen an, von gemäßigten (Kultur-)Autonomisten über Föderalisten bis zu radikalen Separatisten. Nicht zuletzt wurde der Regionalismus auch als willkommenes Vehikel für politische Ziele eingesetzt, die damit überhaupt nichts gemein hatten.

Insgesamt darf der Regionalismus in Frankreich nicht überschätzt werden. Rein quantitativ ist er nicht zu fassen, weder nach Wahlergebnissen (HALMES 1984, S.97/98) noch nach Anhängerzahlen. Zwar gehören diese fast ausschließlich zu den peripheren Minoritäten, die teilweise noch ihre eigenen Sprachen sprechen, doch ist die Schätzung von GERDES (1985, S.132) von 12,3 bis 15,4 Mio. regionalsprachlichen Personen für 1975 wesentlich zu hoch angesetzt. Vielmehr sollte von einzelnen regionalistischen Bewegungen gesprochen werden, die sich in Ursachen, Formen und Zielen z.T. erheblich unterscheiden und jeweils per definitionem an bestimmte Räume gebunden sind, also in größeren Abständen zueinander liegen. Zu einem eigentlichen ethnischen Sub-Nationalismus scheint es nur in Korsika und, weniger ausgeprägt, in der Bretagne gekommen zu sein. Für eine politisch wirksame "konzertierte Aktion" zwischen den einzelnen "Regionalismen" gibt es keine Indizien.

Zusammen gesehen haben diese Fakten eine ausgeprägte Effizienz der regionalistischen Bewegung - besser: der Bewegungen - bisher vereitelt. Zudem schwankt deren Intensität im Zeitablauf unter dem Einfluß der sich wandelnden wirtschaftlichen Konjunktur, der Innenpolitik oder auch externer Ereignisse. Beispielsweise bestanden in den 60er Jahren ideologische Verbindungen zwischen der Dekolonisierung (Algerienkrieg!) und den Protesten von Regionalisten gegen die so empfundene "innere Kolonisierung" der Provinz durch den Zentralstaat; inzwischen ist jener Begriff wieder verblaßt. Abgesehen von dem Sonderfall des isolierten Korsika scheint es in den 80er Jahren stiller geworden zu sein um den Regionalismus. Wirklich gefährlich für die Zentrale war er nie.

Mit Demokratisierung und Emanzipation der Gesellschaft wirkte die autokratische Zentraladministration zunehmend provokant; manche sehen in ihr den "wahren Feind" (HOUSE 1978, S.42) der Regionalisten. Verkörpert war sie in den Präfekten, die als Statthalter die *tutelle* ausübten, eine politische Kontrolle des Staates nach dem Opportunitätsprinzip. Der Begriff *tutelle*, so GRUBER, vermittle die "beleidigende Vorstellung von Körperschaften, die unfähig waren, sich selbst zu leiten"*. Das Prinzip der *tutelle* gab der Zentrale *a priori* eine totale und souveräne Freiheit, sich über demokratische Entscheidungen von Departements und Gemeinden hinwegzusetzen. Mit der *tutelle de légalité* hatte sie sogar die außergewöhnliche Macht, Beschlüsse der Gebietskörperschaften als ungesetzlich zu erklären, ohne einen Richter befragt zu haben. Es war das "außergewöhnliche Staatsprivileg der Opportunitätskontrolle"* (GRUBER 1986, S.266 ff). So wurde der Präfekt zur Zielfigur der Angriffe auf den Zentralstaat.

Es ist denkbar, daß den Befürwortern des zentralistischen Leitprinzips, unabhängig von ihrer Parteizugehörigkeit, eine "Regionalisierung" mit scheinbarer Dezentralisierung keineswegs ungelegen kam. Denn so könnte der Staat politisch unbedeutende Kompetenzen, die für ihn selbst unübersichtlich und rein quantitativ zu einer kaum noch tragbaren Last geworden waren, auf die Gebietskörperschaften abwälzen. Bedeutete dies nicht sogar eine Machtzunahme der Zentrale durch Entlastung, also durch Gewinn von mehr Handlungsfreiheit? Außerdem bot sich, so HALMES (1984, S.164), die Möglichkeit, einen Schwachpunkt im Zentralismus zu beseitigen, nämlich die Macht der lokalen Notabeln, indem man ihre unerwünschten Beziehungen zum Präfekten durchkreuzte (vgl. Kap.3.2.5). Zugleich würde man den Notabeln mit jenen neuen Kompetenzen tatsächliche, wenn auch kalkuliert begrenzte, Verantwortung übertragen, der sie sich

zuvor, stets mit Hinweis auf die Zuständigkeit der Zentrale, stets bequem hatten
entziehen können (DUPUY/THOENIG 1983, S.965).

11.2 Die gesetzlichen Neuerungen seit 1982

Zweifellos waren "Dezentralisierung" und "Regionalisierung", wie auch immer sie intendiert sein mochten, tragende Wahlkampfthemen für die PS gewesen; zum knappen Sieg Mitterrands bei der Präsidentschaftswahl 1981 haben sie erheblich beigetragen. Noch im selben Jahr wurden die ersten Dezentralisierungsgesetze verabschiedet, ab Anfang 1982 traten sie in Kraft (acht Gesetze vom 2.März 1982 bis 18.Juli 1985). Wie noch nie zuvor in der Geschichte Frankreichs verzichtete die Staatsspitze damit auf einen Teil ihrer zentralen Zuständigkeiten und übertrug sie auf die Gebietskörperschaften (*collectivités territoriales*). Außerdem wurde die Region als neuer Typ einer Gebietskörperschaft etabliert.

Bringt nun das gewaltige Projekt, *"la grande affaire"* von Mitterrands erster Amtszeit, tatsächlich den versprochenen Wandel? "Dezentralisierung" und "Regionalisierung" werden gern in einem Atemzug oder gar synonym genannt. Begründet sein mag dies zum einen in der verallgemeinerten Konzeption des Begriffs "Regionalisierung", der die Schaffung der neuen Gebietskörperschaft Region und zugleich ihren Autonomiezuwachs gegenüber dem Staat bedeutet. Zum zweiten führt eine echte "Dezentralisierung" (vgl. Definition in Kap.2.3) automatisch zu solcher "Regionalisierung" im allgemeinen Sinne. Obwohl nicht identisch, sind beide Prozesse also logisch miteinander verknüpft. Keinesfalls aber darf "Regionalisierung" mit der in Kap.3.2.4 erläuterten staatlichen "Regionenpolitik" der 60er und 70er Jahre verwechselt werden, die nur auf eine Dekonzentration hinauslief.

Jener seit 1982 erlassenen Gesetze zielen unter verschiedenen Aspekten auf Dezentralisierung und Regionalisierung ab. Zu nennen sind vor allem (vgl. GRUBER 1986):

- die Einschränkungen der Ämterkumulierung (vgl. Kap.3.2.5);
- die Einrichtung regionaler Rechnungshöfe (*cours des comptes régionales*, s.u.);
- die Reform der Planifikation;
- das Sonderstatut für die Städte Paris, Lyon, Marseille;
- das Statut und die Kompetenzen der Region Korsika;
- als Kernstück des Gesetzeswerkes die Zuteilung von Kompetenzen an Regionen, Departements und Gemeinden sowie
- die entsprechende Zuteilung öffentlicher Mittel an die Gebietskörperschaften.

Von entscheidender Bedeutung für unsere Kernfrage nach den Wechselwirkungen zwischen zentralistischem Leitprinzip und Raum sind die Gesetze über die Neuaufteilung der Kompetenzen zwischen dem Staat und den Gebietskörperschaften Region, Departement und Gemeinde. Diese Gesetze sind durch drei Hauptinhalte gekennzeichnet:

- 1. die Aufwertung der 22 Regionen zu rechtlich vollwertigen Gebietskörperschaften, wie zuvor schon Gemeinden und Departements;
- 2. die Übertragung des Exekutivrechts für bestimmte Zuständigkeitsdigkeitsbereiche auf Departements und Regionen, nach dem prinzipiellen Vorbild der Gemeinden, sowie die Erweiterung der Kompetenzen der Gemeinden selbst;

- 3. die Abschaffung der *tutelle*, der direkten zentralen Staatsaufsicht (*a priori*) durch die Präfekten über die Gebietskörperschaften.

Zu 1: War die *région* seit der zentralistischen "Regionenpolitik" der 60er und 70er Jahre eine reine Gruppierung von mehreren Departements zu organisatorisch-administrativen Zwecken, so erhielt sie 1982 den Rechtsstatus einer Gebietskörperschaft mit einem durch allgemeine und direkte Wahlen gebildeten Parlament, dem Regionalrat (*conseil régional*). Dieser wählt einen Präsidenten, wie der aus Canton-Vertretern gebildete Generalrat des Departements (*conseil général*) den seinen bzw. der Gemeinderat (*conseil municipal*) den Bürgermeister wählt. Der Präsident des Regionalrates übt innerhalb von dessen neuen Zuständigkeitsbereichen (s.u.) und auf der Grundlage von dessen Beschlüssen die Exekutive aus.

Zu 2: Den Gebietskörperschaften wurde keine Generalzuständigkeit für alle internen Belange, wie z.B. Wirtschaft, Verkehr, Bildung, übertragen, sondern nur für bestimmte, genau abgegrenzte Bereiche:

a) Die Region ist global für den Bereich Wirtschaft im weiteren Sinne zuständig; ihr obliegt die regionale Struktur- und Wirtschaftspolitik. Sie kann sich unter bestimmten Bedingungen an Investitionsvorhaben beteiligen und aktiv in die Förderung und Sanierung der Wirtschaft eingreifen. Nur wenn die Mittel der Region nicht ausreichen, dürfen auch Departements und Gemeinden assistieren. Außerdem ist sie zuständig für Binnenschiffahrt, Küstenfischerei, Flughäfen sowie für berufliche Aus- und Fortbildung, im Schulwesen für die Gymnasien. Der Regionalrat verabschiedet einen Entwicklungsplan, der sich am nationalen Plan orientieren muß, aber lediglich vorschlagenden Charakter hat.

Von besonderem Interesse für den ausländischen Beobachter ist die Regelung der internationalen Beziehungen der Regionen. Dazu ermächtigt sind allein die 16 Regionen, die an eine Staatsgrenze bzw. Küste stoßen. Dazu heißt es im Gesetz vom 2.3.1982 Art.65, Abs.3 (JO, 3.3.1982, S.741): "Der Regionalrat kann mit Genehmigung der Staatsregierung [!] darüber beschließen, zum Zwecke der Konzertation und im Rahmen grenzübergreifender Zusammenarbeit regelmäßige Kontakte mit den ausländischen dezentralisierten Gebietskörperschaften zu organisieren, die mit der Region eine gemeinsame Grenze haben."*

b) Demgegenüber bleiben den Departements vergleichbare Auslandskontakte offiziell verwehrt, auch sind sie kaum für die Wirtschaft zuständig. Dafür wurden ihnen vor allem Aufgaben der Infrastruktur und im Sozialbereich anvertraut: Schulbauten (Realschulen) und Schülertransporte, Flurbereinigung, ländliche Infrastruktur, Fischerei- und Handelshäfen, Gesundheitsvorsorge und Sozialleistungen.

c) Zusätzlich zu ihren alten Zuständigkeiten bekamen die Gemeinden die Verantwortung über die Infrastruktur im Nahbereich (u.a. ÖPNV, Vor- und Grundschulen). Als spek-takulärste Neuerungen gelten die neuen Kompetenzen im Städtebau: Seit 1982 kann eine Gemeinde ihre Bauleitplanung (SDAU bzw. POS, vgl.Kap.8.3) selbst entwerfen und auf der Basis eines POS auch größere Bauprojekte genehmigen. Sie legt die Prioritäten im Wohnungsbau fest. Auch in die Wirtschaftsförderung kann die Gemeinde eingreifen.

zu 3: Im dritten Komplex der Märzgesetze geht es um die Abschwächung der zentralen Staatsaufsicht über die Gebietskörperschaften. Die Bevormundung (*tutelle*) wurde aufgehoben, der Titel "Präfekt" verändert in "Republikkommissar" (*commissaire de la République*), allerdings nur vorübergehend im Zeitraum 1982-86. Jener kann nun nicht mehr allein durch Weisung eine Entscheidung des Departements oder der Gemeinde aufheben, sondern nur bei Zweifeln an der Legalität eine nachträgliche Rechtskontrolle anordnen (*a posteriori*). Für die Überprüfung solcher Einwände wurden neutrale regionale Verwaltungsgerichte und Rechnungshöfe eingerichtet.

Sollten die neuen Kompetenzen nicht Theorie bleiben, so mußten die Gebietskörperschaften fortan auch über die dazu notwendige finanzielle Ausstattung frei verfügen können. Deshalb war geplant, die finanzielle Bevormundung durch die Zentralregierung - eines der Grundelemente des Zentralismus - zu beseitigen und schrittweise eine Reform der öffentlichen Finanzen zu verwirklichen. Das relativ komplizierte neue System der Mittelzuweisung kann hier nur kurz und im Prinzip geschildert werden (nach BRAUNER 1985 und GRUBER 1986): Zunächst wurde grundsätzlich vorgesehen, den Anteil der Gebietskörperschaften am nationalen Steueraufkommen von 20% auf 30% zu erhöhen. Die finanzielle Mehrbelastung, die zwangsläufig durch die Übernahme der neuen Aufgabenbereiche entstand, muß laut Gesetz vom 2.3.1982 vom Staat durch genau festgelegte Kompensationszahlungen gedeckt werden. Die früheren, an bestimmte Investitionen zweckgebundenen Subventionen - auch darin spiegelte sich die Abhängigkeit - sollten "globalisiert", d.h. in ungebundene Transferleistungen verwandelt werden. Darüber können die Departements nun frei verfügen; dagegen wurden von den Subventionen an die Gemeinden nur 20% "globalisiert", der Rest bleibt zweckgebunden. Für die Region wird dieses System nicht praktiziert. Diese darf selbst Steuern einnehmen, die aus Lokal- und indirekten Abgaben (Führerscheingebühren, diverse Kfz-Steuern etc.) sowie aus staatlichen Zuweisungen stammen.

Ein weiteres, alterprobtes Finanzierungselement wurde in der Planifikation verankert, der sog. Planvertrag, in diesem Fall zwischen Staat und Regionalrat (*contrat de plan Etat-Région*) auf der Basis des Regionalplans. Darin werden für die Dauer des nationalen Fünfjahresplans Investitionsmaßnahmen sowie die finanziellen Beteiligungen der beiden Partner bindend festgelegt. Die Projekte sollen vor allem der Initiative der Region entstammen, müssen zugleich aber mit den Zielsetzungen des nationalen Plans konform gehen. Für den Zeitraum des 9.Plans (1984-88) hatten die Planverträge mit allen Regionen (außer Korsika) ein Gesamtvolumen von 63,4 Mrd. FF. Die Regionen stellten durchschnittlich 40%, der Staat 60% der Mittel (LABORIE et al. 1985, S.119). Als Beispiel diene hier der Planvertrag der Region Bourgogne: Hauptziele waren Steigerung der Beschäftigung in Industrie und gehobenem tertiärem Sektor, Inwertsetzung von Ressourcen, Verbesserung der Kommunikationsinfrastruktur, Ausbildung, Förderung von Kultur und Freizeitgestaltung, regionale Ausgleichsmaßnahmen; von den 1,46 Mrd. FF für die Plandauer 1984-88 übernahm der Staat 58,6% (PÉLISSONNIER 1985, S.77).

11.3 Dezentralisierung und Regionalisierung in den achtziger Jahren - Versuch einer Bewertung

Vorschnell könnte ein vom föderalistischen System geprägter Beobachter geneigt sein, eine Politik der Dezentralisierung als grundsätzliche Tendenz zum Föderalismus zu interpretieren. Doch werden Forderungen mit solcher Reichweite in Frankreich nur von unbedeutenden regionalistischen Splittergruppen erhoben; sie stehen ansonsten nicht zur Debatte. Eine "Bundesrepublik Frankreich" wäre eindeutig verfassungswidrig! So muß hier, vor einer Bewertung der Dezentralisierungspolitik, klargestellt werden: Konstitutiv stehen den Gebietskörperschaften die staatlichen Gewalten Legislative und Jurisdiktion nicht zu, sondern lediglich die der Verwaltung (GRUBER 1986, S.23). Auch sollte nicht übersehen werden, daß alle seit 1982 vergebenen neuen Kompetenzen sowie die Erhebung der Region zur Gebietskörperschaft auf Gesetzen beruhen, also wesentlich leichter wieder zurückgenommen werden können, als wenn man sie in der Verfassung verankert hätte.

11.3.1 Die Übertragung neuer Kompetenzen

Global gesehen haben die Dezentralisierungsgesetze den Gebietskörperschaften ohne Zweifel mehr Einzelkompetenzen, mehr Aktionsfreiheit, eine direktere demokratische Basis und auch wachsendes Selbstbewußtsein gebracht. Eine Abkehr vom zentralistischen Leitprinzip fand dagegen nicht statt. Vielmehr entsteht der Eindruck, daß der Zentralstaat in zahlreichen Einzelbereichen lediglich Zugeständnisse gemacht, die Leine gelockert hat. Denn stets trifft man auf irgendwelche Einschränkungen in den Konzessionen, und stets, wenn auch manchmal nur im Hintergrund, hält sich die Zentrale die Möglichkeit des direkten Einflusses offen (BRAUNER 1985, S.57).

Bei näherem Hinsehen sind die zugeteilten neuen Entscheidungsbefugnisse von sekundärer Bedeutung und Effizienz. Zwar hat die Region nun Aufgaben der Wirtschafts- und Strukturpolitik sowie der Wirtschaftsförderung übernommen, direkten Profit, nämlich über Steuereinnahmen, zieht sie daraus offenbar nur sehr begrenzt: z.B. nahm die schon als Beispiel aufgeführte Region Bourgogne (ca. 1,6 Mio. Einw.) 1984 ganze 256 Mio. FF ein (PÉLISSONNIER 1985, S.82). Selbst in der autonomen Wirtschaftsförderung hat der Staat Einschränkungen verhängt: z.b. darf eine Region Prämien für die Schaffung von Arbeitsplätzen nur für max. 30 pro Antrag vergeben, pro Arbeitsplatz in einer strukturschwachen Gebirgsregion max. 40.000 FF, in einer Großstadt dagegen lediglich max. 10.000 FF. Bei drohender Arbeitslosigkeit oder Stillegung von Betrieben sind regionale Stützungsmittel allein für solche mit weniger als 400 Beschäftigten zulässig. Schließlich ist es einer Gebietskörperschaft sogar untersagt, sich mit Kapital an einem Privatunternehmen zu beteiligen, das dem - natürlich von der Zentrale definierten - *intérêt général* nicht dient bzw. nicht in die Ziele des nationalen Plans paßt. Es ist nicht zu übersehen, daß Wirtschaftsaktivitäten der Regionen und, noch deutlicher, der Großstädte, die deren Eigenständigkeit fördern könnten, gebremst werden sollen. Zentral erwünscht dagegen sind Beteiligungen an Gemischten Gesellschaften (vgl. Kap.9.2.2), denn diese "kombinieren die Flexibilität des Privatrechts mit den Garantien einer Kontrolle der Unternehmensführung [durch den Staat]"* (GRUBER 1986, S.252 ff). Überragende wirtschaftliche Bedeutung kann auch den Bereichen Binnenschiffahrt und Küstenfischerei nicht zugeschrieben werden - warum vertraute man den Küstenregionen nicht auch die Hochseeschiffahrt und -fischerei an? Und warum überließ man nicht die Häfen ebenfalls der Region, sondern dem Departement?

Für die Departements limitierte der Staat die Zuständigkeitsbereiche überwiegend auf Infrastruktur, Gesundheit und Soziales. So sind die Generalräte verantwortlich z.B. für

11.3 Dezentralisierung und Regionalisierung in den achtziger Jahren

den Bau von Schulen und Krankenhäusern oder für den Schülertransport, dagegen bleiben die Gesundheits- und Sozialpolitik sowie die Schulaufsicht weiterhin Angelegenheit der Zentralregierung. Nicht von ungefähr gilt die absolute Kulturhoheit der deutschen Bundesländer als eines der föderalistischen Schreckgespenster! So schreibt BROGNIART (1971, S.13) allen Ernstes: "Im Steuerwesen und, vor allem, im Unterrichtswesen kann die regionale Autonomie verhängnisvoll sein (vgl. Deutschland)"*.

Den drei Ebenen wurden völlig unterschiedliche Teilkompetenzen gewährt, die eine vertikale sachliche Zusammenarbeit oder gar neue Hierarchien außerhalb der Pariser Einflußsphäre per se ausschließen. Beispielhaft deutlich wird dies bei den Schulen: Zuständig für die Grundschulen sind die Gemeinden, für die Realschulen die Departements, für die Gymnasien die Region; Universitäten und *Grandes Ecoles* unterstehen den Rektoraten, d.h. Außenstellen der Zentralregierung.

Die neuen Kompetenzen sind nicht nur politisch zweitrangig, zu ihnen gehören auch unliebsame, schwer zu bewältigende Aufgaben (vgl. MÜLLER-BRANDECK-BOCQUET 1990, S.68). Ohne zusätzliche Kosten konnte der Staat sich ihrer entledigen, zu Lasten der Gebietskörperschaften (DUPUY/THOENIG 1983, S.968): Beispielsweise erhielten die Departements die Flurbereinigung - bekanntlich eine Quelle endloser Streitigkeiten - oder die so teure wie frustrierende Unterhaltung der ländlichen Infrastruktur.

Schließlich wird bei der Bewertung der neuen Kompetenzen leicht übersehen, was die Dezentralisierungspolitik *nicht* berührt. Hier ist vor allem der Energiesektor zu nennen, der fast geschlossen der Zentrale untersteht. Er gilt als Fundament für die nationale Unabhängigkeit und bleibt folglich jeglichem lokalen Mitspracherecht entzogen (vgl. Kap.10.4). Auffallend einseitig beschränkt sich die Dezentralisierungspolitik auf die politisch-administrative Ebene, während die großen staatlichen Institutionen nicht einmal angetastet wurden, z.B. die SNCF, die Caisse des Dépôts et Consignations oder das Office National des Forêts. Es kam sogar zu einem unübersehbaren Widerspruch durch die praktisch zeitgleiche Verabschiedung der Dezentralisierungs- und der Verstaatlichungsgesetze (vgl. Kap.9.2.1).

11.3.2 Der Funktionswandel des Präfekten

Wird die Macht des alten mit der des "neuen" Präfekten verglichen, so stehen die Abschaffung der *tutelle* und das Abtreten einzelner Exekutivfunktionen an die Gebietskörperschaften im Brennpunkt. Mit solch öffentlichkeitswirksamen Veränderungen sollte ein Machtverlust des Statthalters demonstriert werden. Der "lange Arm" des Staates bleibt jedoch zuständig für alle nicht dezentralisierten Bereiche und behält darin die Weisungsbefugnis. Er kann weiterhin u.a. im öffentlichen Interesse enteignen, Baugenehmigungen aufheben oder einen Bürgermeister absetzen, der sich weigert, gesetzlich vorgeschriebene Handlungen durchzuführen (GRUBER 1986, S.269). Im Fall von Konflikten zwischen Gebietskörperschaften fällt dem Präfekten die mächtige Position des Schiedsrichters zu.

Tatsächlich - und im Gegensatz zu seiner äußeren "Degradierung" - hat der (Regional-)-Präfekt mit seinen veränderten Funktionen eindeutig Macht hinzugewonnen, und zwar über eine Dekonzentration, nicht eine Dezentralisierung: Er koordiniert nicht mehr die Außendienststellen der Fachministerien (z.B. Direction Départementale/Régionale de l'Equipement), sondern er allein dirigiert sie nun, in direkter Vertretung der zuständigen Minister. Früher ergingen die Anweisungen der einzelnen Fachminister unmittelbar und getrennt an die jeweiligen Außendienststellen, dadurch entstanden isolierte Machtstränge (vgl. Kap.2.3). Heute läuft alles in beiden Richtungen zunächst zur Präfektur, um von dort weitergeleitet zu werden. So bündeln sich die sektoralen Machtstränge fortan in der Hand des Präfekten und machen ihn zum alleinigen lokalen Statthalter des Staates. Das bedeutet bereits auf dieser Ebene eine Machtbeschneidung der Fachminister zugunsten der Präfekten, also auch der ihnen vorstehenden Regierungsspitze. Parallel dazu wurden die Machtstränge auch in der Staatsspitze gebündelt, indem (seit einem Dekret vom 10.5.1982) die Anweisungen der Fachminister zunächst durch das Comité interministériel de l'administration koordiniert werden müssen; es hat Entscheidungsvollmacht, den Vorsitz führt der Premierminister. "Vor allem die Gründung [dieser] neuen zentralen Institution verdeutlicht am besten den Vorrang des unitarischen Staates"* (GRUBER 1986, S.117).

Ein solchermaßen begründeter Machtzuwachs des Präfekten auf der einen Seite, auf der anderen Übertragung von Einzelkompetenzen, aber auch von Verantwortung an die Gebietskörperschaften: Es sind Methoden der Regierungsspitze, um den Einfluß der lokalen Notabeln zu beschneiden und ihre das System unterlaufende Verfilzung mit der Präfektur zu durchkreuzen (vgl. HALMES 1984, S.164). Mit demselben Ziel wurde auch die Kumulation von Ämtern auf maximal zwei begrenzt (vgl. Kap.3.2.5). Daß es aber weiterhin zwei Ämter bleiben dürfen - erlaubt dies nicht der Regierung im Bedarfsfall, allzu einflußreiche Regionalpolitiker durch Einbindung in ein zentrales Amt zu fesseln?

Der Funktionswandel des (Regional-)Präfekten bedeutete eine Dekonzentration, indem man den neuen Exekutiven der Departements und Regionen gestärkte Vertreter des Staates gegenüberstellte. GRUBER (1986, S.91) erklärt dies "aus der konstanten Sorge des französischen Gesetzgebers, das Gleichgewicht zwischen notwendiger Einheit des Staates und Dezentralisierung zu respektieren"*. BOURJOL (1988) sieht sogar eine weit darüber hinausgehende grundsätzliche Aufwertung des Präfekten von einem *"délégué du Gouvernement"* zu einem *"représentant de l'Etat"*, der nun die gesamte Nation vertrete (S.29/30). Keineswegs bedeute das Gesetzeswerk von 1982 eine Schwächung des Staates, sondern "... der Staat und seine Vertreter haben, im Gegenteil, an Autorität und vor allem an Legitimität gewonnen"* (S.59).

11.3.3 Grenzübergreifende Beziehungen der Regionen

Die Sorge, das Leitprinzip könne geschwächt werden, drückt sich auch in dem zitierten Gesetz vom 2.3.1982 (Art.65, Abs.3) über die grenzübergreifenden Kontakte der neuen Regionen aus (s.o.). Früher waren präzise Einschränkungen unnötig, da den Gebietskörperschaften - damals nur Departements und Gemeinden - ohnehin die dafür notwendige Autonomie fehlte. Überdies waren die seit Ende der 50er Jahre geknüpften Städtepartnerschaften problemlos, da in keiner Weise verdächtig, die Einheit der Nation zu erschüttern.... Dagegen könnte die neu hinzugekommene, wesentlich größere Region "das delikate Gleichgewicht zwischen lokaler und staatlicher Macht direkter bedrohen, als wenn es sich um Gemeinden und Departements handelte"*. Sicherlich hat auch der Begriff "Europa der Regionen" beunruhigt. So bekam die Region einen Kontrollriegel vorgeschoben, "der wahrscheinlich besser mit dem alten Begriff der *tutelle* als mit dem neuen der *contrôle de légalité* beschrieben würde"* (AUTEXIER 1986, S.569): Sie darf dauerhafte Kontakte mit den Nachbarn jenseits der Grenze nur mit Genehmigung [!] der Staatsregierung aufnehmen, und zwar ausschließlich mit einer angrenzenden [!] dezentralisierten Gebietskörperschaft, also etwa Rhône-Alpes mit Piemont, nicht aber mit Sizilien oder gar mit dem italienischen Staat. Ebensowenig dürfen Gebietskörperschaften ohne Zwischenschaltung der Zentralregierung Verhandlungen mit der EG-Kommission in Brüssel führen. ALBERTIN zitiert ein Rundschreiben des französischen Premierministers von 1987, das ihnen lediglich "Informationskontakte [!] unter maßgeblicher Beteiligung des Präfekten ... erlaubt. ... Antragstellungen und Verhandlungen über Projekte mit anderen Staaten oder zwischenstaatlichen Organisationen werden ihnen aber streng untersagt. Allein der Staat sei verantwortlich für die Kohärenz der Entwicklung des nationalterritorialen Ensembles mit den Politiken auf der Ebene der EG" (1988, S.153).

Bezeichnend ist das Beispiel der 1970 begonnenen grenzüberschreitenden Kooperation im "Saar-Lor-Lux-Raum". Zuständig sind sowohl eine Kommission der nationalen Regierungen als auch eine "Regionalkommission"; die Kompetenzen der Regionalkommission wurden aber stets unklar gehalten, über ein Budget verfügt sie nicht. Während ihre deutschen Mitglieder direkt von den Landesregierungen von Rheinland-Pfalz und Saarland abgeordnet werden, entsendet Frankreich auch nach 1982 den Regionalpräfekten von Lothringen - er ist zugleich Präfekt des Grenzdepartements Moselle - also allein den Vertreter der Zentralregierung. Entsprechende Forderungen des Regionalrates von Lothringen, von nun ab mit seinem eigenen Vertreter in der Regionalkommission seine Interessen selbst wahrzunehmen, wurden in Paris abgewiesen (CHARPENTIER 1988, S.11). Darin spiegelt sich der deutlich restriktive Charakter des neuen Gesetzes, möglicherweise sogar eine Verschärfung gegenüber der Zeit vor 1982 (vgl. AUTEXIER 1984, S.15). Hier zeigt die Zentralmacht eine unverblümte Furcht, die Grenzregionen könnten außenpolitische Alleingänge unternehmen oder gar de facto abdriften.

11.3.4 Die finanzielle Ausstattung der Gebietskörperschaften

Ob die Dezentralisierungspolitik überhaupt ernst gemeint ist, läßt sich wohl am besten an den Veränderungen in der finanziellen Ausstattung der Gebietskörperschaften überprüfen. Schon der Ansatz bietet Anlaß zum Zweifel: Alle Kostenerhöhungen, die die Gebietskörperschaften nun infolge ihrer neuen übertragenen Kompetenzen zu übernehmen haben, müssen über Finanztransfer kompensiert werden (Gesetz vom 2.3.1982). Die Mittel beliefen sich z.B. im Jahre 1984 auf 23 Mrd. FF und sollten bis 1986 einen Anteil von lediglich 3,3% am Staatshaushalt einnehmen (PÉLISSONNIER 1985, S.76); dem Staat durften dadurch keine zusätzlichen Kosten entstehen. Zwar geben die exakt bemessenen Kompensationszahlungen einer Gebietskörperschaft nun finanzielle Handlungsfreiheit innerhalb abgesteckter Haushaltstitel, z.B. für die ländliche Infrastruktur; aus einem Titel dürfen jedoch keine Mittel in andere Titel übertragen werden. Wirtschaftliche und raumordnerische Kreativität wird damit weiterhin behindert.

Was die Zuweisungen der Zentrale für laufende Ausgaben und Investitionen betrifft, die vorher weitgehend zweckgebunden waren, so werden sie nun in Form einer *dotation générale de décentralisation* global zur freien Verfügung zugeteilt. Angesichts der Gesamtsumme von 11,5 Mrd. FF (1986) für ganz Frankreich (MÜLLER-BRANDECK-BOCQUET 1990, S.75) kann man von Fortschritt auch hier nicht sprechen. Für die Gemeinden fielen die globalen Zuweisungen noch dürftiger aus: Nach den Berechnungen von BRAUNER (1985, S.62) erhielt die französische Durchschnittskommune mit 2300 Einwohnern 1984 frei verfügbare Subventionen von 56.000 FF bzw. 0,9% ihres gesamten Haushaltes.

Als "wichtigstes Instrument zur Realisierung der Dezentralisierung" sieht MUZELLEC 1986 (zit. bei HORN 1989, S.95) die Planverträge zwischen dem Staat und den Regionen (Kap.9.3.2.1). Damit jedoch begeben sich letztere erneut in eine nicht zu unterschätzende Abhängigkeit: Zwar erhält die Region etwa 60% der vereinbarten Gesamtsumme aus Paris; sie muß die Ausgaben aber für fünf Jahre festlegen und Eigenmittel einsetzen, die 40-50% des Haushalts entsprechen (BRAUNER 1985, S.67), folglich ihren verbleibenden Handlungsspielraum erheblich einengen. Mit der Beteiligung der Region werden zwar Projekte innerhalb ihres Regionalplans finanziert, immer aber müssen diese den Zielen des übergeordneten Nationalen Plans entsprechen. Ein Planvertrag zwischen Staat und Region ist damit nichts anderes als ein subtiles Lenkungsmittel, das, obwohl als Teil der neuen Dezentralisierungspolitik propagiert, schon in ganz ähnlicher Form seit den 60er Jahren mit Industrieunternehmen, Mittelstädten oder ländlichen Gebieten praktiziert wird (vgl. THARUN 1987, S.703). Auf diese Weise gelingt es dem Staat, die neue Exekutive der Region wieder an sich zu binden und ihre Aktivitäten zu kanalisieren. Über den Weg des Planvertrags beteiligt er die Region an Aufgaben des Nationalen Plans, die er ohnehin hätte finanzieren müssen. Dabei kann der Staat den Einsatz eigenen Kapitals niedrig halten: Im Plan 1989-93 setzte er für alle Planverträge mit den Regionen 50 Mrd. FF ein, also pro Jahr 10 Mrd. FF. Unverblümt bezeichnet die DATAR die Verträge als "Werkzeuge der Raumordnung ... in Funktion der neuen nationalen [!] Prioritäten oder unbedingt nachzuholender Aufgaben"* (La Lettre de la DATAR, Nr. 124, 1989).

Verteilung der Haushalte der Gebietskörperschaften						
	1973 (1)		1981 (2)		1988 (2#)	
	Mrd.FF	%	Mrd.FF	%	Mrd.FF	%
Gemeinden	58,5	72,0	195,7	68,5	388,9	67,7
Departement	22,8	28,0	84,0	29,4	152,0	26,4
Regionen	0,0	0,0	6,0	2,1	34,0	5,9
zusammen	81,3	100,0	285,7	100,0	574,9	100,0

(1) nach REITEL 1978, S.264
(2) nach Bulletin d'Informations Statistiques de la Direction Générale des Collectivités Locales, Janv.-Févr.1991, No.9
 # = geschätzt; leichte Differenzen zu den Angaben des INSEE, Statistiques... 1989.

Selbst wenn man die lenkende Funktion der Planverträge unbeachtet läßt und nur ihren finanziellen Aspekt betrachtet, so erlauben die vom Staat vergebenen Mittel den Regionen keine nennenswerten neuen Handlungsspielräume. Die mit dem Erlaß des Gesetzeswerks versprochene, für seine Realisierung unumgängliche Steuer- und Finanzreform ist weder eingeleitet worden noch in Sicht (vgl. GERDES 1987a, S.72). Nach wie vor spiegelt sich die Handlungsschwäche der lokal-regionalen Ebene in ihrer völlig unzureichenden Finanzausstattung (vgl. Tab.).

Schon DE TOCQUEVILLE hatte festgestellt, daß "der zentralisierte Staat bewußt danach strebt, die Gebietskörperschaften knapp an Geld zu halten"* (zit. von BAGUENARD 1980, S.61). Ergänzen läßt sich heute - das zeigt die Tabelle - daß diese Praxis umso restriktiver angewandt wird, je größer die Gebietskörperschaft ist bzw. je mehr politische Eigenständigkeit gegenüber der Zentrale sie entfalten könnte.

11.3.5 Eine Regionalisierung?

Schließlich sucht man vergeblich nach wirklichem Autonomiegewinn, nach Entfaltungsmöglichkeiten der Regionen, wie sie von den Regionalisten gefordert werden (vgl. Kap.11.1). Zwar gab es nach dem Präsidentenwechsel 1981 einige Zugeständnisse: Mitterrand erließ eine Amnestie für Gefangene, die wegen Vergehen aus regionalistischen Motiven verurteilt waren. Er löste den Gerichtshof für Staatssicherheit auf, der solche Delinquenten als "Staatsfeinde" verurteilt hatte. Man zeigte sich flexibel in punktuellen regionalistischen Konflikten, die eine überregional wirksame, brisante Symbolik erhalten hatten, z.B. um den Bau eines Kernkraftwerks im bretonischen Plogoff oder um die Erweiterung des Truppenübungsplatzes Larzac in den Causses. Erst nach massiven Protesten wurde der Universität Rennes das zunächst verweigerte Recht zugestanden, keltische Sprachen, darunter das Bretonische, in ihr Lehrprogramm aufzunehmen. Auch erhielten die Korsen ein Sonderstatut. (Doch wurde ihnen die Bezeichnung *"peuple corse"* im April 1991 nur mit dem Zusatz "Bestandteil des französischen Volkes" gewährt.) Die Forderung der Bretonen nach einem Sonderstatut blieb dagegen ungehört; verwehrt wird ihnen auch die Eingliederung des Dept. Loire-Atlantique, dessen Territorium einst zum Herzogtum Bretagne gehört hatte, in ihre heutige Region. Ebenso unerfüllt sind alle Wünsche nach Wiederbelebung und Förderung der verschiedenen regionalen Kulturen, ganz zu schweigen von dem utopischen Begehren nach Abschaffung der Departements oder nach eigener regionaler Legislative (nach HALMES 1984, S.182 f). Wo es um die Kernziele der Regionalisten geht, zeigt der Staat keinerlei Einlenken.

11.3.6 Dezentralisierung oder Dekonzentration?

Die Dezentralisierungspolitik brachte weder eine Stärkung der gebietskörperschaftlichen Autonomie in den entscheidenden Bereichen noch die dafür unumgängliche Finanzreform. Vielmehr erfand die Regierung neue Formen von Dekonzentration - "eine der Methoden, die Rolle des Staates zu stärken, ist eindeutig die Dekonzentration der Zentralmacht..."* (FRÊCHE 1990, S.105). Mit den Planverträgen wendet sie erneut ein altbewährtes Lenkungsmittel an, dieses Mal auch für die noch größere Dimension der

Region. Die Macht der etablierten Zentralbürokratie wurde nicht beeinträchtigt. Vielmehr gelang es, sie zu entlasten und damit handlungsfähiger zu machen als zuvor. Die mit der Zentralmacht liierten, ohne sie nicht existenzfähigen Mandatsträger der Provinz wurden in ihrer Position gestärkt und stärken damit zugleich das System. Das unter dem Pseudonym J.RONDIN - auszusprechen wie "Girondin"... - publizierte Buch drückt dies schon in seinem Titel aus: *"Le sacre des notables"* (1985, Die Weihe der Notabeln) (vgl. SADRAN 1989, S.44).

Das Versprechen, zu dezentralisieren und den Regionen mehr Eigengewicht zu geben, hat sicherlich zu den Wahlsiegen der Sozialisten 1981 beigetragen. Bezeichnenderweise aber waren die direkt Betroffenen, nämlich die lokalen Kräfte, an Konzeption, Vorbereitung und Erlaß des Gesetzeswerks nicht beteiligt worden. "Schließlich und vor allem ist der Bürger der große Abwesende der Dezentralisierung ... die zentrale Administration hat eine entscheidende Rolle bei dieser Reform gespielt. *Aus diesem Blickwinkel gesehen, gehörten die Republikkommissare zu den effektivsten Schöpfern der Dezentralisierung*"* (BOURJOL 1988, S.61,59, Hervorh. im Orig.). Daß bei diesen Statthaltern, die ihre Macht allein aus dem Zentralstaat ableiten, ein Wille zu echter Dezentralisierung vorhanden war, darf bezweifelt werden. FRÊCHE, selbst sozialistischer (!) Bürgermeister von Montpellier, behauptet sogar, daß "in der Führungselite der heutigen Linken die Dezentralisierung noch von der Mehrheit verurteilt wird"* (1990, S.97).

Waren Dezentralisierung und Regionalisierung im echten Sinne überhaupt gewollt? Das Reformprojekt ist äußerst umstritten, die Meinungen reichen von differenzierter Akzeptanz einzelner progressiver Inhalte bis zu totaler Ablehnung. GRUBER sieht in ihrer wertenden Bilanz zwar Fortschritte, "aber zugleich hat die Reform von 1982 den staatlichen Handlungsträgern verstärkte Macht und Autorität verliehen, die die Dezentralisierung einrahmen und begrenzen"*; man habe Dezentralisierung und Dekonzentration kombiniert (1986, S.117). Hier liegt die Interpretation nahe, daß Konzessionen für eine partielle Dezentralisierung gemacht wurden, um die Zentralisierung per Dekonzentration zu kräftigen, wie es schon MÉNY (1974, S.365) geahnt hatte. So fragt auch ALBERTIN durchsichtig, ob das Fernziel der Sozialisten eine echte Reform sei oder die Bewahrung des Zentralismus mit der Gegenleistung begrenzter Freisetzung lokal-regionaler Potentiale (1988, S.149). Allzuviel deutet darauf hin, daß jene - nicht zuletzt auch wahlwirksame - Politik dem Zentralstaat die Möglichkeiten gibt, mit neuen Methoden die grundlegenden Wandlungen auf seinem Territorium effizienter zu steuern.

Eines jedoch ist nicht zu übersehen: der Wunsch einer breiten Bevölkerungsmehrheit nach echter Dezentralisierung. Zwar hat das Gesetzeswerk den Wunsch nicht erfüllt, doch wurde mit begrenzten Konzessionen die Tür zu regionaler Autonomie wenigstens einen Spalt breit geöffnet. Die Vertreter der Departements und Regionen werden nun demokratisch gewählt und üben im Wählerauftrag erstmals in der Geschichte eine - wenn auch sehr eingeschränkte - Exekutive aus. Wichtiger als die noch geringen Kompetenzen ist die damit geschaffene Grundlage für ein regionales Selbstbewußtsein. Besonders in den Regionen und in den großen Städten beginnt dies Wirkung zu zeigen. Nicht der materielle Inhalt der Gesetze, wohl aber das neue Selbstbewußtsein könnte langfristig zu einer Dezentralisierung führen, zu einer echten.

12 Zentralismus in Frankreich - ein persistentes Leitprinzip?

"Auf allen Seiten wird die Zentralisierung als eine Tatsache erlebt, die so alt, so massiv, so in der nationalen Realität verwurzelt ist, daß man daran nichts ändern kann. Sie ist wie das Klima: selbst wenn man über seine Auswirkungen schimpft, versucht man sich anzupassen."* - so steht es, wohlgemerkt, in dem im Regierungsauftrag verfaßten Rapport GUICHARD (1976, S.17). Wie in Kap.11 dargelegt wurde, haben die wenig später erlassenen Dezentralisierungsgesetze dies nicht nur bestätigt, sondern manifestieren sogar, wenn auch versteckt in neuem Gewand, ein Festhalten an der Zentralisierung.

Resultieren mag dies aus der unkontrollierbaren Eigendynamik des Leitprinzips, etwa im Sinne von CROZIER: "Im Rahmen des administrativen Systems beginnt der Reformer immer mit liberalen Absichten und wird ganz natürlich, durch die einfache Logik der Kräfte, zum autoritären Reformer, dessen Praxis seinen Intentionen teilweise widerspricht. Sehr häufig steht sein Ergebnis im Gegensatz zu seinen Zielsetzungen"* (1974, S.25). Hier verbindet sich die Eigendynamik mit der bewußten Absicht der Politiker, an dem erprobten Leitprinzip festzuhalten. Denn die Führungselite, gewachsen auf dem Humus eben jener politischen Kultur, kann sich ebensowenig davon freimachen, ja, kann nur in ihrem Rahmen Gefallen an der Macht finden. Ebensowenig können die lokalen Notabeln daran interessiert sein, ausgerechnet das System zu verändern oder gar zu stürzen, das die Basis ihrer Karriere bildet (vgl. RONDIN 1985). So steht schon ungeschminkt bei DE TOCQUEVILLE: "Fast alle ehrgeizigen und fähigen Bürger eines demokratischen Landes werden unnachgiebig dafür arbeiten, die Kompetenzen der Zentralmacht zu erweitern, denn alle hoffen, diese eines Tages zu lenken ..., sie zentralisieren für sich selbst. In den Demokratien sind die dezentralisierungswilligen Inhaber öffentlicher Ämter fast ausnahmslos entweder sehr selbstlos oder sehr mittelmäßig. Die einen sind selten, die anderen ohne Einfluß"* (zit. in MAYER 1968, S.138).

In diesem Buch werden die Allgegenwart des Zentralismus in seiner Wechselwirkung zwischen Raum und Gesellschaft, seine außerordentliche Prägekraft, seine Kontinuität über erstaunlich lange historische Zeitspannen, seine Persistenz dargestellt. Darf man jedoch auf dieser Basis folgern, daß solche Persistenz sich auch in absehbarer Zukunft ungebrochen fortsetzen wird? Es wäre vorschnell, fällt doch unsere Untersuchung just in eine Epoche, in der das Leitprinzip Zentralismus so massiv in Frage gestellt wird wie nie zuvor! Erstmals nämlich wird es von innen u n d von außen zugleich angegriffen: von innen durch regionalistische Forderungen und durch das Novum, daß es nun Gesetze mit dem Attribut "Dezentralisierung" gibt - selbst mit verschleierten rezentralisierenden Tendenzen - von außen durch das zusammenstrebende Europa.

In einem abschließenden Überblick soll deshalb gegenübergestellt werden, welche aktuellen und welche künftig wahrscheinlichen Faktoren bzw. Prozesse für oder gegen eine Beharrung des Zentralismus sprechen. Erneut verdient dabei die Wechselwirkung mit dem Raum besondere Aufmerksamkeit.

Zunächst ist hier ein allgemeingültiges Charakteristikum Frankreichs besonders zu betonen: das auffällige Festhalten am Althergebrachten, die "'Macht der Verhältnisse', ... die außerordentliche Kraft beharrender Strukturen in der französischen Gesellschaftsformation" (ZIEBURA 1987, S.10). Über diesen Tatbestand darf auch das widersprüchlich wirkende, fast süchtige Interesse der Franzosen an hochmodernen technischen Errungenschaften nicht hinwegtäuschen. Berücksichtigt man zugleich, daß gerade das Leitprinzip Zentralismus seit Jahrhunderten tragender Bestandteil dieser beharrenden Strukturen ist, dann zeigen sich sofort die ungeheuren Schwierigkeiten bei jedwedem Versuch, die politische Kultur und damit die Basisstruktur des Landes zu verändern.

Zentralistische Elemente prägen jedoch nicht allein die zutiefst im Raum verwurzelten Strukturen - Verkehrsnetz, allseitige Dominanz der Metropole, *armature urbaine*, Bevölkerungsverteilung, Energie-, Rohstoff- und Industriewirtschaft etc. - zentralistisch geprägt sind auch entscheidende zukunftsorientierte Prozesse:

- Die Trassen des Hochgeschwindigkeitszuges TGV bilden ein ebenso ausschließliches Radialnetz wie einst die Heerstraßen Napoleons (Abb.6). Die Forderung der Straßburger Bürgermeisterin im Juni 1991 nach einer TGV-Verbindung Lille - Straßburg - Lyon wird ungehört verhallen. In Paris denkt man nicht einmal für die fernere Zukunft an TGV-Querstrecken, zumal die SNCF argumentiert, der TGV diene doch der Dezentralisierung. Zwar sind die außerordentlichen Zeitgewinne zwischen Provinzstädten über die Pariser *interconnexion* keinesfalls zu übersehen, doch primär profitieren wird davon abermals die Metropole (BELLANGER 1991; vgl. Kap. 6.2.3 und Abb.14).

- Unter Berufung auf das "nationale Interesse" schließt man die Energieversorgung von jeglichem Dezentralisierungsansatz aus. Mit systematischer Reduzierung der Importabhängigkeit bekommt die Kernkraft dominierenden Einfluß: Von einem Punkt aus lassen sich in idealer Weise die Produktion in wenigen Atommeilern und die Verteilung bis in jeden Haushalt steuern. Die zweifelsfrei beabsichtigte Überkapazität der Kernkraftwerke fördert den Stromexport und entzieht langfristig jeder Ausstiegsdiskussion die Grundlage. Schließlich darf die enge Kooperation mit den naturgemäß hyperzentralistisch organisierten Streitkräften nicht vergessen werden, ebensowenig die Kernenergie als außenpolitischer Trumpf, zivil wie militärisch.

- Ein weiteres Bindeglied zwischen Streitkräften und Industrie bildet der Rüstungssektor. Allein die Luft- und Raumfahrtbranche lebt von diesem zu 70 %. Umsatz und Beschäftigtenzahl steigen ständig, mit kräftiger Unterstützung durch den Staat. Hier entstehe sogar, so ZIEBURA, "ein Staat im Staate, der alle Dezentralisierungs- und Dekonzentrationsbemühungen konterkariert" (1987, S.10).

- Die Fernsteuerung der Wirtschaftsunternehmen unterliegt einem anhaltenden Konzentrationsprozeß, kombiniert mit der räumlichen Verdichtung auf die Hauptstadt. Unterstützt wird dieser Trend durch die Modernisierung und zugleich verstärkte Radialisierung der Verkehrsträger und des Nachrichtenwesens.

- Räumlich äußert sich der anhaltende Zentralisierungsprozeß weiterhin in der Dominanz von Paris, und zwar weniger in der Kumulation seiner bekannten Superlative als in deren funktionalem Zusammenspiel und ihrer Verschmelzung in einem Punkt:

  ▫ Paris ist zugleich Nabel der Nation, Hauptstadt, Kern der Ile-de-France und größter zentraler Ort, dessen überdimensionaler Einzugsbereich sich mit der Verkehrsbeschleunigung auf den Radialachsen ständig ausweitet;
  ▫ Paris bleibt Sitz einer Zentralbürokratie, die mit dem Wachstum der Bevölkerung und der Wirtschaft expandiert, zugleich aber per Dekonzentration rationeller und effizienter gestaltet wird;
  ▫ Paris erlebt eine anhaltende Konzentration fernsteuernder Hauptverwaltungen der Wirtschaft und, damit verbunden, des gehobenen tertiären Sektors;

▫ Paris drainiert wachsende Einkünfte aus der Wertschöpfung in der Provinz, ausgedrückt auch in der absoluten Dominanz des Bankwesens und der Börse;
▫ Paris gewinnt damit zunehmend Gewicht als Standort der politischen, wirtschaftlichen und intellektuellen Führungsschicht, in der sich die Interessensphären von Staat und freier Wirtschaft verzahnen.

Über dieses Geflecht von Funktionen hat die Metropole einen weiten direkten Einflußbereich, der inzwischen schon über das Pariser Becken hinausgreift und - besonders über die TGV-Verbindungen - sogar Ballungsräume wie Lyon oder Nantes erfaßt. Wenn man demnächst selbst von Marseille aus ein Geschäft in Paris inklusive Bahnfahrten an einem Tag erledigen kann, dann ist die flächendeckende Beherrschung des ganzen Landes durch die Hauptstadt erreicht - die entlegenen Lücken in den Südalpen, im Zentralmassiv oder am Pyrenäenrand sind ohnehin längst abgeschrieben. "Ganz Frankreich wurde zu einer einzigen Territorialstruktur reduziert, mit einem Zentrum und einer Peripherie ..."*, schrieb PINCHEMEL schon 1979 (S.46).

Dabei erfahren Paris und die Ile-de-France eine stetige Attraktivitätssteigerung, die allen Bemühungen um räumliches Gleichgewicht widerspricht. Einerseits bricht hier die Eigendynamik des zentralistischen Leitprinzips durch: Will man mit infrastrukturellen Maßnahmen - Ausbau des Verkehrsnetzes, Beschleunigung des Transports, sozialer Wohnungsbau etc. - aktuelle Mängel beheben, so werden eo ipso weiteres Wachstum und folglich neue, noch größere Mängel vorprogrammiert. Auf der anderen Seite ist es für BELLANGER (1991, S.160, unter Bezug auf die Industrie- und Handelskammer der Region Pays de la Loire) "indiskutabel, daß ein politischer Wille besteht, Paris und der Ile-de-France 'ein Maximum an Vorteilen zu geben, um die Hauptstadt unter den europäischen Wirtschaftszentren auf den allerersten Platz zu setzen, vor allem im Hinblick auf den großen europäischen Markt'". Solcher politische Wille äußert sich unter anderem im Ausbau des Flughafens Charles de Gaulle zu einem Hyperverkehrsknoten, in der massiven Förderung der Neuen Städte, in der Anlage des Vergnügungsparks "Eurodisneyland" oder in den Monumentalprojekten der Staatspräsidenten. Außerdem sollen mit aller Konsequenz möglichst viele Hauptquartiere multinationaler Firmen in die Ile-de-France gelockt werden. Dies richtet sich vor allem gegen die Hauptkonkurrentinnen London und, seit 1989, Berlin sowie gegen die Europa-Städte Brüssel, Straßburg und Luxemburg als politische Nebenbuhlerinnen. So lebt denn der alte Traum Napoleons fort, Paris nach 1992 zur "großen Metropole Westeuropas" zu machen (zit. bei UTERWEDDE 1989, S.406; vgl. Kap.4.1).

Doch zeigt gerade das jüngste, heftig diskutierte Leitschema, das die Regierung zur Sanierung der Hauptstadtregion 1989 aufgestellt hat (vgl. Kap.8.4.2), daß das Phänomen Paris der menschlichen Steuerung längst entglitten ist. Der im Auftrag des Premierministers erstellte Bericht des Comité de Décentralisation (RCD 1990), verfaßt von einer neutralen Forschungsgruppe, warnt massiv und in aller Offenheit vor einer Fortsetzung solcher supranationaler Ambitionen und der entsprechenden Aufblähung der Metropole:

■ Frankreich stehe in Europa als Standraum für US- und japanische Unternehmen nur noch an 5. Stelle. Es zeige sich nämlich, daß die Hauptverwaltungen der multinationalen Unternehmen in Europa (außer in Frankreich und Großbritannien) heute Städte mit weniger als 2 Millionen Einwohnern bevorzugten, die "*course au gigantisme des villes*" sei vorüber.

12 Zentralismus in Frankreich - ein persistentes Leitprinzip?

- Im Gegensatz dazu seien zugunsten der Stärkung von Paris gegenüber London die anderen Städte Frankreichs vom Wettbewerb ausgeschlossen worden.
- Die Ile-de-France würde weiter mit dem schnellsten Wachstum voranpreschen, auf Kosten weit dringlicherer Aufgaben und zum Schaden der Provinz, denn ein wachsender Anteil staatlicher Investitionskredite würde von den Pariser Projekten abgefangen, die Disparität in der räumlichen Entwicklung noch verstärkt werden.
- Bei alledem aber würden auch in der Ile-de-France selbst die sozialen und wirtschaftlichen Probleme eine nicht mehr akzeptable Brisanz annehmen.
- Insgesamt wird die verkrustete Haltung, alles müsse von Paris ausgehen, vehement attackiert (nach RCD 1990).

In dieselbe Kerbe schlägt die direkt dem Premierminister unterstehende DATAR: "Die mehr und mehr tertiärisierte Pariser Region kann immer weniger diesen großen Übeln wie Übervölkerung, Umweltverschmutzung, Thrombose des Verkehrssystems, Bodenspekulation etc. entgehen. ... Die zusätzlichen Kosten solcher Dysfunktion tragen nur zur Schwächung der französischen Wirtschaft bei" (Guigou 1990f).

Solche Töne, inzwischen also selbst aus Regierungsinstitutionen, könnten einer Neuauflage von GRAVIERS *"Paris et le désert français"* (1947) entstammen! Nur haben die Probleme inzwischen ganz andere Dimensionen erreicht als in der Nachkriegszeit: Die Metropole, seitdem um rund 3,5 Millionen Menschen gewachsen, expandiert nach wie vor auf Kosten der übrigen Landesteile, wie jüngst der Bevölkerungszensus von 1990 gezeigt hat. Anderseits kann dank dem demographischen Wachstum und, vor allem, einer langen Hochkonjunktur natürlich keine Rede mehr sein von "der französischen Wüste"; Wirtschafts- und Lebensbedingungen in der Provinz sind auf ein sozioökonomisch unvergleichlich höheres und zweifellos viel erträglicheres Niveau gestiegen. Doch droht das prinzipielle, das Basisproblem noch akuter zu werden.

Es hat sich gezeigt, daß die maßgeblichen zentralen Machtträger eine grundsätzliche Kursänderung nicht realisieren konnten oder nicht realisieren wollten - besser: sie konnten nicht wollen. Ein derart zentralisiertes System ist zu einer Dezentralisierung aus eigener Kraft nicht fähig, das Paradox einer Aufhebung des Leitprinzips durch sich selbst ist unvorstellbar.

Nun hat auch ein noch so persistentes Leitprinzip keinen Anspruch auf Ewigkeit. Wenn aber der Zentralismus sich selbst nicht aufzuheben vermag - welche Kräfte könnten ihn dann in Zukunft modifizieren oder gar verdrängen? Knüpft man noch einmal bei Paris an, so bedroht jenes Geschöpf des Zentralstaates durch sein wieder beschleunigtes Wachstum und die fortschreitende funktional-räumliche Konzentration eben diesen Zentralstaat selbst: Paris-Stadt plus Region Ile-de-France kommen dem Attribut "Staat im Staat" immer näher, können dank Dezentralisierungsgesetzen die neue Exekutivgewalt wirksamer einsetzen als die anderen Regionen, müssen von der Nation übermäßig finanziert werden und entziehen ihr zugleich die für andere Bedürfnisse notwendigen Mittel. Paris verstärkt sich ebenso politisch gewollt wie in zentralisierender Eigendynamik, schwächt Frankreich und entgleitet dem Einfluß des Staates. Führt dies nicht, konsequent und provozierend zu Ende gedacht, zu dem eigentlich Unvorstellbaren, daß nämlich der "Wasserkopf" vom unterernährten Rumpf abhebt, beide aber nicht getrennt existieren können?

12 Zentralismus in Frankreich - ein persistentes Leitprinzip? 201

Zunehmende Unabhängigkeit dieses "Staates im Staat" kann sich auch aus einer Abkehr vom Colbertismus ergeben: Wenn Paris-Stadt, Region und Zentralregierung die Ansiedlung multinationaler Firmen mit allen Mitteln fördern, dann steigen zwar Gewicht und Ausstrahlung der Hauptstadt. Keineswegs verbunden aber ist damit auch eine Bereitschaft solcher Unternehmen, ihre Strategien mit den Zielen des französischen Staates zu koordinieren. Dessen direkte Einflußnahme auf die Unternehmen nimmt ohnehin mit den Reprivatisierungen der Konzerne ab. Dazu aber und zu anderen Liberalisierungsmaßnahmen mußte sich die Regierung erst durchringen, um über eine Marktöffnung international wettbewerbsfähig zu werden (vgl. ZIEBURA 1987, S. 12 f); hier zeichnen sich bereits Einflüsse der EG-Integration ab (s.u.). Außerdem traten in diesem Trend zur Marktwirtschaft die Fünfjahrespläne (vgl. Kap.9.3.1) unauffällig in den Hintergrund, mit ihnen auch das *aménagement du territoire*.

So wie die expandierende Wirtschaftsmetropole Paris sich in wachsendem Maße an Europa orientieren wird, so muß auch der Ausbau des TGV-Netzes nicht mehr primär die Zentralisierung der Hauptstadt fördern. Vielmehr wird der französische TGV-"Stern", obwohl auf das nationale Territorium zugeschnitten, in absehbarer Zeit nur noch ein Teilsystem des europaweiten Hochgeschwindigkeitsnetzes bilden, dann allerdings nicht mehr in der komfortablen zentralen Lage. Denn die heute noch dominierende Position von Paris als Sammel- und Ausstrahlungspunkt des Netzes wird sich dann zwangsläufig relativieren. Selbstkritisch schreibt GUIGOU (1990 f, o.S.), Direktor bei der DATAR: "Wir haben uns zu lange daran gewöhnt, Frankreich im Zentrum Europas zu sehen. ... Mit dem Europa der Zwölf, der Vereinigung Deutschlands und der Öffnung nach Osten *verlagert sich der Schwerpunkt Europas sichtlich ins Innere des Kontinents.*" (1990f, Hervorh. im Orig.)

Solche Relativierung der zentralen Position von Paris ergibt sich außerdem aus dem fortschreitenden Abbau der nationalen Grenzen. In dem heute schon weitgehend durchgängigen Raum werden sie als Wirtschafts- und Reisebarrieren nach 1992 endgültig fallen. Damit wird die Umfassung des abgeschlossenen Territoriums Frankreich, in Kap.2.2 mit einem Gefäß verglichen, aufgeweicht, gar durchbrochen. Zugleich verliert die nationale Grenze eine für den Zentralstaat unentbehrliche Funktion, nämlich die Reichweite seiner Macht eindeutig abzustecken. In der Tat können die Randgebiete Frankreichs nun leichter unter politische, wirtschaftliche und kulturelle Einflüsse des benachbarten Auslandes geraten - ein Schreckgespenst: "Wenn die Regionen gestärkt werden, ist das Risiko groß, daß sie sich zu transstaatlichen Regionen entwickeln. Diese Gefahr wird von allen Zentralisatoren unterstrichen ... Ein Dreieck Barcelona - Montpellier - Toulouse, eine Zone Baden - Straßburg könnte die Nationalstaaten beunruhigen"* (FRÊCHE 1990, S.103; vgl. Kap.11.3.3). Die DATAR befürchtet gar ein "Ausfransen"* der Grenzgebiete, wenn die "zentrifugalen Bewegungen nicht geregelt werden"* (GUIGOU 1990f, o.S.). Daß aber die in Grenznähe lebenden Franzosen nun im selben Maße auf ihre Nachbarn einwirken und sie in ihren Bann ziehen können, wird offenbar überhaupt nicht in Erwägung gezogen - das uralte Mißtrauen der Zentrale gegenüber der Peripherie!

Gerade für das konservative, nach innen gekehrte, auf seine Hauptstadt blickende Frankreich bilden der steigende Einfluß und zugleich die wachsende Attraktion der Nachbarstaaten einen Antagonismus zu seiner bisherigen Orientierung. Konkret gesagt: Unvermeidlich wird die wachsende Integration Frankreichs in die zusammenstrebende

12 Zentralismus in Frankreich - ein persistentes Leitprinzip?

Europäische Gemeinschaft auch wachsende Konfrontation zwischen dieser und den traditionellen Leitlinien des Zentralismus heraufbeschwören.

Allen heftigen Geburtswehen zum Trotz tendiert die heute noch lockere Vereinigung der EG-Staaten zumindest zu einem Staatenbund (Konföderation); starke politische Kreise erstreben sogar einen Bundesstaat (Föderation) (vgl. COLARD 1991). Bereits ein lockerer Staatenbund ist unverträglich mit der Konzeption des unitarischen Staates, dessen Integration in einen Bundesstaat wird per se zum Widerspruch. Ebensowenig verträgt sich der traditionelle Nationalismus der Nationalstaaten mit der Natur der Konföderation. Das bedeutet, daß dem Zentralismus ein Teil seiner Basis entzogen wird, war doch der Nationalismus seit der Französischen Revolution stets eine seiner solidesten Stützen bzw. wurde nationales Einheitsstreben sogar mit Zentralisierung gezielt gleichgesetzt (vgl. MAYER 1968, S.43, zit. in Kap.2.4). Mehr noch: Zunehmende Einbindung in eine europäische Staatengemeinschaft zieht zwangsläufig Souveränitätsverzicht nach sich, z.B. schon seit langem im Agrarsektor, ab 1993 für den Handel, später im Finanzwesen und in der Sozialpolitik, dereinst wohl auch bei den Streitkräften.

In einer Konföderation - noch deutlicher natürlich in einer Föderation - werden die Grundprinzipien bzw. -voraussetzungen des Zentralismus angegriffen und über längere Zeiträume ad absurdum geführt werden:

- Politik und Administration sind nicht mehr hierarchisch aufgebaut und auf eine kommandierende Spitze ausgerichtet, sondern funktionieren auf der Basis von gleichberechtigter Partnerschaft und Koordination, bei einem Minimum an zentralen Einrichtungen.
- Schon in den ersten Anfängen der EG, der damaligen EWG, wurde das Aufkommen einer dominierenden Metropole unterbunden, indem man die entscheidenden Kompetenzen auf Brüssel, Straßburg, Luxemburg und Den Haag verteilte - unter auffälliger Ausklammerung der beherrschenden Metropolen.
- Des weiteren entfällt der Gegensatz starkes Zentrum - schwache Peripherie. Der Gesamtraum setzt sich weder aus gleichgroßen noch aus gleichreichen, aber aus gleichgewichtigen Teilen zusammen - man denke nur an den hohen politischen Einfluß von Luxemburg.
- Entsprechend verlaufen Verkehr und Kommunikation nicht mehr auf Radialen bzw. innerhalb von Sektoren, die von einem Punkt ausstrahlen (und gesteuert werden), sondern in einem polyzentrischen Netz ineinandergreifender, überlagerter zentralörtlicher Hierarchien.
- Das Neben- und Miteinander zwar unterschiedlich strukturierter, aber gleichberechtigter Einheiten nimmt dem Ziel der allgemeinen Uniformität, der "jakobinischen Egalisierung" jeden Sinn. Vielmehr werden gerade Mannigfaltigkeit und Konkurrenz zum belebenden Motor für Politik, Wirtschaft und Kultur.
- Die Verteidigungsbereitschaft gilt nun für den Gesamtraum und erfordert eine wie auch immer strukturierte Verteidigungsgemeinschaft.

Anhaltende Integration Europas vorausgesetzt, läßt sich kaum bezweifeln, daß die übergeordneten Interessen des Staatenbundes die zentralistischen Strukturen in Frankreich überlagern, bedrängen und vielleicht dereinst auch verdrängen werden. Nun tritt Frankreich seit langem als einer der Protagonisten der europäischen Einigung auf. Daß dahinter unter anderen die verständliche Absicht steht, Deutschland einzubinden und sein Übergewicht auszugleichen, spricht nur für einen ernsthaften und langfristigen

Integrationswillen. Bei einer so prononcierten Akzeptanz des künftigen Europa wird Frankreich sich den innenpolitischen Konsequenzen nicht mehr entziehen können. Außen- und wirtschaftspolitisch eine Konföderation, womöglich sogar eine Föderation anstreben, nach innen aber weiterhin die Zentralisierung betreiben, ist objektiv unvereinbar. Dann nämlich würde aus der 1987 vom französischen Außenminister postulierten "*marriage of nationalism and Europeanism*" (WISE 1989, S.40) eine *mésalliance*.

Vorgezeichnet wird der heraufziehende Konflikt zwischen (Kon-)Föderation und Zentralstaat bereits seit den 70er Jahren durch eine zweite, parallele Tendenz: durch den Trend zum "Europa der Regionen". Damit will die EG bewußt die verkrusteten nationalstaatlichen Strukturen ersetzen und eine ausgeglichenere Basis für die zusammenwachsende Staatengemeinschaft schaffen. Die Regionen als kleinere, meist historisch gewachsene, politisch-kulturelle Raumeinheiten sollen weiterhin in ihre Staaten eingebettet bleiben, jedoch im Stile des Föderalismus mehr Eigenständigkeit gegenüber den Staatsregierungen erhalten. Sie sollen zunehmend direkt untereinander und mit den EG-Gremien kooperieren, wie dies bereits beim Einsatz des Europäischen Regionalfonds angestrebt wird.

Hier nähert sich die Entwicklung auf europäischer Ebene der auf der Ebene der französischen Regionen. So hat sich z.B. schon das Europaparlament in Straßburg für Dezentralisierung und Stärkung der Regionen ausgesprochen und noch existierende zentralistische Hemmnisse in manchen Staaten moniert. Bereits mit den grenzübergreifenden Kontakten wächst die Handlungsfähigkeit der Regionen, die die Pariser Bevormundung immer weniger akzeptieren werden. Die Einflüsse aus dem Ausland und das Zusammenwachsen der Staaten heben das Selbstbewußtsein der französischen Regionen. Dadurch wird auch deren noch schwache Exekutive, die sie mit den Dezentralisierungsgesetzen erhielten, gestärkt. Wenn in völlig widersprüchlicher Weise ausgerechnet dieses Gesetzeswerk den Autonomiegrad der französischen Gebietskörperschaften niedrig halten will, dann muß es die Regionen und großen Städte geradezu provozieren, Unterstützung auf europäischer Ebene zu suchen, unter ungenierter Umgehung von Paris. Und sie werden sich um so mehr dazu gedrängt fühlen, je einseitiger Paris auf ihre Kosten gefördert werden soll. "Im politischen Kräftefeld Frankreichs entpuppen sich die Regionen immer mehr als ein Faktor, der die traditionellen Strukturen und Prozesse der Machtverteilung beeinflußt" (ALBERTIN 1988, S.154).

* *

Für den deutschen Geographen, der vor zwei Jahrzehnten sein Interesse für Zentralismus und Raum in Frankreich entdeckte und nun unversehens mitten im politischen Kräftespiel des entstehenden Europa gelandet ist, muß es bei solchen globalen Überlegungen bleiben, um so mehr zu einem Zeitpunkt, da alles noch im Fluß ist. Wenn aber in absehbarer Zeit vieles konkreter sein wird, wenn dann der Zentralismus grundsätzlich in Frage gestellt werden muß, wenn es "zum Schwur kommt" - werden unsere Nachbarn auch dann noch tatsächlich "nach Europa" wollen? Wird dereinst in Frankreich, einerlei, ob innerhalb eines europäischen Staatenbundes oder Bundesstaates, ein neues Leitprinzip an die Stelle des uralten Leitprinzips Zentralismus treten?

Oder ist dies nur Wunschdenken eines Europäers?

Literaturverzeichnis

ALBERTIN, L.: Frankreichs Regionalisierung - Abschied vom Zentralismus? In: ALBERTIN, L. et al. (Hrsg.): Frankreich-Jahrbuch 1988. Opladen 1988, S.135-156.
AMMON, G.: Der französische Wirtschaftsstil. München 1989.
ANDAN, O.: L'impact régional d'une centrale nucléaire. L'exemple de Fessenheim (Haut-Rhin,France). In: Mosella 7, 1977, S.267-290.
ANDRÉ, J.: Entreprises multirégionales et concentration des sièges sociaux. In: Economie et Statistique, INSEE, 1969, No.4, S.27-41.
ANTE, U.: Politische Geographie. Braunschweig 1981.
ARBELLOT, G. et al.: Routes et communications. In: S. BONIN u. C. LANGLOIS (Hrsg.), Atlas de la Révolution Française, Vol.1, Paris 1987.
ARCY, F. de: Structures administratives et urbanisation. Paris 1968.
ARDAGH, J.: France in the 1980's. Harmondsworth 1982.
AUTEXIER, Ch.: L'action extérieure des régions. In: Cahiers juridiques franco-allemands, Univ. des Saarlandes, No.4, Saarbrücken 1984, S.2-50.
AUTEXIER, Ch.: Le cadre juridique de l'action extérieure des régions. In: Rev. française de droit administratif 2, 1986, S.568-579.
AYDALOT, P.: L'Aménagement du territoire en France: une tentative de bilan. In: L'Espace Géographique 7, 1978, S.245-253.
BAGUENARD, J.: La décentralisation territoriale. Paris 1980.
BALABANIAN, O. u. BOUET, G.: La Haute-Vienne aujourd'hui. Saint-Jean-d'Angély 1983.
BALESTE, M.: L'économie française. Paris u.a. ³1986.
BARRÈRE, P. u. CASSOU-MOUNAT, M.: Les villes françaises. Paris u.a. 1980.
BARRIÈRE, B. et al.: Limousin. Le Puy-en-Vélay 1984.
BASTIÉ, J.: La décentralisation industrielle en France de 1954 à 1971. In: BAGF 50, 1973, S.561-568.
BASTIÉ, J.: Paris und seine Umgebung. Kiel 1980.
BASTIÉ, J. et al.: Un quart de siècle de décentralisation industrielle. In: Analyse de l'espace, No.2, 1981, S.1-81.
BASTIÉ, J.: Géographie du Grand Paris. Paris 1984.
BAZIN, J.F.: Les défis du TGV. Paris 1981.
BEAUJEU-GARNIER, J.: Place, vocation et avenir de Paris et de sa région. DFNED, Nos.4142-43, Paris 1974.
BEAUJEU-GARNIER, J.: La population française. Paris ²1976.
BEAUJEU-GARNIER, J.: Atlas et géographie de la France moderne: Paris et la région d'Ile-de-France. I u.II, Paris 1977.
BECKOUCHE, P.: French high-tech and space: a double cleavage. In: BENKO, G. u. DUNFORD, M. (Hrsg.), Industrial change and regional development, London u. New York 1991, S. 205-225.
BECQUART-LECLERC, J.: Kommunalpolitik in Frankreich. Die Dezentralisation und ihre Folgen. In: Frankreich. Eine politische Landeskunde. Hrsg. v.d. Landeszentrale für politische Bildung, Bd.1088, Stuttgart etc. 1989, S.187-220.
BELLANGER, F.: Le TGV Atlantique au Mans, à St-Pierre-des-Corps, Tours et Vendôme: opportunités, acteurs, enjeux. Univ. de Tours, Coll.Sciences de la Ville, vol. 1, Tours 1991.
BELLON, B. u. CHEVALIER, J.M.: L'industrie en France. Paris 1983.
BERTRAND, Y.: Les changements dans l'appareil industriel de l'Ouest français. In: Norois 28, 1981, S.545-575.
BÉTEILLE, R.: La France du vide. Paris 1981.
BIRNBAUM, P. et al.: La classe dirigeante française. Paris 1978
BIRNBAUM, P.: Les détenteurs du pouvoir politique dans la France de la V. République: à propos du centre et de la périphérie. In: LAGROYE u. WRIGHT 1982, S.121-132.
BIRNER, U.: Regionalisierung und Dezentralisierung in Frankreich. Diss., Konstanz 1982.

BLOHM, E.: Landflucht und Wüstungserscheinungen im östlichen Massif Central und seinem Vorland seit dem 19.Jh. Trierer Geogr. Studien, Bd.1,1976.
BOHNEN, U.: Die französische Energiepolitik zwischen Markt und Planung. Aktuelle Fragen der Energiewirtschaft, Bd.22, München 1983.
BONNET, J.: L'organisation régionale des banques: Lyon, place bancaire? In: Travaux de l'Inst. de Géographie de Reims, Nos.43-44, 1980, S.93-118.
BONNET, J.: Structure économique comparée des métropoles régionales françaises entre 1977 et 1984. Assoc. des Géographes et Aménageurs de l'Univ. de Lyon III, Lyon 1987 (a).
BOUET, G. u. BALABANIAN, O.: La vallée de la Gartempe en Haute-Vienne. Les microcentrales dans l'aménagement d'une vallée limousine. Travaux et Mémoires de l'Univ. de Limoges, UER Lettres, Coll. Etudes Géogr. 3, 1982, S.10-82.
BOURDET, C.: A qui appartient Paris? Paris 1972.
BOURDIEU, P. u. PASSERON, J.-C.: Les héritiers. Les étudiants et la culture. Paris 1964.
BOURJOL, M.: Les institutions régionales de 1789 à nos jours. Paris 1969.
BOURJOL, M.: L'administration préfectorale face à la décentralisation. In: COSTA, J.P. u. JEGUZO, Y. (Hrsg.): L'administration française face aux défis de la décentralisation. Paris 1988, S.29-64.
BOUVERET, A. M.: Die zentralen Lenkungsorgane der französischen Kreditwirtschaft. Bankwirtschaftl. Studien 10, Würzburg 1979.
BRAUNER, H.: Anspruch und Wirklichkeit der sozialistischen Dezentralisierungspolitik in Frankreich. Dipl.-Arb., FB Politikwiss., FU Berlin, unveröff. 1985.
BRIQUEL, V.: Dépendance et domination économiques inter-régionales. In: Economie et Statistique 80, INSEE, Juillet-août 1976, S.3-12.
BROGNIART, P.: La Région en France. Paris 1971.
BRÜCHER, W.: Ziele und Ergebnisse der industriellen Dezentralisierung in Frankreich. In: Raumforschung u. Raumordnung 29, 1971, S.265-273.
BRÜCHER, W.: Die Industrie im Limousin. Ihre Entwicklung und Förderung in einem Problemgebiet Zentralfrankreichs. Beihefte zur Geogr. Zeitschrift 37, Wiesbaden 1974 (a).
BRÜCHER, W.: Strukturprobleme und Fördermaßnahmen in der zentral-französischen Wirtschaftsregion Limousin. In: Die europäische Kulturlandschaft im Wandel, Festschr. f. K.H. SCHRÖDER, Kiel 1974 (b), S.195-211.
BRÜCHER, W.: Frankreich - Dezentralisierung oder Persistenz des Zentralismus? In: GR 39, 1987 (a), S.668-674.
BRÜCHER, W.: Elektrizitätswirtschaft in Frankreich. In: GR 39, 1987(b), S.709-712.
BRÜCHER, W.: Paris-Lyon Eisenbahnverkehr. In:DIERCKE-Weltatlas, Braunschweig 1988, S.92/2.
BRÜCHER, W., GROTZ, R., PLETSCH, A. (Hrsg.): Industriegeographie der Bundesrepublik Deutschland und Frankreichs in den 1980er Jahren. Géographie industrielle de la France et de la République fédérale d'Allemagne dans les années quatre-vingt. Schriftenreihe des Georg-Eckert-Instituts, Bd. 70, Frankfurt 1991.
BRUNET, P.: Structure agraire et économie rurale des plateaux tertiaires entre la Seine et l'Oise. Thèse, Caen 1960.
BRUNET, P.(Hrsg.): Carte des mutations de l'espace rural français 1950-1980. Commission de Géogr. Rurale du Comité National de Géographie, Centre de Recherches sur la vie rurale de l'Univ. de Caen, Caen 1984.
BRUYELLE, P.: Le tunnel sous la Manche et l'aménagement régional de la France du Nord. In: AG 96, 1987, S.145-170.
Bulletin d'Informations Statistiques de la Direction Gén. des Collectivités Locales. No. 9, Paris 1991.
CALVET, L.-J.: Le colonialisme linguistique en France. In: Les Temps Modernes 29, Paris 1973, S.72-89.
CARMONA, M.: Les plans d'aménagement de la Région Parisienne. In: Acta Geographica 23, Paris 1975, S.14-46.
CARRIÈRE, F. u. PINCHEMEL, Ph.: Le fait urbain en France. Paris 1963.
CEA: Quelques informations utiles. Paris, jährlich.
CEA: Notes d'informations. Paris, monatlich.

CHARDONNET, J.: L'économie française. I: L'industrie. Paris ²1970; III: La politique économique intérieure française. Paris 1976.
CHARPENTIER, J.: La coopération transfrontalière interrégionale. Vorträge, Reden und Berichte aus dem Europa-Institut der Universität des Saarlandes, Nr. 123, Saarbrücken 1988.
CHARRIER, J.-B.: Localisation des principales usines et des sièges sociaux des entreprises industrielles en Bourgogne. In: RGE 21, 1981, S.113-124.
CHASLIN, F.: Les Paris de François Mitterand. Paris 1985.
CHENOT, B.: Les entreprises nationalisées. Paris ⁷1983.
CHESNAIS, M.: La localisation des opérations de décentralisation industrielle en France (1954-1974). In: Analyse de l'Espace, No.4, Paris 1975, S.2-43.
CHEVALLIER, F.: Les entreprises publiques en France. DFNED, Nos.4507-08, Paris 1979.
CHEVALLIER, G.: Clochemerle. Paris 1934.
CLAVAL, P.: Les autoroutes et le taux d'actualisation. In: RGE 5, 1965, S.157-172.
CLAVAL, P.: Espace et pouvoir. Paris 1978.
CLOUT, H.D.: Industrial relocation in France. In: Geography 55, No.246, 1970, S.48-63.
CLOUT, H.D.: The geography of post-war France. Oxford etc. 1972.
CLOUT, H.D. (Hrsg.): Themes in the historical geography of France. London etc. 1977.
CNR: La Compagnie Nationale du Rhône, son programme, ses réalisations. Lyon 1981.
COLARD, D.: Föderalisten und Konföderalisten. Frankreichs Parteien vor den Fragen europäischer Politik. In: ZDFG 47, 1991, S.186-191.
COLLINGRIDGE, D.: Lessons of nuclear power. French 'success' and the breeder. In: Energy Policy 12, 1984, S.189-200.
COMBY, J.: Autoroutes, rivalités urbaines et régions de programme. In: Norois 18, 1971, S.724-729.
COMBY, J.: Un nouvel aspect de la politique de la DATAR: Les villes moyennes, pôles de développement et d'aménagement? In:Norois 20, 1973, S.647-660.
Commission des Opérations de Bourse: 18e Rapport 1985. Paris 1986.
Conseil Régional et Préfecture de Région [du Limousin]: Limousin 2007. I u. II, [Limoges] 1988.
COSTA, J.-P. u. JEGUZO, Y. (Hrsg.): L'administration française face aux défis de la décentralisation. Paris 1988.
COUPAYE, P.: Les banques en France. DFNED, No.4759, Paris 1984.
CRCI Ile-de-France: Les chiffres-clés de la Région "Ile-de-France". Versailles 1990.
CROZE, M.: Tableaux démographiques et sociaux. Reliefs géographiques et historiques, INSEE u. INED, Paris 1976, suppl. 1979.
CROZIER, M.: La centralisation. In: CROZIER, M. (Hrsg.), Où va l'administration française? Paris 1974, S.16-28.
CURRAN, D.: La nouvelle donne énergétique. Paris etc. 1981.
CURTIUS, E.R.: Die französische Kultur. Eine Einführung. Bd. I, in: CURTIUS E.R. u. BERGSTRÄSSER, A.: Frankreich. I u.II, Stuttgart u. Berlin 1931.
DATAR: Aides au développement régional. 1982 [Faltblatt].
DATAR: Atlas de l'aménagement du territoire. DF, Paris 1988.
DATAR: Prospectives et territoires. Paris 1990 f [laufende Loseblattsammlung]
DEBBASCH, Ch. u. PONTIER, J.-M. (Hrsg.): Les Constitutions de la France. Paris 1983.
DEBRÉ, M.: Problèmes économiques et organisation administrative. In: Rev.Française de Science politique 6, 1956, S.301-314.
Délégation Générale au District de la Région de Paris: Schéma directeur d'aménagement et d'urbanisme de la Région de Paris. Paris 1965.
DEMANGEON, A.: La formation de l'Etat français. In: Acta Geographica, No.8, 1971 (b), S.217-238.
DETTON, H. u. HOURTICQ, J.: L'administration régionale et locale en France. Paris ⁷1975.
DÉZERT, B.: La remise en cause de l'espace industriel traditionnel: l'exemple de l'Ile-de-France. In: Cahiers du CREPIF, No.20, Paris 1987, S.16-24.
Dictionnaire des communes. Paris - Limoges 1976.
DI MÉO, G.: Pétrole et gaz naturel en France: un empire menacé. I u.II, Lille o.J. [ca. 1983].
DOMPNIER, G.: Toulouse-Le Mirail et Colomiers-Villeneuve vingt ans après (1960-1982). In: RGPS

54, 1983, S.127-143.
DONNEDIEU DE VABRES, J.: L'Etat. Paris ⁴1980.
DREVET, J.-F.: 1992-2000. Les régions françaises entre l'Europe et le déclin. Paris 1988.
DUBY, G. u. MANDROU, R.: Histoire de la civilisation française. I u.II, Paris 1968.
DUPAQUIER, J. (Hrsg.): Histoire de la population française. III: De 1789-1914. Paris 1988.
DUPUY, F. u. THOENIG, J.-C.: La loi du 2 mars 1982 sur la décentralisation. In: Rev. Française des Sciences Politiques 33, 1983, S.963-986.
DURAND, P.: Industrie et régions. L'aménagement industriel de la France. DF, Paris 1972.
DÜRR, M.: L'énergie nucléaire en France. In:Guide internat. de l'énergie nucléaire, Paris ¹²1983, S.3-18.
EDF: Résultats techniques d'exploitation. Technische Betriebsergebnisse. Paris, jährlich.
EDF: Rapport d'activité. Paris, jährlich.
EDF: Statistiques de la production et de la consommation. Paris, jährlich.
EDF: Electricité de France. DFNED Nos. 4329-31, Paris 1976.
EDF: La distribution de l'électricité. Paris 1986.
EDF: Réseau général d'énergie électrique de France, 1989. Carte 1:1 Mio., Paris 1989.
EICKHOF, N. u. PROHASKA-REICHENBACHER, M.: Die leitungsgebundene Energiewirtschaft in Frankreich. Univ. Bamberg, Volkswirtschaftl. Diskussionsbeiträge, Bamberg 1982.
ELIAS, N.: Über den Prozeß der Zivilisation. Soziogenetische und psychogenetische Untersuchungen. I u.II, Frankfurt/Main 1976.
Encyclopedia Universalis, Paris ⁵1973.
EPAD: La Défense, itinéraires. Paris 1989.
ESCOUBE, P.: Les grands corps de l'Etat. Paris ²1976.
ESSIG, F.: DATAR. Des régions et des hommes. Paris 1979.
ESTIENNE, P.: La France. Paris, I, 1979; II-IV, 1978.
FABRA, P.: Banking policy under the socialists. In: MACHIN, H. u. WRIGHT, V. (Hrsg.), Economic policay-making under the Mitterrand presidency 1981-84. New York 1985, S.173-183.
FACH, W. u. SIMONIS, G.: Die Stärke des Staates im Atomkonflikt. Frankreich und die Bundesrepublik im Vergleich. Deutsch-Französische Studien zur Industriegesellschaft, Bd.3, Frankfurt - New York 1987.
FAURE, M.: Les paysans dans la société française. Paris 1966.
FAYARD, A.: Les autoroutes et leur financement. DF, Nancy 1980.
FEIGENBAUM, H.B.: The politics of public enterprise: oil and the French state. Princeton, New Jersey, 1985.
FERNIOT, B.: La décentralisation industrielle (1955-74). Résumé. IAURIF, Paris 1976, hektogr.
FERNIOT, B.: Quel avenir pour la décentralisation industrielle? In: Bull. d'Inform. de la Région Parisienne, No.21, Paris 1975, S.5-12.
Frankreich. Informationen zur polit. Bildung, No.186, Bonn 1980.
Frankreich-Info. Presse- u. Informationsabteilung der Französischen Botschaft Bonn, monatlich.
FRÊCHE, G.: La France ligotée. Paris 1990.
FRÉMY, D. u. M.: Quid 1986. Paris 1985.
FRIEDBERG, E. u. SCHMITGES, R.: Die industriepolitischen Interventionssysteme des französischen Staates. In: GROTTIAN, P. u. MURSWIECK, A. (Hrsg.), Handlungsspielräume der Staatsadministration, Hamburg 1974, S.166-189.
FRIGOLA, P.: L'industrie nucléaire française (1979-83). Min. du Redéploiement Ind., Paris 1985.
FRISCH, A.: Frankreichs Glaube an die Kernenergie. In: ZDFD 44, 1988, S.463-467.
FRITSCH, A.: Planifikation und Regionalpolitik in Frankreich. Schriften des Deutschen Instituts für Urbanistik, Bd. 42, Stuttgart etc. 1973.
FROMENT, E. u. KARLIN, M.: Fonctions financières. Comparaisons régionales et européennes. Rapport pour la DATAR, Lyon 1988.
FROMENT, R. u. LERAT, S.: La France. Géographie économique. I u.II, Montreuil 1977.
FWA: Zahlen, Daten, Fakten. Frankfurt, jährl.
GARIN, Ch.: Les seigneurs de l'ENA. In: Le Monde de l'Education, Févr. 1985, S.34-36.

GEORGE, P.: Nécessités et difficultés d'une décentralisation industrielle en France. In: AG 70, 1961, S.25-36.
GEORGE, P.: Métropoles d'équilibre. In: RGPSO 38, 1967, S.105-111.
GEORGE, P.: La France. Paris 1970.
GERDES, D.: Regionalismus als soziale Bewegung: Westeuropa, Frankreich, Korsika. Vom Vergleich zur Kontextanalyse. Frankfurt - New York 1985.
GERDES, D.: Frankreich. Vom Regionalismus zur Neuorganisation des französischen Staates. In: H.-G. WEHLING (Red.), Regionen und Regionalismus in Westeuropa, Stuttgart 1987 (a), S.46-78.
GERDES, D.: Regionalismus und Politikwissenschaft: Zur Wiederentdeckung von "Territorialität" als innenpolitischer Konfliktdimension. In: GR 39, 1987 (b), S.526-531.
GERVAIS, M. et al.: Une France sans paysans. Paris 1965.
GOUBET, M. u. ROUCOLLE, J.-L.: Population et société françaises 1945-1981. Paris 1981.
GOUDEAU, J.-C.: Le transfert des Halles à Rungis. Paris 1977.
GRAVIER, J.F.: Paris et le désert français. Paris 1947, ²1958.
GRAVIER, J.F.: Les Parisiens sont-ils colonialistes? In: La Table Ronde, No.245, Paris 1968, S.18-27.
GRAVIER, J.F.: La question régionale. Paris 1970.
GRAVIER, J.-F.: Paris et le désert français en 1972. Paris 1972. 1985.
GRÉMION, P.: Le pouvoir périphérique. Bureaucrates et notables dans le système politique français. Paris 1976.
GRIBET, M.-F.: L'activité industrielle dans le Val de Loire. Thèse, Lille 1982.
GROSSER, A. u. GOGUEL, F.: Politik in Frankreich. Paderborn etc. 1980.
GRUBER, A.: La décentralisation et les institutions administratives. Paris 1986.
GUICHARD, O.: Aménager la France. Paris 1965.
GUIGOU, J.-L.: Aménager le territoire,trois défis.In: DATAR 1990.
HÄNSCH, K.: Frankreich - Eine politische Länderkunde. Schriften der Bundeszentrale für politische Bildung, Bonn ³1976.
HAENSCH, G. u. LORY, A.: Frankreich. Bd.I: Staat und Verwaltung. München 1976.
HAENSCH, G. u. TÜMMERS, H. J. (Hrsg.): Frankreich. Politik, Gesellschaft, Wirtschaft. München 1991.
HALMES, G.: Regionenpolitik und Regionalismus in Frankreich 1964-1983. Unter besonderer Berücksichtigung der Dezentralisierungspolitik der Linksregierung seit 1981. Beiträge zur Politikwissenschaft, Bd. 31, Frankfurt etc. 1984.
HARTIG, P. (Hrsg.): Frankreichkunde. Frankfurt/M. etc. 1962.
HARTIG, P.: Grundfragen der französischen Wirtschaft von heute. In: HARTIG 1962, S.55-91.
HARTKE, W.: Das Land Frankreich als sozialgeographische Einheit. Frankfurt/M. 1963, ³1968.
HAUSSLEIN, Ch.: Le rôle des voies ferrées d'intérêt local dans l'économie française moderne. In: Acta Geographica 5, 1971, S.41-56.
HAUTREUX, J. u. ROCHEFORT, M.: Physionomie générale de l'armature urbaine française. In: AG 74, 1965, S.660-667.
HOFFMANN, R.: Wartezeit in der Gare de l'Est. In: ZDFD 44, 1988, S.404-410.
HORN, K.: Zur Politik der räumlichen Dezentralisierung in Frankreich. Konzeption und Realität. Hausarb. Fach Regionalwirtschaft, Univ. des Saarlandes, Saarbrücken 1989, unveröff.
HOUSE, J.W.: France, an applied geography. London 1978.
IAURIF: Réflexion sur le Schéma Directeur de la Région Ile-deFrance. Cahiers de l'IAURIF, Nos.56-57, Paris 1979.
IAURIF: Vers un projet régional d'aménagement. Synthèse du rapport approuvé par le Conseil Régional [Ile-de-France] le 14.02.1989. Paris 1989.
Industrialisation et aménagement du territoire. DFNED No. 3508, Paris 1968. INSEE: Annuaire statistique de la France. Paris, jährlich.
INSEE: Statistiques et indicateurs des régions françaises. Annexe au projet de loi de Finances pour 19.. Les collections de l'INSEE, 55-56 R, Paris, jährlich.
INSEE: Tableaux économiques du Limousin. Limoges 1981, 1989.
INSEE: Recensement général de la population de 1982. Paris 1983.

INSEE: Tableaux économiques de l'Ile-de-France [früher:... de la Région Parisienne]. Paris, jährlich.
INSEE: Recensement général de la population de 1990. Paris 1991.
KAYSER, B.: Croissance et avenir des villes moyennes françaises. In: RGPSO 44, 1973, S.345-364.
KEATING, M. u. HAINSWORTH, P.: Decentralisation and change in contemporary France. Hants 1986.
KEMPF, U.: Das politische System Frankreichs. Opladen ²1980.
KLASEN, J.: Kernenergie in Frankreich. In: Regio Basiliensis 23, 1982, S.201-224.
KLATZMANN, J.: L'agriculture française. Paris 1978.
KÖLLMANN, W.: Grundzüge der Bevölkerungsgeschichte Deutschlands im 19. und 20. Jahrhundert. In: Studium Generale 12, 1959, S.381-392.
KLUCZKA, G.: Zentrale Orte und zentralörtliche Bereiche mittlerer und höherer Stufe in der Bundesrepublik Deutschland. Forschungen zur deutschen Landeskunde, Bd. 194, Bonn-Bad Godesberg 1970.
La banque. DF, Les Cahiers Français, No. 169, Paris 1976.
LABASSE, J.: Les capitaux et la région. Etude géographique. Essai sur le commerce et la circulation des capitaux dans la région lyonnaise. Paris 1955.
LABASSE, J.: L'organisation de l'espace. Paris 1965.
LABASSE, J.: L'espace financier. Paris 1974.
LABORIE, J. et al.: La politique française d'aménagement du territoire de 1950 à 1985. Paris 1985.
LACAVE, M.: L'empreinte du pouvoir central à travers l'architecture publique d'une ville préfecture: L'exemple montpelliérain. In: Assoc. pour l'étude du fait départemental, Actes du Colloque de Rennes 1982, Poitiers - Rennes 1982, S.285-292.
LAFERRÈRE, M.: Heurs et malheurs au sein d'un groupe industriel français: la C.G.E. In: Mélanges jubilaires offerts à J. BEAUJEU-GARNIER, Paris 1987, S.199-225.
LAFONT, R.: La Révolution régionaliste. Paris 1967.
LAGROYE, J. u. WRIGHT, V. (Hrsg.): Les structures locales en Grande Bretagne et en France. DFNED, Nos. 4687-89, Paris 1982.
LAJUGIE, J. et al.: Espace régional et aménagement du territoire. Paris ²1985.
LARIVIÈRE, J.-P.: La population du Limousin. Thèse d'Etat, I u. II, Lille - Paris 1975.
LARIVIÈRE, J.-P.: Remarques sur la destination de l'émigration rurale en France. In: Norois 23, 1976, S. 337-355.
LASSERRE, R. et al. (Hrsg.): Deutschland - Frankreich. Bausteine im Systemvergleich. I u.II, Deutsch-Französisches Institut Ludwigsburg, Schriftenreihe der Robert-Bosch-Stiftung, Stuttgart 1980.
LEBEAU, J.: L'industrie de la région urbaine de Lyon. In: BRÜCHER / GROTZ / PLETSCH, 1991, S.273-285.
LEIB, J. u. MERTINS, G.: Bevölkerungsgeographie. Braunschweig 1983.
Le Monde (Hrsg.): Bilan économique et social 1985. No. spéc. de Dossiers et Documents du Monde 11, Paris 1986.
L'énergie. DF, Les Cahiers Français, No.236, Paris 1988.
LE NOËL, M.: La décentralisation à travers la littérature. Ministère de la Solidarité etc., Paris [1989].
LE ROY, P.: L'avenir de l'agriculture française. Paris 1972.
Le tissu industriel. DF, Les Cahiers Français, No. 211, 1983.
LÉVY, J.-P.: Le Mirail en 1977. In: RGPSO 48, 1977, S.103-114.
LIMOUZIN, P.: Les communes et l'aménagement du territoire. Dossiers des images économiques du monde No.11, Paris 1988.
LIVET, R.: Atlas et géographie de la France moderne: Provence, Côte d'Azur et Corse. Paris 1978.
LUCAS, N.J.D.: Energy in France. Planning, politics and policy. London 1979.
LÜTHY, H.: Frankreichs Uhren gehen anders. Stuttgart ³1954.
MACHIN, H.: Les formes traditionnelles de gouvernement local en France. In: LAGROYE/WRIGHT 1982, S.39-52.
MAGLIULO, B.: Les Grandes Ecoles. Paris 1982.
MARSCHALCK, P.:Bevölkerungsgeschichte Deutschlands im 19. und 20. Jahrhundert.Frankfurt 1984.

MAYER, R.: Féodalités ou démocratie? Paris 1968.
MAYOUX, J.: Le développement des initiatives financières locales et régionales. Rapport du groupe de réflexion au Premier Ministre. DF, Paris 1979.
MÉNY, Y.: Centralisation et décentralisation dans le débat politique français. Bibliothèque Constitutionnelle et de Science Politique, Bd.51, Paris 1974.
MENYESCH, D. u. UTERWEDDE, H.: Frankreich. Wirtschaft, Gesellschaft, Politik. Opladen 1982.
MERLIN, P.: Raumordnungspolitik und Standortwahl in Frankreich. In: BOESLER, K.A. (Hrsg.), Raumordnung, Darmstadt 1980, S.182-209; französ. Original in: Tijdschr. Econ. Soc. Geogr. 65, 1974, S.368-380.
MIN de Rungis: Description technique et activité technique en 1988 [Faltblatt].
Ministère de l'Equipement etc.: Bulletin statistique 1989. Direction de l'aviation civile, Paris 1990.
MOLIÈRE: Oeuvres complètes. Paris 1962.
MONOD, J. u. CASTELBAJAC, Ph. de: L'aménagement du territoire. Paris ⁴1980.
MONTAIGNE, M. DE: Journal de Voyage en Italie par l'Allemagne et la Suisse en 1580 et 1581. Paris 1957.
MORAZÉ, C.: L'organisation bancaire et le provincialisme français. In: BAGF, No.157-58, 1943, S.98-103.
MOREAU, J.: Administration régionale, départementale et municipale. Paris ⁸1989.
MUCHEMBLED, R.: Kultur des Volks - Kultur der Eliten. Die Geschichte einer erfolgreichen Verdrängung. Stuttgart 1982.
MÜLLER-BRANDECK-BOCQUET, G.: Dezentralisierung in Frankreich - Ein innenpolitischer Neuanfang. In: Die Verwaltung 23, 1990, S.49-82.
MUZELLEC, R.: Finances publiques. Paris 1986.
NAGEL, F.R.: Burgund (Bourgogne). Struktur und Interdependenzen einer französischen Wirtschaftsregion. Mitt. der Geogr. Ges. Hamburg, Bd.65, Hamburg 1976.
NOËL, M.: La crise économique et les limites de la politique d'aménagement du territoire. In: L'Espace Géogr. 5, 1976, S.217-226.
NOIN, D.: L'espace français. Paris ⁴1984.
NUHN, H. u. SINZ, M.: Industriestruktureller Wandel und Beschäftigungsentwicklung in der Bundesrepublik Deutschland. In: GR 40, 1988, S.42-52.
OCKENFELS, H.D.: Regionalplanung und Wirtschaftswachstum. Dargestellt am Beispiel Frankreichs. Abhandlungen zur Mittelstandsforschung, Nr.42, Köln u.Opladen 1969.
OPPELN, S. VON: Parti socialiste (PS) und neue soziale Bewegungen - Das Beispiel Kernenergiekonflikt. Dez. 1984, unveröff.
OPPELN, S. VON: Die Linke im Kernenergiekonflikt. Deutschland und Frankreich im Vergleich. Deutsch-Französ. Studien zur Industriegesellschaft, Bd.9, Frankfurt - New York 1989.
PAUTARD, J.: Les disparités régionales dans la croissance de l'agriculture. Paris 1965.
PÉLISSONNIER, G.: Régions et collectivités locales. L'Economie du Centre-Est. In: Rev. de l'Institut d'Economie Régionale Bourgogne - Franche-Comté 27, Dijon 1985, S.75-85.
PEPPLER, G.: Ursachen sowie politische und wirtschaftliche Folgen der Streuung hauptstädtischer Zentralfunktionen im Raum der Bundesrepublik Deutschland. Frankfurter Wirtschafts- u.Sozialgeogr. Studien, Bd.27, Frankfurt 1977.
PETIT-DUTAILLIS, Ch.: Les communes françaises. Caractères et évolution des origines au 18e siècle. Paris 1970.
PEYREFITTE, A.: Le mal français. Paris 1976. (= Was wird aus Frankreich? Frankfurt u.Berlin 1980).
PICHT, R.: Die Ära der Technokraten: Das Führungspersonal der V. Republik. In: LASSERRE et al. 1980, S. 197-222.
PINCHEMEL, Ph.: La Région Parisienne. Paris 1979.
PINCHEMEL, Ph.: La France. I, Paris 1980, II, Paris 1981.
PLANHOL, X. de: Géographie historique de la France. Paris 1988.
PLASSARD, F. et al.: Les effets socio-économiques du TGV en Bourgogne et Rhône-Alpes. Document de synthèse. DATAR, SNCF et al. Paris 1986.

Literaturverzeichnis 211

PLETSCH, A.: Moderne Wandlungen der Landwirtschaft im Languedoc. Marburger Geographische Schriften 70, Marburg 1976.
PLETSCH, A.: Frankreich. Stuttgart 1987.
PLETSCH, A. (Hrsg.): Paris im Wandel. Stadtentwicklung im Spiegel von Schulbüchern, Wissenschaft, Literatur und Kunst. Schr. des Georg-Eckert-Instituts, Bd.63, Frankfurt 1989.
Préfecture de la Région Ile-de-France: Les transports des voyageurs en Ile-de-France. Direction Régionale de l'Equipement, Division des Infrastructures et des Transports, Paris 1982.
RAFFESTIN, C.: Pour une géographie du pouvoir. Paris 1980.
RCD = Rapport du Com. de Décentralisation à M. le Premier Ministre, 1989. I-III, Paris 1990.
Rapport GUICHARD: Vivre ensemble. Rapport de la Commission de développement des responsabilités locales. I u.II, DF, Paris 1976.
RASCH, D.: Kooperation im Unitarismus, dargestellt am Beispiel französischer Raumordnungspolitik (1967-81). Beiträge zur Politikwissenschaft, Bd.28, 1983.
RATP: Les transports parisiens. Paris, Aug. 1981.
RATP: Exercice 1989. Paris [1990].
Réflexion sur le schéma directeur de la région Ile-deFrance. Cahiers de l'IAURIF, vol. 56/57, Paris 1979; 2e phase: vol.60, Paris 1980.
REITEL, F.: Les bourses de valeurs. Leur rôle dans le domaine des investissements et de la structuration de l'espace. In: Mosella 6, No.2, Metz 1976, S.1-72.
REITEL, F.: Le fédéralisme en Rép. Féd. d'Allemagne: un aspect fondamental du modèle allemand. In: Mosella 8, Metz 1978, S.249-279.
REITEL, F.: Les Allemagnes (RFA et RDA). Paris 1980(a).
REMI, P.: Les administrateurs locaux: leur vision du national et du local. In: SFEZ, L. (Hrsg.), L'objet local, Paris 1975, S.34-56.
RESKE, D.: Der Rhein-Rhône-Kanal aus regionaler und überregionaler Sicht. Frankfurter Wirtschafts- u. Sozialgeograph. Schriften, Bd.33, Frankfurt 1980.
ROCHEFORT, M. et al.: Aménager le territoire. Paris 1970.
ROLOFF, G.: Hauptstadt und Staat in Frankreich. In: Festschr.f. F.MEINECKE, Jahrbuch für die Geschichte des.Deutschen Ostens 1, Tübingen 1952, S.249-265.
RONDIN, J. [Pseudonym]: Le sacre des notables. La France en décentralisation. Paris 1985.
ROUYER, G. u. CHOINEL, A.: Le système bancaire français. Paris 1981.
SAINT-JULIEN, Th.: Significations géographiques des implantations industrielles décentralisées en province. In: AG 82, 1973, S.557-575.
SADRAN, P.: La décentralisation à l'âge de raison. In: Regards sur l'actualité, No.152, 1989, S.36-46.
SANGUIN, A.-L.: La géographie politique. Paris 1977.
SCHMIDT, B. et al. (Hrsg.): Frankreich-Lexikon. I u.II, Berlin 1981.
SCHMITGES, R.: Raumordnung als Koordinierungsaufgabe - das französische Modell. Schriften des Wissenschaftszentrums Berlin, Bd.9, Königstein/ Taunus 1980.
SCHÖLLER, P.: Die Spannung zwischen Zentralismus, Föderalismus und Regionalismus als Grundzug der politisch-geographischen Entwicklung Deutschlands bis zur Gegenwart. In: Erdkunde 41, 1987, S.77-106.
SÉE, H.: Wirtschaftsgeschichte von Frankreich. I u.II, Jena 1930.
SÉRANT, P.: La France des minorités. Paris 1965.
SERVAN-SCHREIBER,J.-J.: Die föderale Macht - oder: Wie unterentwikkelt ist Frankreich? Hamburg 1971.
SIMONETTI, J.O.: L'administration de l'espace. L'exemple français. In: AG 86, 1977, S.129-163.
SINZ, D.: Steinerne Zeugen der Ära Mitterrand. Kultur-Bauten in Frankreich. In: ZDFD 44, 1988, S.468-472.
SNCF: Statistiques 19.., Paris, jährlich [Faltblatt].
SORBETS, C.: Le contrôle du développement en France. In: LAGROYE/WRIGHT 1982, S.157-172.
SPARWASSER, R.: Zentralismus, Dezentralisation, Regionalismus und Föderalismus in Frankreich. Eine institutionen-, theorien- und ideengeschichtliche Darstellung. Schr. zum Öffentl. Recht, Bd. 511, Berlin 1986.

STOFFAËS, Ch.: Verstaatlichungen, Privatisierungen, Mischwirtschaft: Die Metamorphosen französischer Industriepolitik. In: ZDFD 45, 1989, S.477-483.

SULEIMAN, E.N.: Politics, power and bureaucracy in France. Princeton 1974.

SUTCLIFFE, A.: The autumn of central Paris. The defeat of town planning 1850-1970. London 1970.

TARROW, S.: Between center and periphery: grassroots politicians in Italy and France. New Haven, Connect. etc. 1977.

THARUN, E.: Idee und Realität der Planifikation in Frankreich. In: GR 39, 1987, S.700-706.

THEISSEN, U.: Paris. Problemräume Europas, Nr.3, Köln 1988.

THOENIG, J.-C.: La stratification. In: CROZIER, M., Où va l'administration française? Paris 1974, S.29-53.

TIMBAL-DUCLAUX, L.: Le choix des sites nucléaires en France: méthodes, situation et perspectives. EDF, Direction de l'Equipement, Paris 1982.

TOCQUEVILLE, A. de: L'Ancien Régime et la Révolution, 1856. (=Der alte Staat und die Revolution. München 1978).

TREFFER, G.: Französisches Kommunalrecht. München 1982.

TRÉMEL, R.: Le breton d'aujourd'hui. In: Langues opprimées et identité nationale. Actes du Colloque des 21 et 22 janvier 1984, Univ. Paris VIII, Dépt. des Langues et Cultures Opprimées et Minorisées, Saint-Denis 1984, S.148-157.

TREUE, W.: Wirtschaftsgeschichte der Neuzeit. Im Zeitalter der Industriellen Revolution 1700-1960. Stuttgart 1962.

TUPPEN, J.N.: Studies in industrial geography: France. Folkestone 1980.

UHRICH, R.: La France inverse? Les régions en mutation. Paris 1987.

UTERWEDDE, H.: Nationalisierter Sektor. In: ZDFD 39, 1983, S.155-156.

UTERWEDDE, H.: Die 'liberale Wende' in der Wirtschaft Frankreichs. In: ZDFD 43, 1987, S.253-258.

UTERWEDDE, H.: Région parisienne. Große Ambitionen mit kleinen Hintergedanken. In: ZDFD 45, 1989, S.406-407.

VARLET, J.: Espace de relations ferroviaires et désenclavement interrégional: Le cas du Limousin. In: Cahiers Nantais, No.26, Institut de Géographie, Université de Nantes, Nantes 1985, S.119-130.

VAUJOUR, J.: Le plus grand Paris. Paris 1970.

VERDIÉ, M. (Hrsg.): L'état de la France et de ses habitants. Paris 1987.

VERLAQUE, Ch.: Trente ans de décentralisation industrielle (1954-1984). In: Cahiers du CREPIF, No.7, Paris 1984, S.7-182.

VÉRYNAUD, G.: Le Limousin. Limoges 1981.

VEYRET-WERNER, G.: Plaidoyer pour les moyennes et petites villes. In: Revue de Géographie Alpine 58, 1969, S.5-24.

VIDAL, A.-M.: Rue Impériale, Rue Nationale, Rue Foch: "L'haussmannisation" à Montpellier. In: Bulletin de la Société Languedocienne de Géographie, 3e Série, 12, 1978, S.I-X.

WACKERMANN, G.: Belfort, Colmar, Mulhouse, Bâle, Fribourg-en-Brisgau. Un espace économique transfrontalier. DFNED No. 4824, Paris 1986.

WALRAVE, M.: Le développement des systèmes de transport ferroviaire à grande vitesse. SNCF, Paris 1986, hektogr.

WARTBURG, W. von: Evolution et structure de la langue française. Bonn ^{7}1965.

WIRTH, E.: Theoretische Geographie. Stuttgart 1979.

WISE, M.: France and European Community. In: ALDRICH, R. u. CONNELL, J.(Hrsg.),France in world politics. London 1989, S.35-73.

WOLKOWITSCH, M.: Géographie des transports. Paris 1973.

WOLKOWITSCH, M.: Réseau ferré et structuration de l'espace français. In: Eventail de la spatiologie. Offert à J.E.HERMITTE; Analyse, Organisation et Gestion de l'Espace, Documents et Travaux, No. Spécial, Nice 1979, S.103-121.

ZIEBURA, G.: Wirtschaft und Gesellschaft in Frankreich. In: Aus Politik u. Zeitgeschehen, Beilage zur Wochenzeitung 'Das Parlament', B 6-7/87, 7.2.1987, S.3-13.

ZYSMAN, J.: L'industrie française entre l'Etat et le marché. Paris 1983.

Zeitungen, Periodika:

Handelsblatt. Düsseldorf, wöchentlich
Journal Officiel. Paris [regierungsamtl. Mitteilungsblatt, Veröffentlichung der Gesetze etc.]
L'Express. Paris, wöchentlich
Lettre de la DATAR. Paris, vierteljährlich
Le Figaro. Paris, täglich.
Le Monde. Paris, täglich
La Vie du Rail. Paris, wöchentlich.
Le Nouvel Economiste. Paris, wöchentlich
Saarbrücker Zeitung. Saarbrücken, täglich
Science et Vie, Economie. Paris, monatlich
Der Spiegel. Hamburg, wöchentlich
Die Zeit. Hamburg, wöchentlich

Sachregister

Abhängigkeit 152, 157
Absolutismus 25, 33 f., 38, 51 f., 57, 92, 99
Adel 33 f., 39, 52
Agrarpolitik 93 f., 131
Agrarsozialstruktur 92 f.
agrégation 48
aménagement du territoire 201
Ämterkumulierung 187, 192
Ancien Régime 22, 37, 39, 140
Arbeitsmarkt 70, 96 f.
armature urbaine 72, 95, 98, 100, 102 f., 155, 202
arrondissement 23, 39 ff.
Atombewaffnung 177, 184
Außendienststelle 23, 133, 191 f.
Auswanderung 95
Autarkie 170, 175
Autobahnen 17, 28, 45, 64, 75 f., 78, 85, 87, 90, 91, 119
Autonomie 17, 51, 117, 129 f., 157, 185, 195 f.
Bahngesellschaften 17, 80
Bahnlinien 53, 58, 71, 78, 80 ff., 94 ff., 146
Ballungsräume 42, 78, 84 f., 92
Banken 53, 60 f., 116
Baugenehmigungen 141, 145, 188, 191
Beamte 25, 27, 34, 49 f.
Bergbau 51, 78
Bevölkerung 56, 71
Bevormundung 27, 118, 203
Binnenwanderung 68, 72, 94, 96, 152
Börse 61
Bourgeoisie 39, 47, 49, 57, 93
Bundesland 23
Bürgermeister 40 ff., 59, 112, 191
Büroflächen 62, 143
Bürokratie, zentrale 17, 21, 25
Caisse de Dépôts et Consignations 107, 161, 163 f., 172, 191
canton 39 f., 80
CEA 74, 176, 178, 182
CFP 172
Charbonnages de France 173
chef-lieu 99, 103
CIAT 127, 129
Civilisation française 26, 48
CNAT 145
Code de l'Urbanisme 105
Code Civil 93
CODER 128
COGEMA 74 f., 176
Colbert 34, 51 f., 113, 116, 118, 160, 163, 201

Comité interministériel 25
Comité d'expansion économique 128
Comité économique et social 128
Commissariat Général au Plan 122 f.
Compagnie Nationale du Rhône 119 f., 122
Conseil d'Etat 25
contrat de plan Etat-Région 189
contrats de pays 127
Corps Préfectoral 25
Corps Diplomatique 25
Cour des Comptes 25
CPF 74
DATAR 25, 110, 112, 123, 127, 129 f., 143, 145, 152 f., 157, 159, 200 f.
Deindustrialisierung 126
Dekonzentration 23, 126, 128, 141, 147, 154 f., 159, 168, 185, 191 f., 195, 198
Departement 23, 39, 43, 44, 45, 46, 185, 188, 190
Deutsches Reich 20, 28, 46, 98
Deutschland 40 ff., 43, 45, 50, 51, 80, 82, 84, 92, 99 f., 155, 163, 168, 181 ff., 190
Dezentralisierung 23, 27, 28, 43 ff., 46, 50, 88, 89, 110, 126, 168, 194, 197 f., 200
Dezentralisierung, industrielle 70, 73, 108, 111 f., 126, 129, 168
Dezentralisierungsgesetze von 1982 40, 43, 105, 128, 187, 190
Dialekt 37, 46, 47
Direction Régionale/Départementale de ...
  s. Außendienststelle
Dirigismus 52, 115, 119, 172
Ecole Polytechnique 49
Ecole de Ponts et Chaussées 49
Ecole des Mines 49
Ecole Normale Supérieure 49
EDF 74, 117 f., 123, 172 ff., 182
Egalitarismus 26, 40, 202
égalité 19
Eigendynamik des zentralistischen Leitprinzips 21, 89, 182, 197, 199
Eingemeindung 42 f.
Einheit 20, 26, 34
Einheitlichkeit s. Uniformität
Einheitsgedanke 15, 202
Einheitsstaat 20, 30, 37, 39
Elite 50 f., 63, 196 f.
ENA 40, 50, 129
Energie 52 f., 65, 74, 121, 116, 131, 160, 191, 198
Entflechtung, räumliche 150, 154
Europa 192, 197, 201 ff.

Europäische Gemeinschaft 29, 113, 131
Europäischer Regionalfonds 203
Expansion, zentral-periphere 154 f.
FDES 106, 129
Feudalsystem 17, 30, 37, 51
Finanzministerium 24, 106, 114, 159, 162
Finanzwirtschaft 61, 160, 162
Fluglinien 28, 78, 116, 146
Flurbereinigung 132, 138, 191
FNSEA 136 f.
Föderalismus 40, 51, 170, 185, 189, 202 f.
Förderpolitik, staatliche 74, 152, 159, 188, 190
Förderzone, Industrie 146 ff.
Franz I. 47, 56
Französische Revolution 30, 33, 39, 41 f., 43 f., 136, 202
Freycinet-Plan 80, 84
Führungsschicht s. Elite
Gaz de France 117, 172 f.
Gebietskörperschaft 23, 43 f., 119, 127, 129, 182, 185 ff., 189 ff., 193, 195, 203
Gemeinde 23, 36, 39, 45, 99, 105, 107, 188
Gemeinden, Zusammenlegung s. Eingemeindung
Gemeindesyndikat 43
Gemeindezersplitterung 43
généralité 37, 40
Generalrat 40 f.
Gesellschaften, gemischte 44, 117, 124, 138, 190
Getreidebauern 136 ff., 139
Girondisten 39 f.
Glacis, militärisches 22
Gleichgewichtsmetropolen s. métropoles d'équilibre
gouvernement 37
grand ensemble 105, 107
grand projet (Paris) 121 f.
Grand Corps de l'Etat 25, 26, 49 f.
grande culture 132, 136, 139
Grande Ecole 25, 48 f., 60, 62, 113, 191
Grenze, natürliche 33
Grenze 22, 201
Grenzraum 21, 22, 201
Griechenland 98
Großbritannien 11, 45, 51 f., 80, 92, 98, 110
Hauptstadt 11, 20 f., 26, 31, 33, 39, 47, 52, 53, 56 f., 59 ff., 72, 82, 84, 85, 89, 98 f., 102, 104, 108, 131 f., 139, 155, 157, 159, 166, 198, 201
Hauptverwaltungen, Unternehmen 57, 60 ff., 66, 74, 115, 140 f., 145, 155, 158, 166, 198
Haussmann 36, 57, 96
Heterogenität, regionale 130, 140
HLM 105 f.

Hyperzentralisierung 181, 185
Identität, regionale 185, 196
Industrie 62, 70, 73, 95, 99, 104
Industrieflächen 142
Industrieparks 146, 153
Inspection des Finances 25
Institut d'Etudes Politiques 50
intendant 33, 37, 39, 40
intérêt national 23
intérêt général 118, 164, 190
Interventionismus 117
Italien 82, 92
Jakobiner 19, 40, 44, 130
Kaiser, deutscher 31, 33
Kapetinger 20, 27, 30
Kernkraftwerk 65, 76, 198
Kirche, römisch-katholische 16, 39
Kolonisierung, interne 185
Kommune s. Gemeinde
Kompetenzen der Gebietskörperschaften 187 f., 192 f., 196 f.
Konföderation 202 f.
Königtum 15 f., 21, 27, 30 ff., 37, 41, 48, 51
Krondomäne 16, 20, 30, 32
Landflucht 42, 72, 93 f., 102, 110, 138, 152
Landwirtschaft 42, 50, 70, 72
Lebensmittelgroßhandel 65, 119, 135 ff.
Legislative 23, 190
Leitprinzip, zentralistisches 15, 21, 27, 28, 34, 40, 71, 128, 130, 159, 160, 164, 186, 190, 200
Lenkungsmittel 114, 194 f.
Ludwig XIV. 20 f., 26, 32 ff. 49, 52 f., 56
Luxemburg 98, 183
Malthusianismus 93
Merkantilismus 51 f., 123
Métro 90, 91, 116
métropole d'équilibre 102, 106, 108, 110, 112, 129, 185
Migration s. Binnenwanderung
Ministerien 23, 25, 127, 129, 131, 192
Minorität 46 f., 186
mission ministérielle 44
mission interministérielle 127, 130
Mittelstadt 103, 129
Monarchie s. Königtum
Monopolunternehmen 170, 175, 181
multinationale Konzerne 140, 199, 201
Napoléon I. 17, 25 f., 30, 33, 36, 40 f., 48 f., 52 f., 57, 65, 71, 82, 121, 162, 185, 198 f.
Napoléon III. 33, 36, 65
Nation 15, 27, 29, 34, 39, 47, 105, 118, 164, 170
Nationalbewußtsein 15, 26
Nationalismus 11, 151, 202

Sachregister

Neue Stadt 87, 109 f., 119, 143 ff., 147, 159, 199
Niederlande 52
Nivellierung 37, 99
Notabeln 45 f., 75, 151, 186, 192, 196 f.
Oberschicht 50
Office National des Forêts 191
OREAM 44, 108, 127
Österreich 98
Pachtwesen 134
pantouflage 49
Paris, Besitzbürger 134, 136
Paris, Deindustrialisierung 147, 150, 159
Paris, Dominanz 198
Paris, Einflußbereich 73, 100
Paris, exzessiver Verdichtungsprozeß 141 ff.
Paris, monozentrisches Wachstum 91
Paris, Standortvorteile 103, 150, 155
Paris - Stadt 17, 21, 36, 42 f., 50, 53, 90, 91, 126, 159, 200 f.
Partikularismus 15 f., 22, 43 f.
pays 37
periphere Macht 45 f.
Peripherie 78, 103, 110, 143, 170, 185, 201 f.
Persistenz des Zentralismus 34, 40, 131, 197
Plan, nationaler 122, 128 f., 194
Planifikation 51, 113, 122, 124 f., 128, 157, 160, 182, 187, 189
Plankommissariat 43
Planvertrag 104, 129, 189, 194
politische Kultur 198
POS 107 f.
Postweg 82
Präfekt 23, 25, 41 ff., 45, 119, 186, 188 f., 192
Premierminister 25, 88, 123, 130, 159, 176, 192
primate city 98
Privatunternehmen 52 f., 82, 113 f., 119, 123 f., 190
Protektionismus 136, 172
Provinz 17, 19, 26, 37, 40, 44, 66, 81, 100, 110, 112, 128, 200
Radiale 34, 64, 78, 80 f., 82, 86 ff., 112, 166, 170, 198, 202
RATP 116
räumliches Gleichgewicht 159
Raumordnung 21, 53, 82, 89, 194
Raumordnungspolitik 88, 122 f., 126 f., 128 f., 143, 150, 157
recteur 48
Regierung 19, 22, 41, 90, 110, 112, 159, 201
Region 46, 127 f., 187 f., 190, 203
Region, strukturschwache 67, 71, 139
Regionalisierung 44, 127, 187
Regionalismus 44, 184

Regionalplan 128, 189, 194
Regionalpolitik 124, 127
Regionalrat 188
Regionalzentrum 100, 102 f., 155
Regionenpolitik 44, 185, 187 f.
Religionskriege 17, 32
Republikkommissar 189
RER 91
Restriktionspolitik für Pariser Raum 143, 147, 150
Richelieu 32, 34, 47
Römisches Reich 16, 30
Rüstungsindustrie 96, 98
sacre 31
SAFER 138
SCET 106
Schule 191
Schwächung, Strategie der 17, 45, 99
SDAU 91, 107 f., 109 f., 111, 188
Sektor, radialer 17, 202
Sekundärzentrum 102
Selbstverstärkung des Zentralismus 21
Senat 42
SNCF 91, 116 f., 121, 123, 191, 198
SNEA 172
Souveränität 16, 34
Sowjetunion 28
sozialistische Länder 51
Sparkassen 25
Sprache 37, 47 f.
Staat 11, 15 f., 27, 113, 118, 153, 159, 162
Staatspräsident 25, 130
Staatsraison 34, 182
Staatsspitze 25, 45
Staatsunternehmen 53, 88, 115, 118 f., 123
Städte, hierarchische Ordnung 98 f.
Städte, Lage im Raum 98
Städtebau 105 f., 107, 188
Steuern 19, 25, 60, 66, 189 f.
Straßenverkehr 81 f.
Subpräfekt 40 f., 80
Subvention 66, 129, 153, 189
Technokrat 183
technopole 87
Territorium 15, 19, 21, 23, 28, 30, 33, 105, 126 f., 130, 170, 201
Tertiärer Sektor 141, 154, 166
TGV 17, 28, 64, 77, 78, 81, 85, 89, 124, 198 f., 201
TGV-Interconnexion 87, 91, 198
Tourismus 59, 65
Transversale 17, 53, 75, 78, 80, 84, 85, 87
turboprof 87

tutelle 117, 174, 186, 188, 191, 193
Ungleichgewicht 71, 102, 154
Uniformität 19, 26, 40, 45, 105, 125, 140, 164, 202
unitarischer Staat 22, 192
unité urbaine 98
Universität 48, 49, 60
Unternehmergeist 52, 130
Uran 74
Urbanisierung 94, 96, 99, 105, 109
USA 45, 178
utilité publique 182
Vauban'sche Festungen 22
Verbundnetz, elektrisches 65, 174, 179 f.
Verbundnetz Vereinheitlichung 16 f. ,19, 26, 39, 152
Verkehrspolitik 84
Verkehrssektoren 80
Verkehrsstruktur 75, 79
Verkehrsstruktur, Pariser 90
Verkehrsträger 17, 80
Verlage 59
Versailles 19 ff., 33 f., 56 f.

Verstaatlichung 17, 53, 116, 118 f., 162, 164 ff., 172, 191
Verstädterungsprozeß, s. Urbanisierung
Verwaltung 16 f., 21, 23, 34, 37, 41, 57, 127, 185, 190
Verwaltungseinheit 37, 39, 99, 131, 185
Volksschullehrer 41
volonté générale 182
Wachstumsbranchen 142, 152, 154
Wanderungsbilanz 68, 95, 96 f.
Wirtschaft, freie 80, 163, 172, 199
Wirtschaftsmentalität 113
Wirtschaftspolitik, zentralistische 74
Wirtschaftsraum, einheitlicher 174
Wohnungsbau 42, 63, 188
ZAC 107
Zeitungen 59
Zentrale Orte s. armature urbaine
Zentralstaat 16, 43, 93, 105, 122 f., 160, 175, 181, 183, 186, 190, 200 f., 203
Zitadelle 22, 35 f.
ZUP 105 ff.
Zweckverbände (communautés urbaines) 42 f.

Elisabeth Lichtenberger

Stadtgeographie

Band 1: Begriffe, Konzepte, Modelle, Prozesse

Von Prof. Dr. E. Lichtenberger, Universität Wien
2., überarbeitete und erweiterte Auflage. 1991.
303 Seiten mit 115 Abbildungen und 12 Tabellen. Kart. DM 39,—

Aus dem Inhalt:
Zur Terminologie und Modelle von Stadt und Agglomeration – Kategorien städtischer Systeme – Begriffe und Konzepte der Zeit – Raumbegriffe – Räumliche Basiskonzepte – Determinanten von Strukturen und Prozessen im Stadtraum – Stadtverfall und Stadterneuerung – Prozesse auf der Makroebene von städtischen Systemen.

„Wegen des Mangels an guten deutschsprachigen Lehrbüchern zur Stadtgeographie war das Studienbuch lange erwartet worden. Der nunmehr erschienene erste Band des zweibändig konzipierten Werks behandelt zunächst allgemeine Begriffe, Modelle und Konzepte der Stadtgeographie, geht dann auf wesentliche politisch-administrative, planerische, technologische und ökonomische Determinanten der Stadtstruktur ein, befaßt sich mit der Segregation als räumlichem Organisationsprinzip der urbanen Gesellschaft und zeigt schließlich grundlegende Entwicklungsprozesse auf der Makroebene städtischer Systeme auf. Der angekündigte zweite Teil wird die Mikro- und Mesoebene von Städten, d. h. die Betrachtungsebene der Haushalte, Gebäude, Betriebe, Zentren, Viertel usw., behandeln.

Das Buch bietet weit mehr, als ein in traditionellen Kategorien denkender Geograph unter dem Titel „Stadtgeographie" erwarten dürfte, nämlich eher eine „Geographie der urbanen Gesellschaft". Charakteristisch für die Sicht- und Darstellungsweise der Autorin ist eine komplexe Verknüpfung ökonomischer, sozialer, politischer, historischer und kultureller Einflußfaktoren und Prozesse, eine die Fächergrenzen weit überschreitende Literaturgrundlage sowie ein Faible für internationale und interkulturelle Vergleiche, insbesondere zwischen der nordamerikanischen, der westeuropäischen sowie der osteuropäisch-sozialistischen Stadt.

Für die Forschung bildet das Studienbuch ohne Zweifel einen wichtigen Markstein, da es zu einer sozialwissenschaftlichen Erweiterung und Fundierung der Stadtgeographie beiträgt und neue Frage-Horizonte eröffnet..."

Hans H. Blotevogel, ERDKUNDE

B. G. Teubner Stuttgart

Wolfgang Weischet

Einführung in die Allgemeine Klimatologie

Physikalische und meteorologische Grundlagen

Von Prof. Dr. W. Weischet, Universität Freiburg

5., überarbeitete und erweiterte Auflage. 1991.
275 Seiten mit 77 Bildern und einer Falttafel. Kart. DM 39,–

Dieses Lehrbuch zur Einführung in die physikalische Betrachtungsweise der Allgemeinen Klimatologie hat sich in der geographischen Fachwelt den Rang eines „Standardwerkes der Klimatologie" erworben.

Der künftige Geograph in Lehre und Anwendung wird im Zusammenhang mit Fragen der Umweltbelastung, den tatsächlichen oder behaupteten anthropogenen Klimabeeinflussungen und den ökologischen Schlüsselfunktionen des Klimas in den Lebensräumen der Erde zunehmend mehr auf gründliche Einsichten in die geophysikalischen Prozesse und deren entscheidende Einflußfaktoren angewiesen sein. Deshalb sucht dieses Lehrbuch die Einsichten in physikalische Grundlagen und atmosphärische Prozesse, die bei der Genese des Klimas eines Raumes die entscheidende Rolle spielen, konsequent herzuleiten.

Erdmechanische Grundlagen – Himmelsmechanische Grundlagen, Jahreszeiten und Beleuchtungsklimazonen der Erde – Die Sonne als Energiequelle und die Ableitung des solaren Klimas – Die Atmosphäre, ihre Zusammensetzung und Gliederung – Zur Statik der Atmosphäre – Der Einfluß der Atmosphäre auf die Sonnenstrahlung – Die Globalstrahlung und ihre Komponenten am Grunde der Atmosphäre – Strahlungsumsatz an der Erdoberfläche – Energieabgabe von der Erdoberfläche – Die Strahlungsbilanz, global und regional – Lufttemperatur und Temperaturverteilung in der Atmosphäre – Die Entstehung horizontaler Luftdruckunterschiede und die Einleitung horizontaler Luftbewegungen – Grundregeln horizontaler Luftbewegungen – Der Wasserdampf in der Atmosphäre – Vertikale Luftbewegungen und ihre Konsequenzen – Wolken und Niederschlag – Allgemeine Zirkulation der Atmosphäre: Der tropische Zirkulationsmechanismus und seine klimatischen Folgen – Die Glieder der Allgemeinen Zirkulation im Satellitenbild – Zusammenfassender Überblick mit schematischer Gliederung der Klimate der Erde.

B. G. Teubner Stuttgart